なぜ時間は存在しないのか

ジュリアン・バーバー
川崎秀高・高良富夫 訳

青土社

なぜ時間は存在しないのか

目次

目次

なぜ時間は存在しないのか

はじめに

思想の黎明期において、二つの世界観が衝突していた。すなわち、初期のギリシャの哲学者の間で大論争があり、ヘラクレイトス派は絶え間なく変化する世界観を主張し、一方パルメニデス派は時間も動きも無い世界観を主張していた。時は流れて時代は変わったが、少数の思想家は本気でパルメニデス派の世界観を取り続けている。しかし、私は左に描かれたターナーの絵画よりもっとドラマチックに描かれた絵がどこにも無いことから分かるように、ヘラクレイトス派の世界観は根拠のない幻覚にすぎないと主張する。私はあなたを時間の終わり、すなわち時間は存在しないとする展望へと案内しよう。実際、ターナーの絵画は静止状態にあり、それが描かれて以来、全然変化していないのが分かるだろう。それは流動の幻覚である。最新の物理学は、全宇宙のあらゆる全ての運動が、上に述べたのと同様の幻覚であることをほのめかし始めている。この点において、自然というものは、ターナーよりも更に完全な、究極的な芸術家であると言える。以上がこの私の本のストーリーである。

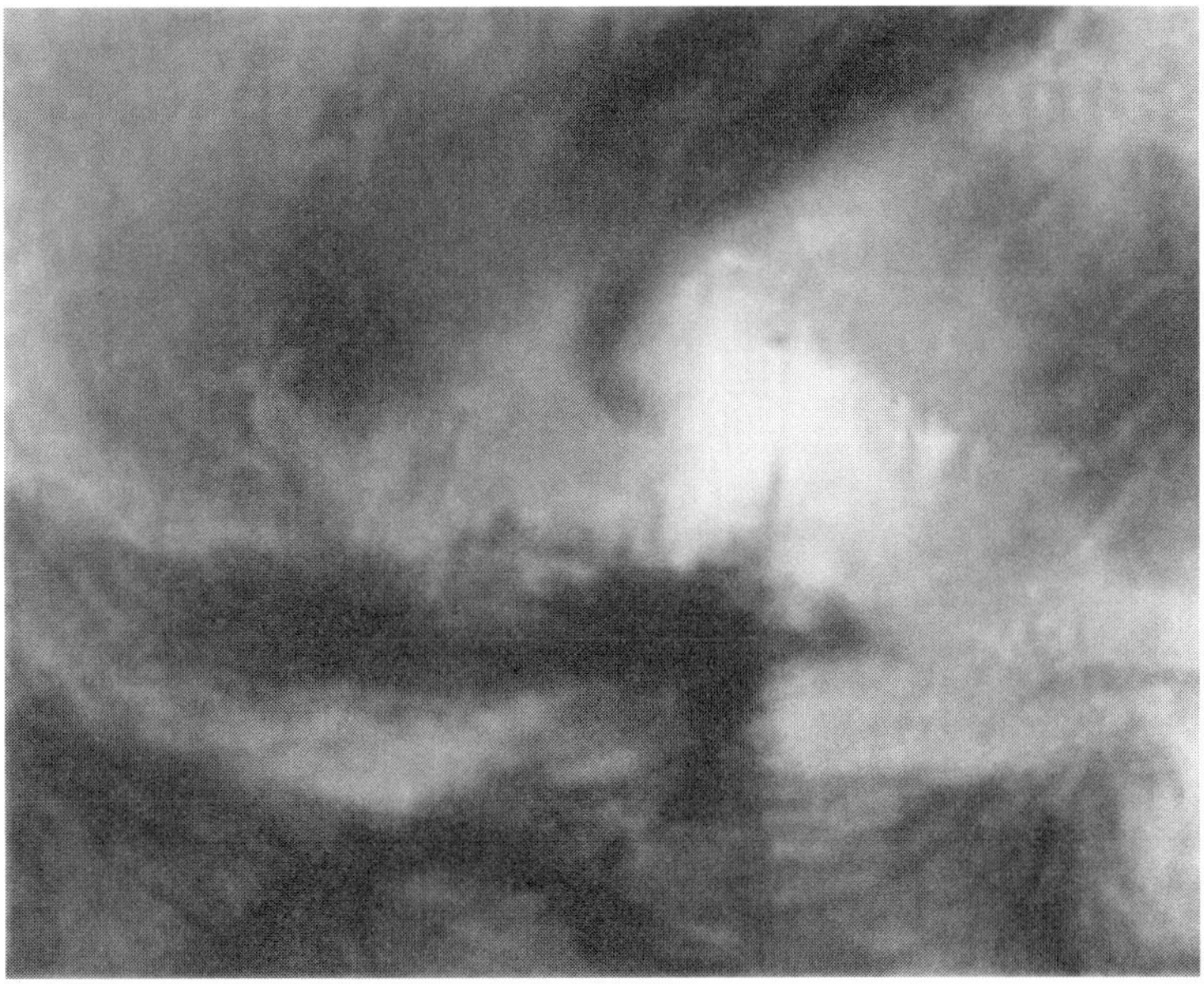

ターナー（一七七五～一八五一）：英国の風景画家の絵
「雪あらし」

雪あらしの荒れ狂う中、蒸気船は浅瀬に立つ港の人間の船を誘導する怒声から離れて、そのリードにより進んだ。この絵の作者は、エアリアル号がハーウィッチ港から出港した、まさにその夜のこの嵐の中に居たのだ。

一八四二年、六七歳の年取ったターナーは、危険だからと必死で止める船員に対して強引に、エアリアル号のマストに彼自身の体を縛り付けさせた。そして、彼はその猛烈に猛り狂う嵐を強引に自分自身の体で実体験したのだ。

序文

我々はこれらのことの相違点について、哲学的に思索しなければならない。

ヨハネス・ケプラー

一九六三年の美しい一〇月の午後、私は学生仲間のジーゲンと共にバーバリアン・アルプスを旅行していた。我々は山小屋で夜を過ごし、翌日の夜明けにボルツマン山の頂上に登るように計画していた。列車の中で、私はポール・ディラックのアインシュタインの一般相対性理論と量子論を統一するための試みに関する論文(1)を読んでいた。その中の文が、私の人生を大きく変えた。「この結果は物理学において、四次元条件が根本的なものであるということに対して、疑問視せざるを得ないことを示している」。言葉を換えて言えば、ディラックは二〇世紀の物理学で最も驚嘆すべき理論である時空の中に空間と時間を融合させた一般相対性理論を疑っていたのである。

私はボルツマン山には登らなかった。夜明けの一時間前にジーゲンの目覚ましが鳴った時、私は頭が割れるような激しい頭痛と共に目が覚めた。私は一〇月の夜明け前に空高くオリオン星座や他の星座たちがきらきら輝くさまをまだ鮮やかに覚えている。しかし、星があろうと無かろうとそんなこととは関係なく、あの頭痛のために登山に出かけることはできなかった。ジーゲンは一人で出発し、私は二錠のアスピリンを飲んで寝床に戻った。一時間か二時間後に目覚めて、私はディラックの言葉について考え始めた。時空の概念は誤りだったのだろうか？　これはもっと基本的な疑問「時間とは何か？」を思いつかせた。ジーゲンが戻って来るまでの間、私は――今でもまだそうであるが――この疑問の虜になっていた。

リチャード・ファインマンは一度次のような皮肉を言った。「時間は、他に何もしないのに何かが起こることである」と。数日以内に到達した私の結論は、まさしく正反対のものであった。すなわち、「時間は存在しないが変化する」と。この事実を私自身が納得するまでの間、私はミュンヘンにある英国風庭園を、数時間にわたり歩き回って時間を過ごした。変化が時間の測定器なのか、それとも時間が変化の測定器なのかによって、物理学は新しい基礎の上に作り直されるにちがいない。それから一週間か二週間後に、私は時間の論争によって手ごたえをつかむようになったので、ディラックに私のアイデアを説明してみるために、自分からケンブリッジ大学に行くことにした。そこではディラックが、昔ニュートンが務めていたルーカシアン教授〔ケンブリッジ大学の特別教授職〕をしていた。私はそれによって自分自身が苦しみから抜け出すことができた。私は一九五八年から一九六一年までケンブリッジ大学で数学を学んだけれども、ディラック教授の講義は無かったし、彼が言葉の少ない人であることを知らなかった。彼は、最も気のおけない同僚達との一般的なディスカッションでさえ、それに加わることはめったに無かった。私はディラックに電話をかけてみた。すると彼は「はい、ディラックです」と答えたが、彼は大変合理的にそれこそアッという間に会話を終わらせてしまうのだった。

ケンブリッジ大学へ通学したことは、このように失敗したけれども、それは私にとって大変幸運な結果をもたらした。しばらくしてオックスフォードにある新大学が、村の中の彼等の所有農場の離れた数区画を、突然競売に掛けることを決定し私は自分の育った北オックスフォード州の村に戻って来た。弟は農場主になるための金を得ることができるかもしれないと、驚いていた。競売は一一月二一日に決められた。私達兄弟は両方とも、父から相続税対策としていくらかの金を受け取った。入札のちょうど二四時間前にそれが明らかになった時、私の弟は土地を買うには充分なお金があったが、農場の家や付属建物を買うには足りなかったので、両方一緒に獲得するためにローンを組んで工面していた。私は出来心で、私自身がそれらを入札し、他の準備ができるまで数年間それらを弟に貸すことに決めた。入札当日の朝の夜明け前に、父は私を起こし、母は弟を起こした。両親は二人共寝ることができずに、一晩中我々のプランについて心配し、目を覚まして悶々としていた。我々は計画を中止するつもりだった。しかしながら、銀行のマネージャーは我々にプランを続行するように激励していた。数時間後、——その約二八時間前にケネディ大統領が暗殺されたのであるが——私は大学農場の誇り高きオーナーになっていた。その当時そう呼ばれ、今でもそう呼ばれている。イギリス連邦の最後の年、一六五九年に建てられ、素敵な中世風の教会の隣に建っているその建物は、この地方で最も良く保存された自作農の農家家屋の一つである。

私が、この奇想天外な土地獲得の物語を話したのは、私が目指していた科学者の研究に対する取り組み方からである。私がミュンヘンに戻った後に、弟は畑を耕し始めた。そして、私は天体物理学で博士号を取得することをあきらめて、全ての時間を超越した基礎物理学の研究に転向し始めた。私はケルン大学でアインシュタインの重力理論で博士号を得た。そして、それから英国における大学での地位について考え始めた。しかし、その時でさえ、発表するか、駄目になるかというプレッシャーが存在した。[2] もしも、あなたが教育と管理の職務を全部こなしながら、毎年一つか二つの研究論文を（ある人は狂気のように四つも五つも論文を出すと期待されているが）、発表することができなければ、あなたは出世の多くのチャンスを楽しみにして待つことはできないだろう、と注意された。しかし、私は何かを発表する前に、基礎的な論争点について数年間、考える時間が欲しかった。幸運なことに、ミュンヘンにいる間私は趣味でロシア語を習っていたので、ロシアの科学雑誌を翻訳することによっていくらかのお金を稼ぐことができた。一度そのような仕事に従事したら、口述筆記という手段をとることができれば、かなり速く翻訳することができる。それで私はそのような方法で生活の糧を稼いでいくことを決め、私ができる時に時間の考察に没頭した。一九六九年にドイツ人の妻と私は、二人の小さな子供たちを連れて大学農場に引っ越して来た。そして間もなくあと二人子供が生まれた。私は、私の年金基金の期間が満了するまで、二八年間の間、一年間に二五〇万語の割合で翻訳し続けた。それを本にまとめると、図書館の本棚を二〇メートル位埋め尽くす量になると思う。

それは家族を育て上げるための偉大な方法であったが、物理学者としては型破りな方法であった。その間私は、大学や調査研究所の関係者以外の人達が相談に訪れても、誰とも会わなかった。地上の生活のガイア理論の創始者である、ジェームズ・ラブロックは独立した自由自在な生き方の偉大なる提唱者である。私はその考え方が、私に働き掛けていたように思う。私は自分がやりたい時に、やりたいことができるという感覚をとても大切にしてきた。論文の発表は、他の物理学者達との有益な共同研究に導き、世界のいろいろな所に旅行できる。私は、何も仕事が来なくなり、彼等の評判が落ちるというリスクを、背負うことはできないと感じている他の物理学者達を、話題にのせることができたのは幸運だった。しかし、彼等は今でもそれについて話すことを好み、私はこの方法で何人かの良い友人達を得た。そして私はその間ずっと時間の謎の解明について考察し、少し進歩したように思った。鍵となるアイデアは五〜六年毎にやってきた。最も根本的なアイデアは一九九一年に得られた。ボルツマン山の登山に失敗してから、実に三五年もかかって、私は今、時間というものが全く存在しておらず、全ての運動する物体は純粋な幻覚であると信じている。さらにその上に、私はこの見方について、物理学的に非常に強力な支持があると信じている。私はビジョンを持っており、今からそれについてあなたに話したい。

あなたは、時間というものが個人の歴史の断片と一緒には存在しないという信念を、どのようにして私が序文に書くことができたのか、不思議に思うかもしれない。もし、時間が存在しないならば、歴史はどのようにして形作られるのか？　それは素晴らしい疑問である。そして、それに対する私の回答は、この本の最後に登場する。この本の大部分は、実証的物理学が何を提供できるのかについて述べており、それと共に時間の存在に反対している。しかしながら、第一部において、私は可能な限り簡単な言葉で中心的な問題を説明し、そしてあなたの直接的な時間の経験と、それらを関係付けることを試みる。もしあなたが、この本を購入したりあるいは借りたりしたのであれば、私がこの本で何を意図しているのかを理解できずに、あなたが落胆して本を投げ出してしまわないように、しかと努力したい。私は、この序文によってあなたが本文を読み進める気になってくれることを期待する。多くはその真相にふれると魅惑的である。時間の概念は、我々の体験や言語の中に大変深く入り込んでいるので、私はしばしば、時間がまるで大部分の人々が思っているような方法で存在しているかのように書いた所もある。同じようなことは、運動に関しても当てはまる。どうか私の中に自己矛盾があると思わないでいただきたい。——私は時間の無い形の中で、全てのことを表現するために、もっと多くの言葉を使うべきなのかもしれないが。

私は、時間に魅了された読者には、誰でも理解できる分かり易い時間の概念を含んだ教科書を作ることを試みた。あなたにとって、もしある部分が他の部分より少し難解で分かりにくい時は、どうぞ心配せずに、そこを読み飛ばしていただきたい。さらに大量の専門的な原稿を読む非科学者の人達は、メッセージの多くの大事な部分を拾い上げるまで、難しい部分はザッと簡単に読み飛ばすことができる。この理由により、物語のあまり重要なものではない多くの専門的な要素は、一般的にBOXの中に入れておいた。もしあなたが、それを理解することが難しいと感じても（私はあなたが、少なくともそれに挑戦してみることを望むけれども）、心配せずに読み進めてほしい。また、全ての読者に潜在的な興味を持たせるための、いろいろな余談と、専門家達のための正真正銘の科学的な題材は最後の「注解」に記した。私はあなたが各々の章を読んだ後にそれらを調べると良いと思う。さらに先に進む読者の方々のための本も推薦している。

最後に、この本を完成させて二ヶ月の間に、私は同僚と一緒にいくつかの新しい洞察に達した。それらは、時間が存在しないという私の信念を増強するものだった。けれどもこの新しい仕事はまだ予備的なステージにあるため、メイン・テキストには付け加えなかった。その代わりに潜在的には最も興味深い進展を述べるために、注解に少しその経過を付け加えておいた。決定的な最終結果が得られた場合には、その詳細は私のウェブサイト platonia.com で知らせるつもりである。

私は、この最初の本を妻と子供達に捧げる。私は本書を、ちょうど九六歳になっても、まだヒバリの声を明瞭に聞くことができ、教会の聖歌隊として元気に歌っている私の不屈の母に捧げる。私はまたそれを妻と私が大学農場に戻って来てから三年後に亡くなった私の父にも等しく捧げる。私の父は私と非常にすれ違いが多かったが、父と分かち合った最も有益な言葉は、次の言葉である。「何度も何度も繰り返しチェックした後でなければ、誰が何と言おうとそれを決して信じてはいけない」その言葉は数多くの災害、不幸から私を救ってくれた。私の親友のミカエル・パルサーが一度「君のお母さんが抵抗できない力なら、君のお父さんは確かに石のように動かない不動の人だね」と言った。真実がどうであったかは、彼等のために、この世では言うべきでない。ここに存在することが最高のギフトでありますように。

サウス・ニューイントンにて　一九九九年三月記す

ジュリアン・バーバー

日本語版への序文

英語での初版刊行から二〇年を経て、日本で本書が出版されることは大変喜ばしいことです。この本に価値があるかどうかとは別として、この本が今出版されるという事実だけで、多くの人々が時間の性質に大きな興味を持っていることがわかります。

もちろん、何年も前に書かれた本をそのまま翻訳出版することは危険です。少なくとも著者の考えや洞察がある程度は変わっていることはほぼ間違いないでしょう。これはまさにこの本にも当てはまる。幸いなことに、原書には変更することなく出版できる内容が十分に残っていることを保証します。実際、この本に不十分な点があるとすれば、それは主にこの本に書かれている考えが十分に理解されていなかったことにあります。特に、英語版が出版準備中の時から始まり、現在も進行中である共同研究者たちとの研究によって、本書で扱われている主要な問題が解決されることを期待しています。問題というのはこれです――宇宙は基本的に無時間であるということがかなり強く示唆されているのに、私達には、時間が存在し、我々を過去から、現在、そして不確実な未来へと容赦なく運ぶという非常に強い感覚を持っています。

この本はこの問題に対する答えを提案しています。これは、理論物理学における長年の問題、つまり、現在における最も基本的な二つの理論――アインシュタインの一般相対性理論と量子力学――で時間の扱い方が明らかに矛盾していることを考慮した結果です。私が最初にこの本を出版したとき、私の提案の正しさの証明は不可能であったし、今も不可能です。いくつかの未解決の概念上の問題を別にしても、そこに含まれる数学的な困難は計り知れません。このことは、理論物理学の精鋭たちが七〇年以上にわたって努力してきたにもかかわらず、二つの基本理論の満足すべき統一理論が存在しないという事実に見られます。本書の日本語版が出版されるべきだと感じる理由の一つは、このような失敗が続いている理由のいくつかを読者に理解してもらうためです。一つには、ニュートンが力学の基礎を築いたときにすでに明らかになっていた二つの基本的な問題、時間とは何か、運動とは何か、に関係しています。私は本書が少なくともこの二つの質問に対する答えの要素を含んでいる可能性が本当にあると思います。

この序文の残りの部分では、読者に、私の考えをいくらか変更した思考の発展について注意を促したい。今ここで序文を読み、本書の五つある章を読み終えるたびに、ここに戻ってくることは有用でしょう。物理学者や熱心な読者のために、私のウェブサイト（platonia.com）では、さらに詳しい情報や、共同研究者や私が新しい洞察をもたらした出版物への情報を提供しています。

あなたが手にしているこの本からの最大の変化は、二番目の段落の終わりに提出された質問に対する答えに関するものです。本書で提案されている答えは、アインシュタインの一般相対性理論と量子力学がどう統一されるかという考えに基づいているのに対して、驚いたことに、それに対する潜在的な答えは量子力学とは何の関係もなく、二〇一二年にニュートンの超重力理論というきわめて単純な用語ですでに説明されているという考えが私に浮かびました。このアイデアは、二〇一四年に発行された「Physical Review Letters」誌に発表された論文の中で、私と共同研究者二人によって考案されました。この論文へのリンクと、一般的な用語でのアイデアの説明は、私のウェブサイトにあります。

この新しい洞察そのものは、本書の第3章で述べた形状空間の概念を、さまざまな共同研究者とともに発展させたことと大いに関係しています。形状空間は本書全体で中心的な役割を果たすプラトニアの概念の再構成です。この本を書いたとき、私は少なくとも形の空間を探求すべきだという新しい視点を感じました。それは全く予想外の可能性を明らかにしました。これらについては、私のウェブサイトにある別の論文で論じられています。残念ながら、この論文は専門的なものなので、物理学者以外の方にとっては読みにくいです。しかし、私は現在、一般の人々のために新しい考えについての本を書いています。タイトルは『ヤヌス・ポイント——時の矢とビッグバンの新理論』(仮)です。

この序文を締めくくりたいと思いますが、本書で私がまだ信じている主要なアイデアと、私が疑問に思っていることを挙げておきます。もちろん、これらのコメントが意味をなすのは、この本の中のそのアイデアにあったときだけなので、その後で序文の該当部分に戻ることをお勧めします。

第一に、私はまだ「宇宙の劇場《アリーナ》」(プラトニア)という考えに固執しています。数学的には、この概念は物理学における最も基本的な概念の一つである立体配置空間と密接に関連しています。しかし、私は今、プラトニアは形状空間と一緒に考えられるべきだと思います。『ヤヌス・ポイント』で展開されるこの二つの間には、微妙な関連がある。BOX3を読むとわかるように、この現象は形と大きさの違いに関係しています。これは三角形の場合に特にはっきりと見ることができます。その形は二つの内角によって決定され、本質的であるが、その大きさを決めるには外部の測定が必要です。私がそうであるように、もし誰かがすべてを含む宇宙を記述しようとするならば、基本的な領域は純粋に本質的なものであるべきです。これは形状空間につながります。

第二に、私はベストマッチングの技術にかなりの自信を持っているが、その応用はプラトニアから形状空間に拡張される必要がある。物理学者は、これがどのように行われるかについて、私のウェブサイトで参照できます。第三に、タイム・カプセルの概念が、時間を超越した数学的実体であるにもかかわらず、我々が時間として経験する多くの深遠な側面を示す宇宙を理解するのに役立つことが証明されることを、私は非常に期待しています。私たちの存在の最大の謎は、もちろん、私たちの存在と一時性を自覚している意識です。多くの人が意識の謎は解明できないと考えています。それに同意するのは早すぎます。しかし、それができれば、私たちの脳にあるタイム・カプセルが何らかの役割を果たしていることが明らかになるかもしれません。

主な疑問点については、本書全体でホイーラー・ドウィット方程式を、一般相対性理論と量子力学がどのように統一されるべきかのアウトラインの候補として真剣に取り上げています。これは、私が本書を書いていた当時、理論物理学者の間では決して普遍的に受け入れられていたわけではありませんでした。議論の余地がありました。形状空間を考慮して生まれた新しい考えは、ホイーラー・ドウィット方程式の状態についての疑問を私の心に抱かせます。形状空間は何らかの置換を示唆しており、それに伴って、現在の純粋に古典的な提案よりも時間の矢のより深い量子的説明が可能です。最後になりましたが、私の著書を日本語に翻訳してくださった川崎秀高氏と、その出版をしてくださった青土社に深く感謝申し上げます。

第一部　単純な語での大きな見取図

序文で説明したように、私は三つの章から始める。その中で私は専門的に細かい最小限度の物を使って、私の主要な概念を説明することを試みた。その主な目的は「時間の瞬間」について考えるための明確な方法を紹介することである。その「時間の瞬間」が、容赦なく前方へと流れていく何かに属していると仮定せずに。宇宙における全ての物質の可能な瞬間の配置として「時間の瞬間」を認めることが、真実のこととして「時間の瞬間」を考えることになる。それらは宇宙の配置（立体配置）である。それら自身の中で、これらの配置は完全に静的であり、時間の無い状態である。しかしこの静的な無時間の何かが、どうしてまたなぜ激しく動く動的なかつ時間的なものとして経験されるのであろうか？

これが、この最初の三章で単純なテーマの中で説明してみたいことである。

第1章　最大の謎

1-1　物理学における次の革命[1]

時間ほど神秘的で捉えどころのないものは無い。それは、私達を誕生から死へと容赦なく運んで行く、この宇宙の中で最も強力な力であるように思われる。しかし、時間とは厳密には何物なのだろうか？　西暦四三〇年に亡くなった聖アウグスティヌスは次のように、その問題を要約した。「もし、誰も私に尋ねないならば、私は時間が何であるかを知っている。しかし、時間は何かと尋ねられたら、その時、私は何を話すべきかと困り、途方に暮れるだろう」と。皆さんは、時間が成長と衰退の変化を結びつけることを認めているが、これにはこれよりもっとさらに何かあるのだろうか？　疑問がたくさんある。時間は前方に動き、これまでに変化してきた現在があり、その中に次の瞬間の現在を持ってきているのか？　過去はまだ存在しているのか？　過去はどこにあるのか？　すでに前もって決定されている未来というものが、我々はそれが何であるかを知らないのだけれども、我々のために、ここに座って待っているのだろうか？　これら全ての疑問は、この本の中で解決に向けて取り組まれるだろう。しかし、一人の聖アウグスティヌスが答えることができなかった最大の遺稿がある。すなわち、「時間とは何か？」である。

奇妙なことに、物理学者達はこの疑問に答えないという傾向があり、それをむしろ哲学者達に委ねることを選ぶ。その理由は多分、アイザック・ニュートンとアルベルト・アインシュタインの巨大なそして支配的な影響を受けているからである。彼等は、物理学者達が空間、時間と運動について考えるための方法を形づくった。それぞれが、無比の明白さでもって世界の描写を作り出した。しかし、物事の構造に対する彼等の方法を見てみると、彼等はその基礎について必要以上に悩まなかった。これは潜在的に混乱を生み出した。疑いも無く彼等の理論は、素晴らしい真実を含んでいる。しかし彼等は共に、時間を与えられたものとして取り扱っている。それは空間と同等に根本的な実体で、宇宙を造る建築用ブロックのようなものである。実際、アインシュタインは時間を三次元空間と融合させて、四次元時空なるものを創り出している。これは物理学において大きな革命の一つであった。（Ｂｏｘ１）

BOX1　物理学の偉大な革命

一五四三年：コペルニクス革命

『天体の回転について』の中で、ニコラウス・コペルニクスは、地球が宇宙の中心の周りを回っていると唱えた。レヴォリューションという言葉の現代的な意味は、彼の書物に付けられたタイトルから派生している。彼は太陽系の形を定着させた。しかし、奇妙なことに太陽は、彼の天球図の中で小さな部分しか占めていない。彼は単に、太陽を宇宙の中心近くに配置したに過ぎない。その約六〇年後にヨハネス・ケプラーが、太陽は太陽系の真の中心であることを示した。そしてガリレオ・ガリレイとともに、彼が次の革命に至る道を準備した。

一六八七年：ニュートン革命

『自然哲学の数学的諸原理』の中で、ニュートンは三つの有名な運動の法則と万有引力の理論を明確な形に創りあげた。彼は、全ての物体が、地上の物も天の物も同じ法則に従っていることを示した。そして、このようにして、統一体として全体の宇宙を表すのに役立つ最初の体系を立ち上げた。ニュートンは近代の科学時代に先がけて、今では動力学と呼ばれている力学の科学を創造した。彼は、全ての運動が無限の不動の絶対的空間で起こり、そして時間がまた、絶対的な存在で、外部にあるいかなるものとも無関係に、一様に流れていると主張した。

一九〇五年：特殊相対性理論

電磁気学に関する比較的短い論文の中で、アインシュタインは、同時性を空間の別々の場所で、無条件に定義することができないことを示した。そして、そこでは空間と時間は共につながっており、分離することができないのである。何が空間として現れるか、そして、何が時間として現れるかは、観測者の運動によるのである。彼は、測定している物差しや時計の振る舞いについて、驚くべき予測をした。そして彼の有名な等式 $E=mc^2$ を発見した。一九〇八年にハーマン・ミンコフスキーは、世界事象の起こる、厳格な分離できない四次元の舞台として、時空の概念を公式化した。

一九一五年：一般相対性理論

特殊相対性理論は、重力の無い世界を表している。八年間の熟考の後に、アインシュタインは最終的に彼の一般相対性理論を明確な形に作りあげた。その中では、ミンコフスキー時空間の厳格な舞台が、その中の物質の存在に呼応して、柔軟性のあるものになるのである。重力は時空の湾曲の効果として、見事に独創的な解釈を与えられている。その理論は、時間には始まり（ビッグ・バン）があり、宇宙は膨張したり収縮したりできることを示した。驚くべきことに、それは純粋に思考の産物だったのだけれども、この理論の多くの予測が、今は大変良く実証されている。それは、物質の巨視的特性と全体としての宇宙を表している。

一九二五年／一九二六年：量子力学

量子という名前は、次のような由来で付けられている。すなわち、いくつかの力学的な量が自然界の中で、量子と呼ばれる不連続の単位の倍数の中でのみ見つけられるからである。これが今、古典理論（量子論とは対照的という意味で）と呼ばれているニュートンとアインシュタインの理論とは異なる、量子論の特有の相違点である。最初に量子効果が、マックス・プランク（一九〇〇年）、アインシュタイン（一九〇五年）、ニールス・ボーア（一九一三年）と、その場その場でバラバラに発見され描写された。その間に、不変の量子理論が二つの見かけは異なるが同等の形式で発見された。その一つはワーナー・ハイゼンベルグ（一九二五年）によるマトリックス（行列）力学と、もう一つはエルヴィン・シュレディンガー（一九二六年）による波動力学である。ポール・ディラックはまた、顕著な貢献をした。量子力学は、光、特にレーザーや原子、分子の電子顕微鏡的な世界の特性を表している。それは全ての現代の電子技術の基本原理であるが、その結果は、我々の直感に反し、皆を当惑させる不可解なものであり、現実の自然の理解について難しい問題を引き起こす。完全に異なった構造の二つの理論が、二つの世界を表すために使われていることがまた、我々を悩ませる。すなわち、一つは巨視的な宇宙を表すために使われている古典的な一般相対性理論であり、もう一つは極微の原子の世界を表すために使われる量子力学である。

革命とは、何がそのような魅惑的な科学として、物理学を作ってきたかということである。時折、総体的に新しい展望が見えてくる。しかしそれは、我々が一方の窓のシャッターを閉じて、他方の窓のシャッターを開け、新しい種類の展望に驚きをもって何かを探しまわっている我々を見い出すということではない。古典的な洞察力は新しい映像の中に保たれている。物理学のより良い比喩は、登山である。我々が高く登れば

登る程、より広い範囲の眺望が開けてくる。それぞれの新しい有利な地点は、物事の相互関連性のより良い理解を明らかにする。(障害物が無くなって眺望が開けてくる。)さらに進むと、理解の漸進的な蓄積が突然途切れて、水平線の驚くべき拡大を見るのである。ちょうど、我々が丘の頂上に到達し、上り坂の途中では決して想像しなかった景色を見るのと同じように。かつて我々が、新しい展望の中で、我々の位置を見つけてきたように、我々のごく最近到達した頂点に至るパスが、あらわにされており、新しい世界でその名誉ある場所を手に入れている。

今日、物理学者達は確信を持って、本当はいらいらしながら、次の革命を待っている。しかし、何がそうなるのか? 彼より以前にニュートンとディラックが就任したように、ケンブリッジ大学でルーカシアン教授になったスティーヴン・ホーキングは、一九七九年の彼の就任式の演説の中で、物理学の切迫した限界を公表した。二〇年以内に物理学者達は、二つの理論の統一によって創り出された、全ての物に通用する理論を持つようになるだろう。すなわちそれは、アインシュタインの一般相対性理論と量子力学を統一した、自然の全ての力に対して通用する理論である。その時、物理学者達は存在の内部に隠されている秘密を、全部知ることになるだろう。そして、それだけが結論を出せるだろう。

理論の統一はまだ起こっていないけれども、一つまたは両方は確かにできている。(ホーキングは最近、彼の予測はまだ存続しているが、「その二〇年は今、始まった」と言っている。)私自身の考えでは、「物理学の終わり」という言葉に取って代わることはないと思う。しかし、一般相対性理論と量子力学の統一は「時間の終わり」と取って代わってもさしつかえないだろう。これによって、私は時間が、物理学の基礎として持っている役割を終えるだろうと言いたい。我々は、時間が存在しないという理解に到達するだろう。これはまだ、水平線の上の予想に過ぎないのだけれども、私はこれが、立派に次の革命を起こすことができると思っている。

もしそうであるならば、何という結末であろうか！

私は、この革命の可能性を持った基本的要素が、そのための理由とその有望な結論を携えて、すでにはっきりと認識されていると信じている。実際、我々が少し見て来たように、時間が存在しないかもしれないという明確なヒントと、一般相対性理論と量子力学の統合された量子重力論は、量子宇宙の静止した映像を生み出すであろう。これは、約三〇年前に現れ始めたが、非常に小さなインパクトしか与えなかった。これが私のこの本を書いた理由の一つである。これらのことはさらに良く知られるべきである。それらは一般の読者のために、いろいろな本の中で述べられ始めたばかりである。そして、それらについて大部分の働いている物理学者達でさえ、あまり知らないか全然知らないのである。

間違い無く、多くの人々は時間が存在しないかもしれないという提案をナンセンスなものとして退けるだろう。私は、我々が時間と呼ぶパワフルな現象を否定しているわけではない。しかし、それは地球が平面であるように見えるようにあるがままに見えるものであろうか？　私は真実の現象が、我々の考えているものとは非常に異なっているので、時間という言葉を全然使わずに現象を捉えた時、私が考えているような現象があなたの前にその姿を現すと信じている。そうすれば、あなたにとって時間は必要でなくなる。

もし、時間を物理学の基礎から取り去ったら、我々は時間の流れが終わったことを、全く突然に感じなくなるだろう。それどころか、新しい無時間原理は我々がなぜ、時間が流れると感じるのかを説明するだろう。最初の偉大な革命のパターンが繰り返されるだろう。コペルニクス、ガリレオ、ケプラー達は我々に、天がじっとしている間に地球が動き、回転していることを教えてくれた。しかし、天は動き地球は少しも動いていないという我々のダイレクトな直感はあるが、それによって地動説は否定されなかった。しかしながら、我々の事象を相互に結び付けた理解は、現実的に、予知することが不可能であったということで、変更され認識された。今や私は、我々がコペルニクス的革命に対する皮肉なねじれの中で、天も地球も全ての物が動いていないというさらに深遠な事実へと、我々をいっそう遠くにつれて行くにちがいないと考えている。静けさが歩調を緩める。

人々は、しばしば私に、時間の非存在が暗示するものは何ですかと、尋ねる。毎日の生活にとって、それがどういう意味を持つのか？　我々はそれに答えることができないと思う。コペルニクスはニュートン（アインシュタインを別にして）が見つけたような暗示を持っていなかったが、それは全て彼の革命から流れ出してきたものである。しかし、我々は時間の因果関係やその起源について持っている我々の概念が、形を変えるだろうということを確信することができる。個人的なレベルで言えば、これらのことについて考えることは、我々が現在というものを大切にすべきであると、私に確信させてきたものである。私達の直感では、時間は確かに存在し、そして時間は、我々が自覚しているよりおそらくもっと不思議なものでさえある。「現在を楽しめ（現在の機会をとらえよ）」勝利をつかめ。私はエピローグでこれを発展させている。

1‐2　根本的な事柄②

この本は、三つの疑問の間を循環している。すなわち「時間とは何か？」「変化とは何か？」「宇宙とは何か？」である。これらの疑問に答えるための唯一の方法は、我々の最も成功した理論の構造を検討することである。我々は自然の構造物を測定しなければならない。もしそれがあるなら、どの部分がこれらの理論の中で、時間によって演じられているのか？　我々は世界の根本的な舞台を確認することができるのか？

これらの疑問は、序文で私が述べた研究によって、物理学者達の頭上を強行突破していた。それは、現代物理学の二つの大きな謎（その二つは大部分が確実に根本で繫がっているのであるが）のうちの一つである（B ox2)。両方とも、古典物理学と量子物理学との間に、まだ橋の架けられていない溝があるという状況である。

BOX2　二つの大きな謎

Box1で説明したように物理学者達は、現在は大変異なる二つの理論によって世界を表している。巨視的事項は古典物理学で描写し、微視的事項は量子物理学で表しているのである。この描写をすることについて二つの問題がある。

その一つ目は、アインシュタインの重力理論すなわち一般相対性理論であるが、この理論は量子力学の原理と矛盾しているように見える。一九世紀にミカエル・ファラデーとジェームス・クラーク・マクスウェルによって開発された電磁気学の理論は、ある意味ではニュートン力学と矛盾していなかった。これらの理論に対して量子化として知られている方法によって、古典理論から量子理論に、それらを変換することができるのが証明された。一般相対性理論と新しく作られた「量子重力論」に対して、同じ方法を適用するという試みは、失敗に終わった。それは、この本のテーマである時間についての問題点を前面に出したディラックと他の人達による専門的研究であった。

二つ目の謎は、量子物理学と古典物理学の間の関係である。量子物理学はより根源的であり、もっと大きな対象の宇宙に対してさえも適用すべきであると思われる。宇宙の量子理論すなわち量子宇宙論であるべきである。しかし量子物理学はまだ、そのような形では存在していない。そして、その現在の形は大変不可思議である。その一部分は、原子、分子、放射線の実際の運動を表しているように見えるが、別の部分は、微視的世界と巨視的世界の間の接点で動き回るための、むしろ奇妙なルールから成っている。実際、量子力学の枠組みの中では、見るからに独特な宇宙の現実の存在は大きな謎である。物理学者は自然の統一理論に関して深い信念を持っているので、このことはとても満足できるものではない。なぜなら、一般相対性理論は、重力の理論であると同時に、宇宙の巨視的スケールの構造の理論であるので、量子宇宙論の創造にあたっては、量子重力の非常に狭い範囲の解答が確実に要求されるだろう。

私の本のテーマの一つは、この亀裂が物理学者の空間、時間、事象の自然についての根深く誤った認識のために発生したものであるということである。先入観が世界の真実の姿を覆い隠している。物理学者はあまりにも多くの概念を使っている。彼等は多くの事象があると仮定する。そして、これらの事象が時間と空間の偉大な目に見えない枠組みの中で動くと仮定するのである。

ニュートンのライバルであるライプニッツによって以前に提出されていた根本的な二者択一案が、私に中心的なアイデアを与えてくれた。世界は次のように理解されている。すなわち、空間と時間（他の全く異なる種類の事象）の枠組みと入れ物の中で動く原子（一種類の事象）の二元論的な関係の中にあるのでなく、宇宙全体の可能な配置や立体配置の単純な概念の中で、空間と物体を融合させた、より根源的な実体の関係の中にあるのである。そのような、信じられない程に豊かに組織化された立体配置が、根本的な事象である。それらの多くは無限に存在する。それらは、構造の共通した原理に関する全ての異なった実例である。私の考えでは、それらは全て異なった「時間の瞬間」である。実際、時間について書いている多くの人々は、やや類似した方法で時間の瞬間を表現している。そしてそれらを「今」と呼んでいる。私はより明確な概念を作って、それを私の時間に関する理論の中心に据えて以来、私はそれらを「今」と呼んでいる。世界は無数の「今」から作られている。

世界の劇場としての以前の役割を持った空間と時間は余分なものとなった。入れ物はどこにも無いのである。世界は事象を「含んでいない」。それそのものが事象である。これらの事象は、いわば何も無いところで空中に停止している「今」である。ニュートン的物理学とアインシュタインの相対性理論と量子力学は、全てが「今」について異なった状況を示すように見える。それらは、現在というものを異なった方法で整理する。さらに、全体として宇宙を統治する法則は、痕跡を残しており、それは我々のまわりで見つけられる。自然の基本的な法則として物理学者が利用しているこれらの局所的痕跡は、事象のより深い組織の中にあり、それらの起源についての、わずかばかりのヒントを漏らしている。それらの起源を理解せずに、数珠つなぎになっているこれらの局所的痕跡によって構成された全体としての宇宙を理解するという試みは、誤った見取図を与えるにちがいない。それは平らな地球についての大げさな公文書であるだろう。私の狙いは、局所的痕跡がどのようにして、より深い実体から発生することができるのかを示すことである。すなわち、無時間性からどのようにして「時間の理論」が現れてくるのかを示すことである。その仕事は、時間を研究することではなくて、自然がいかにして時間の印象を造り出しているのかを示すことである。

それは野心的な仕事である。どうしたら、静的な宇宙がそんなに動的なものとして現れることができるのか？　どのようにして飛行中のキング・フィッシャー〔魚を捕る鳥、カワセミの一種〕の閃光色を見ることが可能になるのだろうか？　そして、キング・フィッシャーの動きが存在しないと言えるのだろうか？　もしあなたが、この本を最後まで読んでくれたら、あなたは、私が解答を提唱していることが分かるだろう。私はそれが明確に正しいという主張はしていない。取捨選択はなされなければならない。そして多くの物理学者は私のような提唱はしていない。もし、全てが明らかならば、私はある理論でなく特定の時間の理論を約束すべきではない。テキストの流れを妨害するためではないが、私は私の無時間の世界の描写の中に、いくつかの問題点があるので、それについて少し述べておく。注解の中で私の気付いていることを書く代わりに、私はこれら全てを一ヶ所に集めた。この本の始めから終りまで明白なように、私は提唱した理論をむしろ強力に信じているのだけれども、私の理論に対する明確な反論であっても、それが私を興奮させるという感覚がある。時間の問題は非常に深遠である。私が間違っているという明確な証明は、我々の時間の理解の中で、確実に重要な進歩をもたらすであろう。ある意味では、私は負けることはできない！　どんな結論が出たとしても、もしこの本が、あなたに時間について考える新奇な方法を与えて、宇宙の神秘のいくらかに触れさせ、私が三五年前に時間の研究に取り組んだように、一人の読者でも船出させることができれば、私にとって、この上ない幸せである。

時間の研究はそれだけのための研究ではない。それは、全ての物の研究なのである。

1-3　捕えどころのない時間を捕まえることに着手する(3)

全ての中で最も困難なことは、暗い部屋の中で一匹の黒猫を見つけることである。とりわけ、猫が居ない場合である。

孔子

我々は、時間が何であるかについてそれぞれの意見が一致するかどうか調べるところから出発しなければならない。問題は聖アウグスティヌスがそれを発見した時から、すでに始まっている。ほとんど全ての人達は、時間が何か直線的なものとして経験されることに同意している。それは、一本の直線の上に連続的に一列に並べられた瞬間、瞬間を通り抜けて、無情に前方に動いているように見える。我々は列車に乗っている乗客達のように、変転極まりない現在の上に乗っているのである。直線上のそれぞれの点は、新しい瞬間である。しかし、時間は前方に動いているのだろうか？——そしてもし仮にそうならば、何を通って？——あるいは、我々は時間を通り前方に動いているのだろうか？　それは全て大変な謎であり、それで哲学者達にとっては、永久に続く論争になっている。私はそれが我々をどこかに連れていくとは思わないので、それらを分別することを試みないことにする。時間についてのトラブルは、それが目に見えないことにある。自分が見たり理解するものについて語ることができなければ、決して同意できない。

時間のある瞬間がどのようなものであるか、について意見が一致しているかどうか聞いてみることは、より実りの多いことであると思う。私はそれが一枚の「三次元のスナップ写真」のようなものであると提唱する。どのような瞬間においても、我々は正確な位置に対象物があるのを見る。スナップ写真は我々の印象を確認する。画家達は、カメラが発明されるずっと以前には、スナップ写真のように見える絵画を描いていた。これは、瞬間の経験について考えるためのごく自然な方法であると思われる。我々はまた、他の感覚から証拠を得る。確かな位置にあって動いている物体を見ていると感じつつ、同時にかゆみを感じる。私が見る、聞く、においを嗅ぐ、味わうなど全てのことが、全体の中で一緒に編み込まれる。「一緒に編み込まれた物」は瞬間を定義する固有性であるように私には思われる。それは、それに統一性を与える。

もし、多数の人達が、同じ瞬間に、あるシーンの普通の二次元のスナップ写真を撮るならば、私が心の中に持っている三次元のスナップ写真が組み立てられる。彼等の間の情報を比較することによって、その瞬間における世界の三次元の映像を作り上げることができる。それが、「今」という言葉によって私が意味するところのものである。そのような完全に異なる二次元の映像を三次元の描写の中で調和させることができるというのは、大変驚くべきことである。この指令の可能性は、事象が三次元空間に存在していることを我々に示している。それは、同時に多くの異なった事物に気付いている直接的な経験の感覚を乗り越えて、その上にあるより深遠でさえある「一緒に編み込まれたもの」に導く。（それは、言ってみれば、それらを個々に数えずに六個の異なった対象物を見た瞬間に、その全体を知ることを可能にするものである。）私は、空間を「接着剤」とみなす。あるいは、事物を一緒に縛っている規則の一セットであるとみなす。それは、深遠な統一体の中の大多数であり、それが、現在を作っている(4)。

あなたは、経験が瞬間ではないということについて、異議を申し立てるかもしれない。ちょうど、スナップ写真に若干の露出時間が必要なように。確かに厳密に言えばそうであるが、我々はまだ、瞬間をスナップ写真にたとえることができる。それは私の知っている最善の理想化である。それは、時間の上に我々の両手を置くことを許す。もしそうでなければ、それは永遠に我々の指の間を滑り落ちていくであろう。瞬間と同じように、時間は目に見えない流れというよりはむしろ、コンクリートのようになる。我々は、軍事情報分析者が人工衛星で撮影した写真を調査しているように、写真の中に証拠を探し、熟考することができる。我々は、無数のスナップ写真が得られた時に、我々の連続した経験を「写真を撮ること」としてイメージすることができる。これらを使うことによって、我々は経験した時間の最も重要な特性を確認することができる。

1‐4　経験された時間の特性

我々が、多くの事象が起こるのを目撃している時に、人々の流れが通り過ぎていくという状況において、スナップ写真が撮られていると仮定する。そして、そのスナップ写真（直接経験しているように二次元でも、あるいは右で説明したように「三次元」でも構わない。）が一度撮られた後、山と積み上げてゴチャ混ぜにされていると仮定する。その写真の山を与えられた別の人が、そのスナップ写真を詳細に検討することによって、彼等が経験した順番通りにそれらを並べ替えることは、比較的簡単にできるであろう。映画はその個々のフレームから再び組み立てることができる。私の時間の概念は、「スナップ写真」が運んでくる詳細な記述に決定的に依存している。それは、我々が経験している豊かに構成された世界を要求している。

この想像上の演習（思考実験）は、経験した時間の最も重要な特性を明らかにする。すなわち、その瞬間は法則の中にすべて並べることができる。それらは、直線的な順序の中に入って来る。これは非常に強烈な印象である。それは、目に見えない時間によってではなく、コンクリートのような固いものによって創造されているのである。

他の特性を動けなくして正体を明らかにすることは、より困難である。時間の中で、前方に動いているという強烈な印象は、何から成りたっているのかということを、正確に言うことの困難さはすでに述べた通りである。我々はまた、時間の長さや持続期間の直感を経験している。あなたはこれらの明確な概念が、どのようにして発生するのかを知らないのだけれども、実際に、時、分、秒が我々の年齢を支配している。これは重要な問題である。最後に、時間は方向性を持っているという非常に強烈な感覚がある。砂の上に描かれた一本の直線は、それ自身では方向性を定義しない。もし時間が一本の直線であるならば、それは特別なものである。

時間の方向性についての証拠は、「スナップ写真」の中にある。多くのスナップ写真は、他のスナップ写真の記憶を含んでいる。我々は時間に関して、テストをすることができる。我々は一本の直線の中に配置された我々の経験した瞬間の一つで止まることができ、それが記憶を含んでいるのを見ることができる。我々はその直線のどこかに、覚えていた瞬間の存在する場所を見つけるだろう。それは、それから、それの記憶されている場所へと、方向を定義する。我々は、瞬間の他の組み合わせでもこれと同じようなことをすることができる。それらはいつも、同じ方向を定義する。多くの他の現象が、方向を定義する。コーヒーは、我々がそのカップを電子レンジの中に置かなければ、冷めてしまう。それは、そのままでは熱くなることは決してない。カップはそれを落とすと割れて砕ける。カップの破片が、テーブルの上に飛び上がって戻り、無傷のカップとして再び組み立てられることは決してない。全てのこれらの現象は、記憶にあるように時間の中の方向を明らかにしている。それらは全ての瞬間で同じ方向である。時間は矢を持っている。

このように、経験される時間は直線的であり、それは測定することができ、そしてそれは、一本の矢を持っている。これらは目に見えない川の特性ではない。それらはコンクリートのような瞬間に属している。時間について我々が知っている全てのことは、それらから得られる。時間は物質的存在から推測される。

1-5 ニュートンの概念

一六八七年に、ニュートンは空間、時間と運動の明確な概念を創始した。大部分が修正されたにもかかわらず、彼の体系の多くが変わらずに残っている。科学者達を含めた多くの人々が、時間について考えるための道が、まだ閉ざされている。

ニュートンの時間は、絶対的なものである。それは、完全に一定不変性をもって永遠に流れており、世界中で何物もその流れに影響を及ぼすものは無い。空間もまた、絶対的なものである。ニュートンは、空間を無限に大きなコンテナと考えた。それは、ガラスの透き通ったブロックが、あらゆる方向に無限から無限へと拡がったようなもので、それにもかかわらず、その中の物体は妨げられずに自由自在にその中を動くことができるのである。空間は巨大な劇場であり、時間は正面特別観覧席の時計である。その両方とも、事象よりもっと基本的なものである。ニュートンは空っぽの世界を想像することはできたが、時間と空間の無い世界は想像できなかった。多くの哲学者達は彼の考えに同意して、空間が永遠に続き、「ビッグ・バンの前にも時間が存在したに違いない」ということに納得した。

どのような瞬間においても、ニュートンの世界の中の全ての事象は、正確な位置に存在する。彼の絶対的な空間は二つの異なった役割を演じる。今まで討論したように、それはある瞬間において一緒にある物を拘束し保持する。しかし、それはまたコンテナの中にそれらを配置する。部屋の中でテーブルの二次元のスナップ写真を撮ったと想像してみよう。そこで、背景である部屋の色を塗り替えたとする。あなたはまだ、三次元のテーブルの形を復元することはできるが、それを置くべき場所は分からないだろう。ニュートンは、世界中のあらゆる事象はどの瞬間においても、正確な場所を占めていると主張した。そして彼はその場所を与えるために、一種の部屋のような絶対的空間を仮定した。彼の固定化したコンテナは、時間を通り抜けて持続するものである。我々は世界中の事象の実際のスナップ写真を撮ることができる（図1）。理想的には、これらのスナップ写真は、空間と同じように三次元であるべきである。そして、全ての事象が他の各々の事象と、絶対空間の中のそれらの位置に関係していることをスナップ写真は示している。ちょうど、サッカー試合のスナップ写真が、その撮影順番の記号とともに、競技場の選手達、ボール、審判を示しているように。観覧席の時計が時間を記録している。

ニュートンによれば、全ての物体は、物体の速度と方向を支配する正確な運動の法則に従って、絶対空間を通って動く。そして、その空間は、絶対時間によって計測されている。その法則は同様にして次のようである。もし物体の運動が、ある瞬間に知られるならば、その法則は未来の運動を全て決定する。全ての世界の歴史は、短時間の連続した瞬間に撮影された二枚のスナップ写真から確定することができる。（もし、あなたが二つの密接した狭い間隔の瞬間と瞬間に、あるものが何処にあるのかを知っているならば、あなたはその物体の速度と方向を言うことができる。二つのそのようなスナップ写真は、このように未来を記号化する。）

ニュートンの描写は、我々の毎日の経験にぴったり合っている。我々には絶対的な空間や絶対的な時間は

図1　テキストの中で説明しているように、ニュートンは空間をコンテナあるいは劇場と考え、時間を一定の流れと考えた。その困難さは、両方とも目に見えないことである。この図は、彼が空間と時間について考えた方法を表すことを試みている。このページの空白の白い部分は、目に見えない三次元空間のための、二次元の代用品である。そして、時間の流れの効果は、それが密接した等間隔の時間で閃光を引き起こすと仮定することによって、模倣される。ちょうど、ストロボの閃光が、暗い部屋の中のダンサー達を明るく照らし出すように、これらの閃光は時間の対応する瞬間に、絶対空間の中の対象物を照らし出す。このコンピューターの作成した相関関係図の中で、三角形の頂点が、絶対空間を通ってそれらが動いた時の三つの質点の占める位置を表している。連続した瞬間、瞬間の点によって形成された三角形が示されている。

見えないが、我々は全くそれらと似たようなあるものを見ている。それは、位置を明らかにする固い大地であり、その運動が一種の時計である太陽である。ニュートンの革命は、そのような枠組みの中を支配する厳密な法則の確立であった。

1-6　法則と初期条件⑤

これらの法則は、ある奇妙な特性を持っている。それらは確実な初期条件が、それらと結合した時にのみ、運動を決定する。ニュートンは、神が過去のある時に、絶対空間の中で一定の運動をするように対象物を置くことによって、宇宙を「組み立てた」（創造した）と信じていた。そしてその後、運動の法則が引き継がれてきたと信じていた。ニュートンの、時計仕掛け宇宙という考え方は、少し人を誤った方向に導く。時計は振子付き箱型大時計の振り子が、単純に行ったり来たりするような、前もって決められた運動をする。ニュートンの宇宙は、多くの運動をすることが可能であり、もっと注目されるべきである。しかしながら、一度初期条件が選ばれたならば、全てのものがそれに続くのである。

このように、宇宙の科学的説明の中に、二つの本質的に異なる要素がある。すなわち、永遠の法則と自由に明示できる初期条件である。アインシュタインの一般相対性理論と主要な天文学的発見は、単にこの二つの体系に、約一五〇億年前の時代に爆発した宇宙に、興奮させる目新しさを付け加えただけである。初期条件はビッグ・バンにセットされたのである。

何人かの人々は、この二つの体系を疑っている。それは不変の特徴であるのか？　我々は一体、初期条件なしで単独で成立するような法則を見つけることはないのだろうか？　これらの疑問は、特に日常生活と係わりのある問題である。なぜならば、ニュートンの法則（そしてまた、それらを入れ替えたアインシュタインの一般相対性理論）は、特性を持っており、それは、我々が宇宙の活動を見て感じている「過去が未来を決定する」という方向と全く矛盾しているように見えるからである。我々は、因果関係が未来から過去に向かって働くと考えることはない。科学者達はいつも初期条件を考慮している。しかし、ニュートンの法則とアインシュタインの法則は、両方の方向で等価的に確実に働く。真実は次の通りである。すなわち、図1に示された三角形の弦は、その糸に沿ってどこでも、どの隣り合った二つの三角形をとっても、その両方向への動きは、ニュートンの法則によって決定されるのである。あなたはその図を再び調べることにより、これについてあなた自身を納得させることができる。どちらの方向に時間が流れるかを言うことは不可能である。図1の説明では、等しい時間間隔で三角形を照らしている「ストロボ閃光」について話しているが、最初にどちらが照らされたかについては述べていない。科学者達は、世の終わりまで三角形を調査することはできたが、最初にどちらから来たのかについては、決して見つけることができなかった。これは、科学における最も大きな謎の一つとして物語られている。

1-7 なぜ、この宇宙はそんなに特別なのか?

今日、我々のまわりの我々が見ている宇宙は特別なものである。それは非常に高度に秩序化されている。たとえば光は、宇宙の至る所で一〇億の一〇億倍の星達からの非常に規則正しい流れの中で、彼方に流れている。これらの星達は銀河の中でともに集合している。その銀河には、いくつかの基礎的な型がある。ここ地球上で我々は、非常に複雑な分子や大変複雑になった生命形態を見ている。これらのものは、我々の地球に絶えず浴びさせている日光の一定の流れが無ければ、存在することができなかったであろう。しかしながら、ビッグ・バンで有り得ると考えられる限りの莫大な数の初期条件は、もっと面白みの無い宇宙に導いている。実際にそれは、我々の地球と比べて、明らかに退屈なものである。ただ例外的な初期条件だけが、現在の(天体の)配列に導くことができた。それは謎である。現代の科学は美しくて大変良くテストされた法則を持っているが、その法則が実際には、驚くべきことに宇宙を説明できていない。法則と初期条件の二つの中で、宇宙がなぜ今のようになっているのかということを説明する大きな責任は、初期条件の方にある。現在、観測されている宇宙はそれらが説明しているに違いないのであるが、これらの条件がなぜ存在するのかという説明については科学はまだ与えることができない。宇宙はまぐれ当たりのように見える。

宇宙の中の条理について、注目すべきことが二つある。すなわち、その大きさとそれを劣化させる方法である。約一五〇〇年前になされた科学の最も偉大な発見の一つは、熱力学の第二法則であった。蒸気機関が、熱を機械的に有用な動きに変換する時の効率の研究は、エントロピーの概念に導いた。これは、熱い気体からどれだけ多くの有用な仕事が取り出せるかを測定する物差しであり、独創的に発見されたと言われている。

我々が直接の経験から知っている時間の矢は、物理的過程の中に入り込んでいる。宇宙の中で観測されるほとんど全ての変化は、指向性を持っている。孤立した系の中では、温度はいつも一様になっている。これは、次のようなことを意味している。例えば、熱い気体を作るために冷たい気体からエネルギーを引き出すことはできない。それは、もっと気体を熱くしても、また、蒸気機関の中でシュッシュッと音を立てるように、それをもっと速く動かしても同様である。もっと厳密に言うと、もし、あなたがそうしたら、あなたが獲得するエネルギーよりもっと多くのエネルギーを消費し、結局、一層悪い状態になるだろう。

私は、カップが割れる時のような、一方向のみの変化についてすでに述べた。もう一つは、コーヒーと一緒にクリームを混ぜた時である。これらのプロセスを逆戻りすることは、事実上不可能である。これは、フィルムを後ろ向きに走らせることによって、見事に説明されるが、現実の世界ではそれが不可能であることを、あなたは知っている。この一方向性や（時間の）矢は、どの孤立した系のエントロピーも、それ自身いつも増加する（または恐らく一定に留まる）方向で通り過ぎているという事実に、厳密に反映されている。

観測されるプロセスのこの一方向性は、ニュートンの法則が両方向の時間について、平等に良く働くようであるという事実と鋭く矛盾していることが、一九世紀後半に認められた。物理学の法則が、どちらの（時間の）方向でも平等に良く進むことができると言っているのに、なぜ、自然のプロセスがいつも（時間の）方向に進むのか？一八六六年から一九〇六年九月五日に、絵に描いたようなアドリア海のリゾート地ドゥイーノで、彼が自殺するまでの四〇年間の間、オーストリアの物理学者ルドウィッヒ・ボルツマンは、この矛盾を解決することを試みた。彼は状態の確率として、エントロピーの理論的な定義を導入した。原子は二〇世紀の初め頃まで論争の余地を残していた存在だ。それはニュートンの法則に従って、すごいスピードで走り回っている小さな微粒子として想像されており、彼は原子の存在を固く信じていた。熱は原子のスピードの物差しであると仮定された。すなわち、原子の運動速度が速ければ速い程、その物質はより熱くなる。一九世紀後半になると、物理学者達は原子（それが存在するのは当然の事として）について、砂の粒子の中にさえあるに違いないような、数限りない数の原子の良いアイデアを持っていた。そして、他の人達の中でボルツマンだけは、統計上の議論が原子がいかに振る舞うかを表すために役立つに違いないと見ていた。

彼は、ある状態が、いかにありそうであるかについて考えた。一〇〇個の穴のある格子に一〇〇〇個のビー玉を手当たり次第に落とし込んでいると想像しよう。一つの穴に全部のビー玉が落ち込んで終わることは、とてつもなく起こりそうにない事である。私はビー玉に番号を付けるつもりはないが、一つの穴にまたは、四つの隣接した穴に全部のビー玉が落ち込む確率を計算することは簡単である。実際、人は格子の中のビー玉のそれぞれの可能な分配を列挙することができる。それで、これらの分配のいくつが、全てのビー玉が一つの穴に落ちる場合なのか、または四つの隣接した穴に、八つの隣接した穴に、等々（全てのビー玉が）それぞれ落ちる場合であるのかを知るだろう。もし、それぞれの分配が、等しく起こりそうであると仮定するならば、特別な結果が起こり得る道の数は、その結果あるいは状態の相対的な確率になる。ボルツマンは、この確率を原子に適用するという霊感的な直感を得た。この確率が、（それは、原子の速度もまた、考慮しているに違いないが）蒸気機関の熱力学的研究を通して発見されたエントロピーの物差しである。

技術的な詳細について、心配する必要は無くなった。重要なことは、エントロピーの低い状態は、固有のものとして起こりそうもないということである。ボルツマンのアイデアは輝かしい成功を収めた。そして、例えば近代化学の多くの業績は、それなしでは考えられなかったのである。そして物理的過程の不可逆性を思い出させるところの、もっと根本的な問題を説明するという彼の試みは、部分的にではあるが成功した。

彼は、巨視的エントロピーの動きと合わせて微視的エントロピーが、ニュートンの法則によって、必然的に増加しつづけるだろうということを示そうと思った。これは、起こり得ることのように見える。例えば、多数の原子が小さな領域に全部が集まっているような有りそうもない状態で、それらが低いエントロピーを持っている状態にあるならば、それらはより高いエントロピーを持ったもっとありそうな状態に移るだろうということは明白だと思われる。しかしながら、低い確率の状態から高い確率の状態に移動する原子の多くの力学的に可能な運動は厳密に存在するが、逆の動きも同様に存在することがまもなく指摘された。これは、ニュートンの法則が、時間の二つの方向について同じ形を持っているという事実の率直な結論である。ニュートンの法則は、単独では時間の矢を説明することができない。

かつて時間の矢を説明するために発見されたのはたった二つの方法だけだった。すなわち、その一つは、宇宙がとても有りそうもない特別な状態の中で創造されたとして、その最初の状態が、その後ずっと「その価値を低下させ」続けている（エントロピーを増大させ続けている）というものである。そして、もう一つは永遠に存在しているもので、最近の過去のある時に、非常に低いエントロピーの非常に起こりそうもない状態が、今、初期段階にある所にたまたま偶然に入ってきたとするものである。二つ目の説の可能性は、物理の法則と完全に調和している。たとえばもし、（ニュートンの法則に従っている）原子の集団が、箱の中に閉じ込められており、完全に隔離されているならば、原理の中で、それがかつて到達できたすべての状態、統計学的にとても有りそうもない高度に序列化された状態でさえ、時間の充分長い期間の間にはそれが起こり得る（あるいはその近くに、むしろ気まぐれにやって来る）こともあるだろう。しかしながら、非常に低いエントロピーの状態に戻る間の時間の間隔は驚くほど長い（やがて仮定される宇宙の年齢より非常に長い）のである。そしてこの説明は、決して人々を引き付けはしない。

事実は、運動の力学的な法則が、数多くの異なった可能な事態を許可しており、その中には、ほとんど理解できないような不可解な事態まで含まれているということである。興味深い構造や序列は、それらの最も小さな断片の中にのみ現れるのである。科学者達は、我々の見ている序列を説明するために、奇跡を求めるべきではないと感じている。しかし、見通しの暗い答え（単に退屈な場面が予期されるだけの答え）を与えるところの単なる統計学上の論争をやめることにする。あるいは、もし世界が高度に組織化されているが、極端にありそうもない状態にあるとしたら、我々は存在していないだろうし、ここでそれを観測することもないだろうという人間原理とでも呼べるものが何だというのか？

この本を書いた理由の一つは、時間の無い物理学が構造やエントロピーについて、考え方の新しい手法を提示することができると考えたからである。もし、本当に時間が無いならば、時間の矢を説明することがもっと簡単になるかもしれない！

第2章　タイム・カプセル

2-1　物理的世界と自意識(1)

第1章の中の討論は、時間の経過に対する我々の感覚が、どのようにして発生するのかという疑問を思いおこさせる。この問題に答え始める前に、我々は別の謎すなわち、意識それ自身について考えなければならない。どのようにして生命の無い無感情の物体が意識となるのか、あるいはむしろ自意識となるのか？

誰も、どんな考えも持っていない。意識と物体はチョークとチーズのように異なったものである。物質世界にあるものはどれも、我々の脳の部品が、どのようにして意識になるのかに関しては、何の手掛かりも与えてくれない。しかしながら、特定の精神的な状態と活動が、脳の異なったいくつかの特定の領域における特定の物理的状態と相互に関連付けられるような証拠〔脳波など〕が増えてきている。これはずっと以前になされたように、意識の状態が、いくらか脳の中の物理的状態を反映するという精神物理学的な並立が存在すると仮定することを自然なものにした。

その加工していない形を提示すると、我々の脳の状態を知っている脳科学者は、その瞬間の我々の意識状態を知るだろう。脳の状態は、我々に意識状態を復元することを許す。ちょうど紙の上の楽譜がオーケストラによって、我々が聞くことのできる音楽に変換されるのと同じである。系の「状態」、言ってみればば原子の集団は、科学者にとっては、ある特別な瞬間における、その全部の部品の位置と、これらの部品の運動を通常意味しているのである。その中で結局我々が直接運動に気付いている意識の状態は、瞬間の位置のみならず運動や、もっと一般的に変化（たとえば、電流や化学物質の流れと結合したような変化）もまた、含んでいる脳の状態（に対応する）と、少なくとも相互に関連していると、広く仮定される。これは、自然な仮説である。運動や変化に対する我々の認識は、オリンピック大会での体操や一〇〇m走の決勝を見ている時を考えると、強烈であり、しばしば興奮させられたりする。我々は運動の印象が、脳の中のある動きや変化によって作り出されるに違いないと想像する。

しかしながら、もし、脳の中の物理的過程が、ニュートンの法則のようなものに、コントロールされているならば、ある仮定は、時間の方向を区別できないという問題を引き起こす。どの方向に時間が流れるのかを言うのが不可能であることを示す図1は、これを明らかにしている。それがその三つの質点からその一〇億の質点に行くのは必然である。観測された結果には実際の原因がある。原因から結果に至る鎖は非常に長くかつ驚くべき形を取るかもしれない。しかし、原因は必ずある。それは、我々が目に見えない時間の流れについて直接的認識を持っている、と仮定することでは満たされない。我々の時間の経過の感覚、そしてもっと根本的に言えば、運動を見てその方向を知る感覚は、我々の両手で得られる原因を持つべきである。

むき出しの運動の法則の中の時間方向性の欠如は、ボルツマンを注目すべき提唱（注解の中で引用している）に導いた。[2] 我々が今まで見て来たように、ニュートンの体系は、高度に序列化された局面に入ることができる。単調な「砂漠」によって隔離された例外的に稀な周期がある。それにもかかわらず、ときどき系がその中に入るだろう。そのエントロピーは下がり、最小値に到達し、そしてそれから増加し始めるだろう。

我々は、時間の明確な方向の中のこのハプニングについて、考えるべきではない。その代わりに、我々は一本の直線の中で一列に並んだ系の状態を描くべきである。図1に示すように、そこで我々はどちらの方向でも「歩いて行く」ことができる。それらの間を限りなく伸ばしていくと、しばしば我々は、その中でエントロピーが減少して秩序が増加するような領域に偶然出会うだろう。その時、エントロピーは再び増加し始めるだろう。正反対の方向に「歩いている」誰かが、同じような経験をするだろう。さて、そのような状態の一本の直線は、人間を含む完全な宇宙を表すことができる。我々は大変複雑になっており、多くの注文を出しているので、我々はエントロピーの低い例外的な領域にのみ存在することができるのである。

最初に出会った時には驚くであろうボルツマンの提唱は、意識のある存在が最も低いエントロピーの一地点のどちら側に存在することができたかであった。そして、両側の存在は、それらが過去に存在していたその地点に関係しているのである。時間は、それからどちらの方向に行っても増加しているように見えるだろう。この考察において、時間それ自体は流れておらず、方向を持ってもいない。すなわち、それは、せいぜい一本の直線である。それは、物体の瞬間の配置だけがあり、それが、直線の上に洗濯物のように一列に並べられているのである。そして、それは時間がそれと結合して方向性を持っていることを非常にしばしば連想させる。その方向性は洗濯物の中にあり、直線には無い。さらにその上、直線の中の位置によっては、その「矢」は逆方向を指し示すだろう。

そこでこれが、我々の運動の認識と時間の経過の真の原因を与える。どの瞬間においても、自覚している意識は、エントロピーの傾斜がある所に沿っている「時間の直線」の短い切片に、実際に気付いている。時間はエントロピーの増加する方向に流れるように見える。面白いことに、自意識と理解力はいつも短い時間間隔で結びついている。それは、哲学者であり心理学者であるウィリアム・ジェームズ（小説家ヘンリーの兄弟）によって「見かけ倒しの現在」と呼ばれた。その「見かけ倒しの現在」は、短期間の記憶の現象と、文章や数行の詩やメロディーの断片をしっかりと捕まえて理解する我々の能力と密接に関係している。それは、約三秒間しか持続しないしない。

ボルツマンの概念の鍵となる要素は、構造の比較である。「時間の直線」の切片に沿って、脳波パターンの中に質的な変化があることが必要である。もし、それぞれの瞬間における脳波パターンが、一枚のカードにたとえられるならば、その時はそのパターンがカードの一パックになる。そして、時間の流れについての我々の意識の経験は、パックを横切ってパターンの変化から（どういうわけか）発生するのである。我々は、そのメカニズムを理解できないけれども、その結果は原因を持っている。

要約すると、ニュートンの時間は、過去から未来へという方向を持った一本の抽象的な直線である。ボルツマンはその直線を保持したが、その方向は保持しなかった。それは、「洗濯物」に属している。しかし、我々にはその直線が必要だろうか？

2-2　時間の無い時間(3)

多分、そうではないと思う。脳はしばしば、我々をだます事がある。我々が最初に、確実な描写体を見た時に、それらは物質的存在を表しているように見える。しばらくすると、そのイメージは明滅して我々は異なる何かを見るのである。その理由は良く知られているように、脳は我々がそれを見る前に、情報を加工処理しているからである。我々は、それらが存在するままの実在を見ているわけではなくて、脳が我々のためにそれらを解釈した映像を見ているのである。このように非常に理解できる理由はあるが、我々がしばしばそのような「詐欺」によってだまされているという事実が残る。

全ての運動が、類似した詐欺であることが可能だろうか？　我々が、ある瞬間において、我々の脳の中で原子を凍結できたと仮定しよう。我々は体操を見ているとしよう。脳の専門家は、原子の凍結パターンの中に何を見つけだすだろうか？　彼等はそのパターンが、その瞬間の体操の位置を暗号化しているのを確実に発見するだろう。しかし、それは少し前の瞬間の体操の位置もまた暗号化するだろう。実際、そうであることはほとんど確実である。なぜならば、脳は瞬間的にデータを加工処理することができないし、加工処理は脳の中で後方や前方へのデータの伝達を含んでいる事が知られているからである。ある特定の時間間隔を越えて、体操の位置に関する情報は、それ故に、どの一瞬においても脳の中に存在しているのである。

私は脳が、どの瞬間においても、それがあったのと同様に、何枚かの映画のスチール写真をいつも収容していると提唱する。それらは、我々が動いている物を見ていると考えている対象物の異なった位置と符合している。そのアイデアは、それがどの一瞬においても全て存在している「スチール写真」のこの蓄積であることと、それが、我々が実際に見ている運動とともに精神物理学的対比に立脚しているのである。脳は「我々のために映画を上映している」。もっと正確に言えば、オーケストラが楽譜の上の音符を演奏しているのである。私は、これがどのようにしてなされるのかについて詳細に述べることを企てている訳ではない。私がやりたいことの全ては、根本的な概念を横切っているものを得ることである。それに対して二つの部分がある。その第一は次の通りである。各々の瞬間的な脳のパターンは、この世界で我々が動くのを見ている対象物のいくつかの連続する位置についての情報を含んでいる。これらの連続する位置は、瞬間のやや小さい断片に対してのみ一致する必要がある。その第二は次の通りである。運動の出現は、その（図2）内部に含まれている体操のいくつかの異なった「イメージ」の同時的存在の外に、瞬間的な脳のパターンによって作り出されているのである。これは、遅かれ早かれ脳の状態とは無関係に独立して起こっている。

この提唱は、ボルツマンのアイデアからそんなにひどく異なってはいないので、運動の感覚は、「時間の直線」に沿って配列されたいくつかの質的に異なるパターンから作られる。代わりとして、私は次のように

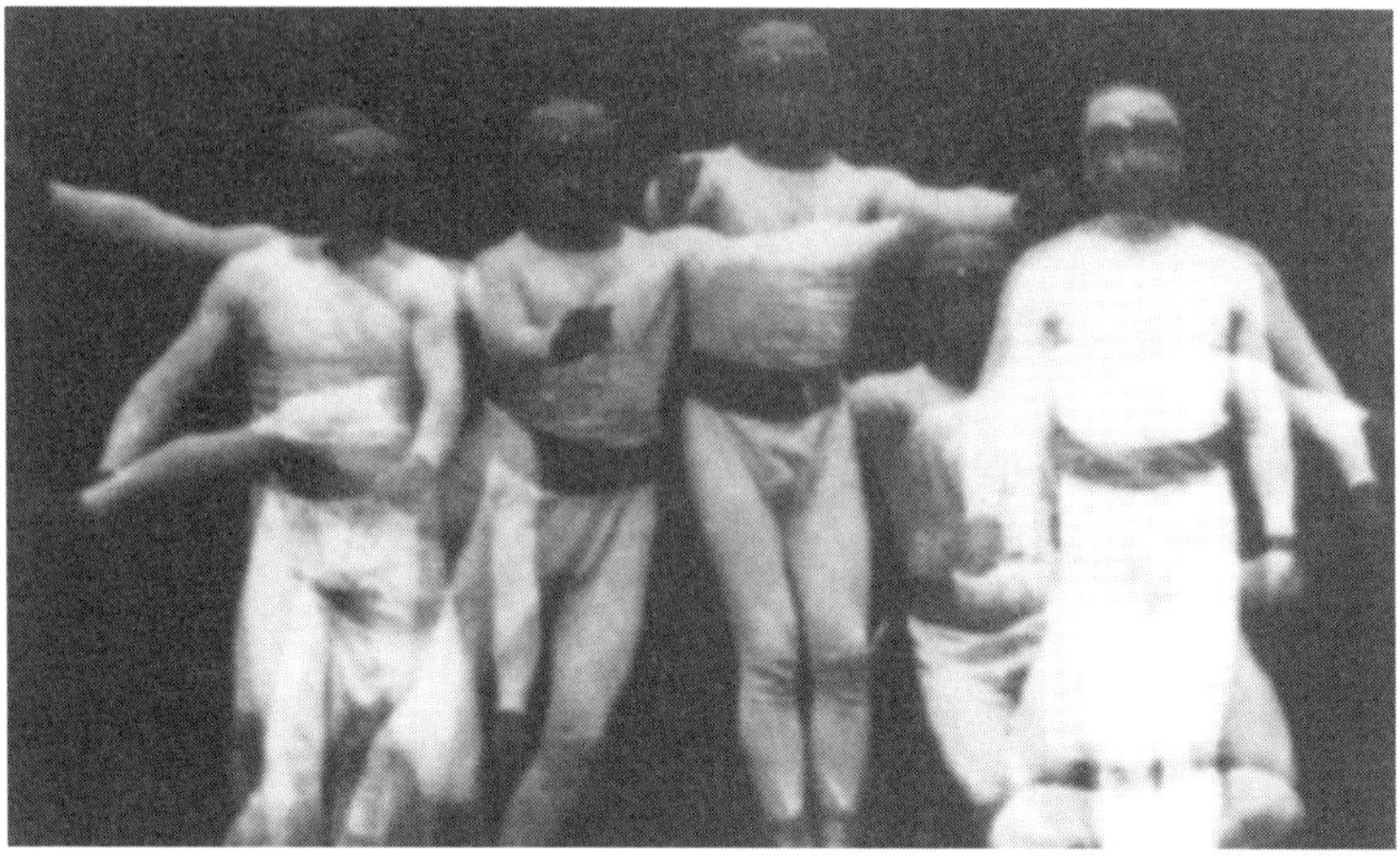

図2　そこに誰も居ない時に、運動を「見る」ことを可能にするに違いない方法についての私の説明は、この側方ジャンプの描写写真の中に描かれている。私の仮説は、我々の脳の中で原子のパターンが、どの瞬間においても体操家の六つや七つの映像を暗号化しているということである。標準的な「時間の」説明は、体操家が一瞬の断片の中で、これらの全ての位置を通り抜けて経験しているということである。私のアイデアは、我々が現実の運動を見ていると思っている時に、脳は同時に暗号化されたイメージを全て、解釈している。そしていわば、一本の映画のようにそれらを上映していると考えるのである。

提唱する。すなわち、パターンの中でいくつかの副パターンの並列から脳によって作り出されるのである。時間の矢は洗濯物干しロープの中には無い。何枚かの洗濯物の中にも無い。それは、それぞれの断片の中にある。もし我々が、トマトゼリーの中にこれらの脳のパターンの一つを保存することができたならば、運動している体操家を見ているという意識は、永久に存在するだろう。もしあなたが、このアイデアが少し驚くべきことであると気付くならば、私はうれしい。なぜなら、我々が熟考しなければならないと考えている「運動の凍結」を家に持って来ることができると私には分かったからである。実際、脳の役割と意識については、私は何も専門的意見を持たない分野であるので、私は、第一段階としてこの提唱を尊重することをあなたにお願いしたい。それは、この提唱が物理学の中で私が見ていることの主要な応用である概念を成功させる手段として重要だからである。

最後に、私は特別な現在、あるいは、私がそれを「タイム・カプセル」と呼んでいる概念について紹介したい。

2-3 タイム・カプセル

私は、運動の出現や変化や歴史を創造するまたは暗号化するどんな固定化したパターンもタイム・カプセルと呼ぶことにする。実例によってそのアイデアを説明するのが分かり易いだろう。たとえば、ターナーの絵画の中で嵐の中の「エアリアル号」である。それらは、絵の中ではすべて静的であるけれども、絵画はしばしば、何かひどい事が起こってしまった、あるいは起こりつつあることを暗示している。しかし、現実にはそれは単純である。私は、運動の印象を与える静的な物の、これ以上は無い良い実例であると思う。

絵の中では、その印象は故意に作られている。まして、私の目的にとって重要なものは、自然と発生しそれらが含まれているとみられる記録の検討によって、解釈されなければならないタイム・カプセルである。記録あるいは目に見える記録は、時間が幻覚であるという私のアイデアの中で重大な役割を演じている。たとえば、化石という言葉の意味に私は最初に「記録」という言葉を使用している。それは、自然に起こった事であり、実際に存在した物の遺物として、我々によって解釈されている。少し直接的に言うと、全ての地質学的構造、特に岩層は、過去の地質学的過程の（解釈されるべき）記録を構成するものとして、地質学者達によって今も変わらずに解明されている。最後に、人々が慎重に作り上げた記録類がある。それらはすなわち、医者の記録、委員会会合の議事録、天文学的観測記録、写真類、コントロールされた実験の初期状態と終局状態の描写、その他である。全てのそのような事象や、それ以上のさらに多くの事象を私は記録と呼んでいる。私の見解は、我々が記録と呼んでいる事象は実に充分にあり、それがそれらの構造であるということである。それらが、時間の中の我々の信念の正真正銘の原因である。我々の唯一の間違いは次のような解釈である。すなわち、タイム・カプセルは要因を持っている。しかし時間はそれの一部分ではない、とする解釈である。

今、もっと正式な定義を試みてみよう。信頼できる法則に従って、過去に存在していた過程の相互に一致した記録類を含んで登場したどの静的な配置も、タイム・カプセルと呼ばれるだろう。私の見解によると、それは残念な結果である。タイム・カプセルの（ウェブスターの）辞書の定義では、「ある未来の世代によって発見されるまで、保存するために（建物の礎石の中のような場所に）ていねいに置かれた歴史的記録やその時代の文化を代表するような物を収容するためのコンテナ」とある。私の考えは、それを意味していない。しかし我々は、一〇年間あるいは一〇〇年間の間、歴史的に門戸を閉ざしたままの一軒の家に歩いて入る、という経験を皆したことがあるだろう。そして、それが完全なタイム・カプセルであると断言する。これは、我々が経験している時間のそれぞれの瞬間の中で我々に対して起こっていると私は信じる。ただ相違点は、我々が我々の現在のタイム・カプセルを経験していることで、誰か他人のそれを経験しているわけではないということである。そして我々は、自らの経験を解釈する方法を間違えているのである。

次のことは私にとって重要である。すなわち、私が次の節で指摘しているように、タイム・カプセルの事象は、物理的世界の中で非常に広範囲に存在し、我々の精神的な状態や経験に制限されないということである。前の節の最後で私が警告したのに加えて、私は次のことを強調すべきである。すなわち、私は、ある注目すべき小説の役を演じたり、世界の中で物理学以外の役割を演じたりする意識を要求しているわけではない。ロジャー・ペンローズが、彼のベストセラー『皇帝の新しい心』の中で書いたのとは異なり、私は、精神状態と結合した「新しい物理学」があると提唱しているわけではない。あるいは、存在するかもしれないが、それは私のタイム・カプセルのアイデアの一部分ではない。しかしながら、私は、我々が世界を形成している絵画の中の意識の役割について、注意深く熟考しなければならないと信じている。

第一に、全ての知識と理論構成が、意識状態を通して我々の所にやって来る。もし我々が、事象の総合的な一枚の絵を描きたいと思ったら、我々は、意識に対して場所を割り当てることを避けることができない。それは、完全性にとって必要である。すなわち、我々は「自分達がどこに立っているか」について考慮しなければならない。これは、二番目の要素と密接に関係している。物理的体系として見た時に、脳は並外れた程度に組織化されている。それは、我々が呼吸する空気や、望遠鏡を通して見る星の集団よりも、はるかにもっと複雑で難解なものである。人間の脳よりも、もっと神秘的にかつ繊細に組織化されたものは、どの場所にも、宇宙のどこにもおそらく存在していないだろう。そのような脳の構造だけではなくて、我々の脳の中に、我々が収納した人間の蓄積した経験や文化の蒸留物もまた存在しているのである。しかしこの大変な組織体は、世界の絵を曲解して我々に与えているのかもしれない。もしもあなたが、竜巻の大渦巻の中でエアリアル号のマストに縛りつけられたターナーと同様にして立っているとしたら、あなたはおそらく宇宙がちょうど巨大な渦巻きなのではないかと思うことだろう。

我々が、コペルニクスやケプラーやガリレオから学んだ教訓は、ここでは非常に適切である。彼等は、正反対の圧倒的な証拠があるように見えるにもかかわらず、地球が動いていることを、我々に納得させた。彼等は、どこにも姿を現さない運動を想像することを我々に教えてくれた。タイム・カプセルの概念は、そのプロセスを逆戻りすること、たとえば、我々の経験している動乱の背後に、真実のものとして完全な静寂を見ることについて、我々を助けてくれるだろう。

私が娘と一緒にしたように、立って、冬の星達に逆行している木星に注目してみよう。澄みきって凍えそうな季節に毎夜、私達は、我々の感覚では完全に動かない地球の上に立っていた。そして、私達は冬の期間を通して天高く存在する木星を見守った。木星は、星達の背景の動きに逆行して、夜毎に東方に移動して行った。しかしそれから、木星はスピードを落とし、遂には止まってしまった。そして、古くから大きな謎であった逆戻りの運動をして西方に戻って行った。それから、この運動が止まり、東方への運動が再開された。この木星が動いた全ての運動の際中に、我々は動いていない。我々は、我々の目でそれを見ることができる。見ることは信じることである。しかし、コペルニクスは何と言ったであろうか？　我々は、地球に縛られている観測者にとって何が真実であるかを考える時、木星の奇妙な運動の原因が、天（木星）にあると考えてはならないという点で、注意深くあらねばならない。私は、木星の運動ではなくて地球の運動が、木星の後退する運動の原因となっていることを、私の娘に納得させることができた。事象を解釈するにあたり、我々は、我々がどこに立っているかを知らねばならない。そして、我々が目撃していることにそれがどのように影響を及ぼしているかを理解しなければならない。しかし、我々は最も複雑な情報処理装置、すなわち人間の脳の中央部から宇宙を観測している。我々が見ている物に対する我々の解釈に、それが、どのようにして影響を及ぼすのだろうか？

2-4　タイム・カプセルの実例

最初の実例として、我々は長期間の記憶を考慮し、脳の内部にとどまることができる。クリスマスで我々が時々遊ぶゲームは、組織の中に保存された共通の一致した記録類の重要性を明らかにする。最近の世界の歴史の中で、一五件の事件が一枚一枚のカードに、日付無しで記載されており、得点を競うのである。遊戯者達はチームに分けられ、良く混ぜられたカードが配られる。各チームは、カード類を正しい年代順に並べることに挑戦する。その仕事に着手するために、各チームの唯一の頼みになるものは、彼等の集積された長期記憶である。全ての立派な現実主義者（私自身も含まれる）が、確実に賛成するのは、どうしたものか、彼等の脳の中の「固く結びついたもの」であるだろう。各チームが、どのようにことを運ぶかは、彼等の脳の中の記録すなわち、そのメンバーの記憶力の一致による。

この例は、過去について私達の知っている全ての事実は、実際、現在の記録類の中に含まれていることを明らかに示している。過去はもっと現実的になり、記録類の一貫性が大きければ大きい程、より明白になる。しかし、過去とは何だろうか？　厳密に言うと、それは、我々が現在の記録類から推測できること以上のものは何も無い。「記録」という言葉は、問題を早まって判断させる。もし我々が、過去が推測であることに疑いを掛けに来たならば、我々は、「首尾一貫した物語を語るように見える構造物」みたいな、あるもっと中立的な表現によって、「記録」という言葉を置き換えるかもしれない。

この記事に関連して言えば、新しい記憶を形成する能力を取り去られ、損傷を受けていない長期間の記憶だけ残しているという痛ましい脳の損傷の実例がある。ある患者が、四〇年前に行なわれた手術以前に彼が持っていた記憶と感覚を保持してはいるが、残りの部分は空白である。たとえ、その時に起きていたことについて、何年も前のことであっても、有意義な討論をすることは可能である。しかし、その次の日になると、彼はその討論について何も覚えていないのである。成熟した脳はタイム・カプセルである。歴史はその構造物の中に駐在する。

我々自身の脳の次に、根本的に我々が知っているタイム・カプセルの最も美しい実例は地球である。いや、地球全体である。すべてのそれらの多方面にわたる形態の中で、地質学上の化石の記録が、最高のものであると私は考えている。構造の驚くべき豊かさがそこには有り、それが示す経歴は、目を見張るような一致を示している。私は、最初に地球の莫大な年齢を提唱し始めたのは、天文学者や物理学者ではなくて、地質学者であったということが、示唆的であると気付いた。彼等は、推測から出発した深い時間の発見者であった。そしてそれは、その大部分がまだ現在我々と共に存在している、岩石類からすべて読み解かれた。そして、地質学者がこれらの結論に到達した時に、彼等が持っていた形式から事実上変わっていない。地球の大昔の経歴や、そこから我々自身が創られたと信じている星屑、すなわち超新星の断片から創られた創造物の経歴は、岩石類の中の模様や構造に基づいた忍耐強い推論の上にさらに忍耐強い推論を重ねて、得られた物語である。その栄光をすべて内包している地球と同格であるこの岩石に基づいて、地質学者は世界の歴史を構築した。さらに宇宙の歴史さえも。

地球について、特にぴったりと当てはまるのが、マトリョーシカのように、タイム・カプセルの内側に重ね合わせてタイム・カプセルを含むような方法である。個々の生物学的細胞（正確に解明されたもの）は、そこから生物学者が遺伝的な時間を読みとるためのタイム・カプセルである。肉体の内部の器官類は、再びタイム・カプセルであり、我々の肉体の歴史と形態形成の足跡を含んでいる。肉体はそれ自身、タイム・カプセルである。歴史は顔に刻まれている。それは時代を運び、我々の誕生のおよその時代が分かる。我々は、皆、彼等の顔をチラッと見るだけで、その人の大体の年齢を言うことができる。我々が見る所はどこにでも、砂の粒の中にも、熟したチェリーの中にも、図書館の本の中にも、共通的に首尾一貫したタイム・カプセルを発見する。物語のこの首尾一貫した網目は、地球から遠くまで、宇宙の最も遠い範囲にまで拡張されてさえいる。化学的構成要素の大多数のものや、星間ガスの中の放射性同位元素や、大洋の水など豊富な物が、星の歴史や、最も明るい要素を創造したビッグ・バンについて物語っている。それは全て大変良くぴったりとはめ込まれた。

私にとって、二つの事実が、自然のこの奇跡からすべての上に突出してくる。我々がもし、自意識の中の動きに関する直接的な認識を考慮に入れないならば、時間と歴史に関する、このとてつもなく多い豊富な証拠はすべて、それが固執する構造の内部で、静的な配置の形態の中に暗号化されている。これが第一の事実であり、そしてそれは、皮肉なものである。時間に関する証拠は、一語一語、岩石類の中に描かれている。これが、時間の秘密がタイム・カプセルの概念を通して解明されてきたことを、私が信じる理由である。それはまた、我々の脳の中のタイム・カプセル構造に対して、時間や運動に関する他の堅固なそして頑固な証拠、すなわち、自意識の中のそれらについての我々の直接的な認識を破壊するために、私がなぜ調査したかの理由である。もしも私が、我々の短期間の記憶、換言すれば見かけ倒しの現在の現象の原因、そして現実に運動を見ていると思う原因となっているそのような構造物を創ることができるならば、その時には時間のすべての出現状態が、個々の現在の中の特別な構造物である共通の基盤に対して、破壊されるだろう。

黒板に書く必要のある第二番目の事実は、自然の絶対的な創造力である。自然はこの豊かさをどのようにして作り出したのであろうか？　そして、時間に関してそんなに強要的に一貫性を持って我々に語りかけてくる豊富な構造物を作り出したのであろうか？　時間が無いならば、どのようにしてそれが可能になり、そして我々はどのようにしてやって来たのだろうか？　時間の出現は深い現実である。運動なしでさえ我々は（時間の流れを）見るし、我々は時間の経過を意識の中で感知する。それは全て、岩石類に記録されている。宇宙に関する、どんなまことしやかな説明でも、第一にそして真っ先に、我々が見ている構造物の実在と、それらが運んでいるところの意味論の重荷（例えば、見掛けは意味深長な物語）を説明するに違いない。

もしも、それらがどのようにして起こって来るのかについて、我々が説明できるならば、タイム・カプセルは、その矢の起源に関するボルツマンの説明よりも、時間の特性に関するもっと多くの根本的な説明の見込みを提供する。矢の出現を説明するために、彼は、一本の「時間の直線」に沿って一列に並べた、瞬間の連続をまだ仮定しなければならなかった。私は、すでに、その直線が余分なものであるかもしれないと提唱している。それが存在しているという結論は、単純な現在から出てくることができる。瞬間は時間の中にあるのではない。時間が瞬間の中にあるのである。

第3章　無時間の世界

3-1　最初の概要(1)

さて、私は、少なくとも論理的な可能性として、時間の出現が無条件の無時間性から現れることができることを、あなたに示すのを試みる事から始めたい。私は二つの仮想運動を比較することによって、これをなすつもりである。私は、「今の理論」と「無時間理論」とそれぞれラベルを付けた二つの袋を、あなたに与えることから始める。あなたがそれらの袋を開けた時、あなたは、それぞれの袋が良く混ぜられた、三角形の厚紙で満たされているのが分かるだろう。さて、それらの三角形の厚紙は、あらゆる形とサイズにわたっている。まず、あなたに注意して欲しいのは、第一の袋は第二の袋よりもはるかに少ない三角形の厚紙が入っていることである。厳密な試験は二つの集合体が非常に異なっていることを知らせる。まず、「今の理論」の内容を述べることから始めよう。

最初にあなたは、それがあらゆる異なったサイズの三角形を含んでいることに注意してもらいたい。一番小さい三角形があり、それは非常にちっぽけである。それから、それに似ている別の非常に小さな三角形があるが、先程のものより少し大きくかつわずかに異なった形状をしている、等々である。実際、あなたはまもなく、一つの順番に全ての三角形の厚紙類を並べることができるのに気付くだろう。それらを並べる順序は明白である。なぜならば、各々の連続する三角形は、ほんのわずかだけ、その前のものと異なっているからである。それらの、少しずつ増加しているサイズは、順序付けを特に易しくする。もちろん、本当の袋には有限の数の多くの三角形だけが入ることができる。しかし私は、無限に多くの三角形があり、そして順序は無限であり、三角形はますます大きくなると仮定するつもりである。

そのような三角形の順序は、「写真撮影」を連想させるような経験した瞬間の順序に似ている。それはまた、神が宇宙を創造することを決定された瞬間から、ニュートンの瞬間の連続に似ている。あるいは、最小の三角形で表されるビッグ・バンの瞬間から膨張する宇宙の状態の連続に似ている。実際に、「今の理論」の内容は、最も単純化されたニュートンの宇宙と一致している。それは、実際の宇宙の複雑性をモデル化し始めることができる。すなわち、図1に示すように、絶対的な空間と時間の中で動いている三つの質点がある。最初は、お互いに非常に狭い所に押し込められていたものが、重力がそれらを引き戻すことができない程、大変急速にばらばらに移動し、それらは、無限大にまで飛び散るのである。

ニュートンによれば、三つの質点は、すべての瞬間において、絶対空間の中で確かな位置にあり、確かな三角形を形成している。三角形は、その質点が絶対空間の中で、それと同じ場所にはない別の質点との相対的な位置関係をどのようにして決めるのかを、我々に教えてくれる。それは、私が「今の理論」の袋の中に入れたと仮定しているところの、厚紙に相当するそのような三角形である。我々は絶対的な空間や時間を直接的に経験することはできないので、私はそのモデルが、我々の現実の経験に対してもっと密接に整合するように試みた。三角形の連続が、可能な歴史に相当している。法則の体系と初期条件の両方にぴったりと合った、そのような歴史は、たくさん有り得るだろう。しかし、我々は「今の理論」の袋の中に、唯一の歴史を見つける。

次に、我々は「無時間理論」の袋を調査する。そこには二つの大きな相違点がある。第一に、それは莫大に多くの三角形を含んでいる。（実際に、それは考えられる限りの三角形をすべて含むことができる。）もっと重要なことは、それらが非常に多いので、連続した順序にそれらを整列させることは、全く不可能であるということである。第二に、その三角形は、多様なコピー類の中にも存在する。我々は、非常に広範囲な捜索の末に、特別な三角形について一〇個の同じコピーを見つけるだろう。他の二つの特別な三角形について各々一〇個のコピーを、さらに他の一〇〇〇万個の特別な三角形について各々一〇個のコピーを見つけるだろう。それが、実際の完全な歴史である。それが、大部分の人々が気付くだろう全てである。

「今の理論」の袋は、経験に全く密接してぴったりと合っていることに、あなたは同意するだろうと思う。三角形は、あなたが経験している瞬間、瞬間のそれぞれを表象している。そしてそれらは、連続して他のものに続いている。ちょうど、瞬間、瞬間がそうであるように。袋の中であなたにそれらを与えて、あなたが順序だってそれらを並べられるようにすることによって、私はあなたに、歴史を眺める「神の眼」を与える。すべての瞬間、瞬間は、それがあったように、永遠の中に散開している。まるであなたが、山頂からそれらを見渡したかのように。実際、時間について考えるこの方法は、長い間、キリスト教の神学者や哲学者の間では、日常茶飯事のことであった。そして、時間は存在せず、その瞬間、瞬間全てが、一緒にそして同時に、永遠の中で存在していると、主張することを彼等に思い付かせた。私の主張はもっとより強力である。もし、我々がそれの全てを見ることができたならば、現実は、状態のその単純な連続からなる「今の理論」の袋の中身のようなものではまったくないと、私は唱えている。それは、「無時間理論」の袋の中身のようなものである。その袋の中には、原理の中で考えられる限りの全ての状態が存在し得る。その中で、状態の独特の順序として我々が持っている歴史上の経験と似ているものは何一つない。すなわち、その経験は、状態の独特の順序があることを、当然の事とすることによって通常説明されるからである。私は、そのような順序があることを否定する。そして、その中にいると信じることを我々に促すような経験に対する、異なった解釈を提唱する。時間に関する我々の直接的な経験と共通してその袋が持っている唯一のことは、時間の個々の瞬間のモデルとしての個々の三角形の間の類似である。

実際に、その袋類は、その中身が法則を成立させているところの他の特性を分担している。最初の袋の三角形の順序が与えられると、利口な数学者は、それらが三個の重力的に相互に作用し合っている本体によって形成された三角形に対応することを導き出すことができた。彼等は、絶対空間の中での本体の位置や、連続した任意の二つの三角形の間で経過している時間の量を、復元することとさえできた。二番目の袋では、数学者は、その中で異なった三角形が現れる総数が、「偶然選ばれているのに」、ランダムではないことと、それが法則を成立させていることを発見するだろう。その総数は秩序正しいやり方で三角形から三角形に変化する。しかし、少なくとも最初の一見で、この法則は、最初の袋の中の三角形の独特の順序を生み出すところの法則と何のつながりも持っていないように見える。同様に、法則の二つの体系や最初の袋の（三角形の）順序を生み出す初期条件のようなものも何もないのである。私がまだ説明することを試みていない感覚の中に、それに加えられるべき初期条件のようなものが一切必要ではない法則がまさに存在しているのである。

今まさに述べてきたように、時間の出現はこれまでに、「無時間理論」の袋の内容物から、どのようにして現れてきているのだろうか？　確かに、ゴチャゴチャに混ぜられた堆積物の中に横たわっている裸の三角形は、そのような奇跡を起こすことはできない。三角形は、あまりにも単純な構造を持っている。もし、時間の概念が現れるべきであるならば、これが、特別な方法で注文された豊富な構造物が、極めて重要な要素であることを、なぜ私が言ったかという理由である。もしも、我々が「無時間理論」の袋を開けた時に、三角形ではなくて、それらのいくつかが私が定義した感覚の中のタイム・カプセルであるような、莫大かつ豊富な構造物が入っているのを発見するならば、私の骨の折れる仕事は、全くそんなに絶望的なものには見えないようである。定義によると、タイム・カプセルは時間を暗示している。しかし、別の特徴の無い構造物の莫大な堆積物の中から、少しのタイム・カプセルをちょうど見つけることは、それほどたいした意味はないだろう。

これは、袋の中で見つけられた全ての構造物は、多様なコピーで提供され、非常に広く変化することのできるこれらのコピーの総数が、正確な無時間の法則によって決定されるという仮説が、決定的なものになる場所である。袋の中の同一のコピーの総数が多い全ての構造物は、タイム・カプセルであると仮定する。ところが一方、構造物の少ないコピーがあり、それはタイム・カプセルではない。存在できる可能な構造物の圧倒的大多数が確実にタイム・カプセルではないので、タイム・カプセルでその袋を満たすような法則は、独創的な人が言う様に、非常に選ばれたものであるだろう。加えて、その効果が構造物の間で、異なった取り扱いをすることであり、そして実際に、驚くべき精度でタイム・カプセルを選ぶところの無時間の法則によって、宇宙が統治されている証拠を、もしあなたが発見することができたら、その時あなたは、もっと本気でそのようなアイデアを取り扱い始めるであろう。あなたは、一本の道が見え始めるかもしれない。すなわち、「無時間理論」はその中で時間に関する我々の経験を今でも説明する事ができるだろうし、多分、「今の理論」より優れているだろう。

しかしながら、あなたは多分、そのような可能性を最もひどい途方もない空想として退けるだろう。なぜ、自然は（我々の）時間に関する印象を創造するために、単純にそのように仕組まれた長さで進むのであろうか？　そしておろかな人間達をだますのだろうか？　この自然な反応に反撃するために、第1章で私が述べている時間の非存在の、これらのヒントについて、もう少し詳細を述べるチャンスをいただきたい。これは、ある劇的な変化が近いうちに起こりそうであり、少なくとも、あなたを納得させることだろう。

3-2 時間の危機

物理学は、最も根本的な科学であると考えられる。もし、我々がなんとかして我々自身の外に踏み出すことができたら、我々がそれを見ているような現実の絵を作り出そうと試みることができる。この理由により、それはむしろ観念的である。加えてそれは、量子理論が支配している原子の内側奥深くや、アインシュタインの一般相対性理論が支配している宇宙の遠く離れた拡がりのように、人間の日常の経験から遠くかけ離れた条件のもとで、しばしば取り扱われる。私があなたに話したいアイデアは、この二つの王国(BOX2参照)を統一するために、この四〇年間の挑戦から生まれたものである。それらは危機を生み出す。宇宙の純粋な働きは賭けである。すなわちその中で、時間のような何かが発生しているような、それらに共通な描写を与えることは、自然な納得のゆく方法で可能であるとは思えない。

挫折感を起こしている中で、小さな進歩があった。しかしながら、一九六七年に達し得る最高の見取図がアメリカ人のブライス・ドウィットによる論文から現れたのである。彼は、彼の推論が完全であれば、原子も小宇宙も共に宇宙全体を、統一した方法で表す方程式を発見した。「ブラック・ホール」という言葉を新しく造り出したアメリカの物理学者ジョン・ホイーラーが、その発見の主要部分を果したという理由で、この方程式は「ホイーラー‐ドウィットの方程式」と呼ばれている。それは、少なくとも三つの点で論争の余地がある。第一に、多くの専門家がその方程式の純粋な起源に欠点があると信じていること。すなわち、それが正しくない手順に従って獲得されたからである。第二に、その方程式はまだ、克服されるべき多くの技術的困難があるので、正確に定義さえされていないことである。実際、それは、まだ証明されていない方程式に関する試験的提唱を、推測としてもっと正確に考慮に入れていることである。そして第三に、専門家達は、その方程式がどんな意味を持っているのかということと、それが真実の方程式の状態として、支持されるのかどうかについて永久に議論している。皮肉なことに、ドウィットは彼自身、それがたぶん物事に関して行くべき正しい道ではないと思っていたので、彼は普通に、それを、「あのダメだと判定された方程式」と呼んでいる。多くの物理学者達は、自然のすべての力の間の深い統一を確立するだろうと期待されている「超ひも理論」と呼ばれているものを通り抜けて行く別の道筋が、前方へ進む正しい道であると感じている。ホイーラー＝ドウィットの方程式が余り注意を引かなかったことによって、大部分の物理学者の多くが「超ひも理論」に注目したことは、なぜ「時間の危機」が脚光を浴びたのかの、多分、主な理由である。しかしながら、その方程式は、量子理論と一般相対性理論の両者の深い特性を反映して統一することは、疑う余地がない。少数派の専門家のかなり多くが、その方程式を本気で取り上げている。特に、スティーヴン・ホーキングによって、この二〇年位の間になされた研究の多くは、その方程式に基礎を置いている。彼は、それが引き起こす時間の問題に対して、彼自身の特別な研究法を持っているのだけれども。

さしあたり、私がホイーラー＝ドウィットの方程式について言いたいことの全ては、もし、ある人がそれを本気で取り扱い、その最も単純な解釈を探すならば、そこに現れる宇宙の映像は「無時間理論」の袋の中身のような物であるという事である。長い間、物理学者達は、それが見たところ、時間の無い世界らしいという点に不信を抱え、それを避けていた。しかし、この一五年位の間に、少数だが少しずつ数が増えてきた物理学者達（もちろん私自身も含まれている）は、時間が本当は存在しないというアイデアについて好意を持って受け入れ始めている。これはまた、運動についても適用される。すなわち、提唱は、運動もまた純粋な幻覚であるという事である。もしも我々が、宇宙をあるがままに見ることができるならば、我々はそれが静的なものであることが分かるだろう。何も動かず、何も変化しない。これらが大きな主張である。そして、この本の大部分は、そのような結論に導くような、物理的過程（私はできるだけ簡単に述べた）議論について考察するであろう。最後に、私は、静的な宇宙がそれにもかかわらず、どのようにして運動と変化が充満した状態で姿を現すことができるのかに関する理論を、タイム・カプセルの概念を通して、その概略を述べよう。

今、私は、どうして宇宙が無時間で存在できるのかについて、好感触をあなたに持ってもらいたい。我々が最初に必要なものは、現在について考えるための正しい方法である。

3-3　究極的な劇場《アリーナ》(2)(3)

この本に通底する問題は、これである。すなわち、宇宙の究極的な劇場は何なのか？　それは空間と時間（時空）によって形成されているのか？　それとも他の何かによるのか？　これは、私が序文の中で引用したディラックの意見によって、持ち上がってきた問題である。すなわち、「この結果は、物理学の中の四次元の必要性がいかに基本的なものであるかということを疑うような方向に私を導いた」。私は、究極的な劇場は時空ではないと信じている。私はすでに、その場所の中に入っている概念をあなたに、与え始めることができる。

私は、ただ三つの質点からなるモデル宇宙によって、ニュートンの体系を説明した。その劇場は、絶対的な空間と時間である。考えるためのニュートンの方法は、個々の粒子を一点に集める。何かが空間と時間の中でそれらの位置を計算する。しかしながら、ニュートンの空間と時間は目に見えないものである。我々はそれら無しで行なうことができるだろうか？　もし、そうならば、我々は何をもって、それらの場所に置くことができるのか？　明白な可能性は、三つの粒子によって形成された三角形を、まさに熟考することである。そして、各々の三角形は粒子のある可能な相対的配置を表している。これらは、私があなたに対して、以前に熟考するように頼んだところの、「今」のモデルである。我々は三角形の総計により、この宇宙に関する「今」の全体性をモデル化することができる。三角形のこの総計について熟考し始めることは、非常に有用であるだろう。それは、実際に、まるでそれが故郷であり、あるいは風景画であるかのような、無限のコレクションになるのである。

もしも、あなたが、現実の眺めの中で、どこかの地点に行けば、あなたは、風景画を得るだろう。特別なそして人工的な眺めを除けば、その風景画は各々の地点で異なっている。もし、あなたが誰かに会いたければ、あなたはあなたの選んだ待ち合せ場所から撮った一枚のスナップ写真を彼等に与えることができる。あなたの友人は、まもなくそれを同じものであると認めることができる。このように、現実の故郷の中の地点は、写真によって同一視されることができる。多少似たような方法で、私はあなたに「三角形の土地」を想像してもらいたい。「三角形の土地」の中の各地点は、あなたが見たり想像したりできる現実の事であるところの三角形を表象している。しかしながら、あなたは、ある地点に立ってあなたの周りを見回すことによって風景を眺めるが故に、「三角形の土地」は、あなたがその上の一地点に至るまでは、特色の無いように見える地面である。あなたがこれをなした時、一枚の（風景）写真が、あなたの正面のスクリーンに映し出される。あなたが至った各々の地点で、異なった写真が得られる。「三角形の土地」は、実際には三次元であるが、その中で、あなたが見る映像は三角形（複数）で表象される。「三角形の土地」を表すための便利な方法が、図3と図4に描かれている。

私が「三角形の土地」を表すためには、いくつかの面倒な事が起こってくる。なぜなら、できる限りの「現在」の全てをモデル化することに慣れているからである。あらゆる方向に無限に拡がっている絶対空間とは

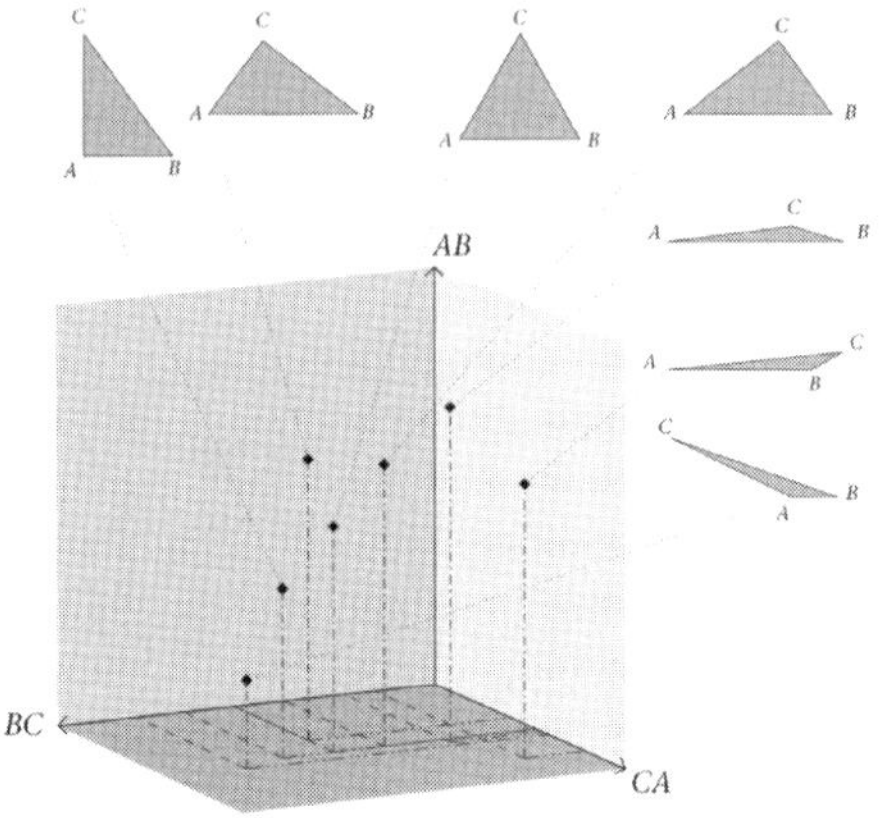

図３　七個の三角形は、三つの質点 A,B,C によって作られた宇宙モデルの、いくつかの可能な配置を表わしている。各々の三角形は可能な現在である。各々の現在は、あなたから最も遠い「室」の角で交わっている三本の直交する軸 AB,BC,CA によって形成される「室」の中で、（黒い菱形で表現している）点と結合している。与えられた三角形 ABC を表す黒い菱形は、「床」までの距離が（垂直軸に沿って計った）AB 側の長さであり、二つの「壁」までの距離が、他の二つの側すなわち BC 軸と CA 軸に沿って計った長さと等しい場所に位置している。点と線で描かれた直線は格子の座標を示している。このようにして、各々の現在のモデルは「室」の中の独特の点と結合している。テキストの中で説明したように、もしあなたが、黒い菱形の一つに「触れた」ならば、対応している三角形がライトアップされるだろう。しかしながら、「室」の中の全ての点が、可能な三角形に対応している訳ではない。　図４参照。

違って、現実の故郷のように、それには境界がある。それらは、図3の頂点と辺（骨組み）と薄板である。それらは、論理的に必要なものとしてそこにある。もしも、「今」が、三角形と同様に簡単なものであるならば、図3の中のピラミッドは、永遠のモデルとして見る事ができるだろう。永遠の概念は、確実に存在することができる「今」を全て単純化したものであり、我々がそれらを全て調査する事ができる様に、我々の前にきちんと並べられているからである。

三粒子モデルの宇宙は、もちろん、非現実的である。しかし、それはある概念を運んでくる。四粒子の宇宙においては、「今」は四面体である。粒子の数がいくつでも、それらは「立体配置」という、ある構造物を形成する。堅い構造物を形成するための支柱によって結び付けられたプラスティックのボールは、〝巨大分子〟であるDNAのような長い分子

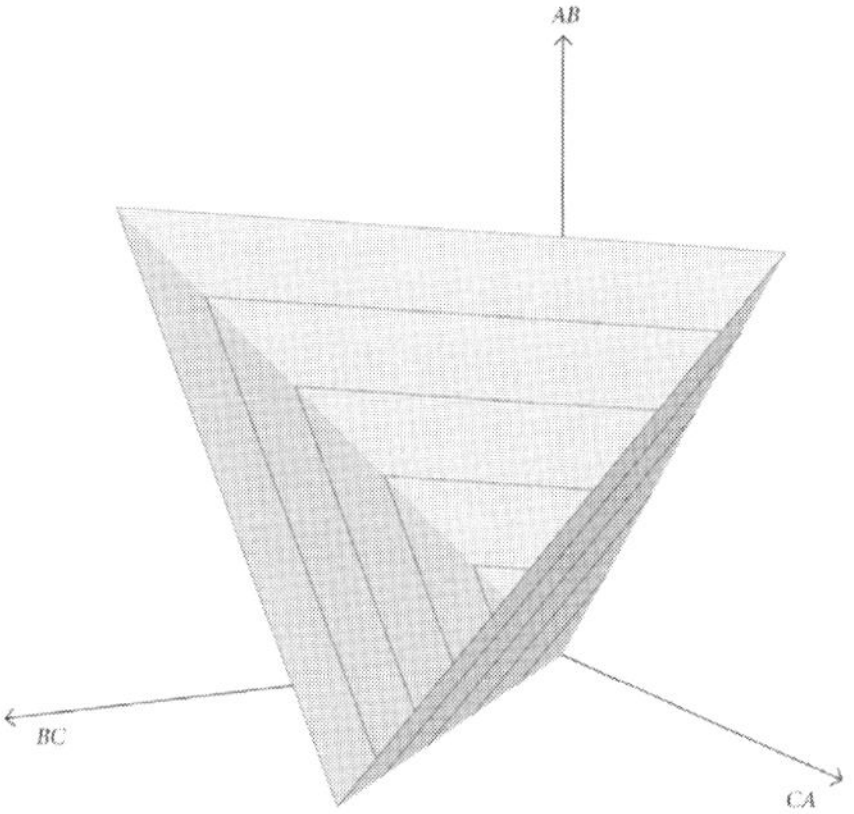

図4　これは、図３と同じ「室」と軸を示している。しかし、壁の影を除いてある。もっと重要なものがここで示される。どの三角形においても、ある辺は他の二辺の合計よりも長くなることはできない。それ故に、図３の「室」の中で、座標が他の二つの座標の合計よりも大きいような点は、可能な三角形に一致していない。全ての三角形は、（左側上方に向かって）AB軸とBC軸、（右側上方に向かって）AB軸とCA軸、（「床」に沿って、ほとんどあなたの方に向かって）BC軸とCA軸の三組のペアの間で、45度の角度で（あなたの方に向かって）走る三本の「骨組み」の間に架けられた「薄板」の内側に対応しなければならない。薄板の外側の点は、可能な三角形に対応していない。しかしながら、それらによって形成されたピラミッドの薄板と骨組みと頂点の点は、特別の三角形に対応している。もしも、図３の下部右側にある薄い三角形の頂点Aが、直線BC上に重なるまで移動すれば、その三角形は、まだギリギリ三角形ではあるが、一本の直線のようになる。なぜなら、BCの長さは今や、CAとABの合計（よりも大きくはならないが）と等しくなるからである。そのような三角形は、図４の「薄板」の一枚の上にある一点に相当する。もし、点Aがその時点Bの方に移動するならば、図４の中で対応する三角形を表しているその点が、二点の一致した特別の「三角形」を表す「骨組み」へ、「薄板」に沿って移動する。最後に、三つの「骨組み」が、「室」の遠い隅で交わるところの頂点は、全ての三つの質点が、そこで一致するところの独特で最も特別な場合に対応している。このように、「三角形の土地」は、三角形で成立させなければならない規則から生じる「型」を持っている。三つの質点が一致するところの独特の点を、私は「アルファ」と呼ぶ。

を含む、分子モデルとして、しばしば使われている。あなたは、そのような構造物を、その形を変えずに動き回らせることができる。自由に選ばれた数のボールを使って、多くの異なった構造物が作られる。それは、私があなたに、時間の瞬間について考えてもらいたいと思う方法である。各々の現在は構造物である。

三角形や四面体や分子や巨大分子などの、構造物のそれぞれの正確な集まりのために、その地点がそれらと一致しているところの対応した「土地」がある。その地点は可能な立体配置である。各々の立体配置は可能な事象である。それはまた、可能な現在でもある。不幸なことに、「四面体の土地」でさえ、そのどのような種類の見取図も作成することは不可能である。三つの寸法を持っている「三角形の土地」と違って、「四面体の土地」は六つの寸法を持っているからである。巨大分子のためには、莫大な数の次元を必要とする。「四面体の土地」の中にいて、あなたはその六次元の中で「動き回る」ことができる。前の例のように、その個々の点について考える方法は、以下の通りである。すなわちもし、あなたがそれらのどれか一つに触れたならば、対応する四面体の写真が「ライトアップされる」だろう。莫大な数の次元を持った、どの「巨大分子の土地」の中でも、「点に触れる事」が、対応している巨大分子を「ライトアップする」事態を引き起こす。もっと複雑な構造物でも、「土地」のより大きな数の次元で、それがそれらの代理を務める。しかしながら、「ライトアップされた」構造物は、いつもそれ自身三次元の存在である。

あなたは、これらのもっと大きな空間を想像してみる必要はない。「三角形の土地」がそれをするであろう。それが退屈な構造物であるとか、理解するのが難しい構造物であると思わないで欲しい。それは、実際、「配置空間」と呼ばれている物理学では非常に基礎的な概念の実例である。それは、あまりにも抽象的すぎるので、科学者ではない人の読む本の中で、説明することを試みるのは、通常では無理とみなされている。しかし私は、この概念無しでは、無時間宇宙に関する私の洞察をあなたに分からせる作業を、始めることができない。もしあなたがあなたの意識を、この概念の周りに引き付けることができ――そして私があなたに試みるように勧める――あなたは私の本の多くを確実に理解するだろう。配置空間の概念は、存在できる全てのものの見取図に対して同時に素晴らしく明瞭な道を開けている。

それはまた、ニュートン理論の上部構造を、余分なものとして徐々に取り除き、そして、それを知らせることにより、時間と歴史の新しい概念を我々に与えるだろう。三質点の宇宙の観察できる歴史は、目に見えない絶対的空間と絶対的時間がぼんやりしたかなたにある時に、ちょうど三角形の連続した順序である。我々は、そのような歴史を与えられていると仮定する。我々は、その時、三角形に対応する「三角形の土地」の地点に印を付けたり、区画したりできる。我々は、図4のピラミッドの内部で、あちこちに曲がりくねっている一本の曲線を得るだろう。この新しい見取図の中で、歴史は、時間の中で起こっている何かではなくて、一枚の風景画の中を通っている一本のパスである。一本のパスはちょうど、土地の中の点の連続的な航跡である。この本の中で、私は「パス」という言葉を非常にしばしば使っている。その言葉は、（通常、構成物質の点からなる）ある体系によって取られる配置の連続的系列の一般化的意味で使う。この意味で、理解されているのは、このパスが可能な歴史であるということである。この絵の中に、時間は存在しない。

パスは、ボルツマンの研究によって明るみにされたジレンマを目立たせた。どのパスの上でも、あなたは、あなたが今、立っている地点を宣言することができる。しかし、あなたは、どちらかの方向にパスに沿って歩くことができる。パスには、それが一方通行の道を作ることができるという概念は何もない。あなたはまた、動いている現在の概念がくどいかもしれないということに気付くだろう。あなたは、存在している「今」の中で、パスの上にそれぞれの連続する地点を作って、パスに沿って動く光の点によってそれを表すことを試みるかもしれない。そして、結果として「過去」よりももっと真実らしく、すでにそれを通り過ぎてきた地点をあて、「未来」として、まだ到達していない地点をあてるのである。しかし、もしも、私が暗示したように、全ての我々の意識的経験が、「今」の内部の実際の構造物にその起源を持っているならば、動いている現在という虚構無しで、我々はすますことができる。時間が現在の「今」を前進させているという私達が持っている感覚は、単純にその「今」の中に存在しているという我々の自覚なのではないか。異なった「今」は、異なった経験を引き起こして、それを与える。そして、それ故に、それらの中の時間が異なっているという印象を与える。

私は、「今」のその土地のために名前を必要とする。ヘラクレイトスとパルメニデスの約一世紀後に生きたプラトンは、唯一の現実の事柄は「イデア」であると教えた。それは、無時間王国の中に存在している、完全なパラダイムである。我々は、我々の死ぬべき運命にある存在の中で、これらの理想的な形を、ただ単なる束の間のチラッと見るだけで捉えている。今、私があなたに想像するように頼んだこれらの「国々」の中で、それぞれの地点が、それぞれの事柄が、プラトンのイデアとみなす事ができた。三角形は確かにある。私は、その対応する「国」を「プラトニア」と呼ぶつもりである。その名前は、その数学的な極致と無時間の展望を反映している。「プラトニア」の中では、何物も変化しない。その点は時間の全ての瞬間であり、全ての「今」である。それらは、単純にそこに有り、かつて、与えられ、そしてそれが全てである。

「プラトニア」は巨大である。大きさだけでは、その巨大さを伝達するには、不十分である。「三角形の土地」はすでに、三次元を持っており、その頂点と境界から無限に外側に拡がっている。それは、宇宙の中で三つの対象物がその道に配列されたところの、すでに莫大な数の道を反映している。対象物の数が増加しているので、それらが配列されるべき道の数は、信じられない程の速さで増加している。天文学の中で、ある人が偶然出会う物の数は、巨大な数の対象物の可能な配置の数とは比べものにならない。時間の瞬間は無数である。そして、それぞれが異なっている。

時間について「ことわざ」がある。それはどうも、最初は、一片の落書きの中で表現されていたらしいが、ジョン・ホイーラーによって大変好まれた。それは、ここでは適切であるように思われる。すなわち「時間は、すべての事が一斉に起こることを、妨たげるための自然の方法である」というものである。時間の無い世界では、「起こる」のような変化過程の動詞は存在しない。しかし、もし、「今」がコンクリート製、あるいは、それと異なる物であるならば、「すぐに起こる」ことができると想像することは、論理的矛盾である。すなわち、お互いに責任を押し付け合うものである。私は、その金言が、深遠な真実を表現していると信じている。

「プラトンの」課題を発達させていくと、我々が我々自身その中に居るのを見つける実際の宇宙が、いくつかの「プラトニア」に対応していると、私は推量している。我々は、その点の、すなわちその「今」の構造を、まだ充分に理解してはいない。多分、我々が完全に理解することは決してないだろう。しかし私は、どの瞬間においても、運動の出現を含んでいる我々の経験するものは、あるそのような「今」の一部分の変形された描写であると仮定する。これは、次の様なプラトンの独創的な考えから、そう遠くには離れていない。すなわち死ぬ運命にある我々は、生まれた時から洞窟に幽閉されている人間達のようである。そして、我々がかつて、外側の世界とその中の現実の人間達について、充分に理解したことの全ては、彼等が洞窟の入口を通過する時に、彼等が我々の洞窟の壁に投げかけた影である。プラトンが、「存在」（彼の形状の一つであり、私の時間の瞬間の一つ）は本物であるが、しかし、その「変化過程」は幻覚であると言ったのは正しかったと私は思うのである。しかしながら、私は、「変化過程」の幻覚が、「今」の特別なタイム・カプセル構造が真実であるとする何かあるもののお陰であると考える点で、プラトンよりも更に遠くに行っている。「変化過程」の幻覚は、その基盤を特別な「存在」の中の実際の構造に置いている。

「プラトニア」は、空間と時間にとって代わるに違いないと、私が考えている世界である。これが、なぜそうあるべきなのかとか、それが、どんな方法でなされたのかとか、「プラトニア」の中の物理学はどんなものなのかというような事が、この本の内容である。しかし、「プラトニア」の中で、創造と時間の推測される始まりが、出現するのがどれ程難しかったかを知ることはすでに可能である。大部分の人々は、時間が始まったということに困惑させられるだろう。「しかし、ビッグ・バンの前に何が起こったの？」という疑問を、我々は何回聞いたことだろう。その疑問は、永遠に流れている時間という概念が、魂の中に奥深く浸み込んでいることに対する難解さを知らせている。これこそ私が、時間の瞬間を「物質的存在」と呼んでいる理由である。あたかもまじないを打ち破るように。そして私が、我々の家として、「プラトニア」という名前を選んだ理由である。それはまた、私が歴史の表象としてパスを使った理由でもある。動物達がそれらを作る以前に地球上のどこにもパスが無かったように、「プラトニア」それ自身の中にパスは無い。「プラトニア」の地点、すなわち「今」は、彼等自身の世界である。時間の糸は、それらと繋がっていない。我々は、「プラトニア」の無時間の風景画の上に、「一本のパスを描く」ということが、何であるかをニュートン型の力学について考えなければならない。

いったん時間の直感的な概念を抹殺すれば、「プラトニア」の中の一本のパスのように、その歴史を見ることは容易となり、確実に開始や終了ができる。「陸地の末端」へ至るパスは、そこで終点となっている。すなわち、海だけがその向こう側に横たわっている。「三角形の土地」は、「陸地の先端」のような、地点を持っている。それは、図4の中で私が「アルファ」と呼んだ、ピラミッドの頂点である。その向こう側には、何も無い。海さえない。「ビッグ・バン」以前の時間を探すことは、アイルランド海の中で、コーンウォール州〔英国の南西部の小さな州〕を探すようなものである。もし、我々が、時間が存在し、その頂点で終わっているような、「三角形の土地」の中の一本のパスに沿って増加したり、あるいは減少したりしていると考えているならば、その時には、我々は、時間がその地点で確実に始まったりあるいは、終わったりしているのを見ることができる。これが、我々が「ビッグ・バン」についてどのように考えているかという事であると私は思う。それは、過去の中には無く、「陸地の末端」の種類である。

全ての「プラトニア」は、「三角形の土地」の頂点のように、識別する点を支配するために必要に応じて現れる。これが、私がそれを「アルファ」と呼ぶ理由である。「プラトニア」は、「アルファ」を持つが、「オメガ」は持たないということは、暗示に富んでいる。すなわち、存在できる事象の大きさや複雑性に対して、全く制限が無いのである。「三角形の土地」は、全ての「プラトニア」と同様に、「アルファ」から無限大まで、大きく広がっている。この事実を強調するために、「三角形の土地」よりも広大にもっと豊富に組織化される必要のある、我々の宇宙の実際の「プラトニア」の、いくぶんもっと美術的なそして同時に現実的な描写に私自身が挑戦してみた結果を図5に示した。

今、我々は、「プラトニア」の概念が、運動のような見た所単純な事柄について我々が考える方法を、どのようにして変化させるかについて熟考し始めなければならない。それは、時間の痕跡無しで、どのようにして体系から現れることができるのか？　運動は本当に純粋な幻覚なのか？　もし、我々が昨日ロンドンに居て、今日ニューヨークに居るならば、我々は移動したに違いない。運動は存在しているに違いない。それが、そうではないということを、私はあなたに説得したい。

3-4　運動は真実か？

我々は、ルーシーと呼ぶ猫を飼っていた。それは、非凡なハンターだった。彼女は、空気中で二メートル飛び上がって、飛んでいるアマツバメを捕まえることができた。彼女のその行動は二度見られた。そして、裏口のドアのそばにアマツバメの一番外側の翼の羽根を数回見かけたので、他の犠牲者達も捕まえたに違いない。このような事実に直面すると、「運動は存在しない」と主張することは、ばかげてはいないだろうか？

その議論は、疑う余地がないように思われる。なぜなら、我々はルーシーが、ある不変の同一性を持って

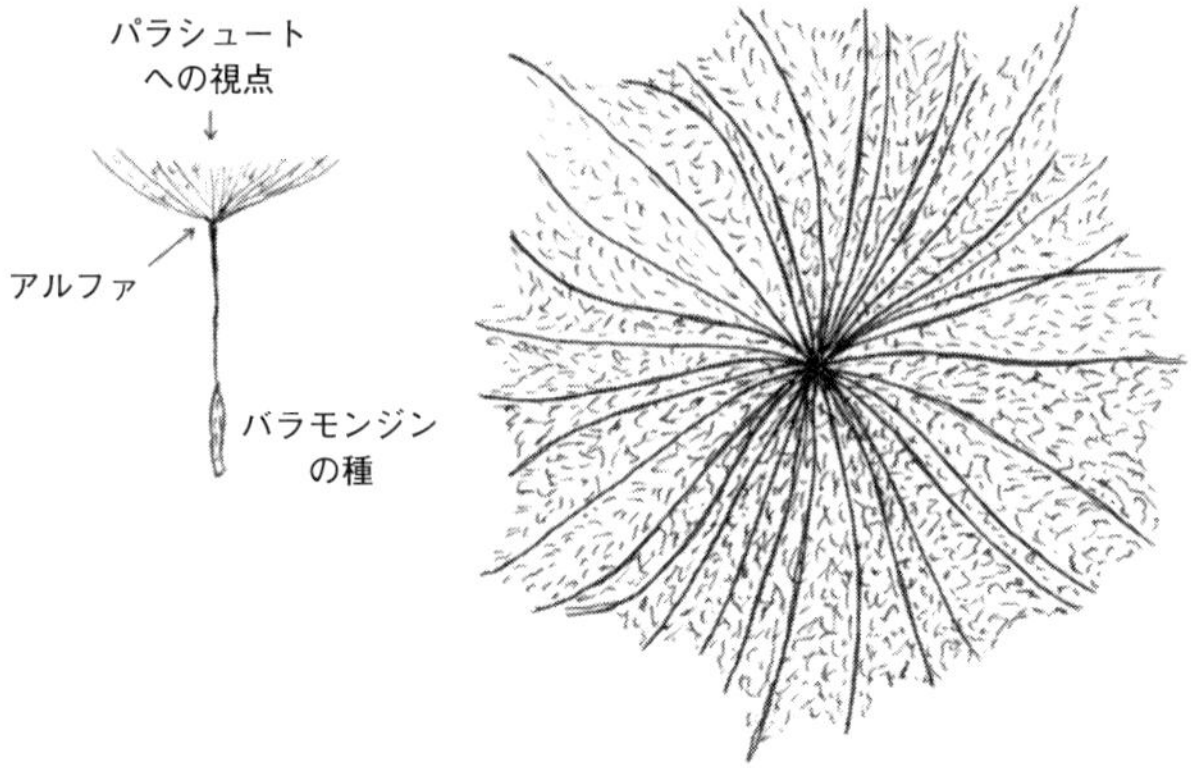

図５「三角形の土地」は、図４で説明したように、特別な三角形によって形成された境界であると共に、裏返しにしたピラミッドのようなものである。三つ以上の粒子の配置と対応している「プラトニア」は、境界のみならず、相似の内部の地形学的特徴も持っている。私の妻の庭で取れたバラモンジン（キク科植物）の種（左側に実物大の図を示した）のパラシュートに基づいて描いたこのイラストは、「プラトニア」の境界の豊富な構造のある概念を与えるための、試みである。より豊富でさえある内部構造を表すための試みは、なされていない。「プラトニア」の「アルファ」は、その骨組みが一点に集まっている所である。「プラトニア」は、「オメガ」を持たないので、バラモンジンの骨組みは「アルファ」から永遠に、外側に拡がっているだろう。（風が、むしろ能率的に本物の種子を、我々の隣人の庭に運ぶ。そして、そこで子孫が繁栄する。しかし、それらはいつも歓迎されるとは限らない。バラモンジンは素晴らしい野菜であるのだけれども。）

いる（あるいは、むしろ持っていたというべきであろう。彼女は、悲しいことに車の事故で死んでしまったからである）ことを、本能的に感じているからである。しかし、飛びついた猫は、着地した猫であるのか？我々は、彼女の体形の変化を除いて、どのような違いにも気付かない。しかしながら、もし、我々が接近して見ることができたら、我々は疑いを持ち始めるだろう。我々が見ることのできる一番小さな物体でさえ、その中の原子の数は莫大である。そして、それらは、流れの定常状態の中にある。私の議論の中では、大きな数は重要な役割を演じるので、私は、二つの実例を提供しよう。あなたは、かつて一粒のエンドウ豆の中の原子の数の絵を描くことを試みた事があるだろうか？

一ミリメートルずつ離れている点の列と、一メートルの長さを想像してみよう。それは、一〇〇〇（一〇の三乗）個の点であるだろう。

(最後の一個を忘れなければ、実際には、それは一〇〇一個である。)次の列との間隔がお互いに一ミリメートル離れている一〇〇〇組の列は、一平方メートルで、合計一〇〇万(一〇の六乗)個の点を与える。このような正方形の一つか二つ分の点の数は、私のような平凡な人間達が一生涯を掛けて稼ぐことのできる金が、およそ、この数字にポンドやドルといった単位を付けた金額である。今、一メートルの高さの立方体の中に、そのような一〇〇〇枚の正方形を積み上げて下さい。それは、すでにお分かりのように、一〇億(一〇の九乗)個である。そのように、一〇億という数を目に見えるようにすることは、驚くほど簡単である。五個のそのような立方体は、およそ世界中の人間の人口である。それでもまだ、我々の周りに、一粒のエンドウ豆の中の原子の数に近いものは、全然、どこにもない。

我々は、試みることを続けよう。これらの立方体とは別に同じ大きさの立方体を作る。一キロメートルの長さまで伸ばしたそれらの一〇〇〇個分は、一兆(一〇の一二乗)個の大台に乗せる。それらの作る一平方キロメートルは、(一〇の一五乗)個(人間の体の中のおよその細胞の数)になるだろう。そして、もし我々が、一キロメートルの高さまでそれらを積み上げたならば、我々は、(一〇の一八乗)個の数を得る。我々には、まだ行くべき長い道がある。この一立方キロメートルの立方体を一〇〇〇個並べた別の列を作ると、(一〇の二一乗)個を得る。最後に、縦一〇〇〇キロメートル、横一〇〇〇キロメートルの正方形で、高さ一キロメートルの中にそれを作ると、それは、その高さでイギリス諸島全体をすっぽりと覆い尽くすであろう。遂に、我々はそこに着いた。すなわち、今、手に入れた(一〇の二四乗)個という点の数が、一粒のエンドウ豆の中の原子の数に近いのである。一人の子供の体の中の(原子の)数を得るためには、先程の立方体を一〇〇〇キロメートルの高さまで、積み上げなければならない。それは、気の遠くなるような話である。

同じく、驚くべきことは、我々の肉体の中の秩序と、組織化された活動である。リチャード・ドーキンスの『利己的な遺伝子』からの、この引用を、熟考していただきたい。

我々の血液の中のヘモグロビンは、典型的なたんぱく質分子である。それは、それぞれが正確な型で配列された数ダースの原子から成るアミノ酸の分子の鎖でできている。ヘモグロビン分子の中には五七四個のアミノ酸分子がある。これらは、四本の鎖状にならび、お互いにからみあい途方に暮れるほどの複雑さを持つ球形状の三次元構造物を形成している。ヘモグロビン分子の模型は、まるで密集したイバラのしげみのように見える。しかし、本物のイバラのしげみとは違って、それは偶然に似た型になったのではなくて、明確な不変の構造である。人間の体内には、どの小枝もぴったり同じ形のヘモグロビン分子が、平均六×一〇の二一乗個も存在する、アミノ酸の同じ順序の要素から成る二本の鎖が、二本のバネのように、厳密に同じ三次元のコイル型の構造を示して安定している。ヘモグロビンのようなタンパク質分子の精密なイバラの型は、一定しているのはこのためである。ヘモグロビンのイバラは、一秒間に四億×一〇〇万個の割合で、あなたの体の中で、それらの「選ばれた」型に作られ、別のヘモグロビンは同じ割合で崩壊している。

私はそれらがそうであったに違いないと考えているように、「プラトニア」の中で、事象が正確に熟考されるならば、猫のルーシーはアマツバメを捕まえるために、決して飛び上がってはいない。事実は次の通りである。一匹の猫ルーシーは決して居なかった。一〇億匹のルーシーの上に一〇億匹、さらにその上に一〇億匹のルーシーが居た。(あるいは、むしろ居るというべきか。それは、「プラトニア」の中に、我々全てが居るのと同じように、ルーシーは永遠に居るからである。) これはすでに、一回の跳躍と降下の中に居るルーシー達にとって真実である。顕微鏡的に見ると、彼女の（体を構成する）一〇の二六乗個の原子は、彼女の全体の特徴の復元力だけが、我々にとって彼女を一匹の猫と呼ぶことを可能にしている、そのような拡がりに再配列された。我々が、それによって彼女を同定している特徴は、鋭い両眼、滑らかな毛皮、危険なカギ爪などが全部であるが、その特徴を、彼女のヘモグロビン分子でもっと比較できるだろうか？　我々は、これらのルーシー達について、接近して見ないし、そして、見ることができないので、我々は、彼女等が一匹であると思う。そして、全てのこれらのルーシー達は、宇宙の莫大な数の個々の「今」の中に、彼女等自身嵌め込まれているのである。「プラトニア」の中の無数の「今」は、全て完全なプラトン的静寂性の中にあり、我々がルーシーと呼ぶべき何物かを含んでいる。それは、我々が、一匹の猫が飛びついたと思っている彼女の「今」から、一匹のルーシーを取り去って「分離する」からである。猫達は、「プラトニア」の中で飛びついていない。彼女等は、まさにそこに居るのである。

あなたは、たとえ猫達が、永遠の独自性を持っていなくても、（彼女等の体を構成する）彼女等の原子は、（永遠の独自性を）持っているのではないかと、主張するかもしれない。しかし、これは原子が、識別する印と永遠の独自性を持った、ビリヤードの球のようなものであるということを、前提条件にしている。それらは、そうではない。同じ種類の二つの原子は判別できない。ある人が、「それらの上にラベルを張ること」はできないし、後でそれらを個々に見分けることもできない。さらに、より深く原子を構成するレベルでは、原子は、それら自身絶え間のない変化の状態にある。我々は、事象が時間の中で持続していると考える。なぜならば、構造物が持続しているからである。そして我々は、本質のための構造を間違えるのである。しかし、忍耐強く本質を探すことが、時間を探すことに似ている。それは、あなたの指の間を通って滑り落ちる。人は、同じ川の中に二度と入ることができないのである。

パルメニデスと同じ哲学学校に所属していた、エレア派の（哲学者）ゼノンは、その運動が不可能であることを示すために設計された、有名なパラドックスを明確な言葉で表現した。的に向かって撃った一本の矢が、的までの距離の半分を飛んだ後に、それはまだ、（飛んで）行くべき距離の半分を残している。それが、（さらに）残った距離の半分を飛んだ時に、それは、行くべき道の半分を残している。これは、永遠に続く。その矢は決して的に届くことができない。それで、運動は不可能である。普通の物理学では、時間の概念とともに、ゼノンのパラドックスはすぐに解決される。しかしながら、私の無時間の展望の中では、そのパラドックスは復活される。しかし、その矢はもっと基礎的な理由によって、的には決して届かない。すなわち、弓の中の矢は、的の中の矢ではないのである。

時間は存在しない、という私の主張には二つの部分がある。私は、唯一の真実の事象は、宇宙の完全に可能な配置であり、不変の「今」であるという哲学の信念から出発している。不変の事象は、「今」から「今」へと、時間の中を旅行しない。我々を含めて物質的な事象は、「今」の単純な部品である。この哲学的な見地は、その内部で自然だと思われている物理理論によって、調和したものにされなければならない。そのような物理理論が存在し、そして宇宙を表すように思われるその証拠が、私の主張の他の部分を形成している。この節は、単に哲学によって存在の概念を明瞭にさせたに過ぎない。構想の内容である物理学は、まだ到着していない。

3-5 見取図

ニュートンが生まれる前に、ルネ・デカルトは、恐ろしい予想を引き起こした。「何かが存在しているかどうかを、私はどのようにして知るのだろうか？」と彼は尋ねた。ある悪意のある悪魔が、私の思考や経験を（心の中に）現出させているのだろうか？　多分、どのような世界も存在しないのではないか。我々は何かについての確信をどのようにして得ることができるのだろうか？　デカルトは、少なくとも我々自身の存在について、我々は確信を持つことができるということを、有名な言葉で主張した。「コギト　エルゴ　スム（ラテン語）」すなわち「我思う、故に我有り」。実際のところ、これは彼を非常に遠くには到達させなかった。そして、彼の真実の世界に関する主な論点は、神がそのような根本的な問題に関して、我々を欺かないという事であった。

現代の科学は、疑いの極端な瞬間に居るデカルトのように、彼等自身の思考の外側の存在を否定する唯我論者達に対して、より良い答えを持っている。その出発点は、我々が現象の大きな変化を観察する事である。我々は、世界と現象に導いている法則を仮定する事ができるかどうかを、その時に尋ねることができる。もしこれがそうであれば、それは、その世界がどのようにして、あるいはなぜそこにあるのかについて説明してはくれない。しかし、それはその存在についてもっと本気で話すための基礎を与えてくれる。

あなたは、次のように考えるかもしれない。すなわち、タイム・カプセルと運動を見ることを意識している脳は、唯我論と悪魔の陰謀に対して、危険なところまで近づいている。本の残りを読んでもらう前に、概略を伝えよう。そのゲームに二つだけルールがある。すなわち、外部の世界が法則に服従しているに違いないという事と、それと経験の間の一致があるに違いないという事である。

ニュートンが、劇場の中に、宇宙の物質的な対象物を置いたという事実は別として、私の事象は彼の事象である。それらは、「今」すなわち宇宙の相対的な配置である。ニュートンの「今」は、一本の糸を形成しており、過去と呼ばれる一方の端から、創造の行為によって存在を連れてきた。それは通常、ある瞬間の我々の経験が、糸に沿って一点で、糸の短い切片の中に、その構造を反映していることを当然のこととしている。

それは、「今」というよりも、むしろ切片である。なぜならば、我々は位置の中にのみならず、運動の中にも事象を見るからである。しかしながら、単一の「今」は、位置の情報のみを含んでいる。位置の変化についての情報を持っている少なくとも二つの「今」を、我々は必要とするように思われる。

ビッグ・バン宇宙創成理論によって修正されたのと同様に、ニュートンの歴史は、「プラトニア」の中の一本のパスに翻訳されている。自然の法則が、そのパスを決定した後に、創造的な出来事として、確実な地点でそれは始まる。多くのパス達が同じ法則を成立させている。しかし、それら自身に対する法則は、なぜパスが他のものより優先的に、創造的出来事によって選ばれるのかについて、我々に教えてはくれない。

二者択一の見取図、すなわち量子力学によって提唱された見取図と、この本の中で提唱している見取図は、全く異なっている。創造的出来事と同様に考え出された、独特の出発地点に続くパスが何も無いのである。いや、それどころかパスというパスが全く無いのである。その代わりに、その各々が宇宙の異なった可能な配置を表している「プラトニア」の異なった地点が、少なくとも可能性として、異なった量で存在している。これは「無時間理論」の袋の中で我々が見つけたものと同等である。すなわち、多くの異なった三角形が異なった数量で存在している。これをもっと絵画的な方法で表すことが助けになるだろう。あの「プラトニア」が霧で覆われていると仮定する。その濃度は時間とともに変化しない。それは静的である。しかし、それは場所が変わると異なっている。それぞれの与えられた地点のその濃度は、(「無時間の袋」の中の三角形として前に例で示したように)その地点に対応した配置がいくつ存在しているかを計る物差しである。全てのこれらの配置は、異なった量の中に現れる。あなたは、「堆積物」や「袋」の中に一緒に集められた存在として、その瞬間を想像すべきである。

それで、「プラトニア」は霧で覆われている。その濃度は、(時間は存在しないのであるが)ちょうど良い時に変えることはできない。しかし、それは地点の場所によって変化する。ある場所において、それは、他の場所に於けるよりも、もっと濃い濃度である。無時間の法則はそれ自身の中で完全であり、霧が集まる場所を決定する。その法則は、「今」の間の霧にとって一種の生存競争である。お互いに良く「共鳴する」物は、より多くの霧を得る。その結果が、霧の濃度の分布である。これは、ちょうど私が説明してきたように、「無時間理論」の袋の簡単な他の描写である。その訳は、霧の濃度が三角形のコピーの数を示しているからである。しかし、この「プラトニア」の「今」は、三角形よりももっとより複雑である。

これで可能性が見えてくる。三角形は何も物語を話さないし、それらは余りにも単純である。しかし、もし「今」が言って見れば、三つの大きな物体の配置と、数千の小さい物体の配置によって定義されるならば、状況が違ってくる。例えば、三つの大きな物体は、図1の中の右側から一〇番目の三角形を形成することができる。残された小さな物体は、連続して並んだ三角形の右側から数えて最初の九個の三角形達のパターンを文字通り作るために、そのような方法で配列させることができる。これは、仕組まれたように見えるかもしれないが、しかしそれは可能である。それは、大きく拡大された「プラトニア」の中の、「今」である。そのような「今」を示されたら、我々はそれから何を作ることができるだろうか？　解釈は、小さな物体は大きな物体が何をなしたかを記録しているということである。「今」は、ニュートン的な歴史の一枚の写真すなわちタイム・カプセルである。充分な数の物体が与えられるとすぐに、タイム・カプセルを作る可能性が、限りなく巨大となる。

我々が、時間について信じている唯一の理由は、我々がこれまでに、タイム・カプセルの媒体を通してしか、宇宙を経験していないからであると私は信じている。私の仮説は次の通りである。

(1)ある瞬間において我々がする全ての経験は、「今」の中の構造から引き出される。
(2)(脳などに収容されている)自意識の有能な「今」に関して、経験された存在の「確率」は、それらの霧の濃度に比例している。
(3)その場所で霧が高い濃度を示す「今」は、タイム・カプセルである。(それらは、また、他の明確な固有性を持っているだろう。)

このように、「プラトニア」の至る所で霧の濃度を決定している宇宙の法則は、無時間である。「今」と霧の分布は両方とも静的である。時間の出現は、ゆっくりと生じる。なぜならば、霧はタイム・カプセルの上に集中しており、タイム・カプセルである「今」は、それ故に、タイム・カプセルではない「今」よりも、経験されることがもっと多くありそうに見えるからである。(これがただ単にアウトラインであることを、どうぞ思い出していただきたい。詳しい議論は後に述べる。)

三つの仮定のうち、二番目の仮定は最も問題がある。第一と第三の仮定は、奇妙で受け入れ難いように見えるかも知れないが、それらは明確にすることができる。もし正しいならば、それらの意義と意味は明確である。両者が誤っていることを示すことはできても、反証を挙げることができない理論は、悪い理論であるので、これは良い理論である。最善の理論は、試験することのできる確固とした予測を創り出す。二番目の仮定にともなう主要な困難さは、それが何を意味しているかを言うことにある。我々は、修正された型の中で、デカルトが引き起こした困難に直面している。それは深刻である。

ニュートンの体系の中では、理論と経験の間の関係は、曖昧ではない。「プラトニア」を通る一本のパスがあり、その上にある「今」は全て実現される。すなわち、そのパスの上の任意の「今」の内部の感覚を持った存在が、これらの「今」をまさに経験する。二者択一的な体系の中では、「プラトニア」を覆う霧の分布状態すなわち、各々の「今」の霧の濃度は、ニュートン的パスの線と同様に明確である。量子力学の中で深く根を張っている困難は、霧の濃度をどのように解釈すべきか、という問題である。量子力学に取り組むとき、私は、「今」の霧の濃度が、経験された存在の確率を表していると仮定する理由を説明する。おそらく、ある宇宙的なくじ引きが、これを説明するための最善の方法であろう。

それぞれの「今」には、霧の濃度がある。全ての「今」が抽選に参加しており、彼等の霧の濃度に比例した数のチケットを受け取っていると仮定しよう。霧が非常に濃い「今」はチケットをおびただしく大量に獲得し、他のものは非常に少ないだろう。仮説(1)により、自覚している経験はいつも、「今」の中にある。もし、「今」が特別な構造を持っているならば、それは、自己認識の能力がある。しかし、それは実際に自己認識できるのだろうか？　それ自身の中の構造は、それがたとえどのように複雑で秩序正しいものであろうとも、それがどのような方法で自己認識することができるのかを説明することはできない。意識は究極的な神秘である。

おそらく、「プラトニア」を覆っている霧のある感覚が作られることが不可思議である。もしも、宇宙的なくじ引きがあったなら、明らかに、最も多くの切符を持っている「今」が、一番に当選する機会を持つだろう。もし、自意識の能力を持った「今」に属している一枚の切符が引かれたならば、これはいわば、「今」に「生命を持ってくる」ことができる。それが気付きである。正しい方法で組織化された「今」の中に潜在的に存在している意識は、引かれたこれらの中に実際にある。この宇宙的くじ引きについて、二つの疑問が出されるかもしれない。すなわち、その切符は何時引かれるのか？という疑問と、何枚の切符が引かれるのか？という疑問である。

第一の疑問は簡単に答えられる。それは何も意味を持たない。トマトゼリーの中に保存された脳や、ハロルド・マクミランが首相であり、デビット・アイゼンハワーが大統領であることを信じているところの、不幸にも脳が損傷した患者の脳について考えてみよう。「今」の自意識を創っている有能な組織は、永遠であり、無時間である。組織（構造）は、それが数える全部である。自意識は、確実な時間では現れず、一秒間のいくつかの断片の間だけ存続する。昨日は今日よりも前に来るように思われる。なぜならば、今日は昨日の記録類（記憶類）を含んでいるからである。知られている事実の中で、一本の「時間の直線」にぶら下がっているそれらを想像することによって何も変わりはしない。あるいは、その直線の上で彼等の位置を逆転させても変わりはしない。瞬間は時間の中には無い。時間は瞬間の中にある。我々はそのくじ引きがいつ時行われるかを心配する必要はない。我々の番号が現れるかどうかだけを心配すれば良い。

何枚の切符が引かれるのかという疑問は、答えるのに骨の折れる困難な疑問である。もし、たった一枚だけが引かれたならば、存在している所のあなたの居る「今」は、その一つであるに違いない。そして、瞬間だけが実現して経験される。あなたが、それらを決して経験していないという感覚の中で、あなたの全ての記憶はその時、幻覚である。それは、信じる事が大変困難であるように思われる。さらにその上、記憶は無数にある。もし、あなたが実際に経験したことを全て信じるならば、その時は、「今」の当りくじが引かれたのである。この事から、それは、「プラトニア」の中の全ての「今」が引かれたというための、小さなステップである。量子力学では、これは多世界仮説と呼ばれている。しかし、それでは理論が空虚なものになると思われる。すなわち、存在できる全てのものが存在する。予言はそれを作るために現れはしない。問題の根本は、それ自身の中ですっきりした完全な仮説である。すなわち、各々の経験した瞬間はいつも、単一の「今」と提携している。そして、「プラトニア」を覆う霧の分布は、宇宙的くじ引きに関して働いているのとは、無関係な法則によって決定されている。特別な「今」が引かれるかどうかは、霧の濃度に影響を与えない。体系の規則は、たとえあるとしてもあなたの記憶の中のいくつが真実であるかを言うことを全く不可能にしてしまう。我々が知っている全ては、存在している「今」が真実であるということである。あなたは、デカルトのジレンマがそのような体系の中で、どのようにして蘇ったかを知っている。私は、それこそがまさに我々の同居していかなければならない問題ではないかと思う。

その理論は、まだ試験段階である。なぜなら、霧の濃度の高い（そして、それ故に高い確率の）「今」だけが、経験されるために有望であるからであり、そのような「今」は独特の固有性を持っている。すなわち、とりわけ、それらはタイム・カプセルである。それ故に、我々は我々自身の経験を検査し、そしてもし、それらが理論の予測を本当であると証明するならば、見る事ができる。これは、原理の中で数学と観測によって解決され得る何かである。もし、物理学者が「プラトニア」の構造を決定しあるいは推測する事ができ、霧がその上にどのようにして分布させられるのかを決定する法則を明確な形に作り上げることができるならば、その時には、霧が最も濃い「プラトニア」の場所を見つけ出すことは、簡単な計算問題である。もし、霧がタイム・カプセルである構造の上に本当に集中されているならば、その理論は、非常に強力な予測を引き起こすだろう。すなわち、経験されるどのような「今」も、その「今」の過去の記録であるように思われるような構造物を含んでいるだろうという事である。それはまた、他の独特の構造物を含んでいるだろう。

「今」の中で同時に共存できる莫大な数の事象が、ここで重要な意味を持つ。それは、予測が確認されるかどうかを見るために、多くの独立したテストを単一のタイム・カプセルの上で行う事ができることを意味している。自然の法則は、通常、時間の中で繰り返される経験によってテストされる。もし同じ初期条件が、同じ結果を与えるならば、その法則は認証される。しかしながら、（どの瞬間においても、「プラトニア」の中の「今」の一つに属しているところの）地球と同じように豊富な構造をしている対象物に関して、時間の中で繰り返される経験が、宇宙の中で、それらを繰り返すことによって、とって代わる事ができる。それが起こった時には、時間の中で繰り返される経験によって理論を認証することでさえ、正常に理解したものとして、つまるところ「今」の中の記録を比較することになる。全ての科学の前提条件は、タイム・カプセルの存在である。我々が経験している「今」の全ては、タイム・カプセルである。疑問は、これが最初の原理からなぜそうであるのか、すなわち、時間の強烈な印象が無時間性からなぜ現れることができるのかを、我々が説明できるかどうかである。それは、論理的な可能性である。しかし、実際の試練は数学的な進歩を待ち望まなければならないだろう。不幸なことに、それらは簡単に実現するとは思えない。

無時間理論としては奇妙に見えるかもしれないが、それは非常に力強い可能性を持っている。ボルツマンの研究は、時間に関するどの理論の中にもある固有の二つの困難さに強い光を当てた。すなわち、初期条件は気まぐれに付与されるに違いないし、退屈な組織的でない場面は、我々の周りに見つけられる全ての興味深い組織化された存在よりも、はるかに多く有りそうである。興味深いことに、組織化された「今」は、存在することのできる全ての「今」の中で、非常に稀である。もし、霧が「プラトニア」の中のタイム・カプセルを慎重に選び出すならば、それは非常に効率的に選び出すに違いない。全ての可能な構造物が、「プラトニア」の中に存在しているので、「今」のほとんど大部分が、記録と呼ぶ事のできるどのような構造物をも、全く含んでいないのである。それでも、目に見える記録は、すでにちっぽけな断片である物のさらに小さな断片の中でのみ、相互に一致しているだろう。我々が経験しているタイム・カプセルに対して我々がいつもさらされている事が、説明する必要がある現象の重大性に対して我々の目を見えない様にしている。現実の宇宙の中の星達は、タイム・カプセルがいかに希薄に拡がっているかという事の、暗示だけを我々に与えている。それらを選んでいるどのような体系も、非常に強力であるだろう。しかし、それ以上に、非常に特別な初期条件を懇願することが必要だった古典物理学よりも、もっと充分に合理的であるだろう。かつて「プラトニア」を覆う霧の分布を支配していた法則が明確に述べられ、これ以上なすべきことは何も残っていない。霧は、法則の構造と「プラトニア」の構造という二つの理由だけに従ってそれが導く場所に集まる。

それでは霧は、どこに集まり易いだろうか？　この疑問に答えるために必要な数学的処理は、確かに難しいだろうが、いくつかのヒントがある。（これについては、私は最終章の中で詳細に述べるつもりである。）それらは次のことを暗示している。すなわち、霧は枝分かれして一本の木のような構造を形成しているところの細長いクモの糸のような繊維に沿って分布しているように思われる。（図6参照）

分岐の意図は、量子力学の中に深く根ざしている。原則的には、それは一本の繊維に沿ってどちらの方向でも起こり得る。しかしながら、我々が経験している「今」は、全て独特の過去から発生しているように思われる。その方向において、そこには何も分岐点が無いように見える。時間と空間の中で、現在明確な形で作り上げられた量子力学の範囲内で、この事実は不可能ではないが、ボルツマンを大変悩ませた低いエントロピーと同様、それは我々を困惑させている。それは、起こりそうもないように見える。もしも、我々が「プラトニア」の中で量子力学について考えることを学んでいたならば、全ての事が異なって見えるのではないかと思う。このことに関して言えば、その劇場は非常に異なった形をしている。これが、「三角形の土地」の図（図3と図4）と「プラトニア」に関する私の描写（図5）を、早い段階で示すことに私が熱心であった理由である。それは、何もない所から一つの方向に拡がっている。それらが「プラトニア」の花の様な構造を端から端まで反映することによって、図6の中の霧の枝分かれした繊維が発生するのではないかと私は思う。もし、それがそうであるならば、我々の存在の重大な不均衡、すなわち過去と未来、誕生と死は、それ

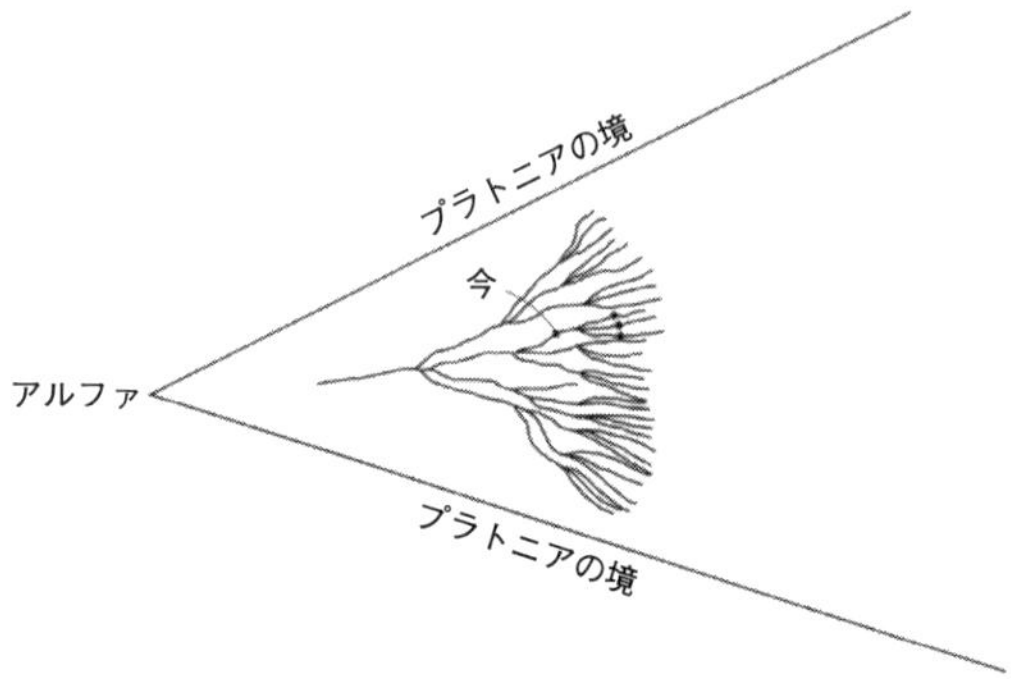

図６ 「プラトニア」の中の霧の推測される繊維的分布
あなたが今、経験している瞬間は、「今」と印を付けられている。あなたが「今」の中で記憶を持っている場所は、その左側に横たわっている。我々が独特の過去を持っているという、我々の信念と一致して、この方向には何も分岐点が無い。右側の方向においては、「今」の異なった二者択一的な「未来」の中に枝分かれがある。それらの全てにおいて、あなたは、「今」から同じ量だけ未来に前進すると考えられる。これらの異なった繊維は、「今」がそれに属しているところの共通の過去を持つと思われる「並列世界」である。その繊維は、連続した瞬間で形成されたニュートンの糸と違って、ある有限の幅を持ったものであるということを覚えておいて頂きたい。その繊維に沿って、そのどちらの側についても、「今」の周り一面に、あなた自身のわずかに異なったバージョンを含んだ他の「今」がある。そのような全ての「今」は、幾分異なってはいるが、まだあなた自身の見覚えのあるバージョンが、その中に存在しているところの「他の世界」である。他の繊維の中には、あなたが全く見覚えのない世界がある。

自身の存在の中にある深い不均衡から発生している。可能な事象の領域は、単なるどんなものとも接触しないところの絶対的な端末を持っている。しかし、それは他の道では制限されない。なぜなら、存在の豊富さには制限がないからである。

「プラトニア」の砂漠を横切っている交易路に沿って一列に並んだ、豊富な構造を持った「今」のオアシスの中で、どんな経験が可能であるかを誰が知っているだろうか？　経験の大多数は、注目すべきものであり、暗示に富んでいるものである。どの瞬間においても、我々はすぐに多くの事象に気付くだろう。記憶を通り抜けて、我々は「プラトニア」の中の多くの異なった「今」の中に、それがあったと同様に、同時に存在している。構造の豊富さは、これを可能にしている。壮大な構造物は、副構造物を含んでいる。すなわちそれは、他の構造物の極めて重要な特徴を捉えて、単純化された描写をした「絵」である。我々の記憶は、この「今」の内部の他の「今」の絵であり、これはむしろ一冊のアルバムの中のスナップ写真のようなものである。各々の「今」は分離しており、それ自身を内部に含む世界である。しかし、豊富に組織化された「今」は、お互いについて「知っている」。なぜならそれらは、確かな重要な関係の中で、文字通りお互いを含んでいるからである。意識が「今」の中で同時に多くの事象を見渡して調査した時に、それは他の「今」の中に、少なくとも部分の中に同時に一斉に存在している。「今」の中の多くの事象のこの自覚は、「プラトニア」の中の他のいろいろな場所において、もっと多く強烈な形で完全に存在することができる。

平行した「今」の中で分割している我々自身の写真には、動揺させられるかもしれないが、現象それ自身はありふれており普通である。我々は異なった「今」の中で存在することに慣れており、それら全ての中のわずかに異なった存在にも慣れている。すなわちそれは、普通（我々が）心に描いているように、単純に時間の効果である。（愛猫）ルーシーの飛躍の説明は、「今」の間の我々自身の中の格差が、我々が自意識の内部で自覚しているよりも、はるかに大きいことを強調したものである。顕微鏡的には異なる莫大な数の「今」が、一致した意識的経験を与える事ができる。我々が見る時に、量子力学はパスの上にちょうどある「今」だけではなくて、至る所にある「今」を考慮することを我々に強制している。それは、分割によって動揺させ、非分離と個人的な高潔を脅かすように見える。しかしそれは、我々を可能な限りすべてのものとどのニュートンの体系がするよりもはるかに多く決定的に、結びつける全ての物のさらに巨大な全体の内部に、同時に我々を縛り付ける。というのは、経験される見込みのある「今」は、「プラトニア」の全体に対して、最も敏感で影響を受け易いものであるからである。

私は、これで充分な紹介であると思う。私は自由な意志、未来、宇宙の中の我々の場所、信条、その他について話し続けることができる。もしも、理論が正しいならば、これらの事柄について考える方法を変更しなければならない。しかしながら、無時間の宇宙に関する論争のある真実の理解がない状態では、私は更に進んだ討論が、強固な基礎を必要とするだろうと感じている。私は、それ故にこれらの問題を後回しにし、この本の後の方、主としてエピローグ（終章）に回した。私の照準は非常に遠く、今計画の外郭線にいる。そして、それが本当に無時間であることを示すことであり、少なくとも論理的にはそれは可能である。

第二部　目に見えない枠組みと究極の劇場《アリーナ》

ニュートンは物理学の世界として、二つの「巨大な目に見えないもの」すなわち絶対空間と絶対時間を導入した。第二部では、我々はそれらがなぜ、「プラトニア」よりも世界の骨組みとして振る舞うのに、より好都合であり、そのように長い間、登場していたのかを知るだろう。物理学者と哲学者が約数世紀の間、議論してきた事が、論争と共になすべき全てである。すなわち運動は絶対的なものであるか、あるいは相対的なものであるか?という論争である。ニュートンの見解は非常に強力であると思われるので、多くの人々は、それが覆されることはあり得ないと、まだ信じている。しかし、それは可能である。ニュートン的物理学の中の相対的に単純な解決法の証明が、ほとんど奇跡的な方法で、我々に準備されるだろう。その中で、事象はアインシュタインの理論によって解決される(第三部)。それらは、量子宇宙論は無時間であり、それ故に、我々の宇宙も無時間であるという最も強力な暗示を与えてくれる。我々は第四部と第五部の中でそれに到達する。これから述べる第4章は、簡潔な歴史的紹介であり、そして第二部の残りの部分のために場面を配置した。そして、それがこの本の息抜きの大部分である。

第4章　二者択一的な枠組み

4-1　運動は絶対的かそれとも相対的か[1]？

コペルニクスとケプラーは共に、その中心に太陽系を含んでいる宇宙は、光を発する星達で満たされている、巨大な遠く離れた堅い殻によって境界が形成されていると信じていた。彼等は、その向こう側に何が横たわっているかを熟考しなかった。多分、それは単純に何も無いと考えた。彼等は、このような曖昧でない枠組みを構成している殻に対して、全ての運動を相対的に定義した。一六〇九年のガリレオの全ての望遠鏡での観測や、空虚の中で動いている原子のギリシャ思想における関心の復活など多くの要素が古い宇宙論を破壊した。新しい概念が、デカルトの一六三二年に書いた一冊の本の中で具体化された。彼は、ニュートンが半世紀後に、自然の最も基礎的な法則、すなわち、全ての物体は、それらに何も力が加わらなければ、空間を通り抜けて、永遠に一直線上を一定の速度で移動するという法則を作ったが、その概念を明らかに前進させた最初の人であった。これは、慣性の法則である。デカルトは彼の本を出版しようとはしなかった。なぜなら、一六三三年に、宗教裁判所は地球が動くと主張していることに関してガリレオを非難したからである。コペルニクス的体系はデカルトの概念に中心を置いていた。そして、ガリレオの悲運を避けるために、彼は彼の本の出版を断念した。

彼は、影響を及ぼした『哲学原理』の中で、一六四四年に考えを正式に発表した。しかし、それは攻撃を防ぐ保険として、相対的な運動の非常に奇妙な理論として発表した。彼は、物体が基準系として選ばれたある他の物体に対する関係としてのみ、運動を述べる事ができると主張した。どのような他の物体も基準系の役割を演じることができるので、どのような物体も多くの異なった運動をすると考える事ができる。しかしながら、彼は、物体が、それに対してすぐに近接した物体に関した運動であるような、真の「哲学的運動」をすることを認めた。(デカルトは、どのような物体も、いつもそれに隣接している物体を持っているので、あらゆる所に物体があると信じていた。) この考えは、彼を宗教裁判所の罠にはまらないようにした。その後、彼は地球が渦巻きの中にあるように、巨大な渦の中で太陽の周りを運ばれていると主張した。地球が、渦巻きのすぐに近接した物体に関して、動いていないので、彼はそれが動いていないと主張した!

しかしながら、彼はその時、ちょうど一六三二年に慣性の法則を明確な形に作り上げた。一六五〇年のデカルトの死からかなり後の一六七〇年頃にニュートンが彼の仕事を研究し始めた時に、彼はデカルトの仕事の欠陥にすぐに気付いた。物体は、デカルトが否定してしまったところの基準系の固定した骨組みを前提条件とした一本の直線の中で運動するというべきである。ニュートンは慣性の法則の重大な可能性に気付くことができたので、それを発展させるために、彼は、全ての運動がその中で起こるような静止した空間の概念を提唱した。彼は、デカルトの自己矛盾性を大変軽蔑し、彼が一六八七年に彼自身の法則を正式に発表した時に、デカルトの名前を出さずに、大きな論争をなすことに決着を付けた。彼は、絶対空間の概念と共に絶対時間の概念を提出した。

ニュートンは、空間と時間が目に見えないことを認め、人は相対的な運動のみを直接的に観測することができるが、目に見えない絶対空間の中の絶対的な運動を直接観測することはできないことを認めた。それにもかかわらず彼は、絶対的運動は、相対的運動から引き出すことができると主張した。だが、これに関して充分な論証を与えることは決して無かった。討論だけが運動が相対的にはあり得ないことを示すために計画された。彼は、非常に危険な地点に立っていたのだが、同時に彼はデカルトを笑いものにしたいと思っていたのである。これは、奇妙で注目すべき結論をもたらした。

デカルトは、自然の全ての現象が無数の小さな目に見えない微粒子の運動によって機械的に説明し得ることを示そうと努めていた。彼の体系にとって重要な部分は、振り回された物体を保持している糸に働く張力として感じられる遠心力の力であった。その物体は回転の中心から逃げるために、脱出を試みているように見える。ニュートンの言葉で言えば、それは実際に円の接線に沿って撃ち放すように働いている。しかし、それにもかかわらずそれを中心から引き離そうとする運動である。そして、張力が生み出される。デカルトは日光が、太陽の周りを渦巻いていると想像される渦の中で供給された遠心性の張力によって、太陽から地球へと伝達された圧力であると主張した。遠心力がデカルトにとって大変重要であったので、ニュートンはそれを運動が相対的であることができないことを示すために利用した。ニュートンの目的はデカルトを彼自身の仕掛けた罠に掛けさせることであった。

ニュートンは、水で満たされて、ロープで天井から吊り下げられたバケツを仮定した。そのバケツはロープを捩じりながら何回も回転させておき、そしてそれから水が静まるまでしばらくジッとそのままの状態を保っておく。そのバケツが解放された時に、そのロープはバケツを回転させながら捩じれを解いていく。最初は水の表面は相変わらず平坦を保っている。しかし、バケツの動きはゆっくりと水に伝達され、水は回転し始め、遠心力のためにバケツの側面付近の水面が上昇し始める。しばらくすると水とバケツは相対的な運動が無くなり一緒に回転し、水の表面はその最大の湾曲に到達する。

ニュートンは水の表面を湾曲させせた原因が何であるかを尋ねた。それがバケツの側面に対して相対的な水の運動であるのか、（デカルトは、すぐに近接した物に対する相対的な運動を真に哲学的なものと主張した。）あるいは絶対空間に対して相対的な運動であるのか？　相対運動が最大であるのは、開始直後で、その時水の表面は湾曲していないが、相対運動が止まった時（すなわち水とバケツが共に一緒に回転している時）、表面の湾曲は最大になるので、間違いなく後者が正しい。これはニュートンの絶対空間に関する主要な論証であった。それは強力であり、デカルトを嘲笑した。

ニュートンの生涯において、非常に顕著なものを与えた絶対空間の概念は、強い非難を引き寄せた。もし、空間が目に見えないものであるならば、どのようにして対象物が、見る事のできない空間を通って、一本の直線の中で動いていると言えるのか？ニュートンはこの疑問に対して一度も満足できるような回答を出していない。多くの人々は、デカルトがしたのと同じように、必ずしも近接した物体ではないのだけれども、運動が他の物体に対して相対的であるに違いないと感じていた。バークリー司教は、コペルニクスの天文学における のと同じように、運動は結局遠く離れた星について相対的であるに違いないと主張した。しかし彼は、星々があまりに多くの異なった方法で動いていると仮定しなければならないことを問題としてしっかり捕まえることに失敗した。そして、このようにしてコペルニクスとケプラーが信じていたように、単一の固定化された枠組みを明らかにすることはできなかった。

ニュートンの最も有名な批評家は、偉大なドイツ人の数学者であり哲学者であるゴットフリート・ヴィルヘルム・ライプニッツであった。彼は、微積分学を最初に発見したのが彼等のどちらであるのかについて、ニュートンと非常に不愉快な論争に巻き込まれていた。微積分学は数学の革命的な新しい形で、機械工学の発展を含めて科学の分野で非常に多くのことをもっと簡単にするものであった。一七一五年に、ライプニッツはニュートンによって勧められて、サミュエル・クラークとの間でニュートンの見解に関して有名な文通を始めた。「ライプニッツとクラークの往復書簡集」(2)は古典的な哲学の文章になった。多くの大学生がそれを勉強し、科学の哲学者達はしばしばそれについて討議している。

そのやりとりは結論の出ない結果をもたらした。ライプニッツは有効な哲学的論争を前進させたという点では、一般的に同意しているが、彼は力学の中の詳細な論争については決して話し掛けなかった。典型的には、彼はこのように議論した。絶対空間が存在しており、ニュートンが主張するように空間のあらゆる点が全ての他の点と同じようにあると仮定しよう。今、神が世界を創造した時に、直面したであろうジレンマについて熟考してみよう。絶対空間の中の全ての場所が同一であるので、神は不可能な選択に直面するだろう。彼は何処に物質を置けばいいのか？　この上なく善良で合理的な存在である神は、何かをするためにはいつも正真正銘の理由を持たなければならない。ライプニッツはこれを「十分な理由の原理」と呼んだ。（私は、観察できる原因を持った観察できる結果を要求することによって、脳の機能と意識を議論した時に、これについてすでに訴えた。）そして、絶対空間は識別された場所を何も提供しないので、神は物質を置くべき場所を決して決定できないのである。それが存在しているという仮定に基づいている絶対時間は、同じ困難さを示している。ニュートンは、全ての瞬間、瞬間は同一であると言った。しかしそれでは、神が他の瞬間をさておいて、ある瞬間に世界を創造することを決定することができた理由は何なのか？　再び、彼は十分な理由を必要とするだろう。これらの理由により、それらの全てが非常に神意に基づいていないので、ライプニッツは絶対空間と絶対時間は存在することができないと主張した。

その問題が再び熱い話題になるまでに、一世紀半が過ぎた。これは重要な問題を引き起こした。すなわち力学は疑わしいと思われる基礎をどのようにして持つ事ができたのか？　そしてそれはまだ繁栄する事ができるのか？　それにもかかわらず、それが繁栄したのは、この本のテーマと非常に関連した幸運な環境によるものであった。星達は動いているのだけれども、それらが非常に遠くにあるので、地球から観測した時に明らかにされた運動として、最初に事実上厳密な枠組みを供給する。この枠組みの中ではニュートンの法則が保持されている事が分かった。遠い星達のこの幸運な効果的な定着の重要性を過大評価することは難しい。それはニュートンに素晴らしい背景と好都合な枠組みを与えた。天文学者は単に太陽や月や惑星を観測することはできたが、星については観測できなかった。（それらは星間物質のチリによってはっきりしなかった。）ニュートンは彼の法則を決して確立することはできなかった。このように科学者は、本当の事象の代用品として星を使ったものを、力学の真実の基礎として、ニュートンの絶対空間を受け入れることができた。本当の事象とは基準系の真の絶対的枠組みである。彼等はまた、ニュートンの一様に流れる時間が、（一〇〇年間あるいは一〇〇〇年間にわたる天文学的観測の中で）時間を計るために使われた時以来、地球の回転と共に一歩ずつ行進しているに違いないと気付いた。ニュートンの法則は保たれることが分かった。今一度、「本当の事象」の代用品が片手に残っている。神はその基礎について心配していない。これらのような幸運な状況は、疑いも無く次の様な理由によるものである。物理学者が時間の真実の本質についての問題解決に取り組むことを強制されたのが、ごく最近であるのはなぜなのかという理由である。

基礎の問題を目立つ位置に復活させた一番の人は、オーストリアの物理学者エルンスト・マッハであった。超音速の飛行物体とその衝撃波に関する一九世紀における彼の素晴らしい研究は、後にマッハ数と名付けられた理由である。マッハは多くの対象物に興味を持っていたが、とりわけ自然と科学の方法論に興味を持っていた。彼の哲学的見地はバークリー司教と共通の立場であったが、一八世紀の偉大なスコットランドの経験主義者デイヴィッド・ヒュームの考え方とも似ていた。マッハは目に見える事象は正真正銘本物であるとして扱わなければならないと主張した。そして、このことは目に見えない絶対空間や絶対時間の概念について彼を非常に疑い深くさせた。一八八三年に、彼はこれらの概念の辛辣なそして公にされた批評を含む力学の有名な歴史についての本を出版した。彼がなした提唱は、特に影響を及ぼした。

それは、ニュートンがデカルトを攻撃した時のような、人目につかない方法の奇妙な結果として発生した。ニュートンのバケツ論争を熟考した時に、マッハは、もし運動が相対的であるならば、バケツの薄い壁が何らかの関連性を持っていると推測することは、馬鹿げていると推論した。マッハは、ニュートンが、真に哲学的な提唱であるデカルトの見解を攻撃したという考えは持っていなかった。ちょうど、デカルトが宗教裁判所の激怒を避けるためだけにそれを考案したことを、ニュートンが知らなかったのと同じように。ニュートンは、相対的な運動が遠心力を発生させることはできないことを示すためにバケツ論争を利用した。しかしマッハは、考慮に入れる相対的な運動が、ちっぽけなバケツではなく、宇宙の中の物質の大部分に対してお互いに相対的なものであると主張した。それでは、宇宙の中の物質の大部分は何処にあるのか？　星達の中だ。

これはマッハを、空間ではなく、宇宙の中の物質全てが遠心力を生み出すような、正真正銘物理的効果を及ぼしているという革命的提唱に導いた。これはちょうど、ニュートンが絶対空間の中で起こると主張していた慣性運動の明示であるので、マッハの提唱は慣性の法則が本当であるという意見にいきついた。バークリー司教が信じたように、運動は星達に対して相対的であり、絶対空間に対してではない。マッハの重要な目新しさは、遠く離れた所の物体が我々の周りの運動を制御する方法を支配している正しい物理法則があるに違いないということであった。宇宙の中の各々の物体は、その質量と距離に依存した影響を及ぼし合うに違いない。慣性の法則は、宇宙の中の全ての質量のある平均値に対して相対的な運動であるようになるだろう。この基礎的な概念のために、アインシュタインは、その表現法を「マッハの原理」と命名した。それは現在一般的に知られている（明確な定義をするという試みは、全く大幅に変化しているのだけれども）。

マッハの認識は、宇宙の働きについて、まだ深く根を下ろしている考え方のニュートン的方法が、根本的に間違っていることを暗示している。ニュートンの体系は、「原子化した」宇宙を表している。最も基本的な事象は空間と時間の枠組みから成り立っている。そしてそれは、他のいかなるものよりも以前に存在している。物質は、それらの動きを支配している時間と空間の中で動く、ちっぽけな不変の質量を持った原子として存在している。相互に影響し合うために十分に密接している時を除いて、原子達はお互いに完全に無関心で、絶対空間の無限の広がりを通って、一直線の孤独なパスにそれぞれ沿って動いている。マッハの見解は、時間と空間から力を取り、そしてお互いに関係したそれらの運動の中で全てが踊っている宇宙の実際の内容物にそれを与えている。それは、宇宙を結び付ける有機的な全体論的な展望である。『力学の科学』の中で述べている、マッハのこの論評は非常に独特である。以下にそれを引用する。

我々がそれらと一緒に始めることを無理矢理させられているように、自然は要素と一緒には始まらない。我々は、時間から時間へ全ての圧倒的な調和から我々の目をそらす事ができ、そして個人的な細部で休息することが許されることは、我々にとって全く幸運である。しかし我々は、当分は検討を省略していた事象の徹底的な熟考によって、最終的に我々の完全で正しい判断を省略すべきでない。

マッハは、彼自身、新しい相対的力学のためにただ試験的な提唱を行っただけである。しかし彼の論評は多くの人々の心を捕まえた。その頂点には、自分に最も深く影響を与えた哲学者はヒュームとマッハであると述べたアインシュタインがいる。アインシュタインはマッハの原理を具体化した理論を創造するために、多くの年月を費やした。そして彼は、彼の一般相対性理論の中で成功したと最初は信じた。これが、マッハの原理という名前をそれに与えた理由である。しかしながら、数年後、彼は疑いを持つに至った。結局、彼はマッハの考えが物理学の発展によって、時代遅れになってしまったと推論した。特に、ファラデーとマクスウェルによって電磁気の理論が開発され、それが、ニュートンの体系の中に存在しなかった新しい概念を導入したからである。

二〇世紀の間中ずっと、物理学者と哲学者はマッハの原理について長々と詳細に討論したが、何も結論が出ていない。問題はアインシュタインの高度に独創的であるが間接的なアプローチの中にあると、私は確信している。マッハは本当に明確な提唱をしなかった。アインシュタインは決して止まろうとはしなかった。そして彼自身にマッハの原理によって成し遂げられるべきなのではないかと自問しなかった。私は第三部でこの問題を熟考するつもりであるが、第二部を正当化するために物語の一部を前もって取り扱う必要があった。アインシュタインの理論はむしろ複雑であり、すぐにいくつかの事象を成功させている。それは、部分に分離することが容易でなく、「マッハ主義的」構造物に見える。私の意見では、一般相対性理論は実際にそれが存在しているのと同様にマッハ主義的である。さらにその上、量子力学と一般相対性理論を統一することを試みた時に、そのような劇的な結果をもたらすのはマッハ主義的構造である。もし、私が信じているように、量子宇宙に時間が無いのであれば、それはまさに一般相対性理論のマッハ主義的構造の故である。核心の問題を説明するために、私は本質的要素を捕まえた単純化したモデルを必要とする。この第二部で準備しよう。それはまた、力学の基礎についての大きな早くからの論争と量子宇宙論の現在の危機との間に、直接の架け橋を供給するだろう。二つの鍵となる問題は、今でも同じである。すなわち、運動とは何か？そして時間とは何か？である。それはまた、私がそれに巻き込まれた物理学の主な仕事を説明するのを可能にするだろう。そして、私がなぜ、時間の存在を疑うようになったのかを、あなたにより容易に分かるようにするだろう。

科学は好奇心をそそる方法で進歩する。そして、科学者達はしばしば、基礎について奇妙に無関心である。デカルトは最も偉大な哲学者の一人であった。一六三二年に最初の本を出してから今までに、彼は運動の定義において瞬間の思考を決してしなかった。我々は、固体の地球の上で常に生活しているので、物体が一直線の中で動いているということは問題のないことだと思っている。もし、宗教裁判所がガリレオを非難しなかったならば、デカルトは決して運動の相対性について、議論しなかったであろう。しかし、彼の体系の自己矛盾性のために、ニュートンは絶対空間と絶対時間の外側に、出口を作らなかった。彼は、バケツ論争を考案しなかったであろう。マッハは、彼の目新しい概念を決して持たなかったであろう。そしてアインシュタインは彼の最も偉大な創造物である一般相対性理論に導かれなかったであろう。

宗教裁判所が数ヶ月遅くガリレオを非難していたら、デカルトは元の形で彼の見解を出版し、一般相対性理論は決して見つけられなかったであろう。

4-2 二者択一の闘技場

私は自分自身の興味の深まりについて、もう少し話してみたい。本を読み進むにつれて、なぜ私が時間の新しい概念を持つ必要性について、とても深く確信しているのかについて、あなたが理解する助けになるだろう。バーバリアン・アルプスへの私の旅行の後の最初の数日間の間に、時間について猛烈に考え続けて、私はマッハの本に出会った。多くの他の人達がそうであるように、私は慣性についての彼の考え方に魅了された。時間に関する彼の意見はまた、私を大いに勇気づけてくれた。すなわち、彼は次のように言った。「時間によって事象の変化を測定することは、完全に我々の力の及ばない所にある」と。全く反対に、時間は、我々が事象の変化を用いることによって、そこに到達できる抽象的概念である。これがまさに私が到達した結論であった。一年程度が経ち、私が物理学の基礎を研究する決心をした後、アインシュタインが彼の一般相対性理論を創造した時に書いた論文を読み始めた。マッハが書いた論文とそれらを比較してみると、私はアインシュタインが単純にその問題を正しい道に置かなかったという結論に達した。すなわち彼はそれを直接的には攻撃しなかった。それは、私にとっては最初の原理に戻る必要があるように思われた。

それは、私が本当に明確な概念を形成するに至る六〜七年前の事であった。私は結局、次のように推論した。すなわち、全てを超えて必要な物は、その中で宇宙を表すための新しい劇場であると。私は「プラトニア」の概念に到達した。（あるいは、私がそれを独創的にそう呼んでいるので、宇宙の相対的配置空間の事である。）論点は全く単純であった。最初に、我々が目に見えない空間によってではなく、実際に見える対象物によって、本当の人生の中の我々自身に関心を向けているのは事実である。（前の章の注釈参照）事象は我々が何処に居るかを我々に教えてくれる道しるべである。我々が堅い地球に近接して、その上で生活しているという幸運な事実もある。我々はその表面に固定されているまさにいくつかの対象物によって我々自身の位置を知ることができる。言ってみれば、イギリスの田舎をハイキングしている時の教会の尖塔のようなものである。いつもそこでは、地球が自然の背景を供給する。運動は枠組みの中で発生するように思われる。しかし、もし我々がくらげの上で生活しているとしたら、どのような生活になるのだろうかと想像してもらいたい。

事実は、我々が非常に特殊な場所に住んでいるという事である。宇宙の中で孤立させられて、太陽系の中の物質の最もちっぽけな断片だけが、完全な形にある。我々が、空間の中で宇宙のはるかに多く典型的な環境に住んでいると想像してみよう。状況を単純化するために、お互いに相対的な運動の全てが、対象物の有限の数だけあるとしよう。どの瞬間においても、これらの他の対象物と我々の間には、確かな距離がある。他には何もないとしよう。これらの状況において、いつものように根本的な疑問、すなわち「我々はどこにいるのか？」という疑問に答えるための自然な方法は何であろうか？　我々は他の対象物に対する距離という言葉を除いて、我々がどこにいるかについて言うべき他の平均的な言葉を持たない。さらにその上、我々自身の場所を示すために、それらのいくつかを選ぶのは、不自然であるだろう。あちらよりもむしろこちらを選ぶのはなぜなのか？　全ての対象物に対する我々の距離を明確に述べる方が、より自然であるだろう。それらは我々の位置を明らかにする。この結論は、我々が何も固定されていないことに気付くようになれば、大変自然である。全ての物は、他の全ての物に対して相対的に動いている。

この話をさらに進めれば、対象物の位置と運動について熟考することは、不自然である。我々はマッハの全ての一部分であり、我々自身が指定するどのような運動も、完全な宇宙の中の変化の一部分に過ぎないのである。何が宇宙の真実であるのか？　それは、どの瞬間においても、その中の対象物が、ある相対的な配置を取ることである。もしもちょうど三つの対象物が存在するならば、それらは三角形を形成する。瞬間において、宇宙は三角形を形成し、別の異なった瞬間には他の三角形を形成する。目に見えない空間の中で、どちらかの三角形が正しい位置に置かれているかと仮定することにより、何が得られるのだろうか？　運動について考えるための正しい方法は、全体としての宇宙が、ある「位置」から別の「位置」へと、動くということである。ここで言う「位置」とは、完全な宇宙について相対的な配置、もしくは相対的な立体配置を意味している。

劇場は、人が試合をする場所である。しかし、誰がその競技で競っているのか、そしてその場所は何処なのか？　ニュートンの試合では、独特な対象物が絶対空間の中で競いあっている。マッハの試合では、たった一人の選手だけが居り、それは宇宙である。それは絶対空間の中で動かず、それは配置から別の配置へと変化する。これらの場所の全体像は、その相対的な配置空間、すなわち「プラトニア」である。宇宙が動くにつれて、結果として、それは「プラトニア」の中の一本のパスをたどる。これは、どんな余分な構造も使わずに、歴史の概念を捕えている。歴史は状態の独特の順序を通り抜けた宇宙の経過である。その歴史の中で、宇宙は「プラトニア」を通る一本のパスをたどっている。

しかしながら、そのような言葉づかいは、あたかも時間が存在しているかのように聞こえる。私は、「プラトニア」の北方にある伐採地帯を歩いている一人の孤独なハイカーのように、あなたの心の中の宇宙の概念を、うっかりと思い出させてしまったかもしれない。正確に理解したならば、マッハのプログラムは、もっとはるかに根本的である。歩く人の進行を示すための眺めにおいて、太陽は昇りもしないし、沈みもしない。太陽は、何か時計の動いている部品のようにも見えるが、宇宙の部品である。それは旅行者の部品でもある。もちろん、我々は時間が過ぎているというためのある証拠を持っているに違いない。ある証拠とは動きであるに違いない。それは、全ての中で最も原始的な事実である。ニュートンの映像では、ファインマンの皮肉と同じように、時間は何かが起こらなくても過ぎて行くことができる。もしも、我々がそれを否定するならば、正面特別観覧席の時計が動くに違いない。それが「プラトニア」の中で場所から別の場所に移動するのと同時に、その時間を計るためのものは、宇宙の外側には何も存在しない。ある内在的な変化だけが、それをする事ができる。しかし、ちょうど全ての標識が決められた位置にあり、等しい基礎の上にあるので、全てが時間を計る目的で変化している。我々は変化の全体性によって、時間を推測しているに違いない。しかし変化は「プラトニア」の中で、宇宙を場所から別の場所へと、まさに連れて行くのである。どのような変化も、そして全ての変化がそのようにする。我々は、異なった速さでパスに沿って移動することのできる、パスの上のある旅行者に関して、宇宙の歴史を考えてはいけない。宇宙の歴史は、そのパスである。そのパスの上の各々の地点は宇宙の配置である。三物体の宇宙にとっては、各々の配置は三角形である。そのパスはちょうどそれらの三角形である。それ以上でもなく、それ以下でもない。

時間が無くなると共に、運動が無くなる。もし、あなたが三角形の一山のゴチャまぜにされた堆積物を見たならば、何かが動いたとか、あるいは三角形が別の三角形に変化したとかいうことが、あなたの頭に入らないだろう。ニュートン理論の上部構造が取り去られた時に、ニュートン的な歴史は、それが特別な堆積物であることを除いて、あの三角形のゴチャまぜにされた堆積物のようである。もし、あなたが各々の三角形を拾い上げたならば、私はそれを、時間の瞬間を拾い上げたと呼ぶ。そして、「三角形の土地」の中で、その位置に印をつけたならば、あなたは、三角形のその印が連続した曲線を描いているのに気付くだろう。

これが、一九七一年頃に私の心の中で具体化した決定的な描写であった。この段階で、私は量子力学に対する応用の考えは持っていなくて、それが、同じ無時間の展望の上につきまとっている霧によって、「プラトニア」を通る明確に輪郭を持ったパスとの交換に導かれるかもしれないという暗示は無かった。大学農場の中の我々の台所に黒板があり、私はその黒板の一番上に次のように書いた。「宇宙の歴史は、その相対的配置空間の中の一本の連続した曲線である。」私の妻は多分無理もないことだが、私がなした進歩について、むしろ懐疑的であった。結局、黒板に書いた言葉は七年間にわたる思考の結果を示すのに充分ではなかった。しかし、「プラトニア」の概念の明瞭な公式化は重要な事であった。それは、宇宙の部品から宇宙それ自身へと注目を転じることである。それは、時間が宇宙の外側の偉大な時間記録係のように、余分な要素として必要とされていないことを示している。宇宙はそれ自身の軌道を保っている。ある瞬間には、それは、ある場所にあり、別の瞬間には、それはどこか他の場所にある。それは、時間の異なった瞬間が何であるかという事である。すなわち、それはまさに、「プラトニア」の中の異なった場所にあるのである。時間の瞬間、瞬間と、宇宙の内部にある対象物の位置とは、「プラトニア」の中の場所の単純な概念の中に全て包括されているのである。「プラトニア」の中では、もしも場所が異なれば、時間が異なる。もしも、場所が同じであれば、時間は変化していない。この観点の変更は、宇宙が単純な全体として取り扱われるので、ただそれだけで可能となり、時間は変化に対して破壊され、その役目が終わる。

私がなぜ、ほとんどの他の全ての物理学者よりはるかに多くの情熱を持って完全な無時間宇宙の可能性を提起するのかという理由は、マッハの原理について考察する事から始まったこの背景にあると考えている。我々が知っているように、「プラトニア」はその考えを実現するための自然な劇場である。かなりの年数が経ってから、私は、「プラトニア」がマッハ問題に対する解答のために、その基礎を与えてくれることを、最初に認めたのである。私は、それが量子領域についてもまた、深い関連性を持っていることが分かり始めた。慣性の起源の問題と量子宇宙論の起源の問題は、継ぎ目の無い全体を形成している。

第5章　ニュートンの証明

5-1　マッハ力学の標的[1]

宇宙を考える枠組みをただ変更するだけでは何もおきないが、絶対空間と「プラトニア」というもう一つの劇場で、力学の基本的な事実を調べることは、非常にわかりやすい。この演習は、ニュートンの位置の説得力を明らかにすると同時に、マッハの研究法が目的を達成するに違いないことを示している。続く討論は偉大なるフランスの数学者アンリ・ポアンカレによって、一九〇二年になされた鋭い論評に基づいている。マッハよりもっと明瞭に、彼は相対的運動の理論が何を要求するかを論証した。不運なことに、彼の論評はアインシュタインの相対性理論の発見によって、影を薄くされ、相応の報酬を受ける価値があるのに注意を引かなかった。そして、それはまだ、評価を受けるに値するものである。

あなたは、この章が他の全ての章よりも、より多くの熟考を要求していることに気付くかもしれない。あなたは、確かに全てそれにしがみつく必要はない。しかし、私は、我々が地球の安定した地面の上で進化したという事実によって条件付けられている思考の方法から、次の様な、もっと理論的な思考の方法へと、あなたが変わることができるだろうと期待している。すなわち、我々の上で力を持って支配しているものが、それを通り抜けてあらゆる方向に動いている対象物の間で、空間の中を放浪している創造物から我々を進化させたと。我々は、地球の強固な頼もしい構造がそこにまだ無い時に、我々の誕生をどのようにして発見す

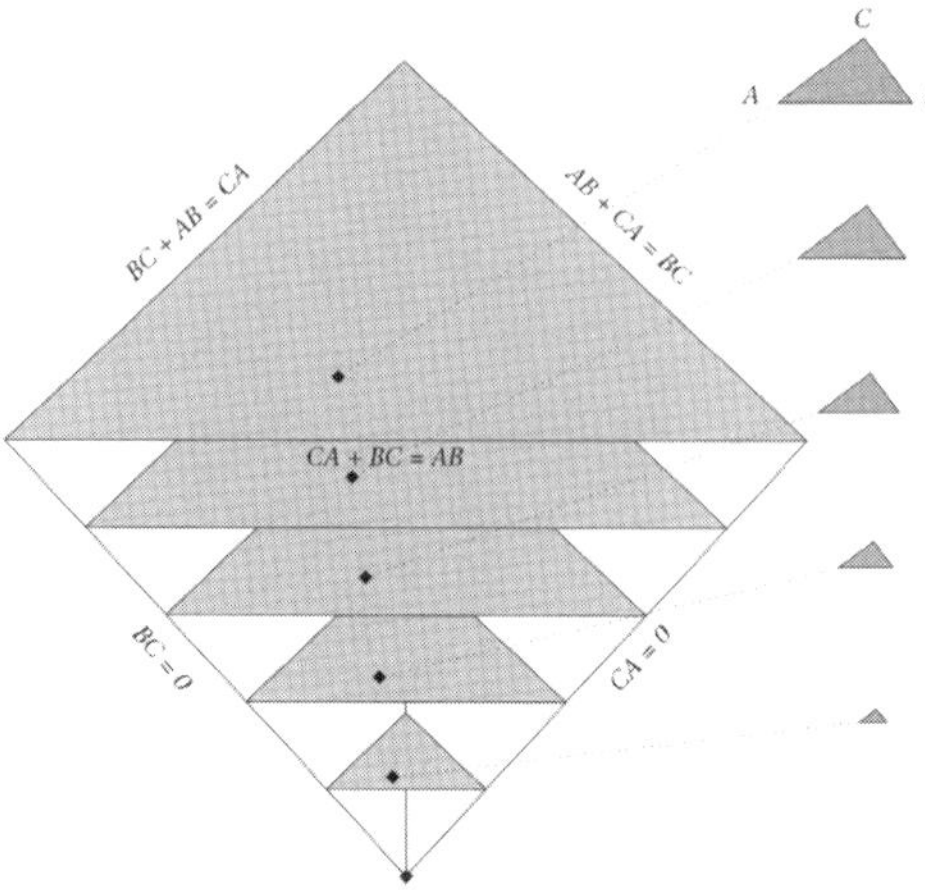

図７　ここで、アルファ点は「三角形の土地」の頂点であり、下部にある。図３と図４で示していた座標軸は、この図と次の図の本質からそれているので、取り去られている。「三角形の土地」の骨組みの二本は、右側と左側で上方に向かって走る。これらの骨組みの上の地点に一致している三角形は、それらのBC辺とCA辺がそれぞれゼロであるので「崩壊している」ことを示すためにBC=0とCA=0と印を付けた。三番目の骨組みは図の中で後方に傾いている。（これは図４の中で「床」に沿って走っている骨組みである。）影を付けた平面は、図４の中の「薄板」の上の線で、ピラミッドの面を切ったものである。ここに示したように、アルファ点から「三角形の土地」を通り抜けていくどのような直線上の点も、全て異なった三角形を表しているが、それらは、大きさにおいてのみ異なっている。実際、影を付けた薄板のどの一つをとっても、その上の全ての点は、同じ周囲の長さを持っている三角形を表している。もし、我々が三角形の形だけに興味を持っているならば、これらは、平面のうちの一つだけの平面上の点によって表される。（すなわち、どの平面上の異なった点も、異なった形の三角形を表している。この可能性は図８の中でもっと完全に表現される。）

るのかについて知らなければならない。これは、ポアンカレが開発した概念を理解するために、あなたにとって必要になる精神的な準備の一種である。この点に関して、彼はアインシュタインよりも、よりスマートであった。

ポアンカレは、未来を予言するために何の情報が必要とされるのかを、彼以前の誰よりも簡単に、むしろより精密に尋ねた。他のフランスの数学者ピエール・ラプラスは、ある瞬間に宇宙の中の全ての物体の位置と運動を知っている、神の知性をすでに想像していた。ニュートンの法則を使うことによって、神は全ての過去と未来の運動を計算する事ができる。すなわちそれは、歴史の全てが最も精

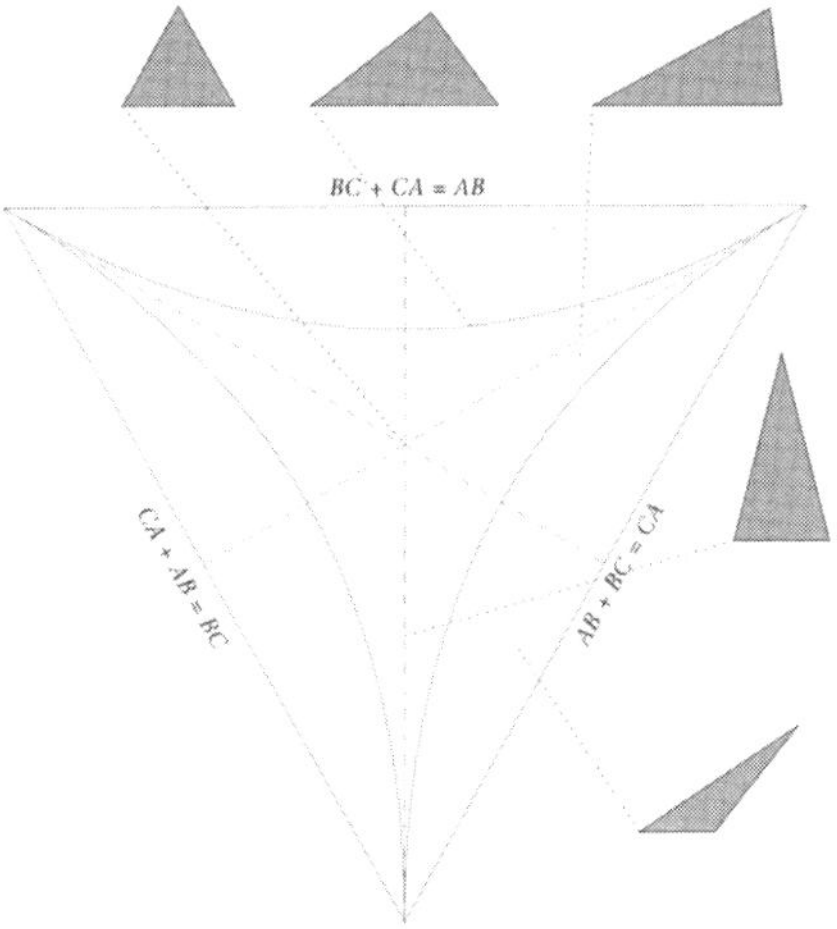

図8　これは、図7の中の影を付けた平面の一つを示している。それは、「形状空間」と呼ぶことができる。なぜならば、その中のそれぞれの点が、三角形の異なった可能な形を表わしているからである。中央の点は、（三辺が全て等しい）正三角形を表している。三本の点線上の点は、（二辺の等しい）二等辺三角形に対応している。全ての可能な他の三角形は（全ての三辺が等しくない）不等辺三角形である。三本の曲線上の点は、直角三角形に対応している。（上部の中央の三角形は、ピタゴラスの辺比3：4：5の三角形である。）曲線の内側の全ての点は（全ての角度が90度より小さい）鋭角三角形に対応している。そして、曲線の外側の全ての点は、（角度が90度より大きい）鈍角三角形に対応している。私がこの図を作ることを、私の友人のディリック・リープシャーに頼んだ時に、私はそれが、こんなに美しいものになるとは思っていなかった。私は、直角三角形の作る曲線が気に入っている！「形状空間」の一直線の縁の上の点は全て、「平坦」になってしまった三角形に対応していることを、あなたに思い出して欲しい。なぜなら、これらの三角形の各々の三つの角は全て、（線の上に）同一線上にあるからである。「形状空間」の三つの頂点の各々は、二つの質点が一致したときの立体配置に対応している。三番目の質点がはそれらからある距離を置いている。

密な点検によって並べられるように、その心の目に見えるのである。ニュートンの絶対空間の中の標準的な描写に対して、二者択一的な方法として、「三角形の土地」すなわち最も簡単な「プラトニア」の中で、演じられたこの奇跡を見ることになるだろう。これはニュートン力学の中の奇妙な欠陥を知らせるだろう。

　あなたは、図7と図8を検討する前に、図3と図4に戻ることによって、あなたの記憶をリフレッシュした方が良いかもしれない。図3、図4、図7、図8と図9は、大変重要である。私は、若い読者達が（四〇歳以下あるいは、五〇歳以下でさえも）、基礎的な幾何学を、以前のように学校で徹底的に習わずほとんど教えられていないので、彼等にとってはいくらか困難があるのではないかと、むしろ心配している。しかしながら、もしあなたが、これらの図に少しだけ時間を使って、それらが何を意味しているかを理解し始めることができれば、あなたは、この本以外でも確実に、もっと大きな収穫物を手に入れることだろう。実際に、あなたは数学と理論物理学の中で、最も深遠な、そして最も実り多い概念のいくつかもまた、吸収しているだろう。心配しなくて良い。それをなすことは可能である。ひとたび、専門的詳細の混乱が取り去られると、数学と物理学における全ての偉大な概念は、本質的に非常に単純で直感的である。しかし、それらを吸収するためには、忍耐力が必要である。ニュートンが、彼の偉大な発見をどのようにしてなすに至ったのかを尋ねられた時に、彼は次のように答えた。「長い間、これらの事柄について考えた結果、到達した」と。ベッドや素敵な温かいお風呂に横たわりながら、「三角形の土地」について考えることを試して頂きたい！

図8は、どんな「プラトニア」の豊富な地形でも引き出せる。（「形状空間」は、可能な「プラトニア」である。）あなたが何処に行こうとも、あなたは異なった何かを見つける。各々の地点は、異なった「世界」であり、異なった時間の瞬間である。内部と外部の境界（直角三角形や二等辺三角形）と同様に、地方や田舎のような、特徴的に異なる領域（鋭角三角形と鈍角三角形）でさえ、そこにあるのである。どの「プラトニア」も、その全ての地点が同一であるところのニュートンの絶対空間とは、全く異なっている。私が、第四章の注解の中で述べているように、絶対空間のその特性について実体の無い何かが存在する。真実の事象は、他の真実の事象とそれらを識別するところの正真正銘の特性を持っている。「プラトニア」は真実の事象の国である。私は、図8が非常に示唆的であることに気付いている。ライプニッツはいつも次のように言っていた。すなわち、あらゆる可能な世界を考慮するために、別の物事よりもむしろ一つの物事がなぜ起こっているのか、

あるいはなぜ実際に創造されているのか、その何らかの理由を見つけ出すことが必要であると。図8の中で、我々は我々の前に繰り広げられた三角形の形をした可能な世界を全て見ている。BOX3には、「プラトニア」はどのような種類が可能であるかに関する短い余談を含んでいる。

BOX3　可能な「プラトニア」

物理学における大きな未解決問題の一つは、距離の起源と、それが絶対的なものであるかどうかという事である。我々は、ある距離を計るために測定用の物差しを必要とするので、このことは、距離が（選ばれた物差しに対して）、相対的であることをむしろ強く暗示している。もし、我々が宇宙の中の全ての距離を二倍にすることを試みるならば、物差しの長さもまた、二倍にされるだろう。そして、実際に観測される値は何も変化しないであろう。このような理由によって、物理学者は絶対的な物差しが、何も客観的な意味を持っていないという予感を抱いている。しかしながら、このことは、存在している理論や、良く知られている感覚の中で距離が絶対的なものであると連想させるところの経験的事実によって、確認されてはいない。完全に物差しを必要としない物理学が発見されるという希望が残っている。もしそうであるならば、「形状空間」は、対応している「プラトニア」がそのようであるだろうという見解を与える。その中の、独特な識別された点、すなわち、図8の中央の点が、まだ存在している。それは、「三角形の土地」の中で「アルファ」の場所を占めている。もしもあなたが、中央の点に「触れた」ならば、正三角形が「ライトアップ」されるだろう。これは、三物体の宇宙が取る事のできる最も対称的な立体配置である。対称性はただ一つの方法でのみ美しいが、他の方法の中では美しくない。「形状空間」の境界線もまた、いくぶん魅力的ではない。なぜなら、それらは一本の直線の中で平らになった変則的な三角形を表しているからである。（数学者は、この場合の共通線上にあるような立体配置を退化と呼んでいる。）「形状空間」の頂点は、その中で粒子が他の二つの粒子から無限に遠く離れているような、共通線的立体配置に対応している。この場合における興味のある構造は、特徴の無い中心点と境界線の縮退の間に横たわっている。

近代の理論的宇宙論の中では、距離は絶対的であり、宇宙は膨張している。まだ理解されていない理由によって、それは一斉に、より豊富な構造物になる。時間も物差しも共に無い宇宙論の中では、このことは、現実的なスケール・フリー（自由尺度）の「プラトニア」の中で、特徴の無い中心点から、中心点と境界線との間に位置し、より興味深い構造をしている「時間の瞬間」に行くことに対応している。これは、私が第三章で導入した霧が、最も厚く集まって、最も高い濃度になっているに違いない場所である。そして、そこではそれらは対称的な中心点からの進化を記録しているように見えるので、タイム・カプセルを構成している。これは、純粋な構造を持つ魅力的な考えの宇宙論であるだろう。「形状空間」の中の「恵まれた帯」に存在している不等辺の鈍角三角形は、ジェラルド・マンリィ・ホプキンスの詩、「まだら色の美」の中の一節を私に思い出させる。その詩の中で彼は、「全ての事柄が反対で、独創的で、予備的で、奇妙である」と賛美している。そのような計画のもとで、特徴の無い中心点と縮退した境界線は、まだ事象の組織の中で活動するための重大な役割を持っている。これが、時間の全ての瞬間の間の共鳴の種類が、霧が何処に落ち着くかを決定する理由である。どの音響学者も、壁とそのハーモニーを決定する建物の中心点の重要性を認めているだろう。「形状空間」としてここに示されている「プラトニア」は、天空の音楽がその中で演奏されている「天国の丸天井の建物」である。しかしながら、三質点よりももっと多くの物と宇宙に対して対応しているもっと現実的な「形状空間」は、最も確実に「開かれた端末」であり、「三角形の形状空間」の簡単な実例から姿を現すような、外界との接触を絶たれた空間の考え方であるべきではないことを私は強調したい。「プラトニア」は閉所恐怖症の丸天井の建物ではなくて、空に対して開いている「反響する峡谷」である。その反響を内側に持っている感覚があり、その内部のどの地点でももっと多く聞こえるものが、我々が過去と呼んでいるものである。

このボックスを完結するにあたり、私はそれが、素敵な無計画的象徴主義を持っているのに気付いた。BOX3は、正三角形によって描写されている「形状空間」について熟考している。その正三角形はそれ自身がその点の各々を通して全ての三角形を表している。そしてその三角形の全てが調和している。「形状空間」はジョルダーノ・ブルーノの「モナド」を説明している。すなわち、統一体の統一である。

もし、ラプラスの超人的な力が三微粒子宇宙を熟考するならば、その歴史は、三角形の大きさを省略した場合に「形状空間」の中で曲線として見る事ができる「三角形の土地」の一本の曲線であるだろう。図9に示した実際のニュートン的三物体重力相互作用の実例は、その瞬間が独特の連続の中に加わっており、私達に時間を連想させる主要な事実を非常に明瞭に引き出す。これは、曲がりくねったパスで見事に翻訳されている。(あなたは私がなぜ、この図を精巧に作ってくれたディーレック・リープシャーに非常に感謝しているかが分かるだろう。)しかしながら、時間の他の二つの重要な特性、すなわち持続期間と方向の二つは図9の中ではまだ反映されていない。曲線上の任意の二つの点と点の間でどれだけの時間が経過したのかを表示するための目印が、曲線に沿ってどこにも無いのである。曲線に沿ってどちらの方向で時間が増加するのかを示す事もまた不可能である。

図9のパスで暗号化されたそのような歴史を決定するためには、我々はどんな情報が必要になるだろうか? ラプラスによると、それは単純にある瞬間の物体の(質量と)位置と速度であるとした。しかしながら、

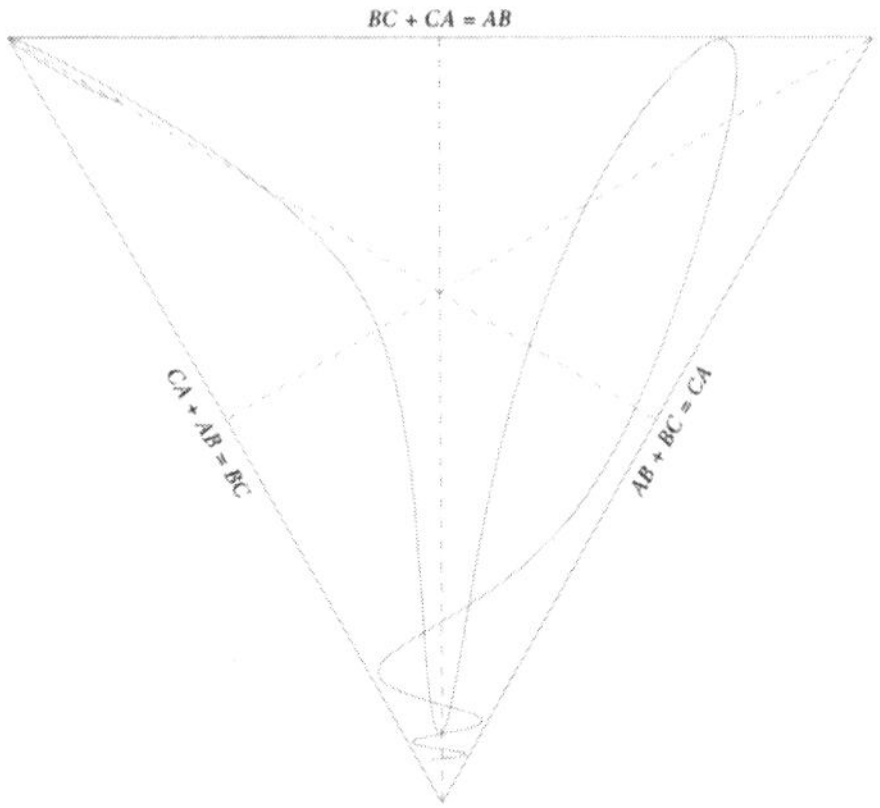

図９　三角形によって「形状空間」に描かれた（コンピューターで作成された）パスは、三つの相互に引き付け合っている微粒子によって形成される。示されている曲がりくねったパスは、紙面の上を動き回っている単一の微粒子によってたどられるのではなくて、パスの上の各々の地点が完全な三角形の形を表していることを自覚する事が重要である。その曲線は三角形の形の連続を示している。テキストの中で説明したように、あなたがこの曲線に沿ってある特別な方向に移動した時に、時間が増加するということは不可能である。しかしながら、それが上部の左隅から出発していると想像していると仮定しよう。これは微粒子Ａが遠くにあって微粒子ＢとＣがほとんど衝突する位の近くにある状況に対応している。それからそれらは、正三角形に非常に近い立体配置に移動し、その後、図の下部付近では微粒子ＡとＢが非常に接近して一緒になる。それから、三角形の形は曲線に沿って上部の右側に上がって行き展開する。その曲線が上部の直線にほとんど触れる所では、全ての三つの微粒子群はほとんど一直線上にあり微粒子ＡとＢの間に微粒子Ｃがある。最後に、その曲線は図の下部に戻って来る。そこで、くねくねする線は、微粒子Ｃがはるか遠くにいる間、微粒子ＡとＢが各々相手の周りに軌道を描いて回っていることを示している。あなたは歴史が一本の曲線の中に全ていかにして暗号化されているかを知るだろう。しかし、あなたはそれがどちらの方向に広がっているかについて、まさしく言うことはできない！

ポアンカレは、物体の位置と運動が絶対空間の中で定義され、物体の速度は絶対時間を使って定義されることに気付いた。これは、明晰なそして重要な必要条件である。

もし、相対的な数量だけを計算するならば、その時ニュートンは余りにも多くの構造を当然の事としている。今、三つの微粒子の宇宙で、（三角形を形成している）それらの三つの距離だけを計らなければならない。三角形の宇宙は、ある目に見えない含められた空間の中で、全体の位置と決められた方向を持つことはできない。同様に、外部の「正面特別観覧席の時計」の概念は矛盾しているので、図9の曲線に沿って宇宙が旅行している時に、我々は「いかに速く」

ということはできない。それは、単純に曲線に沿って全ての点を占有しているからである。

もし、マッハが正しいならば、時間は無いけれども、変化と世界中で実際に計算される全ては、相対的な距離なので、そこでは「プラトニア」を熟考した神のような知性を持ったラプラスの筋書きの完全な類似物であるべきである。「プラトニア」の中のマッハ力学は、無時間の展望の中でパスの決定の付近にあるに違いない。それは、「プラトニア」の中の冒頭の地点とその地点の方向を明確に述べる事が可能だろう。そして、パス全体を確定するために充分であるべきである。むしろ何も無いことが、合理的な知性を満足させることができる。図10の中の歴史は「形状空間」の中心点から出発する。それで、そこでは微粒子は正三角形を形成する。そして確かな方向へ出発する。マッハ力学では、最初の位置と最初の方向（厳密に言うと、「三角形の土地」の中で、「形状空間」の中ではない）は、完全な曲線を特別に決定すべきである。今、我々は現実の世界でこの概念をテストすることができる。神々は、三重星の体系を多数用意しており、天文学者は長い間、それら三重星の動きを観測してきた。彼等は、ニュートンの言葉で描写した時に、ラプラス型の条件規定に確実に出くわすだろう。しかし、それらの運動はマッハの観点から、充分に理解できるものであろうか？これは、ポアンカレの主張した疑問である。

5-2　明白な失敗

その答えは非常に奇妙である。その意見は良く似ているが、全く理解できるものではない。これは、我々のモデル「プラトニア」あるいは表現するためにもっと簡単な「形状空間」が、「三角形の土地」の中の曲線として描写された時に、可能なニュートン的運動がいかに異なって見えるかを示すことによって、強い光を当てることができる。強烈な映像を作り出すために、我々がわずかに異なっている二枚の厚紙の三角形を

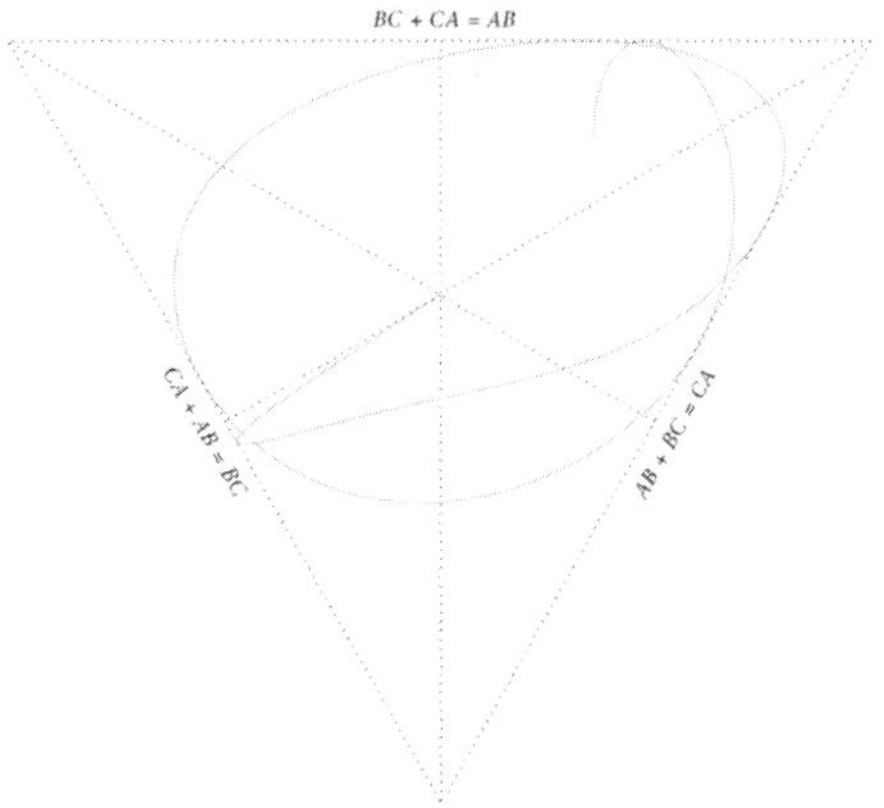

図10　図9におけるのと同様に、同じ三微粒子（私は、今それらを物体と呼ぶ）によってたどられる他の可能なパス。この歴史は三物体が正三角形を形成している立体配置から出発する（あるいは、もし時間が別の方向に進むと仮定されれば、この位置で終わる）。三角形の形はその曲線に沿って、全ての地点で明確な方法で変化する。もしそれが点線の一つに沿って最初の正三角形から離れるならば、それは三角形の二辺が等しい長さを保ったまま、三番目の辺の長さが変化することを意味するだろう。すなわち、正三角形が二等辺三角形になるのである。事実上、示された例では、全ての三辺の比が変化する。というのは、読者は普通の空間の中の運動について考えるのが常であるが、この実例は、固定した一枚の平面の中で、各々お互いの周りを絶えず軌道を描いて回る微粒子に対応している。その曲線が「形状空間」と境を接している点線に触れる位置は食（光の消滅）に対応している。その時、微粒子は他の二つの微粒子の間にあり、それらを結び付ける直線の上にある。そのような立体配置は「対点」（朔望）（これは見せびらかすために、素敵な単語である。）と呼ばれる。普通の空間で、微粒子が他の二つの微粒子を結び付けている直線を通り抜けて、反対側に現れる。しかし、図9と図10の中の曲線上の点は、完全な三角形を表象しており、三つの微粒子の一つではない。これがなぜその曲線が対点の境界に接近したかの理由であり、それから「形状空間」の内側に戻るのである。対点の外側には、三角形は全然存在していない。

持っていると仮定しよう。これらは、ニュートンの絶対時間でわずかに異なった二つの瞬間における、三つの相互に引っ張り合っている物体の相対的配置を表す事ができる。

ラプラスの神のような役割を演じてみると、我々はニュートンの正面特別観覧席の時計が正午を告げた瞬間に、第一の三角形を絶対空間のある場所に置く。一秒後に、我々は第二の三角形を第一の三角形の近くのどこか、わずかに異なった位置に置くとする。最初の三角形は三物体の最初の位置関係を明らかにする。一秒後に二番目の三角形の位置が与えられると、我々はその微粒子がそれぞれどこに移動したかという事と、どのくらい時間がかかったかを知るので、最初の運動を計算することができる。（厳密に言うと、瞬間の速度を計算するためには、我々は一秒間ではなく無限小の時間間隔を捕えなければならないが、この細部は重要ではない。）ストロボ・ライト（高速用照明）が、ニュートンの正面特別観覧席の時計のカチカチと時を刻んでいる秒に符号して、一秒間に一回閃光で物体を照らしていると仮定しよう。その時、我々は絶対空間を通り抜けて動いている物体により、三角形がいかにして形成されるかを見ることができる。我々はすでに図1でこれを見てきた。我々はまた、図9や図10で一本の曲線が得られるのを見て来たように、「三角形の土地」や「形状空間」のどちらでも、その中で三角形に対応する点を描くことができる。これは、余分なニュートンの情報すなわち、絶対空間の中の位置と時間の分離を取り去る。すなわち我々は独創的に支配したのだ。

今、我々は二つの三角形を何処に置こうとも、我々はいつも同じ三角形で始めるので、「三角形の土地」あるいは「形状空間」のどちらでも、その中で結果として生じる曲線は、全て同じ点から出発するであろう。そして、これが「プラトニア」の中の固定した点にちょうど対応している。その曲線もまた、同じ最初の方向を持っているに違いない。というのは、それは固定されている「プラトニア」の中の二番目の三角形の位置によって決定されるからである。これは図10の説明の中で明らかにされる。疑問は「その曲線がその後どのように走るか?」である。絶対空間の中の最初の二つの三角形の位置と時間の分離が、結果として起こる発展に関してどのような影響を及ぼすのだろうか?

この疑問に答えるために、我々には重心の概念が必要になる（Ｂｏｘ４）。与えられた三角形にとって、絶対空間の中にそれを置くためにやって来た時、心の中に二つの異なった事柄が生じる。最初に、我々はどこかにその重心を置くことができる。空間は三次元なので、これは我々が三つの異なった方向に沿って、重心を移動できることを意味している。物理学者はそのような場合、三つの「自由度」があるという。二番目に、定まっている重心を固定して、我々は空間の中でその三角形の方向を変える事ができる。これは、三以上の自由度を提出する。これを見るために、三角形の重心を鉛直方向に貫き通している一本の弓矢を想像してみよう。それは、二つの自由度が与えられた二次元の空の上のどこかを指差すだろう。人は固定された弓矢を保持したままで、それを一本の軸としてその周りで三角形を回転させる事ができるので、第三番目の自由度が生まれる。

BOX4　重心

物体の系の重心は、その系の質量の合計と等しい偽質量の位置である。二つの等しくない質量Mとmに関して、重心は、それらを結び付ける直線上で、その直線をM対mの比率で分割する位置で、その比率の中で質量のより重い方に近い位置にある。物体の任意の孤立した系において、重心は静止したままでとどまるか、または絶対空間を通り抜けて一直線上を一様に動くかのどちらかである。三物体の重心が、図11に示されている。

さて、我々が最初の三角形の重心をどこに置こうとも、そして、我々がそれを、どのような方向に向けさせようとも、その時に現れる三角形の連続は、いつも同じである。「プラトニア」の中でたどられるパスは同じである。絶対空間の中の出発位置は、少しも重要ではない。これは、むしろ注目すべきことである。それは、まるであなたがあなたの菜園で、海の底で、大気圏外の宇宙で同じニンジンを栽培することができるかのようである。絶対空間の中の異なった場所は、間違いなくあいまいな現実を持っている。地球上の実際の場所と違って、それらはどんな注目すべき結果も持っていない。

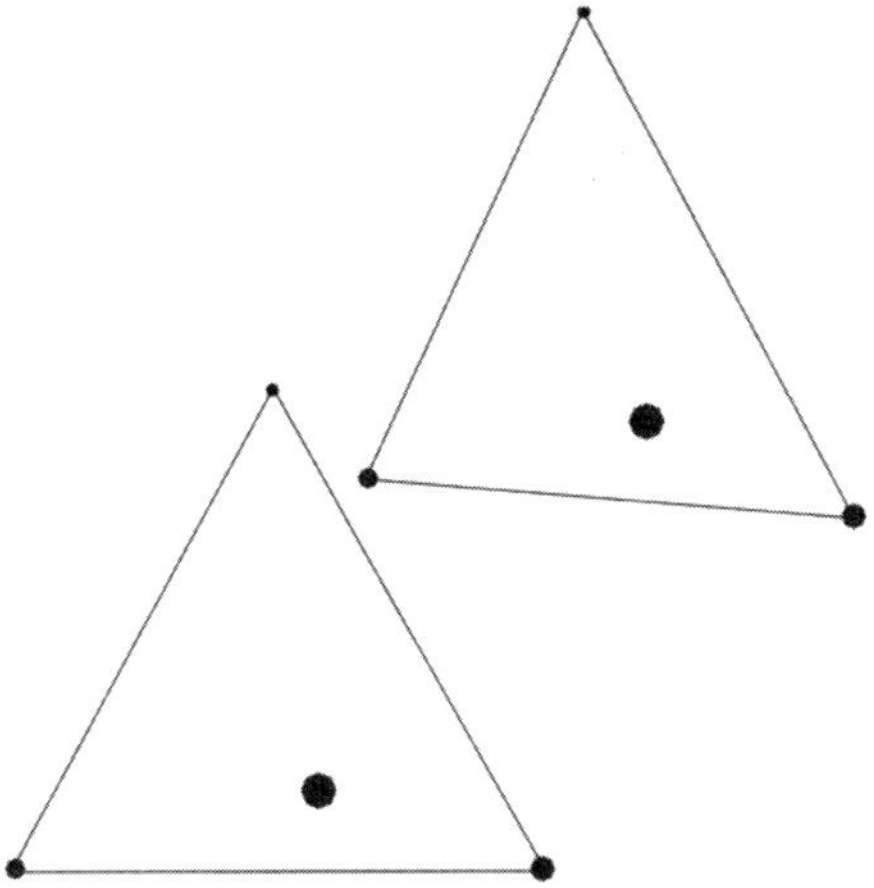

図 11　一単位、二単位、三単位（黒点の大きさによって示されている）の質量が、二つのわずかに異なった三角形（本文の中で論じてきた二つの三角形に対応している）の頂点で示されている。二つの重心が大きな黒いシミ（六単位の質量）によって示されている。重心の位置は、任意のペアの重心を見つけ、それから、その重心と残っている三番目の質量との重心を見つければ良い。

「時間の場所」の正体を明らかにすることは、同様に難しい。我々は、ニュートンの正面特別観覧席の時計に従って、正午に我々の実験を開始した。実際、その開始時間はどんなものにも影響を与えない。すなわち、全ての「ニンジン」は全く同じように生えてくる。絶対空間と絶対時間の両者とも、最初の三角形の位置に関しては関係しているが、それは、他のどんなものに対しても影響力を持っていない。我々はそれらが何か役割を演じるかどうか疑い始める。この疑念は、我々が二番目の三角形をどこに置くかを熟考する時に、さらに強くなる。我々は絶対空間の中で最初の三角形と関係のあるどこかに、その重心を置く事ができることになる。これはまた、それに続く三角形の連続に関しても、全く影響を及ぼさない。この効果の欠如は、物理学の最も基本的な原理の一つであるガリレオの相対性原理と呼ばれるものによる。（Ｂｏｘ５参照）

BOX5　ガリレオの相対性原理

ガリレオは、平穏な海の上で一定の速度で航海している船の密閉された船室の中の全ての物理的効果は、静止している船の中と厳密に同じ方法で説明されることに気付いていた。あなたは、船の舷窓から外を見なければ、その船が動いているかどうかを言う事ができない。全く一般的に、ニュートン力学では、孤立した系の一様な運動は、その中で起こる出来事について何も影響を及ぼさない。図12の左側の図は、絶対時間の等間隔で創られた図10の歴史の中で、三質点によって形成された三角形を（遠近画法で）示している。個々の質点は「スパゲッティ」の管に沿って動く。重心はZ軸を一様に上の方に移動する。（明白であるにもかかわらず言うと、三角形はいつも水平であり、すなわち、XY平面に平行である。）図12の右側の図は、二つの物理的に等価な解釈を持っている。第一に、左側の系の傍を通り過ぎて左側に一定の速度で動いている観測者は、その系がそれらの後ろに引っ込んで行くのを見るだろう。第二に、左側の系に対して相対的に動いていない観測者もまた、右側への重心の一定の速度の運動を除けば、その系に対して同一の系を見るだろう。これは、ガリレオの軍艦の船室の中で起こったことは、岸辺に立っている観測者にとっては、右側に「切り取ったもの」であることを示す。系の速度に従って、その重心はそれぞれ異なった量によって、単位時間内に移動するけれども、三角形の実際の順序は、同じように残存している。これが、テキストの中で自由に記載したことに対応している。

相対性原理の故に、物体が成立させる運動の法則は、絶対空間の中でそれ自身になすのと同様に、絶対空間を通り抜けて等速度で動いている基準系の中でも、厳密に同じ形を取る。ニュートンはそれを認めることを好まなかったけれども、この事実は「慣性系」と呼ばれるどのような枠組みも、それが絶対空間の中で静

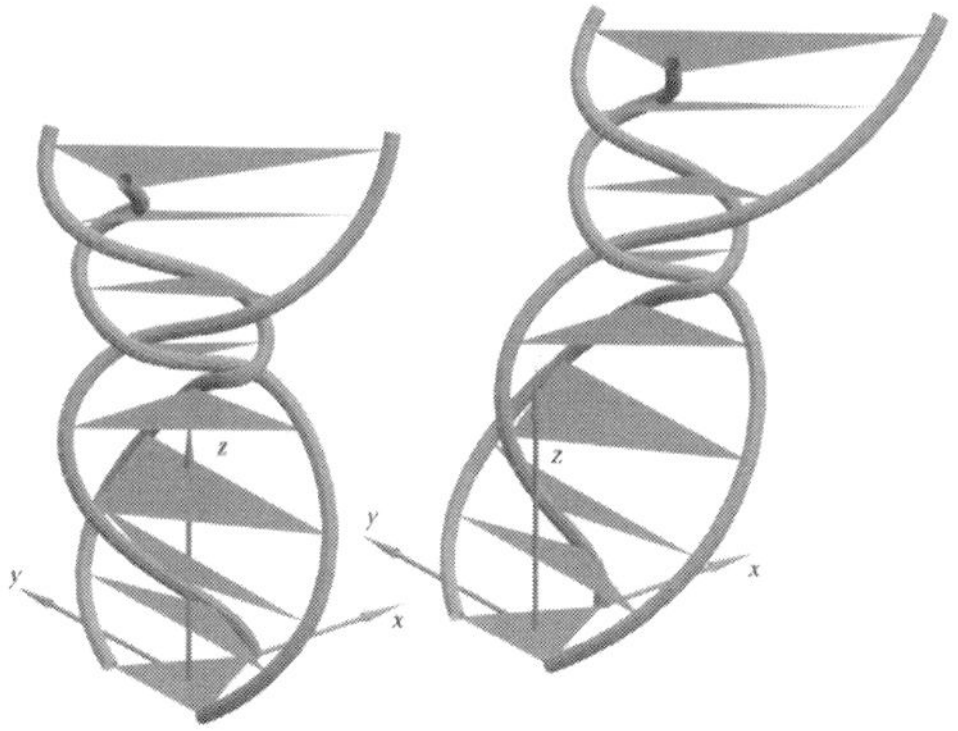

図12　図9や図10（そして、後に出てくる図14）と違って、この図（そしてまた、図13も同様であるが）の、複雑に絡み合った織糸に従っている線は、空間の中の三つの個々の粒子の軌跡を示している。これは、なぜ三本の織糸があるのか、そしてなぜ一本の単純な曲線ではないのかの理由である。ある物と物事の同じ状態を表すためのこれらの異なった二つの方法について、考察することが上手くできるならば、あなたにとって大きな助けになるだろう。ここで、我々は絶対空間の中で動いている個々の粒子を見る。図9、図10と図14の中で、私達は「プラトニア」の中で動いている三粒子によって形成された「世界」あるいは「宇宙」を「見る」（私達の心の眼で）だろう。

止しているのか、あるいはある一定の速度でそれを通り抜けて動いているのかどうかを言うことを不可能にしている。それらに何も力が働いていない物体は、慣性系の中でも（その名前故に）一定の速度で一直線上を動く。絶対空間の中であなたが静止しているということは不可能である。慣性系の中であなたが静止している事のみを言う事も不可能である。歴史的な理由のために、私はテキストの中で「絶対空間」を使っているが、厳密には私は、「慣性系」の言葉を使うべきであろう。

四つの自由度だけが残っている。ある位置に二番目の三角形の重心を置いた時、その方向を（三つの自由度で）変える事ができる。我々はまた、三物体が二つの位置を占める所で、瞬間と瞬間の間に経過したニュートンの絶対時間の総量も変える事ができる（四番目の自由度）。もし、時間の差異が短くされたならば、これは物体がニュートン時間のより少ない中で、さらに遠くに移動することを意味している。すなわちこれ

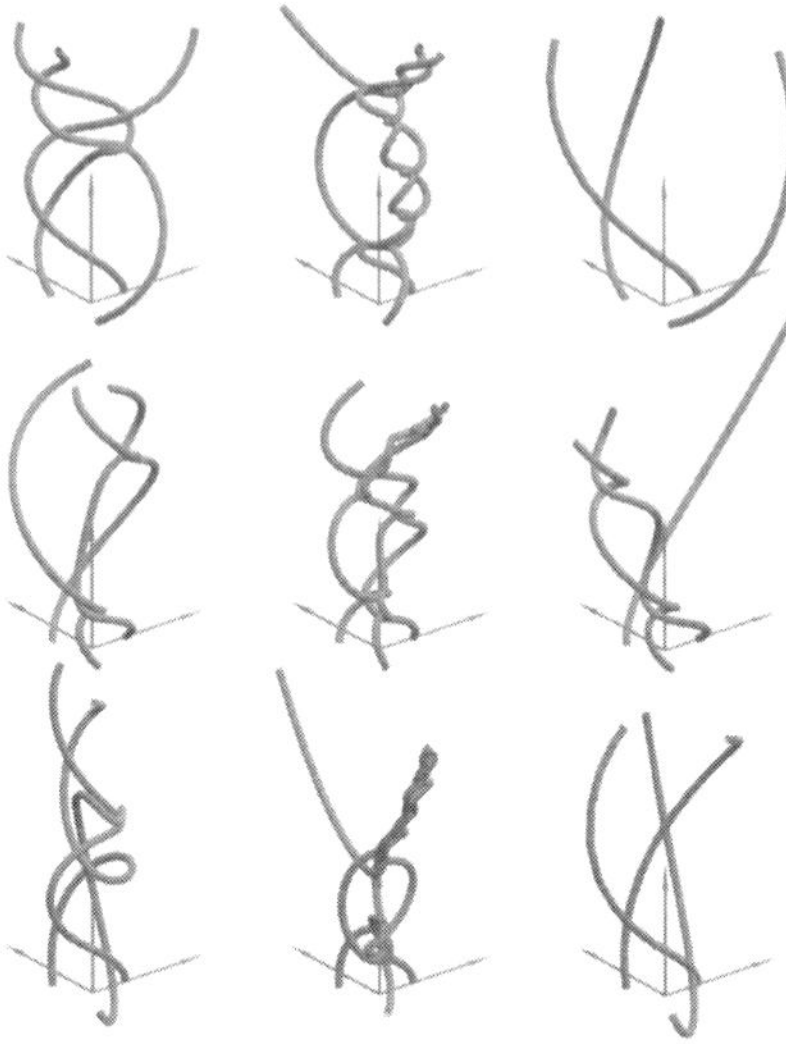

図13　これらは、図12の左側の図のように、絶対空間の中での旋回の「スパゲッティ図」である。（左側の一番上の図は、同じ旋回であるが三角形を取り去ってある。）形状空間の中での対応する曲線が図14に示してある。それぞれの図の中で、その旋回は正三角形を形成している三つの物体で始まる。そして、それに対応している全ての曲線は、「三角形の土地」と「形状空間」の中で、同じ方向に出発する。これは、二番目の三角形が両方の場合において同じであるからである。異なった旋回は、異なった初期速度を物体に与えることによって創造される。（それらは、三つの列で異なる。）そして、それらは異なった方向の回転を三角形に与えることによっても創造される。（三本の支柱によって異なる。）

は、それらが最初により速く動いているという事である。実際、重心の運動は重要ではないので、我々はそれを一定に保つ事ができ、その方向だけを変えることができる。さて、最後に我々は重要なあるものの所へやって来る。これらの二つの変化、すなわち時間の差異の変化と相対的方向の変化は、図13と図14で説明しているように、劇的な結論をもたらす。

図13と図14は、絶対空間と絶対時間の完全な不可思議を表現する。ニュートンの絶対空間と絶対時間は両方とも目に見えない。けれども幾分直接的に目に見える三角形の旋回の中で、それらの影響が目立ってくる。天文学者は、彼等が望遠鏡を通して観察する時に、(広く認められているように、投射映像の中で）星々とそれらの間の空間を見

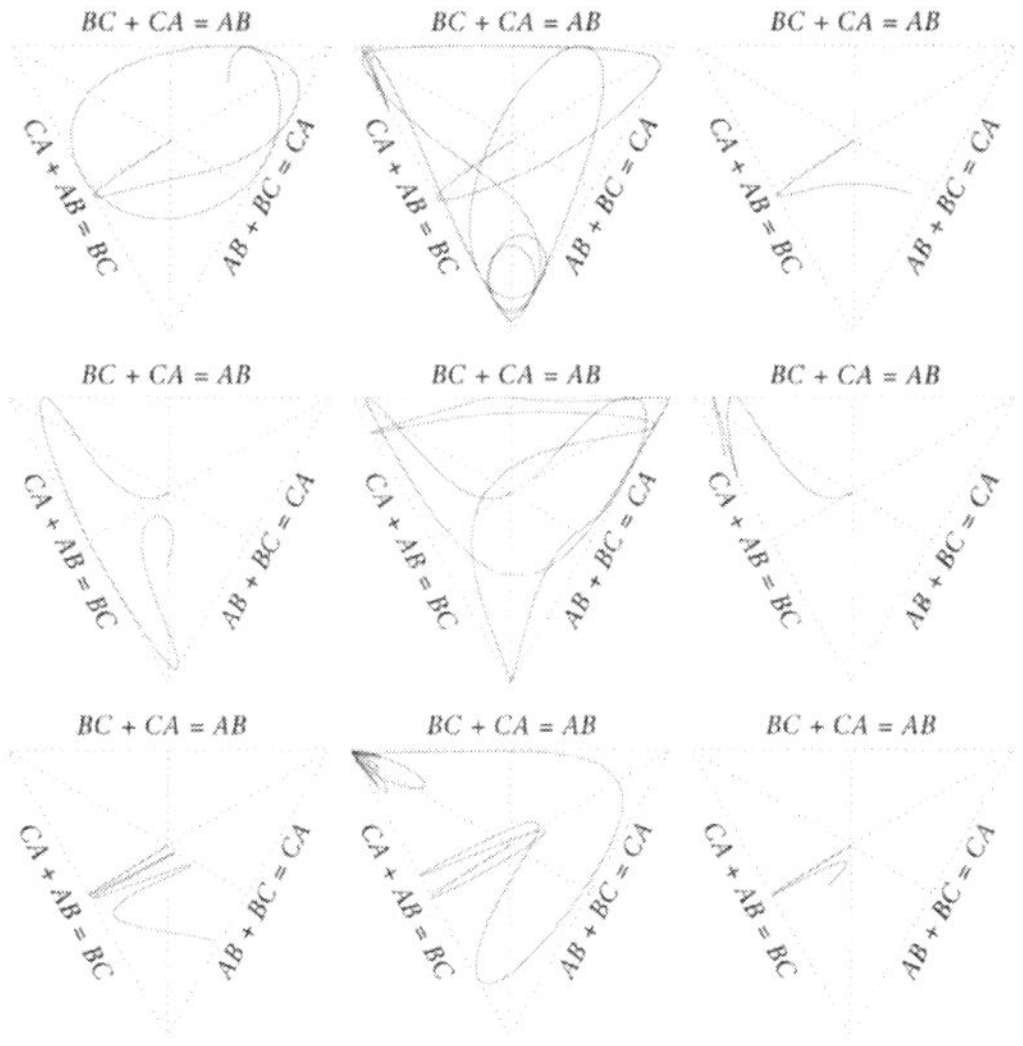

図14　これらは、図13に示した絶対空間の中の九個の旋回に対応している「形状空間」の中の曲線である。それらは全て、同じ点から同じ方向に出発しているが、それから強烈に分岐し異なっていく。私が図9の説明文で述べたことを思い出してもらいたい。すなわち、これらの曲線は、紙面を横切る単一の粒子の運動を現わしているのではなくて、三角形の連続的な順序の形である。もし、あなたがこれらの曲線の一本の上の任意の地点にピンを打ち込んだならば、それに対応した三角形が照らし出されるだろう。図13と図14が二つの異なった方法で同一の出来事を現わしていることを正しく判断する事が大変重要である。ニュートンの時代以来、ほとんど全ての物理学者はニュートンの描写、すなわち図13がこれらの事象について考えるための物理学的に正しい方法であると信じている。
ライプニッツとマッハに従って、私は図14が正しい方法であると信じている。しかしながらテキストで説明しているように、この接近法は厳しい困難に直面している。私はいかにしてそれを克服するかを第7章の中だけで説明するだろう。

る。もし、時間はただ単に変化するだけで、距離だけが力学的な効果をもたらすとしたら、立派なマッハの力学、すなわちラプラスの神の知性を満たす者は、九個全ての場合において厳密に同じ旋回に導くだろう。これは、天文学者が観測している実際の三重星系の運動に関して、明白に真実ではない。図13と図14で示した発展の異なった種類全部と、さらに多くのものが発見されている。ライプニッツに逆らって、ニュートンが彼の論争で勝つことを可能にした全ての事実は、これらの図解に含まれている。しかし、それはポアンカレがそれらを論証するための最善の方法を発見する約二世紀前に採用した。マッハが支持したように相対的な量だけを使う力学は、地面に降りることができないことを、彼は後悔しつつ推論した。それは、完全なラプラスの決定論を必要としている。それにもかかわらず、その失敗は奇妙である。絶対空間と絶対時間は、二つの三角形を正しい位置に置くことを許可している全ての自由を通り抜けて、効果を及ぼすことができた。その内の一〇個がどんな物に対しても何も影響を及ぼさない全部で一四の自由度がある。これはまさに、空間と時間の不可視性が我々を予期する方向に導くだろうことを示している。まだ、四つの自由度が重大な影響力を持っている。三つは空間の中でねじれをもって結合しており、全体の速度を持った四番目は系の内部に入る。これらの予想と現実の間の、奇妙な不釣り合いな組み合わせは、数世紀の間、哲学者を議論させ続け、物理学者を悩ませ続けている。

その真相は、ニュートンの絶対空間と絶対時間が、明白に奇妙な役割を演じているという事である。最初の問題点はそれらの不可視性である。もっと重大な問題は、それらが演技に参加する時に、物語全体の中でそれらがどんな小さな部分を演じるかという事と、それらが劇場にどのような不合理な方法で登場するのかという事である。我々は、二つの三角形の相対的な方向と時間間隔を、一度選んだならば、絶対空間と絶対時間の中のどこでも、それらを捕まえる事ができる。それらはいつも同じ展開として登場するだろう。絶対空間と絶対時間は相対的方向と時間間隔の計数を行うだけの、非常に小さな事柄のように見える。

しかし、これらは我々の気まぐれな選択である。一度、我々が二つの三角形を選んだならば、我々がどのような方法でその選択を行ったかについて、それら自身の三角形は、何もヒントを与えてはくれない。ライプニッツは、大部分の科学者が忠実に従う哲学の二大原理を明確な形に作り上げた。その第一は「区別できない物の同一性」である。すなわち、二つの事象がそれらの全ての特性において一致するならば、その時、それらは実際に一つである。それらは、同じ事象である。その第二は、我々がすでに出会っているもので、「十分な理由」の原理である。全ての結果は原因を持っているに違いない。異なった結果を説明するための、ある真実の観察できる相違点があるに違いない。

今、私達は問題点を見出すことができる。それ自身の中で、熟考してもらいたい。一対の三角形は、ちょうど事象である。それぞれの異なった相対的方向と時間の分離について、我々は気まぐれによってそれらを与える。それらはどのような影響も与えないだろう。依然として各々は重大な結論を持っている。すなわち、それらは全く異なった宇宙を創造する。もし、宇宙がいくつかの数の粒子の要素からできあがっているならば、厳密に似たような、ある問題が発生してくる。宇宙の相対的な立体配置を示す二枚の写真（二つの三角形の類似物）は、全体の歴史を独特のやりかたで決定するには極めて不十分である。

以前に、我々はこの謎を解決する事のできる可能性を調べたが、数えられた四つの自由度が実際問題としてどのようにして明らかにされたかを熟考することに価値がある。我々はその時に、偉大な発見であるニュートンの不可視の枠組みが何であったのかを知ることができるだろう。我々はねじれと共に出発する。

5-3　空間と回転

私が少年だった頃、余り運動は得意でなかったが、ただ一つ、高跳びだけは良くできた。私は、一年間オックスフォードの運動場の練習課程に行った。私達は「角運動量」について紹介された。そして、いかにしてそれが跳躍を改善するために有効に利用できるかを教えられた。若い有望選手の中で一番背が高かったので、私が実演するために選ばれた。指導員は、小さなベンチ型の回転台の上に、両手と両足を伸ばした状態で私を立たせた。彼はそれをゆっくりと回し始めて尋ねた。「もし、君がしゃがんだ位置に君の体を持っていったら、何が起こるだろうか？」と。私は物理学を学んでいたので知っていた。それで「角運動量は保存されるので、回転盤はより速く回転すると思います。」と答えた。彼は「そうだね。やってみてごらん。」と言った。私は誇らしげに元気よく両手と両足で体を引っ張った。その効果は恐ろしかった。回転盤は非常に速く回転してぶんぶんという音を立てたので、私はパニックを起こしそれから降りようとして床の上に投げ出された。私は傷付いて逃げ出した。私は事故でなくても、まだ自分自身後悔しており、そのために、他の日も練習に行かなかった。私は、ロジャー・バニスターが最初に四分以内で一マイルを走るのを見た。

角運動量は固定された軸の周りの「正味の回転」の一種である。地球についてそれを計算するには、その回転軸からの鉛直距離と、軸の周りのその回転運動の速度に、地球の中の物体の各々の断片の質量を掛けあわせる。地球の全体の角運動量は、全ての断片の角運動量の合計である。時計回りの運動と反時計回りの運動は正反対に数える。地球の回転と反対方向に世界を回って飛んでいるジェット機は、反対方向の符号で毎日の回転が貢献していることに気付く。

ニュートンの法則によると、この「正味の回転」は孤立した系では変えることができない。この宇宙の法則は、人間と惑星に対して平等に適用される。オックスフォードで私が自分の両腕と両脚を曲げた時に、私は回転軸と私の体重の大部分との距離を、突然縮めたのである。これが、私の回転速度の突然の増加を、不可避的に引き起こして、その不幸な結末をもたらしたのである。同じ法則が、なぜ、地球の回転軸が北極星の方向を指して、固定して留まっているのか、またなぜ一日の長さ、すなわち回転の周期が変化しないのかについて説明している。その回転速度は、地球が膨張するか収縮するかした時だけ変える事ができるが、地球は堅いので変えることはできない。(実際には、軸の方向と一日の長さの両方とも、太陽と月の外部の影響によって非常にゆっくりと変化している。)地球などのような堅い物体にとって、角運動量の効果はむしろ明白である。しかしながら、その効果は遠くまで及んでいる。

球状星団は一〇〇万個の星を含んでいるかもしれない。それは堅くなく、重力がその星団を一緒に保持しているけれども、その全ての星は異なった方向に、個々に動いている。その角運動量は、三本の相互に直交した軸を選ぶことによって見つけられる。そして、それらの各々の周りで「正味の回転」が計算される。これらは前節で述べた、旋回するための三つの自由度に厳密に対応している。しかしながら、その三本の軸は、それらの二つについては回転がゼロであり、全ての「正味の回転」がこのように単一軸について存在しているような方法でいつも選ばれる。この軸は、空間の中である確かな方向を差し示す矢の一種である。それと「正味の回転」は、時間が経っても完全に変化せずに残る。天文学では、時間は永劫の中で過ぎる。星々が、全て異なった方向に動いているので、自然が行っている記録の実践は驚くべきものである。深い原理が働いている。

自然の法則は、稀に純粋な形式の中で操作されるように見られ、それを認めるのが難しい。空気抵抗と摩擦が力学の基礎的な法則をねじ曲げる。しかし、その法則が時間を含んでいるので、最大の困難が発生する。そして、我々は一度にただ瞬間だけを経験する。もしも、我々が我々の前に伸ばした時間の全ての瞬間だけを見る事ができるならば、この本の前の方の図のいくつかで示したように、運動の法則の効果を直接的に見る事ができるだろう。

しかしながら、数少ない現象が、すごい流行の中で働いている力学に対して秘密を漏らしている。それらは、しばしば角運動量と結合する。控えめなトップは最上の実例の一つである。自転車に乗ることは別の例である。すなわち、あなたが自転車に乗って風を切って丘を下り疾走している時に、バランスを維持するために安心できる方法は、速い速度で回転している車輪の角運動量を下げる事である。一度車輪が速く回転し始めると、その水平方向の回転軸を維持するための強い力が働く。実際に、子供のフラフープは回転軸がどのようにして固定された方向を維持しているのかを見事に説明する。それから、フリスビーは空気中を通り抜けて浮かんで流れて行く時に、正確に高速で回転している。多くのより完全な実例が、自然に起こっている。我々が、太陽と月と星々の上昇と沈降、また、それらの天空を横切って続く果てしない行進として見ている地球の回転について、すでに述べた。我々の時間の概念の大部分は、子供の例で説明したこの現象から来ている。

しかしながら、これらの全ての実例には、堅い物体がある。球状星団の実例は、全ての余りに捕えどころのない現象の背後に、巨大な目に見えない枠組みの存在を知らせている。天文学者がずいぶん前に、その手仕事の最も壮大な実例、すなわち渦状銀河を発見していることを、ニュートンは知っていた。それらの中で、枠組みの最初は目に見えない影響が、目に見えるものになった。実際、物質の任意の孤立した集団は、その自然がたとえどんなものであっても、たとえば、球状星団の中の一〇〇万個の星、あるいは宇宙の中の莫大なチリの雲は、その「正味の回転」の結合した固定軸を持っている。ラプラスは重心を通る固定軸に対して鉛直な平面を、「不変の平面」と呼んだ。なぜなら、その方向は決して変更する事ができないからである。時々、それは実際に見られる。これは、いくつかの運動は変更することができ、共通の相互作用を通してなくす事さえできるからであり、それに反して他はできない。たとえば、回転軸に平行で反対方向に動いている物体は衝突し、不変の平面の中でおそらく偏向させられるだろう。時を超えて、系の中の物体は軸の周りの円形運動の正しい総量になるまで供給され、それの内部や近くに「集合させる」ことができる。これは、渦状銀河の中で起こっており、その中では、渦巻きの腕の中の輝く星々は、そのような蓄積された物質から形成されている。それらは、一定不変の平面をそれが目に見えるように「ライトアップ」している。（図15）

似たような効果は太陽系の中で働いている。約四五億年前、太陽と惑星は超新星爆発から残しておかれた

図15 「上方から」見た壮観な渦状銀河

チリの莫大な量の雲から形成された。そのチリはある「正味の回転」を持ち、結合した不変の平面を持っていた。太陽は、その雲の重心の近くに形成され、雲の中の質量の大部分を拾い集めた。太陽系の回転のほとんど全部が、今、地球がその中で太陽の周りを回っているところの黄道の平面の中で起こっている。太陽は質量の大部分を獲得しているのだけれども、木星が角運動量の大部分を持っている。

全ての惑星がほとんど一致した平面の中で、太陽の周りを同じ方向に回っているという事実は、このように大元のチリの雲の相対的に控えめな初期の「正味の回転」の遠く離れた結果である。全ての天空の放浪者以来、太陽と月と惑星が、星々の背景に逆らって多くの同じ軌道に従っているという、天空の中の結果を我々は知っている。皮肉なことに、ニュートンは彼自身の法則の力を過小評価していた。彼は、太陽系が自然に発生してくることを、彼自身信じる事ができなかった。彼は「単なる物理的な原因が、そのように多くの規則正しい運動を生み出すことはできない」と言った。彼は、「この最も美しいシステム」は、「知性と強い力を持った存在の慎重な計画と支配から」のみ進める事

図16　土星とその輪

ができたのだと断言した。ニュートンが、現代の土星とその輪の写真を見ていたらどうだったろうか（図16）。重力と不変の平面によって天空に創られた全ての画像の、これは確実に最も完全なものである。

三世紀の間、土星の環のような現象の最も良い説明は、ニュートンの慣性の法則、すなわち、絶対空間の部屋のような劇場の中で直線に沿って進む全ての対象物の固有の傾向を残していた。もしもこれらが受け入れられるならば、その時、土星の環や上に述べて来た事、フリスビーや角運動量の他の徴候など全てを説明することができる。しかしながら、ニュートンの説明は、解説を必要とする事実に関する陳述として、充分な説明になっていない。それは、いつも我々が実際に見ている事柄であるので、我々は、絶対空間や絶対時間の怪しげな媒介者無しで、これらの事柄を説明することを試みないのか？　我々は、この問題に着手する前に、エネルギーと次の章で述べる時計と時間の測定を熟考する必要がある。

5-4　エネルギー

エネルギーは、物理学の中で最も基礎的な量である。それは、二つの型として現れる。位置エネルギーが、その瞬間的な立体配置によって決定される間に、運動エネルギーは系の中の運動の総計を測定する。角運動量のように、孤立した系の中では二つの合計が一定である。もし、一方が減少すれば、他方は増加するに違いない。例えば、落下する物体の位置エネルギーは、その高さに比例しており、それが落ちるにつれて減少する。降下の速度とそれに伴う運動エネルギーは、厳密な埋め合わせをする合計のために増加する。

力学の全体のようなエネルギーは、奇妙な混成の特質を持っている。絶対空間と絶対時間は運動エネルギーを計算する時には必要であるが、位置エネルギーを計算する時には必要でない。系の中で、質量m、速度vのそれぞれの物体は、運動エネルギー$1/2mv^2$となる。その速度は絶対空間の中で測定される。運動エネルギーを計算するために、それがなぜ必要なのか。それとは対照的に、系の位置エネルギーは、その相対的な立体配置だけによっている。例えば、系の中の引力に引かれている物体の各々の対は、それらの分離に反比例している量で、系の全位置エネルギーに貢献している。もしこれが二倍であるならば、その対の位置エネルギーは二等分される。任意の「プラトニア」の中の各地点は、物体の異なった立体配置に対応しているので、位置エネルギーは「プラトニア」の中の場所から場所へと変化する。これは、図17の中で三つの物体として図示されている。

角運動量のように、エネルギーは系の出現や個々の対象物の運動の形をとる。重力に関して、位置エネルギーは負数であるが一方、運動エネルギーは正数である。このように、全体のエネルギーEは正数かゼロか負数のどれかの値をとる事ができる。もし、宇宙船が十分な速度で発射されたならば、それは地球の重力か

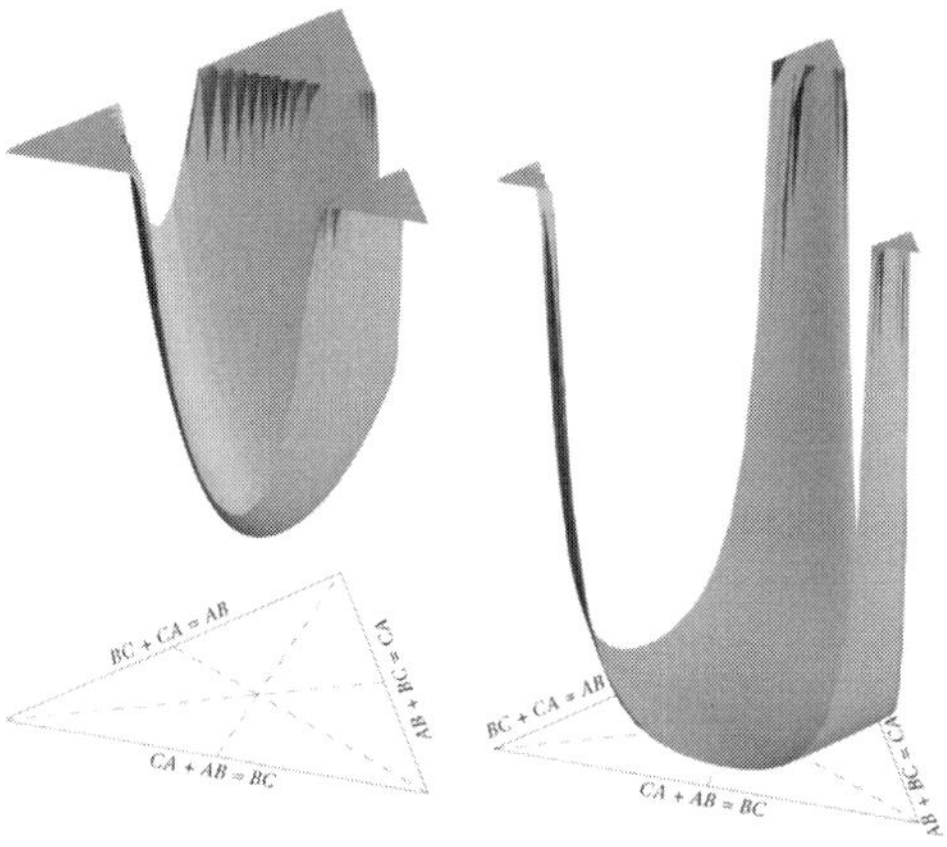

図 17　異なった質量を持った三つの物体の重力的位置エネルギーが、「形状空間」（図 8）の上方に、面の高さとして示されている。その上の各地点は、三物体によって形成された三角形の異なった形状に対応している。右側の（図の）立体配置の端から端までの寸法は、九倍大きいので、その位置エネルギーの量は大変低くなる。位置エネルギーは分離距離に反比例しているので、それは、「形状空間」の隅の方に向かって鋭く増加する。二つの質点が一致するのに対応して、それは無限大になる。これは、図の中では示す事ができないので、その面はある程度の高さでカットオフしてある。「形状空間」の最も遠いかどは、この図の中で二つの最も重たい粒子の一致に対応しており、これがなぜそこで位置エネルギーが最も猛烈に増加しているのかの理由である。

ら逃げる事ができる。なぜなら、そのエネルギーEが正数であるからである。もし、Eがゼロであれば、その宇宙船はちょうど脱出速度を持っており、脱出がまさに可能である。もしEが負数であるならば、宇宙船は地球から脱出する事ができずに、地球の周囲で軌道を描いて回るか、地面に落下するだろう。惑星は太陽から決して逃げだすことはできない。なぜなら、それらは負数のEを持っているからである。星の集団は、それらのエネルギーが負数であるならばその時だけ、宇宙の相対的に小さな領域の中で集中してそこに残る事ができるが、もしそうでなければそれらは急速に発散するだろう。これは、我々がなぜ、天空の中で銀河や星の集団として、そのような素晴らしい対象物を見るのかの理由である。それはまた、なぜ、太陽や惑星がそれらの美しい丸い形状を持っているかの大部分の理由である。

このように、天文学者が天空の中で観測しているほとんど全ての対象物の形状は、それらのエネルギーと角運動量を反映している。その結果、ニュートンが主張しているように、絶対空間と絶対時間が存在し、本当の影響力を持っていなければ、それらを説明する事が不可能であるように思われる。ニュートンの目に見えない枠組みのための証拠は天空全体に描かれている。その証拠は「二枚のスナップ写真問題」として要約することができる。二つの密接した空間と瞬間に撮られた孤立した系のスナップ写真は、絶対空間の中の端から端までの（全体の）方位ではなくて、その物体の分離距離だけを示していると仮定する。二枚のスナップ写真の間の時間間隔は、同様に分からない。もしも、その系が球状星団であるならば、そのスナップ写真は一〇〇万個のデータを含んでいる。しかしながら、その系の旋回を決定するために、四個のデータがまだ欠乏している。それらは、一個のデータが運動エネルギーを決定し、三個のデータが角運動量を決定する。二枚のスナップ写真から引き出すことはできないのだけれども、それらは一見して分かるような旋回の莫大な影響を持っている。三枚目のスナップ写真が多くの余分な情報とともにデータを明らかにするだろう。データの四個の欠けている片は、絶対空間と絶対時間の完全な証拠を包含する。宇宙の中の全ての系が、それらの存在を証明した。これは、時間が存在しないという私の主張を台無しにするように見える。その相対的配置よりも宇宙に対してより多く現れている。「プラトニア」の中でその痕跡が見つけられないところの、目に見えない構造物がある。

第6章　天空の二つの巨大な時計

6-1　時間は何処に？

ニュートンの不可思議な「時計」と速度は、直前の章ではっきり描写したように、相対的に測定される。しかし、それが本当にそこにあるとして、もしそれが目に見えないならば、我々はその時間をどのようにして読むことができるのだろうか？　この章は、これらの二つの疑問について考えてみる。

ガリレオの単純ではあるが有名な実験は、ニュートンの絶対時間に非常に似ているあるものに関する強力な証拠を供給している。彼は一個のボールを取り、テーブルを横切ってその端の外れまで転がした。そのボールの落下に関する彼の分析は、力学の中で重要な一歩であった。最初に、彼はボールがテーブルの上で転がされた方向の中で前方に進もうとするボール固有の傾向に注目した。それはまた、速度を増すような重力のもとで落下し始めた。ガリレオは二つの過程が独立的に働き、それぞれは独立して分析できると推測した。全体の効果は、単純に二つの過程を一緒に加え合わせることにより見つけられる。

前方に動き続ける傾向に関するガリレオの認識は、ニュートンの慣性の法則を予想していた。彼は、それを宇宙的法則としては承認しなかったが、いくつかの特別な場合においてそれを明確にした。ボールの例に関しては、彼は重力（と空気抵抗）が無ければそのボールが一定の速度で永久に前方へ動くだろうと推測した。（彼は実際に地球の周りでその運動があるだろうと考えていた。ガリレオの慣性運動は円形であった。幸運なことに、相違点は彼の分析に悪い影響を及ぼすには余りにも小さくて遠かったことである。）

二番目の過程に関しては、ガリレオは次のことをすでに発見していた。すなわち、もし対象物が静止状態から落下して、最初の単位時間の間に一単位の距離を落下するならば、次の（単位時間の）間にさらに三単位の距離を落下し、その次は五単位の距離を、と続いて行く。彼はこれによって有頂天になった。そしてそれを「奇数の規則」と呼んだ。今、その数列を熟考しよう。

t＝1の時の、落下距離＝1
t＝2の時の、落下距離＝1＋3＝4
t＝3の時の、落下距離＝1＋3＋5＝9
t＝4の時の、落下距離＝1＋3＋5＋7＝16
⋮

落下距離は時間の二乗として増加する。すなわち、1×1＝1、2×2＝4、3×3＝9、4×4＝16である。ガリレオの独創性は、このパターンの中により深い意味を探す事であった。ガリレオが一年間あるいはそれ以上かかった計算を、今では、多くの一〇代の若者が短時間でする事ができる。それは非常に珍奇であった。彼は次のように尋ねた。もし、落下距離が時間の二乗として増加するならば、その速度は時間に関してどのように増加するのだろうか？と。彼は結局、それが時間と共に一様に増加するに違いないことを発見した。もし、最初の単位時間後に、対象物がある確かな速度を獲得したならば、二番目の単位時間後には、それはその二倍の速度を獲得しており、三番目の単位時間後には三倍の速度を、というように続いて行く。ガリレ

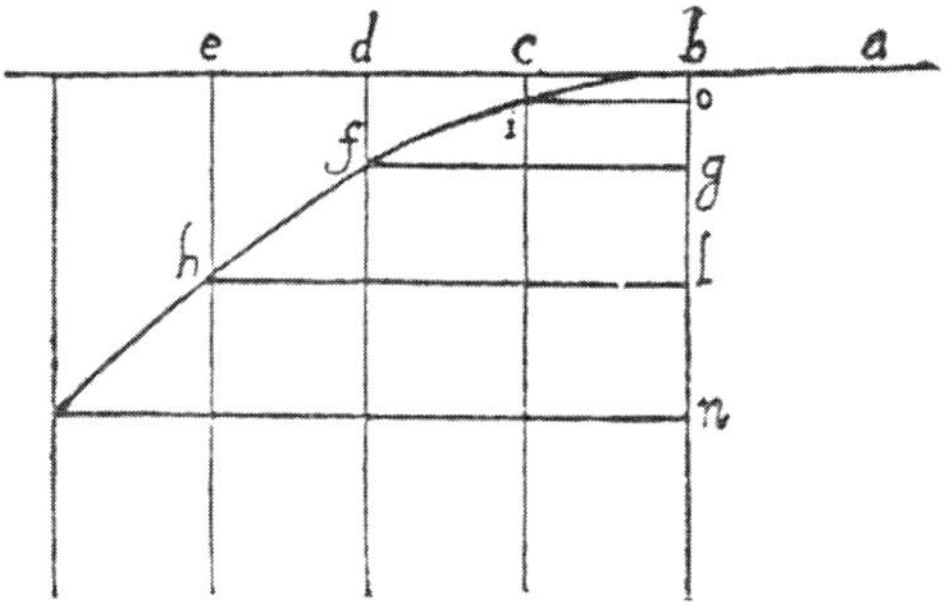

図 18　放物線運動のガリレオ自身の描いた図。ボールは右側からやって来て落下し始める。ついでに言えば、この図は慣例がいかにして確立され堅固なものになるかを例証している。（それの現代版は確実にボールが左側から来て、右側に落下するように示す。）水平方向の慣性運動の均等性は、*bc*、*cd*、*de*…の間隔が同じであることによって示されており、一方奇数規則は *bo*、*og*、*gl*…の垂直方向の落下距離が増加していることに反映されている。

オの仕事は次のことを示した。すなわち、空気抵抗が無ければ、落下する物体はいつも、ある一定の加速度を持っている。ガリレオの単純だが厳密な疑問からその結論が湧き出たことは、驚くべき事である。（ガリレオの表現によると）それは、「自然の偉大な記録簿」をいかにして読むべきかを彼の後継者に教えた。注目すべき経験主義的なパターンから、彼はより単純でより深い法則に至る方法を発見した。

落下するボールを分析するために、ガリレオはそれぞれが独立的に作用しているという仮定のもとに、二つのプロセス、すなわち慣性と落下を単純に結合させた。彼は有名な放物線運動（図18）を獲得した。

それぞれの単位時間の間に、ボールは同じ水平距離を通って動くが、垂直次元における落下距離は時間の二乗で増大する。ボールによって描かれる最終的な曲線は、放物線の一部分である。ニュートンは、天に対して地球上の運動のためのガリレオの方法を適用し、運動の法則が全宇宙的な正当性を持っていることを示した。これは、物理学における最初の偉大な統一化であった。我々の現在の探求すなわち、時間の探索の点から見て我々にレッスンをすべきだろう。我々は天空の中にそれを捜すべきかもしれない。

探索が必要である。ガリレオの分析の全ての要素が、すぐに目に見えるという点に注目しなければならない。あなたは、想像力でテーブルとボールによって描かれた放物線を容易に想像する事ができるだろう。しかしまだ、一人の鍵となる演技者は、劇場の上に現れるのに気が進まないように見える。時間はどこにあるのか？ これが、私のこれまでは避けて来た疑問である。それは、立体配置が存在している全てであるという概念に対する厳しい挑戦をもたらしている。彼が実験をした（イタリアの）パドバにあるガリレオのテーブルを横切って、ボールが落下した時のボールのスナップ写真を我々が撮ったと仮定しよう。これらのスナップ写真は、彼のスタジオの中の全てのことを示すことができる。しかしながら、ボールだけは動いている。我々は、そのボールが（テーブルの）端を越えて落下するちょうどその時まで、任意の時間間隔で多くのスナップ写真を撮る。我々はその多数のスナップ写真を袋に入れて全部を混ぜ合わせておき、タイム・トラベルが可能であると仮定して、それをガリレオに手渡しして、彼がそのスナップ写真を調べることによって、ボールがどこに落下するかを言うことができるかどうかを彼に尋ねる。

彼はできない。我々がそのボールを二倍の速度で転がしたならば、それはテーブルの端の同一の位置の筋道を通って行くだろう。そしてそれらがスナップ写真の獲得している全てである。その速度は記録されない。しかし、ボールの速度が放物線の形を決定し、それ故にボールがどこに落下するかが決まるのである。実際、ガリレオはボールがどの方向に進んでいるのかさえ分からないだろう。多分それはテーブルの右手側に落下するだろう。時間と回転の効果を混ぜ合わせた三物体の旋回よりも、もっと明瞭に、我々はここで絶対時間の完全な証明を知る。その速度が放物線の形を決定する。スナップ写真が知らせるよりももっと明白に教えるものが世界には存在している。それは何であり、どこに存在しているのか？ ガリレオは彼自身、数種類の答えを準備している。彼は、水時計すなわち底に小さな穴を開けた大きな水の入ったタンクによって、時間を測定したことを我々に告げている。彼の助手は、その穴から指を取り外して、時間的な間隔が終わるまで測定用のフラスコの中に水を流れ込ませたのである。水の量が時間を測定した。

我々はそのスナップ写真に水タンクと助手を（追加して）含ませなければならないだけである。そして、全てが変わる。ガリレオはそのボールがどこに落下するかを、我々に言うことができる。なぜなら彼は今やその速度を引き出すことができるからである。このことから我々が学べる、ある重要な教訓がある。第一は、それは流れている水であって、時間ではないという事である。速度は、時間によって分割された距離ではなくて、世界のどこかよそで起こったある実際の変化によって分割された距離であるということである。我々が時間と呼んでいるものが何であるかは、この事実をしっかりとつかまないと、決して理解されないだろう。第二に、何の変化が時間を測定するものとして認められているかについて、我々は尋ねなければならない。ガリレオは注意深く水を測定し、タンクから一様に水が出てくるのを確かなものにした。もしそうでなければ、彼の時間の測定は確実に役に立たないものになってしまうだろう。しかし、純粋な言葉である「一様に」は、それ自身、時間の測定を前提条件としている。それはどこから来るのだろうか？　それは、まるで我々が絶え間なく続く探索の中で、余りにも簡単に全てを得ることができるかのように見える。我々が、一様であると仮定しているある測定について、提出し終わるか終わらない内に、我々はそれが一様であることを証明するために挑戦する。

それは、基礎的な問題がどのようにしてゆっくりと解決されるのか、その方法の表示である。そしてそれらはどうして容易にかたわらへ置かれるのか。ニュートンは、約二〇〇年前に、時間の根本的な源泉の問題に光を当てて目立たせた。そしてそれを見つけるために真剣な試みを行った。それでも、その挑戦はむしろ未完成で残り、少数の科学者がそれらに気付くようになった。ガリレオがすでに最初の役に立つ挑戦を予想していたことは興味深い。これは実際にボールの自由落下実験の時間の短さによって、彼の上を突き進んだ。すなわち、それは水時計にとって余りにも速かったので、どんなものを使ったとしても、測定不可能だった。(それは、ガリレオがボールを非常に緩やかな勾配を下って転がした時に、それ自身の中に生じた。)放物線を分析することによって、彼は便利な代替品を発見した。彼は、もし落下しているボールの運動の水平成分が変わらずに一定を保っているならば、その時、斜面を滑り降りた距離の水平成分が、時間の直接測定器となることに気付いた。それ故に、彼は垂直運動の時間を計るための時計として、水平運動を使った。彼の有名な自由落下の法則は、その時、放物線の形の中に暗号化された。その明らかにされた固有性は、(テーブルからボールが落下する場所である)頂点から下向きの距離は座標軸からの水平距離の二乗で増加する。

このように、時間はその絵の中に隠れている。水平距離が時間を測定している。それは、もしある人が「水平距離が時間である」ということができたら、ふさわしいだろう。これは、私が進もうとしているゴールである。すなわち、時間は物体が動いた時の通って来た距離になるだろう。その時に、我々はそれが流れるにつれて本当に時間を見るだろう。なぜなら、時間はそれが何であるかすなわち、事象の変化であることを見せるだろう。しかしながら、宇宙には多くの異なった運動がある。それらは全て、時間を測定するために同じように適当であるだろうか?　二番目の疑問はこれである。すなわち、どんな原因となるつながりが、ここで働いているのか?　ガリレオは水の流れによって時間を測定したが、彼の仕事場の隅にあるタンクから流れ出した少量の水が、空気中を通して直接的に作用して、ボールにこれらの美しい放物線を描かせたということを信じるのは難しい。もし時間が運動と変化から引き出されるならば、そして全ての時間測定をなす事が全く確かなものであるならば、最後の行楽地で何の運動と変化が、そのボールにどちらの放物線をたどるように命じるのだろうか？　最初の疑問はより早く答えられる。

6-2　一番目の巨大な時計

およそ二〇〇〇〇年前に、天文学者達はいくつかの運動が、時間の測定法として他の物よりも優れていることを知っていた。彼等はこれを実験的に発見した。初期の天文学者の間では、二つの明白なそしてその表面では等しく良い、時間を知らせる候補があった。両方とも天空の上の方にあり、そして両方とも感動的な資格を持っていた。星が最初の時計となり、太陽が二番目の時計となった。

星はお互いに不変の相対性を残して、「恒星時間」を定義する。任意の星は恒星時計の「針」として選ぶ事ができる。人はただそれが南中した時に記録しなければならない。恒星時計はその時、その星が南中する時（すなわち、その星が子午線を横切る時）はいつでも、その度に時を刻むのである。「時を刻む単位」の割合は、子午線からのその距離によって測定される。夜空のほんの一閃光が、大昔の天文学者に一時間の四分の一以内で時間を告げる事ができた。ある注意をもってすれば、時間は一分まで告げる事ができた。この巨大な天空の時計について、素晴らしいものがある。それは、天文学者に対する独特の贈物であった。惑星の軌道を回る運動に関するケプラーの法則で最高潮に達し、二〇世紀に完全なものになるまで数多くなされてきた発見の数々は、それ無しでは考えられない。自然の中の他のどんな現象でも、便利さと正確さにおいてそれに匹敵する物はない。一〇〇〇〇年間で、それは数時間遅れた。

しかし、ライバルが居た。それは太陽だ。それは「太陽時間」と定義される。これは、人類と他のあらゆる動物達がいつも暮らしている所による時計である。その原理は同じである。すなわち、太陽が子午線を横切る時が正午である。あなたは、この時計によって時間を知らせるのに、一人の天文学者である必要はない。

日時計がそれをなすであろう。

時計をただ単に表すことは、次のことを示している。すなわち、速度は時間によって分割された距離ではなくて、他のある実際の変化によって分割された距離である。最も手短には別の距離である。ロジャー・バニスターは四分間で一マイル走る。普通の人間は通常、一時間に四マイル歩くことができる。これは何を意味しているだろうか？　それは、あなたや私が四マイル歩く間に、太陽は天空を横切って一五度動くことを意味している。しかしこれは速度と時間の全く完全な説明ではない。なぜなら、天空の二つの時計の間に、かすかな差異があるからである。それらは、完全に揃った歩調で行進しているわけではない。ある運動と別の同じ運動は、どちらの時計が使われているかによって異なった速度になるのである。二つの時計の間の相違点は取るに足らない些細なものである。すなわち、太陽の一日は恒星の一日より長いのである。黄道の周りを東方に進んでいる太陽は、子午線まで戻るのに、恒星の一周よりも平均四分間だけ長くかかるのである。一定で存在しているこの相違点は何の問題もない。しかしながら、二つの変化する相違点もまた存在するのである（Ｂｏｘ６）。

BOX6　時間の方程式

恒星時間と太陽時間の間の第一の相違点は、惑星の運動を表しているケプラーによって発見された三大法則の一つから発生している。太陽の黄道の周りの見掛け上の運動は、もちろん、地球の運動の反映である。しかし、ケプラーが彼の第二法則で論証しているように、その運動は一定ではない。この理由として、太陽の日々の東方への運動が、一年の間中ずっとその平均からわずかに変動している事が上げられる。その差は、一年のある時には約一〇分間になることもある。

第二の相違点は、黄道が（北半球で）夏には天の赤道の北側にあり、冬には南側にある事から発生している。太陽の運動は黄道の周りをほとんど一様に回っている。しかしながら、それは夏には高く、冬には低く純粋に東方に回っている。しかし、特に昼夜平分点の近くでは、北方南方成分があり、東方への運動はより緩やかになっている。これが蓄積された差異に導き、七分間の差異に次第に達することができるのである。

その結果は異なった時間で頂点に達する。そして、その正味の効果は「時間の方程式」と呼ばれる非対称的な曲線によって表現される。（それは、時間を「平等にする」。）一一月には、太陽時間は恒星時間より一六分進んでいるが、三ヶ月後には、それは一四分遅れている。これが、一一月には夕方がむしろ早く暗くなるが、一月には逆に同じくらい早く明るくなるのはなぜかの理由である。太陽時間ではなくて恒星時間が一般市民の時間となった。

太陽が、恒星よりも人間の最大の関心事にとって、はるかに重要であるので、天文学者は恒星による法則に対する支配をどのようにして納得したのだろうか？　何が、時計を他の時計より、より良くするのか？　最初の答えは月と食（日食・月食）から来た。天文学者達は、いつも支配を印象付けるために、食の予言を使ってきた。およそ紀元前一四〇年頃に、ギリシャの最初の偉大な天文学者であったヒッパルコスは、すでに月の運動の非常に立派な理論を考案していた。そして、全く巧みに食を予言する事ができた。

さて、食の予言とその起こるタイミングについて、三〇分間の差異が発生している。それらは、月が黄道をその名前故に横切る時だけ発生し得る。そして、月は一時間以内にそれ自身の直径の距離を通って動く。誤差のための余裕は余り多くない。大体、紀元前一五〇年頃にクラウディオス・プトレマイオスは『アルマゲスト』を書いた。それは、食が、もし太陽時間でなくて恒星時間を使ったならば、正しく解けることを明らかにした。月の運動に関する単純で調和の取れた理論は、時計として太陽を使って考案することはできない。しかし、恒星時間は巧みなやり方でそれをなした。

ヒッパルコスとプトレマイオスが、恒星の回転があるとして取り扱ったのが、我々は今、地球の回転として承認している。それは、人目に付くように月の運動を相互に関連させている。さらに、もっと注目すべきことは、ケプラーの第二法則で確立された相関関係である。それによれば太陽から惑星に引いた一本の直線が、恒星時間の等しい間隔で、等しい面積を掃引する。天文学者と物理学者が注意深く観察するたびに、彼等は運動の間に相関関係を発見した。いくつかは、ガリレオの水時計から流れ出して来る水と、彼の放物線の水平距離（成分）との間のように、単純で直接的である。特に天文学者によって発見されたその他のものは、ほとんどそんなに明快ではない。しかし、全て注目すべきである。

もし、二つの事象が一定不変に相互に関連し合っているならば、物が他の物の原因となっているか、または両方が共通の原因を持っていると仮定することは自然である。私が言っているように、（イタリアの都市）パドバにあるタンクから流れ出た水が、北イタリアにあるボールの慣性運動の原因となったとは、考えられない。それはちょうど、回転している地球がケプラーの第二法則を成立させるために、惑星の（運動の）原因となっているとは考えられないのと同様である。実際、ケプラーは、全ての惑星が自転している太陽によって、それらの軌道の中で駆り立てられているから、それが発生すると考えた。しかし、今、我々は共通の原因として、もっと遠くを見なければならない。我々は、天空にある二番目に偉大な時計の中に、それを見つけるだろう。これは、究極的な時計であるだろう。それに対する第一段階は慣性時計である。

6-3 慣性時計①

ドイツの数学者であるカール・ノイマンは、一八七〇年に時間に関する独特の理論へ最初の一歩をふみだした。彼は次の質問をした。全ての障害物から自由である物体が、静止しているかまたは、永遠に一直線の定速度運動をし続けているという、慣性の法則の中で表現されているニュートンの主張の意味を、人はどのようにして理解することができたのだろうか？と。彼は、ただ物体にとって、それ自身の傍のそのような陳述は、全く意味がないと推論した。特別な場合に、物体が、たとえ一直線上を動いていることが確立されている場合でも、比較対象物を持っていない一定不変性は無意味である。それで、少なくとも二つの物体を熟考する必要があるだろう。彼は慣性時計の概念を導入した。彼は、物体が力について自由であると分かっているので、その運動の等間隔性は、その時、定義された時間の等間隔性に捕えられていると仮定した。この定義のもとで、同様に力について自由であると分かっている他の物体が、もし一様に一定速度で動いているならば、それは見る事が可能であろう。もしそうであれば、その時この判断の中で、ニュートンの第一法則は本当である事が証明されるであろう。

ノイマンの考えは、時間は物質によって知らされる、すなわち、もし、我々が時間についてしゃべることになっているならば、何かが動かなければならない、という事実を説明している。不運なことに、それは少なくとも三つの重要な疑問に答えずに残して行った。我々は、物体が一直線の中で動いていることをどのように言う事ができるだろうか？　それが外力に対して服従していないことを、我々はどのようにして言う事ができるだろうか？　もし、我々が外力に対して自由な任意の物体を見つける事ができないならば、我々は時間をどのようにして言うべきなのか？

これらの疑問に対する答えは、「持続期間」の意味を我々に教えてくれるだろう。もしも我々が、アインシュタインの相対性理論と量子力学を関係づける瞬間問題を計算に入れないならば、我々が経験するような時間は、二つの極めて重要な特性を持っている。すなわち、その瞬間は一直線上の連続の中でやって来る。そして、時間の長さや持続期間があるように見える。私は、模型の瞬間を用いて第一の特性を捕まえることを試みる。そのような模型瞬間の任意の収集物は「プラトニア」の上にばらまかれた地点に対応するだろう。それらは、単純な曲線の上には横たわっていないだろう。そして、それらが行っている事は、もし確認できたら、最大限の重要性を持った実験的事実である。それは、我々が歴史について話すことを可能にしている。

しかし、何が我々に時、分、秒に関して、そんなに確信を持って話すことを可能にするのだろうか？　今日の一分間が明日の一分間と同じ長さを持っているというために、どんな調整があるのだろうか？　天文学者は、宇宙が一五〇億年前に始まったという時に、彼等は何のつもりで言うのだろうか？　「ビッグ・バン」直後の条件は我々が現在経験している条件とは全く異なっていた。その時の時間は、現在の時間とどのようにして比較できるのだろうか？　この疑問に答えるために、私は、世界に何の力も無く、運動の種類は慣性運動だけであるということを、最初に仮定する。この単純化は、すでに時間と持続期間と時計の本質に対して、我々を非常に接近させることを可能にする。その時に、我々は何の力が働くかを知るだろう。

三つの粒子一、二、三が純粋に慣性的に動いており、誰かがそれらのスナップ写真を撮ることをニュートンが要求していると仮定しよう。これらのスナップ写真は、粒子の間の距離を示しているが、他には何も示していない。（粒子の身元を確認する印を除いて）我々は、そのスナップ写真が撮影された時間も知らないし、絶対空間の中のその粒子の位置を少しも知らない。我々は、どのようにしてニュートンの主張を検査できるのだろうか？　我々は、三角形の入った袋を手渡されるだろう。そして、それらが三角形の角にある三つの

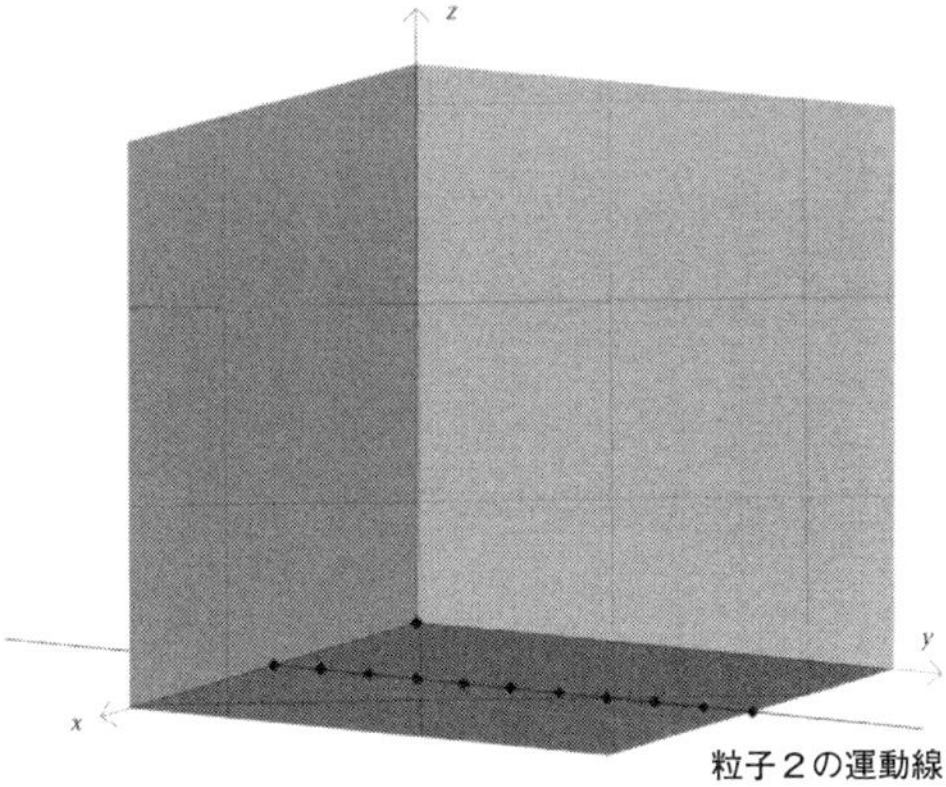

図19　テイトの問題における座標の配列（配置）

粒子の慣性運動と対応しているかどうかを確かめるように言われるだろう。スコットランドの数学者ピーター・テイトが、一八八三年にこの問題を解決した（ＢＯＸ７）。

ＢＯＸ７　テイトの慣性時計

テイトは、事象を単純化するために、相対性原理（ＢＯＸ５）を使った。もし、粒子が慣性的に動いているならば、人はいつも次のように仮定する事ができる。すなわち、粒子１は静止している。それは、図19で、三本の座標軸 x、y、z が絶対空間の中で交わっている場所の黒い菱形の点として示されている。さて、粒子がある時に衝突する場合を除いて――我々はこの例外的な場合について思い悩む必要はない――、粒子２が、ある最短距離 a で粒子１の近くを通り過ぎる時がやって来るに違いない。座標軸は選ぶ事ができるので、その運動の線は黒い菱形点の付いた弦によって示される。我々は、時間の単位を選ぶ事ができるので、粒子２は単位速度を持っている。それが、ノイマンの時計になるだろう。そして、それが動いた距離の各々の構成部分が、時間の一単位をマークするだろう。粒子２のいくつかの位置が示されている。それらは、時計の「カチカチと時

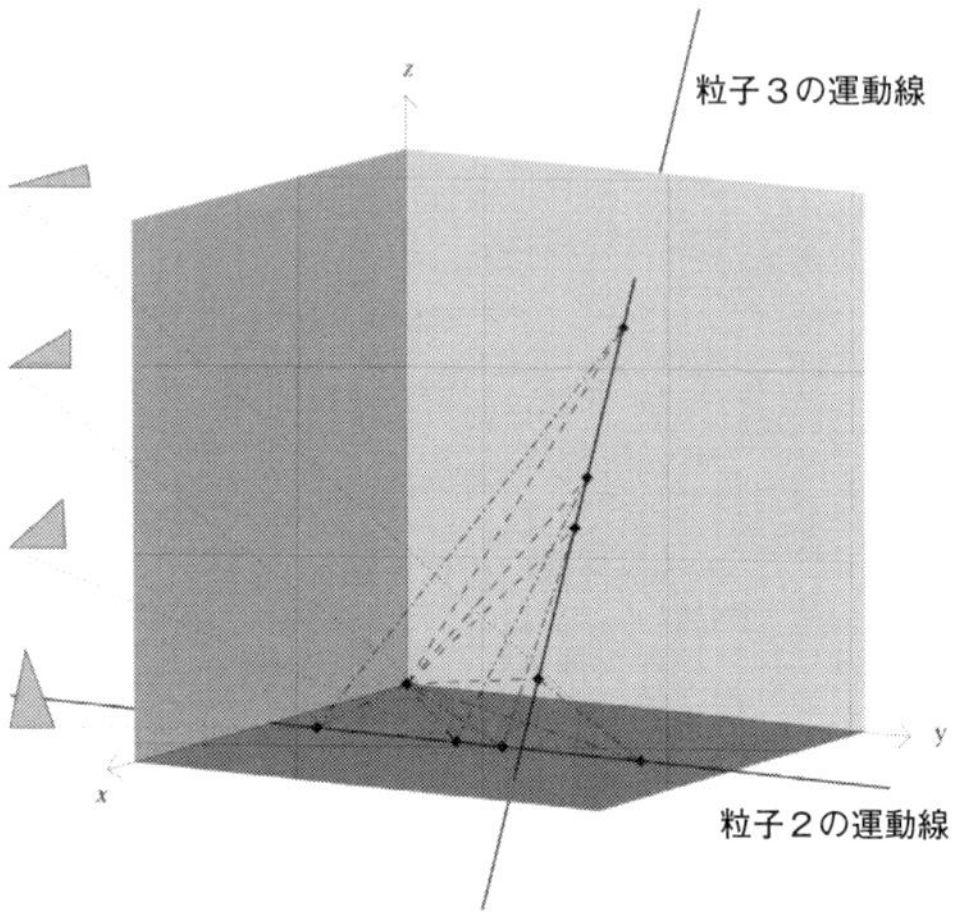

図 20　テイトの問題の解答。三角形の四枚のスナップ写真（与えられたデータ）は、解答によって創りだされた四つの三角形の「彫刻作品」の中のそれらの位置の表示とともに、図面の中に示されている。

を刻む音」である。時間 $t = 0$ で、粒子2を粒子1に最も接近した位置に置く（x 軸上の黒い菱形の点）。この時に、粒子3はどこにでもいる事ができ（三つの未知の座標）、任意の速度を持つ事ができる（三つの未知の速度）。このように、七個の数字が未知である。すなわち、粒子3のための六個と距離 a である。

さて、スナップ写真の各々は、三つの独立したデータを含んでいる。すなわち、スナップ写真を撮った瞬間の三角形の三つの辺である。三枚のスナップ写真は九個のデータを与えるように思われる。それは、テイトがその問題を解くことに成功するために十分である。しかし我々はスナップ写真が撮られた瞬間の九個のデータを知っているので、その各々は二個の有用な情報だけを我々に与えてくれる。このようにして、四枚のスナップ写真は、八個の有用な情報を与えてくれるだろう。その内の七個が、その中に三角形が適合してニュートンの構造物を確立するだろう。そして、残った一つは、それらが本当にニュートンの法則に従っていることを証明するだろう。図20は代表的な解答を示している。

テイトの解答は、ニュートンの目に見えない枠組みよりもっと少ないものしか作り出していない。それは、絶対空間と「時間」の異なった瞬間における、その中の三角形の位置である。我々は、三角形からスタートする。それらは我々が持っている全てである。それらは、任意の三角形ではなく、法則を通り抜けて出て来た三角形であることを、我々は分かっている。我々は、この主張を調べて、三本の直線の単純な「彫刻作品」を作り出すことに成功している。作り出された配列は劇的である。例外的な場合を除き、お互いの粒子の間の距離は、相互に一定の方法では変化しない。実際、それらは全く複雑な方法でお互いに関係を持って変化する。さらに、それら自身の中の三角形は、直線上にあるそれらの角を、その中に含む任意の空間があることについて、何もヒントを与えてはくれない。けれども、そのような直線を見つけることはできる。

これらの線に沿った運動が相互に一定であることは、同様に注目すべき事である。各々の粒子は、他の二つの粒子の運動にとっては、時計の「針」である。「彫刻作品」は多くの針を持った時計である。(この場合は、粒子1が原点を定義しているので、二本である。)そして今、我々は厳密な構造を持っているので、絶対空間が余分なものであるように見える。「彫刻作品」は、それ自身の上に一緒に持っている。その「部屋」は、それが三角形や規則から作り出されるまで、そこには決して存在していなかったものである。それは、空間と時間に対して、ほとんど有形の実体のある物を与えるものである。

それらはまた、持続期間の意味を説明し、今日の一秒が明日の一秒と同じであるという声明を説明する。持続期間は距離に対して換算される。もし、今日か明日に慣性時計の「針」のどれか一本が、同じ距離を通って動くならば、その時我々は、「時間の同じ量」が経過したという事ができる。特別な時間次元は余分である。すなわち、時間について我々が知る必要のあることは全て、距離からすらすらと読み上げる事ができる。しかし、持続期間の意味のある定義に導く距離というものが、いかに特別のものであるかについて記憶に留めていただきたい。距離のいくらかの変化が、時間の瞬間に「レッテルを貼り付ける」。「粒子Aは、粒子Cが粒子Dから五メーターの距離にある時に、粒子Bに衝突する」というような陳述の中で、「五メーター」が時間の瞬間と同一であることを認める。すなわち、それはその瞬間にレッテルを貼り付ける。それは歴史にとって十分である。しかしながら、その距離（粒子の間の距離）の明白な変化は、持続期間の実用的な定義には導かない。時間の秘密は、むしろ都合よく隠されている。

類似の構造物は、任意の数の粒子で復唱する事ができる。一〇〇、一〇億、天空を満たすために全く充分な数、そして銀河や宇宙さえも作れる数の粒子についても同様である。五個以上の粒子があるならば、その時は三枚のスナップ写真があれば、テイトの問題を解決するためにはすでに十分であるが、写真二枚では決して十分ではない事が重要である。これは非常に奇妙である。一〇〇〇個の物体にとって、三枚のスナップ写真は、我々が必要とするよりもはるかに多くの情報を含んでいるが、二枚の写真は、決して完全に十分な情報を与えてはくれない。その問題は、正確に、我々がもっと早い時期に直面していたものである。二枚のスナップ写真は、相対的な方向や時間における分離について何も教えてくれない。我々は情報の四つの部分が欠乏しており、絶対空間と絶対時間の全ての秘密が、それらの中に存在している。我々は、我々の両手をそれらの上にかざすまで、時計を作ることはできない。しかし、我々がそれらを得た時には、知らされる特性は、非常に注目すべきものである。

たとえば、テイトの構造物は、我々の太陽の比較的近隣にある数千の星の運動にとって、良いモデルである。それらは、多くが同じ方法で銀河の重力場の中で、全て「落下している」。その運動は、相対的な分離の中でほとんど目立たない。しかしまた、その星々は非常に遠く離れているので、それらの間には非常に小さな重力相互作用が働いている。それらの運動は、その構造によってこのように立派に描写されている。さらに、任意の三つの星が「テイトの時計」を作るために選ぶ事ができ、そして時間が知らされる。任意の他の三つが別の（テイトの時計）を作るだろう。数千個の、数百万個のそのような時計を作る事ができる。これらの時計全てが、離れて時を照らし出し、お互い一緒に時を保持する。

私は、我々の存在の特別な状況により、誤って導かれない事が重要であることを早い時期から述べていた。それらの一つは地球である。宇宙の中の物質の最も小さい断片だけが、事実に基づいた相の中にある。実際は、我々がその上に住んでいる地殻と、最も奥のコア（芯）でできている地球の小さな断片だけが、堅実である。これは我々の家であり、我々は事象が正常に運行する間に、それを捕まえる。地面と樹木と建物と丘と山々は、枠組みを造り、それは絶対空間と非常に良く似ている。物体が、そのような空間の中で一直線に移動することは、全く自然であるように思われる。しかし、我々はその全体性の中で宇宙がどのようになっているかを考える事が必要である。一〇億個の粒子を取り上げて、それらを混乱の中で群がって浮遊させてみよう。それは、宇宙の中のほとんどどこでも、「故郷」の現実である。星は群がって浮遊しているように見える。星の中の原子についても同様である。時間を計る事の本当の問題を理解するために、我々は典型的な状況の中で時間を計ることを試みると想像しなければならない。我々は、天空の時間測定を習得しなければならない。そして、地球上で取ることのできる近道で満足してはいけない。なぜなら、それらが問題の本質を隠すからである。

6-4 二番目の巨大な時計(2)

我々は、物体が絶対空間と絶対時間に対して前もって接触せずに、慣性的に動いているかどうかを、確かめる方法を知っている。しかし、宇宙の中の全ての物質は、相互に作用し合っている。計算が難しいからだけでなく、相互作用が事象をもっと複雑なものにする。もし、対象物が慣性的に動いているならば、任意の三つの物体は、慣性時計を組み立てるために十分であるだろう。しかし、相互に影響し合っている物体の系の中では、それらの内のどれかを独立して取り扱うことは不可能である。なぜなら、各々の物体は他の物体によって影響を受けているからである。加えて言えば、我々は物体が一様に（等速度で）その中で直線上に動いている場所はどこであっても、枠組みを見つけることはできない。

時計には三つの部品がある。すなわち、機械部品と文字盤と（三本の）針である。天空の計時の主な問題点は、文字盤が目に見えない事から発生する。さらに先の問題は、（時計の）針の速度が変動する事である。重力的に相互作用を行なっている三つの星からなる孤立した系を想像してみよう。我々には、時計を組み立てるために必要なものとして、それらの相対的な位置だけが、再び与えられている。それらの相互作用の故に、三つの星がその中で直線に沿って動いているところの枠組みは存在しない。我々が達成できる最善のものは、いくつかの「複雑に絡み合った彫刻作品」（図13）である。星が、その中でニュートンの法則に従っている絶対空間と絶対時間の枠組みが存在していることを、コンピューターに教えることによってこれが見つけられる。しかしながら、コンピューターは連続した相対的位置だけが与えられており、与えられた時間における枠組みの中の位置は与えられない。しかし、これが真実の情報である。そして、もしコンピューターが十分な数のスナップ写真を与えられたならば、それは、星がその中でニュートンの法則に従って動いているところの、複雑に絡み合った「彫刻作品」の中のそれらの配列を詳しく調べる事ができる。枠組みの中の位置と、時間の中の分離箇所は、試行錯誤によって見つけられる。

我々が一〇枚のスナップ写真を与えられていると仮定しよう。我々は、「三角形の土地」（図3と図4）の中の三つの物体によって形成された三角形の位置に印を付ける事ができる。我々はその時に、四つの位置をコンピューターに教える事ができる。もし、そのスナップ写真がニュートンの法則を成立させる物体によって本当に生み出されているならば、コンピューターは、それらと他の六個を通り抜けている一本の曲線を発見するだろう。我々は、図9と図10に示した「形状空間」の中のこれらのような曲線を獲得する。我々は、「三角形の土地」の中の描写も、絶対空間の中の描写も、両方とも共に使わなければならない。なぜなら、未加工のデータは、「三角形の土地」の中で我々に意識を取り戻すが、我々がそれらの意味を理解する事ができるのは絶対空間の中であるからである。我々が、一度、絶対空間の中でその問題を解決すると、発展の好機が確立される。それが、ニュートンの法則が支配しているその事象の好機である。もし、コンピューターが他の好機を割り当てることを試みたならば、それらは上手くいかないだろう。働いている好機は、その時、未加工データすなわち、「三角形の土地」の中の曲線に対して、後方に移動させる事ができる。我々は、コンピューターによって見つけられた時間の経過に対応する曲線に沿って、印を付ける事ができる。

同じことは任意の数の物体について、する事ができる。それらの相対的な立体配置は、対応する「プラトニア」の中の一本の曲線に沿って存在する異なった地点に対応しているだろう。その上に「時間の等間隔の印」を並べるために、我々は、物体がその中でニュートンの法則を成立させている枠組みと時間を見つけることを、それに告げているコンピューターと一緒に、同じ手順を踏んで行かなければならない。この過程について、二つの事実だけが重要である。第一に、全ての物体が相互に作用し合うので、もし、「時間の印」が見つけられるならば、それらの位置は全部使われるに違いない。そのような時計によって時間を告げるためには、我々はその物体全てがどこにあるかを知る必要がある。時間は、慣性時間とは異なって少ない数の物体から結論を引き出すことはできない。すなわち、その時計は系が持っている物体の数と同じ位の多くの針を持っている。第二に、系の中にいかに多くの物体があろうとも、ちょうど二枚のスナップ写真の中のデータは、絶対空間の中で複雑に絡み合った「彫刻作品」を見つけて、時計を組み立てるためには、決して十分ではない。我々はいつも、三番目のスナップ写真から得られる、少なくともいくつかのデータを必要としている。我々が見て来たように、この「二個と少しの謎」が、プラトニアでなく絶対空間が宇宙の劇場であることの主要な本当に唯一の証拠である。

あなたは、この事が実際的な熟考から遠く離れていると思うかもしれない。科学者が原子的な現象を使って、極めて正確な時計を作ることを知ったのは本当である。しかし、これは比較的最近の進歩である。その前に、天文学者は、詳しく話す価値のある油断のならない状況に直面した。

一〇〇〇年間の間、地球の回転が全ての天文学的な目的にとって、充分に信頼できる正確な時計を供給してきた。それは唯一の物であった。すなわち天文学者は他の（地球に）匹敵する時計にアクセスしたことがない。しかしながら、一〇〇年位前に天文学的な観測が非常に正確になったので、その中の欠陥が現れ始めた。地球に作用している月の潮汐力が時々与えられる事が、その内部で質量分布の予測できない変化を引き起こす。オックスフォードで実演した私の事故のように、回転している物体の中のそのような変化が、その回転速度を変えるのに違いない。時計は失敗し始め、天文学者の成長がより偉大な精度のために必要となってきた。そのような危機は、根源的な事実に光を当てている。天文学者は何をする事ができただろうか？

彼等は地球よりもっと正確な自然界の時計を見つける事で切り抜けた。それはすなわち、太陽系である。時計の中にこれを組み込むために、彼等はニュートンの法則がそれを支配していることを当然の事とした。（一般相対性理論の発見の後には、小さな修正がそれに加えられねばならなかったが、これは基本的な考えを変えることは無かった。）しかしながら、天文学者は時間を測定するための、どのような直接的な手段も持たなかった。その代わりに、彼等は法則がそれに対して真実である時間測定器の存在を仮定しなければならなかった。この仮定を作り、その法則を使用することによって、彼等は太陽系の中の全ての力学的に重要な物体が、その時どのように振る舞うかを引き出す事ができた。彼等はそれにアクセスしていないのだけれども、彼等は個々の物体が仮定された時間の異なった瞬間において、どこに存在しているかを知った。物体を監視している場合――実際の所、月を監視している場合――彼等はそれが仮定された時間に予測された位置に到達した時に、確認することができるだろう。そして、太陽系の中の他の物体が対応した時間にそれらの予測された位置に到達した事が真実であることを証明する。天文学者は、このようにして描写された運動の中に無理矢理押し込まれる。そして彼等は、太陽系によって形成された時計の針として月を使ったのである。

彼等は、初めはこの方法で定義された時間を「ニュートン時間」と呼んでいた。それは今では、「天文暦表時間」と呼ばれている。(天文暦表とは、所定の時間における天体の位置を示した出版物である。) 一〇年間かそれ以上の間、それは実際に一般市民のそして天文学的な目的に対して、正式な標準の時間であった。もっと最近では、量子効果に基づいた「原子時」が採用されている。天文暦時(天文暦表時間)については、いくつかの重要な事がある。第一に、それは太陽系を支配している法則無しでは考えられない事である。第二に、それは完全な太陽系の固有性である。(なぜなら、その物体は全て相互に影響し合うので、全てお互いの位置は相互に決定し合うからである。) 第三に、それは太陽系が宇宙の(太陽系以外の)残りの部分から動的な体系として十分に孤立しているというただそれだけの理由で存在しているのである。

天文暦時は独特の単純化したものと呼ばれるかもしれない。これは重要な概念である。もしもマッハが主張したように、ただ単に立体配置だけが存在していて、時間の目に見えない実体が何も存在していないとしたら、我々が時間と呼んでいるものは一体何なのか? 我々が「時間の中で」立体配置を個別に把握し、それらの間にある持続期間を置いた時に、我々がそこに置いたこの何かは、想像された四次元の空間の一種である。その間隔は選ばれているので、世界の出来事は（ニュートンのあるいはアインシュタインの）単純な法則に従って説明される。これは空間と時間の中で事象を表すことを望んだ結果であり、これまでの他の任意の枠組みの中で単純な形の法則を見つけることについての我々の無能さの結果である。

天文暦時は、もし時計が歩みを合わせるためにあるならば、我々が使う事のできる唯一の標準（時計）である。もし我々がそのような時計を組み立てる事ができなければ、我々は決して約束を守ることができないだろうし、時計は役に立たないだろう。持続期間のただ実用的な定義があることを理解するために、天文学者の二つのチームが、二つの似てはいるがそれにもかかわらず異なった孤立した三物体の恒星系に送られたと仮定しよう。彼等ができる事と言えば、それらの運動を観測する事である。それらから彼等は時間の信号を発生させるに違いない。各々のチームは独立して働くが、彼等が発生させた信号は歩みを合わせるに違いない――時計は他の時計より速く進むかもしれない。しかし、相対的な速度は一定に留まっているに違いない。彼等が選ぶ事のできる持続期間の唯一の物差しがある。一般的に、ある系の中のどの運動も、他の系の中の任意の運動と調子を合わせて進行するものはない。全体としてその系から引き出された天文歴時だけが、手品をする。時計は任意の組み立てられた機械的な装置なので、それは天文暦時という独特の単純化されたものと調子を合わせて行進する。

我々は、今や宇宙という唯一の究極的な時計があることを知っている。それは実用的ではないのだけれども、もしも我々が太陽系から超高精度の時間を獲得することを望むならば、我々は遅かれ早かれ、遠く離れた物体によって及ぼされる擾乱を考慮しなければならないだろう。宇宙の内部に完全に孤立した系など無いので、いやしくも完全な宇宙を時計の中に作る事ができた時にだけ、この過程（擾乱）を止める事ができる。

その宇宙はそれ自身の時計である。

　この光の中で、パドバでテーブルを横断して転がっているガリレオのボールについて再び熟考してみよう。ただボールのスナップ写真だけでは、それがテーブルの端を越えて転がった時に何が起こったかを言うには十分ではない。ボールの軌道が、時間を告げるために使われているタンクから流れ出す少量の水によって、決定されていることは想像もつかない事のように思われる。このような理由によって、ニュートンは根本的な概念として、任意の運動に対して相対的な速度を認めず、相対的な速度の代わりに抽象的な時間を求めた。しかしながら、もし我々が、宇宙を単純な動的実体として考えているならば、観念的な時間は余分な物となる。それがたどるであろう放物線を決定するガリレオのボールの速度は、宇宙の中の運動の全体性によって測定された時の、その速度である。これは、ある運動がなぜ、時間を計る為に他の運動と区別されるのかを説明する。それらは宇宙時計すなわち、時間を計る独特の真の測定器として時を刻むものである。この時間は全ての変化の蒸留物である。正午がその宇宙の立体配置である。

　しかし、「一個と少しの謎」がまだ残っている。我々は「プラトニア」の中で時間を測定するための簡単な直接的方法を、まだ持っていない。我々はいつも絶対空間の仲介者を通して行かなければならない。これはエネルギーの混成の性質を反映している。運動エネルギーは絶対空間の中で定義される。ところが、位置エネルギーは瞬間の立体配置によって決定される。そして、位置エネルギーはこのように、ニュートンの目に見えない枠組みから独立している。もし我々が、運動エネルギーの定義の中で絶対空間を排除できるならば、その時には「プラトニア」が世界の劇場であると主張する事ができるだろう。それは次の話題である。

第7章　プラトニアの中のパス

7-1　自然と探検①

「一個と少しの謎」というのは、動力学的な系の二枚のスナップ写真が、その（系の）完全な歴史を予言するために、もう少しの所まで来ているが、完全に十分である訳ではないという声明である。我々は二枚のスナップ写真だけではなく、絶対空間におけるそれらの相対的な方向と時間におけるそれらの分離についてもまた、知る必要がある。これらは厳密に任意の系のエネルギーと角運動量を決定する事柄である。そしてその両方は、我々が知っているようにその運動に関して重大な影響力を持っている。

この問題にアプローチするのに二つの異なった方法がある。我々が、知られている自然の法則が正しいことを当然の事として、それらがどのようにして真実である事が証明されたのかを簡単に尋ねるか、または我々がもっと野心的な態度をとって、それらが我々のまだ十分に理解していない、あるもっと深いレベルから発生しているのかどうかを尋ねる方法である。後者がこの章でのアプローチである。我々は絶対空間と絶対時間を忘れて、「プラトニア」を真実のものとして取り上げるべきである。私はそれを国土にたとえている。その国土は探検されるためにそこにある。国土を探検する時には、人はそれを貫いているパスをたどる。プラトニアを通り抜けている任意の連続した曲線が、そのような一本のパスである。自然な疑問は、あるパスが他のパスと比較して識別されるかどうかである。それは楽観的な見解に行きつく。

楽観的な問題が自然に発生する。そしてそれらはすでに大昔に数学者の間でよく知られていた。それらはディードー女王によって知られ理解されていたようだ。彼女は北アフリカに来た時、一頭の雌牛の皮で彼女が取り囲む事のできるだけの土地を与えられた。彼女はそれを細長く切り長いヒモを作った。彼女の仕事はその時、それの内側に土地の最大の範囲を取り囲む事であった。与えられた周囲のある図形の内部の面積が最大になるのはどのような図形であるかというこの問題の解答は、円形である。しかしながら、ディードーの領地は海岸に隣接していたので、(海岸の部分は) 周囲の一部分としてカウントしなかった。直線的な海岸線なので、この問題の解答は半円形である。そしてこれは、カルタゴの領地の起源であると言われている。数学と物理学理論の豊富な主要部分は、類似した問題の外側に展開した。それは、宇宙がなぜ存在しているのかを説明することはできないが、宇宙が存在しているとしたら、なぜそれが別の形でなく、今あるような形で存在しているのかを説明するのに、大いに役立っている。

近代初期に (有名な最終定理を作った) ピエール・ド・フェルマーは、点から他の点まで通過していて、その途中にある平らな表面で反射された一本の光線の進路を調査していたアレクサンドリアの英雄のために、特に豊かな実りをもたらす考えを思いついた。英雄は、光がある一定の速度で移動し、その移動時間を「最小にする」ような進路を選ぶと仮定することによって、この問題を解決した。フェルマーは反射に対してこの最小時間の考えを拡張した。すなわち光線が媒体から他の媒体に向けて通過している時、光線はその中で、最初の媒体の中と同じ速度では移動しないかもしれない。一本の光線が空気中から水の中へと進行する時、その境界面の表面に対して法線 (鉛直線) の方に向かって下方に屈折させられる (曲げられる)。この光線の振る舞いが、もし最小時間の考えによって説明されるとするならば、光は水中では空気中よりも遅い速度で移動するに違いない。もしこれがそうであるならば、それが長い間、知られていなかったため、フェルマーの提唱は予測であったが、最終的に確認された。

一六九六年に、ジョン・ベルヌーイは有名な「最速降下《ブラキストクローン》」問題を主張した。静止状態から出発した数珠玉が異なった高さの二地点間を結ぶ曲線上で、重力のもとで摩擦無しで滑るとする。その数珠玉の任意の瞬間における速度は、それがどれだけ遠くまで下っているかによって決定される。二地点間の下降時間が最も短い曲線の形は何であろうか？　ニュートンは徹夜でその問題を解明し、彼の解答を匿名で提出した。しかし、ベルヌーイは巧みな解答と認め、「爪跡によってライオンだとわかる」といい、それがニュートンのものであると見抜いた。その解答は回転している車輪のリムの上の一点によって描かれる曲線、すなわちサイクロイド曲線である。

まもなく、このように全宇宙の振る舞いを扱う運動の法則が、楽観主義によって説明されるという概念を思いついた。特にライプニッツはフェルマーの原理に感動させられて、事象が他の事象よりもより多く起こる理由をいつも探すようになった。これが十分な理由を持つ彼の原理の応用であった。すなわち、結果毎に原因があるに違いないという事である。ライプニッツが、あらゆる可能な世界の中で、なぜ世界だけが実現しているのかと尋ねたことは良く知られている。彼は、最高に合理的な存在である神が選択肢を持たずに、全ての可能な世界の中で最良のものを創造する事ができたことを、むしろ緩やかに暗示した。このために彼は、ヴォルテールの『カンディード』の中でパングロス博士として風刺された。実際、彼の主要な哲学的仕事である「モナドロジー（単子論・モナド論）」の中でライプニッツは、次のようなもっと正当と認められる主張をしている。すなわち、現実の世界は「可能な限り多くの変化を集めて、その中で最も優れた順位の可能性」を所有することによって、他の可能な世界とは区別されている。これは、「可能な限り多くの完全性」を獲得するための方法であるだろうと、彼は言っている。

そのような意見に勇気付けられて、フランスの数学者であり天文学者であるピエール・モーペルテュイ（彼はヴォルテールの風刺文の他の犠牲者であるが）は、「最小作用の原理」（一七四四年）を提出した。（モーペルテュイは彼の概念を神の存在の証明と結合させることを望んだが）初期の不確実な出発点から、この原理は数学者のレオンハルト・オイラーとジョセフ・ルイ・ド・ラグランジュの手によって発展させられ、物理学の真に偉大な原理の一つになった。モーペルテュイによって明確にされたように、それは神が最も偉大な救済計画の可能性を持って彼の標的に到達するという考えを表現していた。すなわち、それは究極的な能力である。ある時のある状態から、別の時の別の状態に移り変わっている時に、任意の力学的系は、その集団で形成されるある確かな量の作用で、系の中の物体の速度と分離を最小にするだろう。各瞬間に獲得された数量は、二つの指定された状態の間で系によって実際に取られた経過によって合計されるべきである。モーペルテュイは次のように主張した。すなわち、結果として得られる全体の動きは、系が二つの与えられた状態の間を通過する場合、考えられる他の全ての道と比較して可能な限り最短の道であることを発見した。フェルマーの原理との類似性は明白である。

モーペルテュイの神学的な熱望にとって不幸なことに、いくつかの場合にその動きが、最小ではなく取り得る最大値になる場合がある事が、まもなく示された。神の救済計画のための主張が笑い者にされた。しかしながら、その原理は、モーペルテュイの最初の提唱から一〇〇年足らずの内に息を吹き返し、アイルランド人の数学者であり物理学者であるウィリアム・ローワン・ハミルトンによる、その近代的な形式の中で光を投げかけられた。素晴らしいことに、そのような原理の基礎の上で力学的な問題の全ての取り扱い方法のための一般的な技術が、オイラーや上に述べた人達、一七八八年に発表したその著書『解析力学』が力学の偉大な道しるべになったラグランジェなどによって、すでに思いかれていた。

最小作用の原理の真髄は、滑らかに湾曲した曲面上の「最短の」パスによって説明される。任意の小さな領域の中では、そのような表面は事実上平坦であり、任意の隣り合う二地点間の最短の結合は一本の直線である。しかしながら、拡大した領域を越えると直線は無く、「最も直線的な線」または人々が「測地線」と呼んでいる線しかない。最短のパスの概念が理解し易いので、それらが如何にして見つけられたかを考えてみる。滑らかであるが起伏に富んだ風景について考えてみよう。そしてその上に二地点を選ぶ。それで、その表面に描かれた滑らかな曲線によって二地点を結んでいると想像しよう。二地点の間に短い間隔で地面に杭を打ち込み、各々の間隔の長さを測り、全ての長さを合計することにより、あなたはその長さ（距離）を調べることができる。もし、その曲線が鋭く曲がっているならば、正確な長さを得るためには杭の間の間隔は短くせねばならない。そして、その間隔を短くすればするほど、測定結果はもっともっと正確になる。最短のパスを見つけるための鍵は、実地踏査をすることである。選ばれた地点を結び付ける一本の曲線の長さを調べたら、あなたは別の曲線を選び、その長さを調べる。原則的には、あなたは二つの選ばれた地点を結ぶ事のできる全てのパスを、体系的に調査する事ができ、このようにして最短のパスを見つける事ができるのである。

これは本当に探検である。そしてそれは、合理的な説明の種を含んでいる。全ての可能性を調査して最良のものを選ぶというライプニッツの神性計画については訴えかける何かがある。しかしながら、我々はこの中で余り多くを読み取らないように注意しなければならない。自然は少なくともその中で全ての可能性を調査するという意味があるように思われる。しかし、選ばれている何かは最短よりもより神秘的であり、「最良」よりももっと明確である。それは定義するのが難しい。数学的な詳細の中に入って行ったとしても、何もそれ以上のものは得られないだろう。そしてそれは、もしあなたが、自然は全ての可能性を探査し、最短のパスのような何かを選ぶという概念を得たならば、十分であるだろう。しかしながら、私はここでニュートンの目に見えない枠組みが作用の定義において重要な役割を演じていることを強調しておく必要がある。

絶対空間の中の三質点を心に描いてもらいたい。ある瞬間にそれらはA、B、Cの点にあり（最初の配置）、ある他の瞬間にそれらはA^*、B^*、C^*の点にある（最後の配置）。これらの二つの配置の間で各質点が通過する事のできる多くの異なった道がある。すなわちそれらの質点は、異なった道に沿って、異なった速度で移動することができる。その動きは各質点がその瞬間に持っていた速度と位置から、各々の瞬間において計算された総量である。（各質点の）位置が位置エネルギーを決定し、（各質点の）速度が運動エネルギーを決定するので、その動きは両者を関係付ける。実際、それらの間には違いがある。距離のような役割を演ずるのがこの量である。我々は、その系がその最初の配置から、その最後の配置までたどることのできるあらゆる異なった道に沿って合計した数値を比較する。それは、私があなたに想像するように頼んだ風景の中の最初の地点と最後の地点の類似物である。実際に実現している歴史は、この方法で計算された作用が最小であることを示すものの一つである。御存知のように、絶対空間と絶対時間は最小作用の原理において極めて重要な役割を演じている。それは、「二個と少しの謎」の起源である。さて、それがいかにして克服されるかを見て行こう。

7-2　マッハ派の概念の発展⑵

「プラトニア」は、その中でマッハの考えを公式化するための劇場である事が、私にとって明確になった後に、私は「プラトニア」の中にすでに存在している構造を使って定義する事のできる作用の、ある類似物を見つける必要があることにまもなく気付いた。そのような作用として、「プラトニア」の中で特別な他のパスと異なっている存在としていくつかのパスの身元を確認することは可能であるだろう。ライプニッツの言葉によると、ただ単に可能な物に過ぎないのとは対照的に、そのようなパスは宇宙の実際の歴史である事ができる。ハミルトンの作用に含まれている問題は、もし絶対空間と絶対時間が存在しているならば存在していないが、もしあなたが、「プラトニア」の中で全てのことをすると主張するならば存在しないような付加的構造物を、それが含んでいる事であった。一九七一年に、私は成長している家族に対し経済的な責任を負っており、非常に多くの翻訳の仕事をしていたので、私が物理学のために使える時間はわずかしか無かった。たまたま、イギリスの郵便労働者達が長期間に渡るストライキに入った。私に何も仕事が届かなくなった。（この時代には誰も特別配達便を使うことを考える人は居なかった。）それは無上の幸福であった。私は物理学に真剣に取り組んで、まもなく最初のアイデアが浮かんだ。それを十分に展開するにはまだたいして時間を取っていなかったのだが、結局、私は一九七四年の「ネイチャー」誌で出版された研究論文の中でそれを詳しく書いた。マッハの原理は論争の余地があるかも知れない。しかしそれはいつも興味を引き付ける。そして「ネイチャー」誌はまた、その論文の上に全く長い編集者の論評を公式に発表していた。多分それは、出版された私の最初の論文を手に入れる以前に、一〇年間待ち続けただけの価値があるものであった。

それは確かに私の人生におけるターニング・ポイントであった。それが出版されて数ヶ月後、私はブルーノ・ベルトッティからそれに関する幾つかの意見を述べた一通の手紙を受け取った。彼は今でもそうであるが、イタリアのパヴィア大学で物理学の教授をしている。ブルーノは非常に有能な数学者であり、理論物理学のいくつかの分野で研究をしている。実際に、彼は波動力学（ＢＯＸ１）の創始者である有名なエルヴィン・シュレディンガーの最後の教え子の一人であった。しかし彼はまた、実験的重力物理学の分野でも活躍している。そして彼は専門分野で最初の二つの国際会議を組織しており、非常に成功している。私は物理学の中の基礎的な係争問題について考えることを決して止める事ができないのであるが、私はせいぜいが良くも悪くもない並みの数学者である。それで、私のブルーノとの手紙のやり取りが、まもなく活発な協力関係に発展して行ったことは、私にとって大変幸運なことであった。時々、ブルーノは大学農場に仕事でやって来た。しかし、ほとんど私がパヴィアの方に行った。私は七年の間、春と秋毎に約一ヶ月間、そこに行った。それは非常に実り多い、そして価値のある協力であった。すなわち、マッハの原理に関する私の研究は、ブルーノの助言無しでは決して真実の理論には発展しなかったであろう。私は、我々が何か真に新しい物理学を発見したということはできない。なぜなら、結局我々はアインシュタインが我々のはるか以前に、そこに到達していたことを認めなければならないからである。私が重要であると考えていることは、一九七七年と一九八二年に出版された二つの研究論文の中にある。我々は宇宙の正真正銘のマッハ理論の出発点を設定した。この理論は非常に良く隠されていたので、誰一人として（アインシュタインでさえも）それを怪しいとは思わなかったのだけれども、一般相対性理論の内部にこの理論がすでに存在していることを、我々は驚きを持って発見した。我々は彼の理論に対して全く新しい道筋を発見したのである。そして我々は、アインシュタインが彼自身の理論の重要性を完全に理解することは決してないだろうということを知って、あわれみの感情を持ったのである。

この関係において、パヴィアに行った私の最初の訪問の時に、私に起こった驚くべき偶然の一致は、順序立てて話す価値があるだろう。私は金曜日の夜に（パヴィアに）到着した。私はその最初の週末は観光をして過ごすつもりであった。土曜日の朝食後に、私は四月の暖かい日光を浴びながらパヴィアの通りを当ても無くブラブラと歩いた。およそ二〇分位歩くと、私は一軒の立派な中世風の家に偶然出くわした。その家の外側の銘板には、一八二〇年代に詩人ウーゴ・フォスコロがそこに住んでいたと記入されていた。誰でもその中庭に歩いて入る事ができたので、私も入ってみた。それはまさにイタリアであった。これは、住むべき場所だと、私は思った。その六ヶ月後に全く偶然に、私はそれが一八九〇年代に二年間の間、アインシュタインの家であったと知った。（アインシュタインが）一〇代の時に、彼の父とおじがミュンヘンで経営していた電気会社が倒産した。そして彼等はパヴィアに引っ越して別の会社を始めた（これもまた、倒産した）。ともかくも、パヴィアで偶然出会ったエピソードは、物理学における私の奮闘を象徴しているように見える。アインシュタインはずっと以前に、最初にそこに居たが、内側からその場所を見る旅はまだ価値があった。それは、アインシュタインの観点とは全く異なる、「プラトニア」が宇宙の真の劇場であることを私に確信させる展望を明らかにした。もし、それがそうであるならば、我々は時間について今までとは異なった方法で熟考しなければならないだろう。

ブルーノと私が思いついた最初の概念は、いくつかの興味のある有望な特性を持っている。第一に、それは相対的な量だけを含んでおり、外部のニュートン的な枠組みが全く無い完全な宇宙の力学が構築され得ることを示した。これまで、ほとんど大部分の人々は、これが不可能であると思っていた。ちょうどマッハが疑っていたように、ニュートンが絶対空間の中の慣性運動と呼んでいた現象は、宇宙の中の全ての集団に対する相対的な運動から発生することを示す事ができる。我々はまた、外部の時間が余分なものであることを示した。しかしながら、望ましい特徴の他に、我々はその理論が正しいとは言えないことを示す結果を獲得した。全体としての宇宙が、我々の望んでいる実験的に観測された慣性効果を創り出している間に、銀河は、我々の接近を不可能にすることによって天文学者によって観測されない付加的効果を創造していた。

ブルーノと私が最初に展開した概念は、驚くほど自然なので、昔の人は誰一人としてそれについて考えたことはないように思われる。しかしながら、類似したあるものが一九〇四年に（ヴェンゼル・ホフマンただ一人によって目立たないある小冊子の中で）提唱されたことを、私はつい最近知った。そして、一九一四年に物理学者ハンス・ライスナーによって提唱されていたことを再発見し、再び他ならないシュレディンガーによって（彼が波動力学を発見するほんの少し前だったが）一九二五年に提唱されていた。このことはブルーノがシュレディンガーの教え子だったので、とりわけ皮肉な事であった。これらの論文が見落とされた主な理由として、それらが一九二五年から一九二六年にかけてのアインシュタインの一般相対性理論と量子力学の発見の興奮によって完全に影を薄くされた結果であったと私は考えている。そこにはまた、（アメリカの科学哲学者トーマス・クーンの有名な表現）「パラダイム」と呼ばれたものの内側で仕事をしている物理学者にとって疑いのない傾向があった。そして、存在している確立された思考の型の内側に適合しない考えに対しては一瞬の注意を払うだけだった。

私がこれらのことを述べたのは次の理由による。ブルーノと私が試みた次の概念は、もしある人が開かれた心で運動と変化を表すという問題に取り組むならば、我々の最初の考えとまさに同じように自然なものであると私には思われるからである。しかしながらそれは、アインシュタインによって単に部分的に変えられた、ニュートンの概念の長期間の優位性のもとに、深く根ざしてしまっている現在のパラダイム（範例）とは大変異なっているように見える。しかし、我々が見ているように、我々の二番目の概念は実際に、その非常に核心部分においてアインシュタインの理論の中に構築されており、古典物理学の背景の中でも、それはただ単にその理論の異なった観点を供給しているに過ぎない。しかしながら、量子効果の研究にとっては、それは正真正銘の二者択一を表している。そして、宇宙の量子理論を創造する企画がその採用を強制するかもしれない。外国人であっても、多くの働く科学者が現れるかもしれない。

7-3　プラトニアの探究⑶

さて、この二番目の概念を私に説明させてもらいたい。今までのところ、私は「プラトニア」の地点が何であるかという事だけを説明してきた。各々の地点は、宇宙の中の全ての物質の可能な相対的な配置、すなわち立体配置である。もし、その中に三つの物体だけがあるならば、「プラトニア」は「三角形の土地」である。その各点は三角形である（図3と図4）。任意の二つの類似しているが別個の三角形がある時に、なんとかして我々は「いかに遠く離れているか」を言う事ができるだろうか？　もし、そうであるならば、これは「三角形の土地」の中の隣り合っている地点の間の「距離」を定義することになるだろう。そして、ちょうど数学者が曲がった表面上の普通の距離を使って、測地線を探すように、我々はプラトニアの中で測地線を探し始める事ができる。もし我々がそれらを見つける事ができるならば、それらは我々がプラトニアの中のパスとしてその身元を確認した、宇宙の実際の歴史にとって、自然な候補者になるだろう。もしも、プラトニアの中の任意の二つの隣り合う地点の間の距離が、それらの構造によって決定され、他のどんな物にも寄らないならば、それらはマッハ的な歴史であるだろう。そして我々は、それらが絶対空間のようなある余分な構造の中に嵌め込まれると想像する必要はないだろう。

私がそれについて詳しく説明する事が好きなプラトニアの中の測地線を見つける問題に対する単純で自然な解答がある。それが自然によって使われていると思われる事実は、宇宙が無時間であることを示唆するものとして私が持っている証拠の二つの根本的な部品の一つである。（二つ目の証拠は、方法は同じように単純であるが、量子力学からやって来る。）三物体の宇宙の最も単純な実例として、それがいかにして成就しているかについては、BOX8で描写されている。

BOX8　本質的な差異と最高の調和

図21において三角形ABCは「三角形の土地」の中の点であり、わずかに異なった三角形$A^*B^*C^*$はその隣の点である。それらの間の「距離」はいろいろな方法で見つけられるが、最も簡単な方法の一つが、次に示すものである。三角形ABCが固定して保持されており、三角形$A^*B^*C^*$はそれに対して、任意の相対的位置に置かれていると想像してもらいたい。これは、そこに質量a, b, cの物体があると仮定すると、対応する頂点の間の「距離」AA^*, BB^*, CC^*を創造する。各々の質量a, b, cと対応する距離AA^*, BB^*, CC^*のそれぞれの二乗を掛けて、その結果を加え合わせて、その合計の平方根を取ると「試験的な距離」dが形成される。

$$d=\sqrt{a\,(AA^*)^2+b\,(BB^*)^2+c\,(CC^*)^2}$$

　これは、二つの三角形の相対的な位置が気まぐれであるので、気まぐれな量である。しかしながら、それは全ての相対的な位置を考慮し、その中でdを最小にする値を見つける事ができる。これは、見つけるべき大変自然な量であり、それは気まぐれではない。二つの異なった人々が、同じ二つの三角形について、それを見つけるために測定したならば、いつも同じ結果が得られるだろう。それは、三角形によって描写された二つの物体の配置の間の「本質的な差異」を測定している。それは完全にそれらによって決定され、絶対空間のような任意の外部の構造に頼ることはない。

　気まぐれな物体の、二つの分布状態の間の本質的な差異は、同様に見つける事ができる。分布状態は固定されており、他方（の分布状態）はそれに対して相対的に動いていると仮定する。任意の試験的な位置において、上の式と同様の方法でdが計算される。そして、その中でそれが最小値となるような（配列）位置が求められる。この特別な位置は、二つの物体の立体配置の間の明白な差異を最小値にまで減らすので、それ

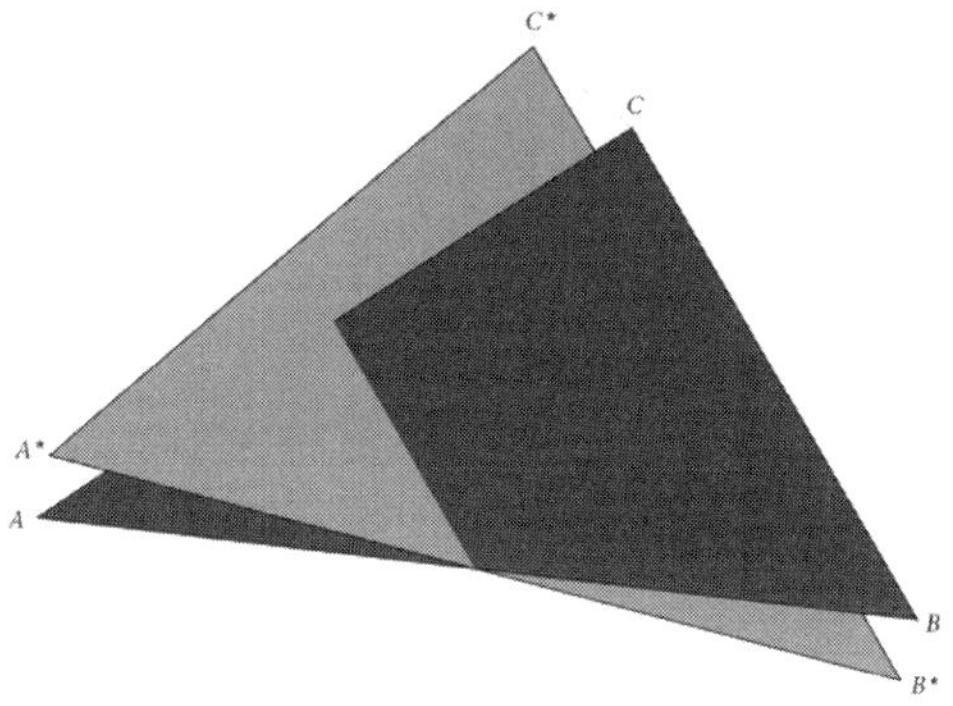

図21　二つの三角形の試験的な相対配置

は「最適整合位置」と呼べるかもしれない。

ＢＯＸ８で定義された本質的差異を使って、我々は上で説明したように、プラトニアの中の「最短のパス」や「歴史」を決定する事ができる。しかしながら、それ自身による本質的差異は非常に興味深い歴史に導いてはくれない。そしてそれは、関係した量を考察するため、もっと照らしている。任意の物体の分布（図17）の位置エネルギーは、その相対的な立体配置によって決定され、それ故にそれはすでに「マッハ的」である。各々の物体の分布は、それ自身ニュートンの重力的位置エネルギーを持っている。二つのほとんど同じ物質分布は、ほとんど同じ位置エネルギーを持っている。今、その本質的な差異は、二つのほとんど同じ立体配置によって、決定される。もっと興味深い歴史を獲得するために、我々は位置エネルギーと（厳密に言うと、位置エネルギーのマイナスの平方根と）、本質的な差異を単純に掛ける事ができる。これは、「距離」の定義を変えるだろう。しかし、それでもそれは、「最短距離」を決定することを可能にするだろう。あなたは、これらの細かいことについて心配する必要はないが、私は、その中に含まれている特性を、あなたに教えたい。

私は、あなたが次のことに同意するだろうと思う。すなわち、想像した時間の無い風景画の中で最短のパスを見つける事が、時間の経過に関する我々の強力な感覚に対して、小さな似たような物を直接生み出すということについてである。けれども、その結論はニュートン理論の中で起こっている事と驚くほど似ていることを明らかにした。「プラトニア」が「三角形の土地」であるので、再び三物体の宇宙の例を取り上げて説明しよう。

その中の任意の連続したパスは、三角形の連続物に対応している。すなわち、それらは、パスがそこを通り抜けている「地点」である。しかしこれは、ニュートン理論が元になっているものと非常に良く似ている。（図1）しかしながら、それが三角形のみならず、絶対空間の中のそれらの位置と、時間における分離もまた明らかにする。図1の三角形が絶対時間のそれぞれの単位の閃光によって「ライトアップ」され、我々はこれらの時間に絶対空間の中で、それらの全体像を正しく見ることを思い出してもらいたい。しかしながら、これらは目に見えない援助である。天文学者は、彼等が望遠鏡を通して見た時にそのどちらも見ない。彼等が見ている全ては、星である。このように、注目すべき事象が関係している限り、両方の理論は同じ種類の事象すなわち、三角形の連続体を明らかにする。疑問は、どんな種類の連続体が二つの理論を明らかにするか？という事である。それが起こった時に、実際に何が観測され、二つの理論でどんな点が異なっているのか？

主要な相違点は、マッハの理論がより正確な予測をするという事である。測地学の理論として、それはプラトニアの中の、任意の二つの固定した地点の間の最短のパスを確定する。それは、そのようなパスでプラトニアを覆っている。これらの測地線は、次のような重要な特性を持っている。すなわち、プラトニアの中の任意の地点で、それらの多くのものがそれを通り抜けている。要するに、地点からあなたが行く事のできるあらゆる方向に向けて、まさに測地線がある。これは決定的な相違点である。図13と図14で強調したように、ニュートン的な歴史がプラトニアの中でパスとして描写された時に、それは多くのパスが同じ地点を通ることができ、その地点で同じ方向性を持つ事ができるのが明らかになる。しかしながら、これらのパスは、それから「外側に拡がり」、プラトニアの中で全く違った場所に行く。ニュートン的な条件の中で、それらはエネルギーと角運動量の点で異なる。その相違点は、初めの位置と方向において明白ではないが、パスの後の展開の中で劇的に明らかになって来る。この欠陥はマッハ的理論の中には無い。任意の与えられた地点とその地点の方向性のために、ちょうど測地線がある。ブルーノと私は、その標的を達成するために、精密にその理論を組み立てた。

我々を非常に驚かせたのは、次のような発見をした事であった。すなわち、一地点を通り抜けている与えられた方向を持った独特のマッハ的歴史が、その地点を通り抜けている同じ方向を持った多くのニュートン的歴史の中の一つと同一であるという事である。要するに、それはそのエネルギーと角運動量が両方とも厳密にゼロであるようなニュートン的歴史である。この固有性を持ったニュートン的な解答の小さな断片は、より単純な無時間と無枠組みの理論の解答の全てである。

これは、絶対的運動と相対的運動についての彼等の討論の中で、ニュートンとライプニッツの立場の間で、思いがけない調停案に光を当てた。両方とも正しかった！　問題点は、宇宙の中には我々の宇宙のように多くの物体を含んでおり、お互いに事実上孤立している無数の下位体系が存在し得る事である。これは、天の川の内部の太陽系において本当の事であり、宇宙を通して撒き散らされた銀河の多くにとってもまた、真実である。それ自身によって熟考された各々の下位体系は、ゼロではないエネルギーと角運動量を持つ事ができる。しかしながら、もし宇宙が有限であるならば、その下位体系の個々のエネルギーと角運動量は、ゼロに加算する事ができる。ニュートンの法則によって支配された宇宙の中では、これは信じがたいまぐれあたりであるだろう。しかし、もし宇宙がマッハの法則によって支配されているならば、それが実情であるに違いない。それはその法則の直接的な結論である。さらにその上、マッハの法則は、広大な宇宙の中で、全ての十分に孤立した系はニュートンが予言したように正確に振る舞うだろうということを予言している。特にそれらは、ゼロでないエネルギーと角運動量を持つ事ができ、それ故にそれらは絶対空間と絶対時間の中でニュートンの法則に従っているように見える。しかし、ニュートンが不変の絶対的な枠組みであることに頼っているものは、マッハの理論の中では、全体として宇宙の効果を単純なものとして示しており、それを支配する法則があることを示している。物理学者が自然の法則として長い間尊重してきたものと、彼等がその中で保持してきた空間と時間の枠組みは、私が第一章で述べたように、両方とも宇宙のその法則の「局所的な痕跡」である。

あなた達は、絶対空間と絶対時間が如何にして無時間性の外側に創造されるかを、直接的に見る事ができる。プラトニアの中でマッハの測地線の一本の上にある点を取る。すなわち、それは質量の立体配置である。測地線に沿って少し離れて他の点を取る。それは、わずかに異なる立体配置である。絶対空間と絶対時間を使わずに、ただ二つの立体配置を使って、あなたは最初の物質に関して最適の調和位置に二番目の物質を持ってくる事ができる。それからあなたは、パスに沿ってさらに少し遠くに三番目の立体配置を取る事ができる。そして、二番目の立体配置に関してその最適整合位置にそれを持ってくる事ができる。この方法でパスの全行程に沿って、あなたは行くことができる。立体配置の全体の連続は、最初の立体配置に関して正確な位置に向けられている。枠組みのように見えるものが創造されているが、それは宇宙の立体配置がその中に入り込むための、既に存在している枠組みではない。すなわち、それは立体配置を調和させることによって生まれ出たものである。それにもかかわらず、我々は、まだ「時間の中の間隔」を持っていないことを除いて、

図1に示したニュートンの描写のような何かを得た。

しかし、これはマッハの理論から余りにも逸脱している。その方程式で最適の調和によって築き上げられた枠組みの中で、対象物がどのように動くかを、それは表す。それは、各々の遠く離れた物体がどのように動くかを、宇宙の中の全ての物体の確かな平均と比べることによって、測定するために大変便利である。平均値の選択は明白であり、その方程式を劇的に簡単にする。他の選択で目的を遂げるものは何一つない。この理由により、それは特別な名前を必要とする。それで私はそれを、「マッハ的識別単純化」と呼ぶことにする。それは、プラトニアの中の測地線のパスを決定するのに使われる総量に直接的に関係している。宇宙が、立体配置からわずかに異なる別の立体配置に移った時に、それがどの位変化したかを調べるためには、それらの本質的な（固有の）差をマイナスの位置エネルギーの平方根で割る事だけが必要である。（それとは対照的に、作用は同じ量をそれに掛けることによって調べられる。）この識別単純化が「時間」について使われると、宇宙の中の各々の対象物が、ニュートンの法則で動くのと厳密に同じように、上に述べたマッハの枠組みの中で動く事が明らかになる。ニュートンの法則と彼の枠組みは両方とも、それらを前提条件としない宇宙の単純な法則から立ち上がって来る。

そのような宇宙の中で、ガリレオのボールがパデュア市にある彼のテーブルから落下する時に、そのボールによってたどられた曲線の決定する時間の究極的な標準は、あいまいではない。それは、マッハ的識別単純化を定義する宇宙の中の変化全ての平均値である。時間は変化しており、それ以上でも、それ以下でもない。

ニュートン理論とマッハ理論の間の相違点は、次の通り要約する事ができる。もし我々が、ニュートン体系のエネルギーや角運動量を知らないとするならば、その中でそれらがニュートンの法則に従っている空間と時間の枠組みを復元するために、我々はいつも、少なくともその立体配置を示す三枚のスナップ写真を必要とする。控えめに言っても、その仕事は複雑である。しかしながら、もしその体系がマッハ的なものであるならば、その枠組みはただ二枚のスナップ写真を用意するだけで見つける事ができて、その仕事は非常に簡単になる。それは簡単に言えば、二つの立体配置の最適整合を要求している。

あとで私が、量子宇宙はちょうど今述べた古典的なマッハの宇宙よりもより深い感覚の中で無時間であることを提唱している時には、それは推測であるだろう。しかしそれは、この章の結果により妥当である。それらは結論ではなくて、数学的な真理である。土星の美しい輪や渦状銀河の壮観な構造を含む、ニュートンの法則によって説明される全ての現象が、絶対空間と絶対時間無しで説明されるのである。それらは、プラトニアの中のより簡単な無時間理論から続いて来るのである。

第三部　一般相対性理論の深部構造

今、我々は相対性理論の所へやって来る。私のねらいは広範囲の説明を与える事ではなく、その根本的な特徴がこの本のテーマにどのように関係しているのかを、ただ示す事である。しかし私は、割るための頑丈なネジまわしを持っている。私の主題は時間が存在していないという事である。ところが、時間は通常存在しているものとして相対性理論の中で、ほとんど全てのあらゆるものと共にある。デンマークの王子ではない、相対的なハムレットが居るだろうか？

実のところ、相対性理論の中で時間の不存在を示す証拠は、歴史的な発展の中、偶然の出来事によって長い間隠されてきた。そしてそれは、多くの人々が悟るよりもはるかに強力である。この場合はまだ、全く決定的なものではない。ニュートン理論の空間と時間が、この本の中で明らかにされているように、時間の瞬間からどのようにして構築されるのかを、我々は理解するだろう。存在の真の極小部分であることを彼等に話しながら、我々は外部の枠組みが全く必要ではないことを示した。アインシュタインの時空もまた、注目すべき類似の方法で瞬間から（空間と時間を）総合する事ができる。しかしながら、最終的な生成物の中では、それらはニュートン理論における場合よりも、はるかにもっとしっかりと一緒に結び付けられる。その中でこれが現れた驚くべき方法を明らかにする事が、今の目標である。もし世界が古典的であるならば、誰も瞬間から離れて時空を引き離すことを試みたりしないだろう。しかし、量子理論がきっと時空を粉砕するだろう。それ故に、それがその中で粉砕する構成物について熟考することは意識できる。これが、私の第三部でしようとしている事である。

私は、その中で重力が何も役割を演じていない特殊相対性理論を調べる事から始める。それから私は、その中でアインシュタインが重力を表すために最も素晴らしい独創的な方法を発見した一般相対性理論に行く。両方の相対性理論の中で、時間は非常に現実的であり、不可解な方法で振る舞うように思われる。しかし、アインシュタインの死後すぐに明らかになったように、彼の理論は、それが力学上の理論として働く方法の分析によってのみ明らかにされる深部構造を持っているのである。この深部構造が無時間性である。第三部のほとんど大部分が、非常に長い間、一般相対性理論の深部構造を覆い隠していた純粋に歴史的な偶然について説明するだろう。

第8章　青天の霹靂

8-1　歴史的な偶然[1]

物理学の歴史全体の中で、アインシュタインが一九〇五年に主張した単純な疑問によって書かれた変化よりも注目すべきものは無い。それはすなわち、「二つの出来事が同時であるということは、何を根拠にしているのか?」という問題である。アインシュタインがそれを最初に尋ねた訳ではない。ケルヴィン卿の兄であるジェームス・トムソンが一八八三年に行なっている。もっとはっきりとそれを行ったのは、偉大な科学者ポアンカレで、一八九八年に出した、アインシュタインの伝記作家であるアブラハム・ペイズが「完全に注目すべき」と呼んだ研究論文である。歴史的な偶然に関連して、ポアンカレの論文はとても面白い。彼は時間の定義の中に「二つの」問題点を認めた。

最初に彼は、継続期間について熟考した。すなわち、今日の一秒は明日の一秒と同じであるということは、何を意味しているのだろうか?　彼はこの疑問が、最近広く討論されていることに気付いていた。彼は天文学者の解答、すなわち第6章で述べた天文暦表時間を概要とした。しかしながら彼は基本的で、ある意味ではより直接的である第二の疑問に注目した。空間的に分離された地点について、人はどのようにして同時性を定義するのか?　これは、アインシュタインが(難問で)閉口させられたが、七年後に非常に素晴らしい説得力を持って答えたその疑問であった。私は、次の通り相対性理論の結果として起こる歴史を読んだ。アインシュタインは彼の疑問（ポアンカレの一秒の疑問）について、継続期間の疑問の中の興味の光彩を奪うような沈着で独創的なやり方で答えた。継続期間は、相対性理論の中で何も役割を演じていないのではなく、全くその正反対で、それはある中心的な役割を演じているのである。しかし、継続期間は最初の原理から引き出されはしない。それは間接的に姿を現す。第三部の主要な標的の一つは、継続期間を同時性と同じレベルで取り扱うために、均衡を繕い直す事である。事実上、一般相対性理論の核心部に、美しい継続期間の理論があるが、それは、精巧な数学の中に隠されている。アインシュタインは、これに関して何も気づかなかった。彼は彼自身の理論に関して、その内容を理解した人は誰も「その魔法から逃れる」事ができないと言った。しかし、その魔法は彼が自覚したよりももっと強力であった。それは、時間を破壊する事ができる。ほとんど確実にできるだろう。

8-2 危機の背景(2)

一九世紀の大部分で、物理学は同時性を超える終局的場面のための、小心翼翼たる（細かいことに気を使う）準備として見られている。それは、やって来なければならなかったが、アインシュタインがそれから作ったものは、「急転換」ではなかった。多くの読者達はその物語に精通しているだろう。しかし、それが重要な概念をもたらしているので、私はいくつかの鍵となる要素を手短に思い出させるようにしよう。それは全て、博識の英国人トーマス・ヤングによって一八〇二年に行われた干渉の研究で始まった。彼は、他の事柄、ロゼッタ・ストーンに書かれたエジプトのヒエログリフ（象形文字）の解読に関しても有名である。ある意味、これは相対性理論と量子理論の両者の出発点であった。もし単一の光源からの光が、直後に再合成しスクリーンの上に映写される二本の光線に分けられるならば、その時、明暗の縞模様が現れることにヤングが気付い

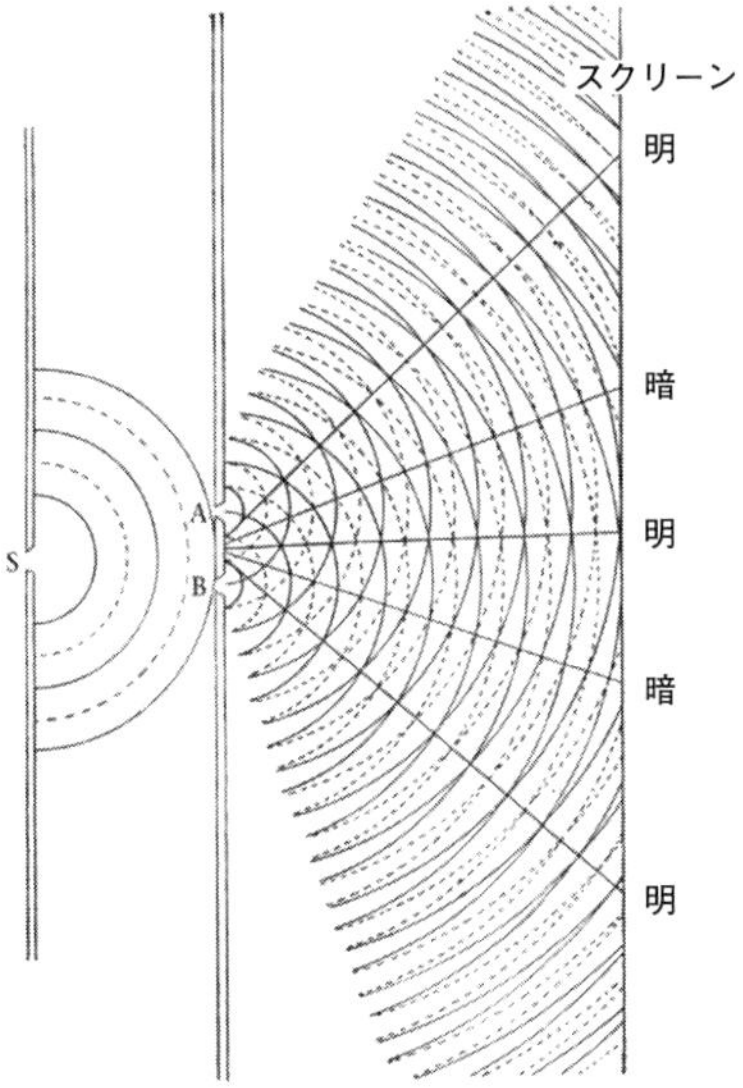

図22　水の波動の振る舞いとの類似性によって、彼が引き出した光の波動理論に従った干渉の縞模様のトーマス・ヤングによる最初の説明。この解説によれば、光線は平坦な波の形で防壁に届く。その連続した並列の山々が二つのスリット（細長い切り口）AとBに同時に届く。その波動は各々のスリットで分解される。そして、球状の波々がスクリーンの方に向かって、二つのスリットのそれぞれの点から散開する。スクリーン上のある点では、二つのスリットから来た波動の山々（あるいは、谷々）が同時に到着する。そして、波動の強度は強められる（明るい領域）。他の点では、スリットから来た波の山が、他のスリットから来た波の谷と一緒に到着する。波動の強度はそのような点では相殺される（暗い領域）。これが干渉に関する縞模様の古典的な説明である。

た。彼はそれらを光の波動理論の言葉で解釈した。もし光が、ある種類の波動運動であるならば、両方の光線の中に波の山と谷があるだろう。それらが再合成された時に、光線からの山が他の光線の谷と一致するような場所があるだろう。それらは相殺されて暗い縞模様を作るだろう。しかし（二つの波の）山が一致する所では、それらはお互いに強め合って明るい縞模様を作るだろう（図22）。無数の自然現象が、干渉によって説明される。

フランス人のオーギュスタン・ジャン・フレネルによって数年後に、いくぶん独立的にそしてさらに徹底的に展開されたヤングの洞察は、光の波動が「エーテル」と

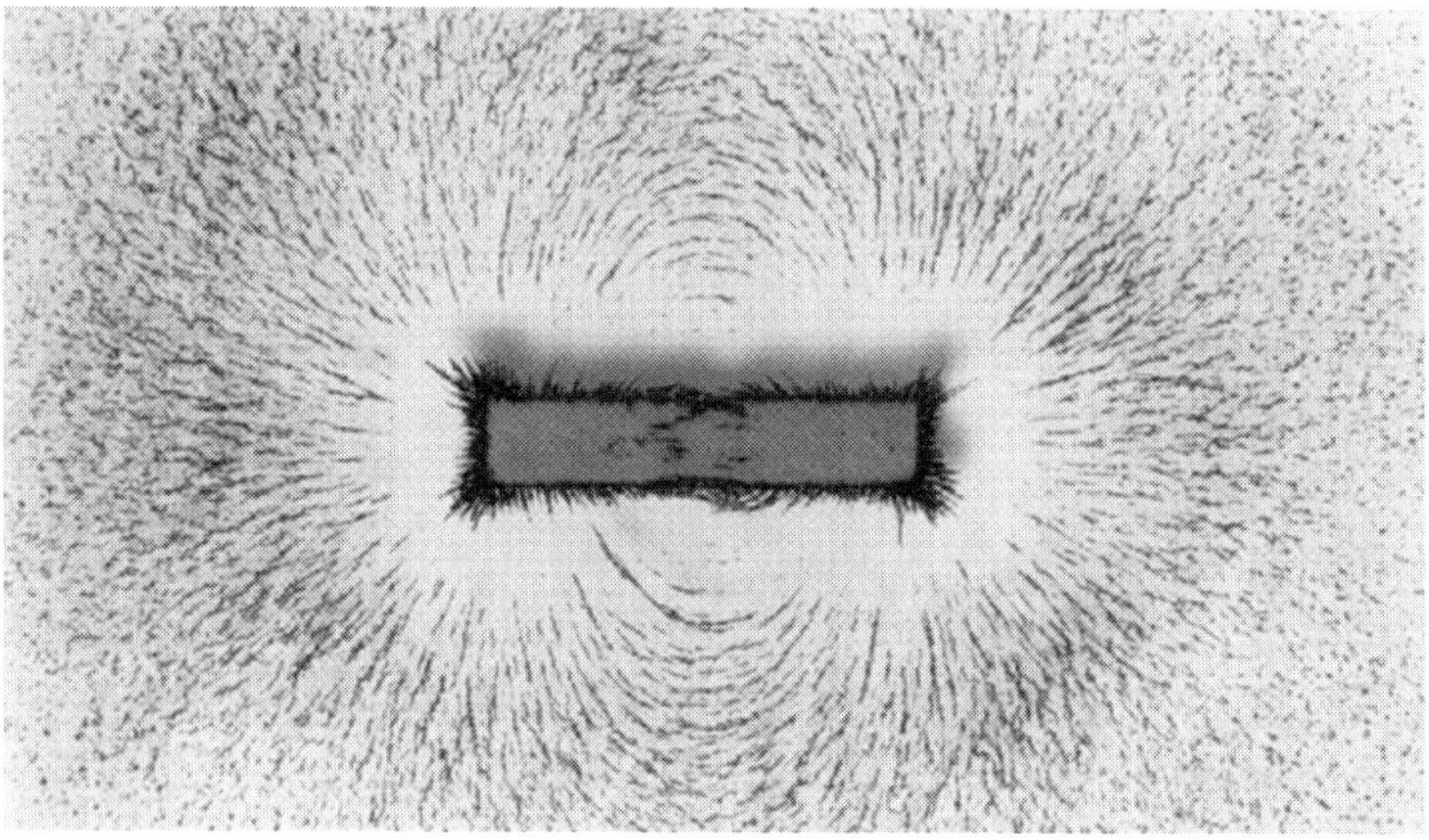

図23　棒磁石の磁場の中に鉄の粉を置くことによって、明らかにされた磁力線。

呼ばれるある弾性の媒体の振動であるに違いないという概念を、まもなく生じさせた。その間に、電気学と磁気学の研究が急速に発達した。一八三一年に英国の科学者マイケル・ファラデーが電磁気学の誘導を発見した。それは、電気学と磁気学が関連のある現象であることを示したのみならず、急速に全ての電気的機械の基礎となった。磁石の近くに保持した紙の上に撒き散らされた鉄の粉によって形成された模様によって深く感動したファラデーは、力の線と「場」の概念を導入した（図23）。場とは（序文で説明したように）、空間と時間の両者の中で宇宙全体にわたって存在し、絶え間なく変化している緊張あるいは励起として考える事ができる。場の概念は、世界が何から「創られて」いるのかという物理学者の描写を、結局変えてしまった。

一八五五年から一〇年間の間に、スコットランドの物理学者ジェームス・クラーク・マクスウェルが、ファラデーの質的な場の概念を取り上げて、数学的な方式の中でそれを計算した。彼の方程式は、電磁的な効果がある一定の比率によって決定される速度で、波動として空っぽの空間を通り抜けて広く伝搬するだろうということを示した。光が電磁的な効果ではないかという強い疑念に導かれて、その比率が良く知られている光の速度と同じであることは、すでに指摘されていた。マクスウェルの方程式はこれを証明した。電磁的な効果は、多くの異なる波長（周波数）の波動として広く伝搬する事ができる。すなわち、（およそ一メーターの波長から一キロメーターの波長を持った）ラジオ波、（センチメートルの単位で測定される波長の）極超短波、（一センチメートル毎に一〇から一〇〇〇個の波を持つ）赤外線の波動、（一センチメートルに対しておおよそ一万個の波を持つ）可視光線、（一センチメートル毎に約一〇〇万個以上の波を持つ）紫外線の波動、（一センチメートル毎に約一〇〇〇万個の波を持つ）X線、（一センチメートル毎に一〇億個からさらに一兆個の波を持つ）ガンマ線である。一八八八年に電磁気的な源泉からの波動に関してヘルツが公にした発見は、マクスウェル理論のこの結論の最初の証拠であった。

ほとんど全ての物理学者は、これらの電磁的な励起がある物理的なエーテルによって運ばれるに違いないと確信していた。これは、運動の理論とニュートンの絶対空間の地位に注目すべきねじれを与えた。ニュートン理論の枠組みの中でさえ、その概念とともに、いつも重大な問題があった。ニュートンはそれについて全く率直ではなかった。彼は絶対的な静止の状態を確実に信じていた。彼が絶対空間を導入する時に、彼の言葉は独特の運動の枠組みの存在を示唆していた。人々はそれに対して尊敬を持って動くかそうでなかった。しかしながら、『プリンキピア』の中で、彼は系の内部の運動がそれの持っている任意の一定の全体運動によって完全に影響されないということに従って述べ、相対性原理を正確に使った（BOX5）。これは静止の独特の状態の概念の土台を本気で覆した。すなわち、ものがその中にあるのかどうかあるいは、一様に動いているのかどうかについて、何も基準が確立されていない。

エーテルが、静止に関する実験的に実証できる標準をもたらすだろうという事が、まもなく分かった。その論争は単純であり、論破できないように見える（図24）。

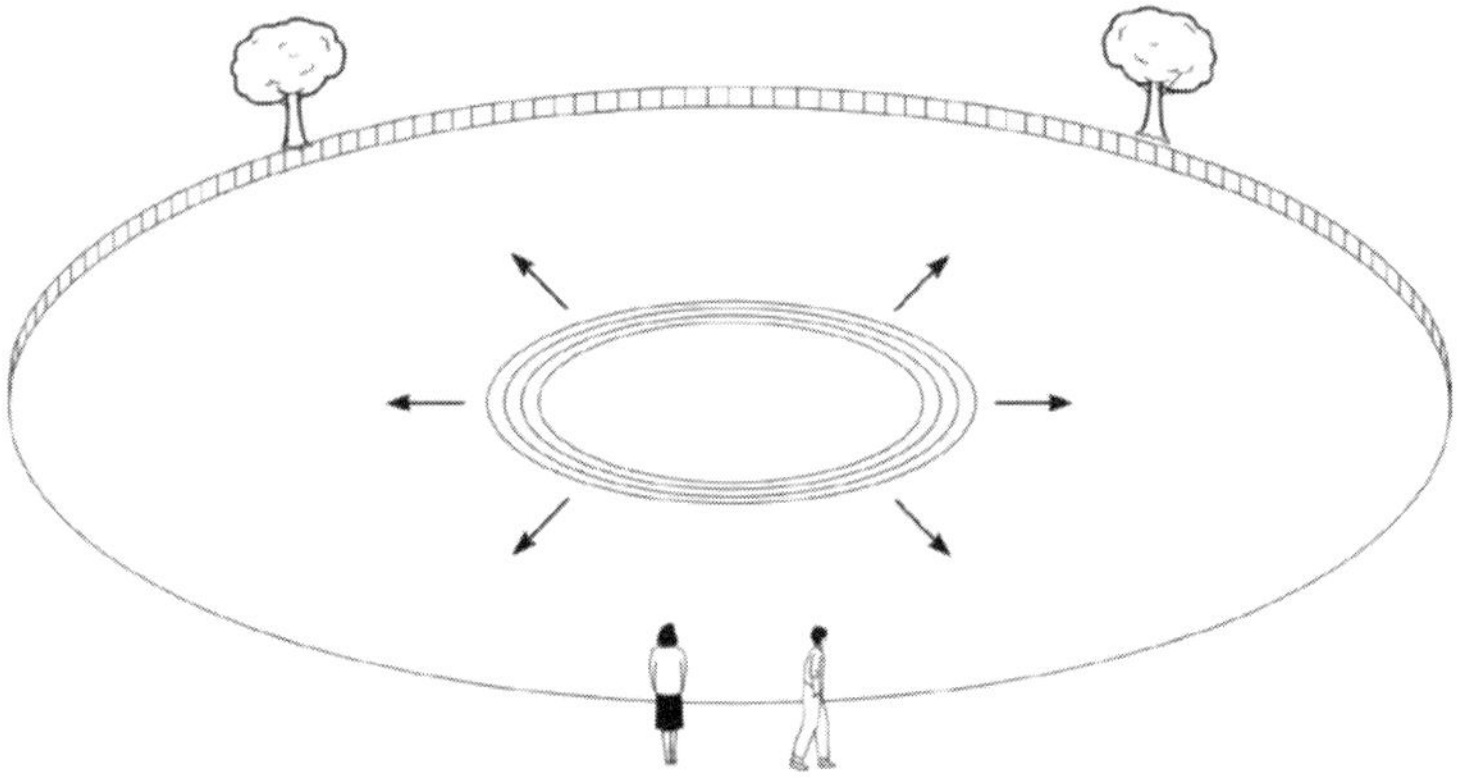

図24　池の論争。岸に立っている見物人によれば、波紋は等速度で左と右に動く。しかし、岸に沿って歩いている彼女のパートナーは、異なる事象を見る。彼は、右側に向かって進んでいる波とほとんど一緒に速度を保つ事ができる。ところが一方、左側に動いている波は、ほとんど彼から二倍の速さで遠ざかる。

あなたが静かに池の水面に一個の石を投げるならば、波紋は同心円の輪になって外側に拡がる。水の分子は、波と一緒に移動しはしない。それらはただ単に上がったり下がったりするだけである。水は推測されているエーテルの役割を演じている。すなわち、それ自身は静止しており、それは波動の運搬物質である。岸に立っている婦人から見ると、波はあらゆる方向に同じ速度で外側に拡がっている。しかし、岸に沿って歩いている彼女のパートナーにとっては、波の変化は異なって説明される。彼と同じ方向に移動している波は、反対方向に移動している波と比べて、彼に対して異なった相対速度を持つ。足の速い人なら、波のいくつかを追い越しさえするだろう。相対性原理はそのような変化を保持できない。それ故に、それはニュートンの法則によって描写される機械的な経過に関してのみ有効であるが、光学的現象と電磁的現象に関しては有効ではない。さらに、地球は太陽の周りを回るその軌道において自転しているので、それはエーテルを通り抜ける速度を連続的に変化させているに違いない。これは、観測された結果として起こったこととすべきである。

実際、その論争はそんなに単純なものではない。誰もが光はエーテルによって運搬されるに違いないという意見には同意したが、エーテルの全ての部分はお互いに相対的に安定状態にあっただろうか。地球が太陽の周囲に軌道を描いて回る時に、それと一緒にいくらかのエーテルを運搬することはないだろう。地球の上を流れている水を通り抜けている光に、何が起こっているのかを熟考することもまた必要であった。エーテルは地球に関係している水によって、部分的にあるいは完全に運ばれて行くのだろうか？　実際、多くの問題が常軌逸脱（収差）を含んでいることを考慮しなければならなかった。その収差とは、星が空の中でその点の方にわずかに移動しているように見え、地球が太陽の周りに軌道を描いて回るにつれて、任意の瞬間に地球が動いている方にわずかに移動するように見える。論争、そのいくつかはマクスウェルの研究より前であったが、それらは、八〇年以上の期間をかけて発達してきた。そして多くの重要な実験がなされた。一八九五年までに、オランダの物理学者ヘンドリック・アントン・ローレンツが他に影響を及ぼす研究を公式に発表した時に、コンセンサス（意見の一致）が多かれ少なかれ得られた。それは、全ての知られている実験結果は、決定的な例外を除いて、完全に厳密なエーテルの存在を仮定することによって説明され得ることであった。

ローレンツによって提唱されたエーテルは、実際には剛性を除いて、全ての物理的特性が欠如していた。マクスウェルの電磁場の励起をそこに組み入れることは簡単であった。そして、ローレンツの言葉によれば、「天空の物体の全ての観測できる運動が起こることに関係した」構造物であることは簡単であった。それ故に、それは池の中の水のように安定の基準を提供した。

ローレンツが取り組まなければならなかった例外は、一八八七年に偉大な精度でもって実行された有名なマイケルソン＝モーリーの実験であった。地球の運動の方向に動いている光束と、それに対して直角方向に動いている光束の間の干渉に基づいて、一年間以上経過する中で、エーテルを通り抜ける地球の運動の速度における変化を測定することが計画された。その精度は、予期した結果のわずか一〇〇分の一でさえ検出するのに十分であった。しかし何も観測されなかった。それは大きな驚きであり、非常に謎めいていた。

ローレンツの反応は少しずつだった。特に彼は、ある物理的理由により次のように提唱した。すなわち、エーテルに対して相対的に動いている物体の長さが、マイケルソン＝モーリーの実験の結果を説明するために、必要な量だけ、その運動の方向に縮むだろうと。数年前に、アイルランドの物理学者ジョージ・フィッツジェラルドが同じ提唱をしていた。ポアンカレは、ある一般的な原理がエーテルに対する相対的な運動を検出することの全ての可能性を除外するだろうと答えた。特別な仮説を求めることは必要ないだろう。彼は、相対性原理が普遍的に支配しているが、ただ力学的な現象だけは支配していないと考え始めた。彼とローレンツは二人共、アインシュタインが驚くほど美しい解答を持って劇場に登場した時に、この方向に動いて行った。

8-3 アインシュタインと同時性

アインシュタインの研究の二つの局面が、その勝ち誇った成功を保証した。第一に、彼は相対性原理を徹底的に真剣に使った。それは繰り返し有効に利用された基本原理であった。第二に彼は、ローレンツがエーテルに対して相対的に動いている対象構造物の中の現象を表すための形式上の手法として導入した「局所時間」を真実のものとして取り上げた。「局所時間」の中の同時の出来事は、エーテル構造の現実時間の中でそうではなかった。しかし、相対性理論に身をゆだねていたアインシュタインは、片方を他方と同様にまさに真実であると考えた。彼は、明らかな欠陥の中から美徳を見つけ出し、謎全体に対する鍵が同時性の概念の中に横たわっていると考えた。

彼は明らかに妥協できないパラドックスに、慎重に強い光を当てた。そしてそれから、その素晴らしい解答を巧みに示した。すなわち、それは複数の出来事が同時である時に、言うための基本的な提唱であった。今まで、これは明白であると思われていたが、アインシュタインは、同時性が世界の固有性ではなく、我々がそれを表すための反射光であることを示した。そのパラドックスが、同時性（そして、それと共に時間）の概念を変えることによってのみ解決するということを示すことによって、彼はこの問題を前面に持ってきた。

そのパラドックスは注意深く準備された。彼は最初に相対性原理を明らかにした。力学（ＢＯＸ５）と同様に、彼は自然の全ての法則が、その中でそれらの最も簡単な形式を取る基準系の識別できる骨組みを公理とみなし、各々の骨組みの中で同じであるように、この形式を要求した。空間と時間の中で、格子の一種を構成する任意のそのような骨組みは、任意の他の物に対して相対的に一定の直線的（すなわち、真っ直ぐな）運動の状態にあるだろう。彼はそれから、この一般的な原理に加えて、自然のまさに実際の法則を要求した。すなわち、光は光源の速度にお構いなく、全ての方向に同じ速度 c で伝播するということである。全ての人が、いつも当然のこととしていることは、エーテルの中で安定している基準系の独特の骨組みの中で、保たれており、これは全くその通りであった。アインシュタインは、それが全ての骨組みの中で起こるだろうと主張した。

池の論争は、これが矛盾していることを暗示している。しかしアインシュタインは、彼がこれまで正当に認められていない自由を持っていると自覚していた。すなわち、空間と時間の中で同時性を定義している格子状の線は、新奇な方法で「描かれる」ということである。空間的に分離した点の間の同時性は、ある方法で定義されるに違いないが、しかしどんな方法があるのだろうか？　同時刻を示す時計の様な信号の物理的伝達をするものがあるに違いない。理想は無限に速い信号である。そうすれば、論争は無くなるであろう。

これは、池の実験で起こることについては有効である。すなわち、男性と女性は、彼等が歩くよりも約一〇億倍速く移動する光によって水の波を観察する。我々は池の中の水の波動とエーテルの中の光の波動の間の類似性が完全ではないことを今や知っている。完全な相似のためには、光それ自身の速度よりも速く移動する信号でなければならないだろう。

しかし、そのような信号はアインシュタインの時間の中で知られていないし、彼の理論はそのようなものが存在し得ないことを示している。それ故に、彼は最良の代用品として光を使った。これは完全に物事を変化させた。光は、光それ自身を生み出した枠組みの中で分析されるために存在する。それでその問題は、自分自身に言及していることになる。それは、アインシュタインが、彼がゲームに勝つことを保証するために、彼が進んで行くように規則を作り上げてごまかしたように思われるかもしれない。しかしながら、彼は単純に厳しい現実に立ち向かいつつあった。すなわち、自然の法則は、もしそれらが実際に観測され得る事象と関係しているならば、それだけで意味のあることであるだろう。我々は、宇宙の外側ではなく内側に住んでおり、遠く離れた（二つの）時計の時間を合わせるために、我々は我々に対してすぐに使える物理的な手段について、何も選択肢を持っていない。自然の中ですぐに使える最速の媒体であることが明らかにされているので、我々が光を使うだろうというアインシュタインの予感は、今までのところ全体として守られている。

その魔法のような手際は、エーテルの理論の中と相対性原理の背景の中で、彼の選択がなすべき最も自然なことであったということである。彼等の明らかに妥協できないことを与えて、それらの調和に関する彼のその後の実演は大成功であった。その結果について避けられない何かが存在することもまた、示していた。

池のようなエーテルがあり、光より速いものは何も無いと仮定しよう。それが、あらゆる方向に等しい速さで移動すると仮定することは自然である。その時にエーテルの至る所で、同時性を定義するために我々にどのような方法があるのだろうか？　アインシュタインは、中心的な基準系の地点にマスター時計を準備し、それに対して相対的に静止しているある遠く離れた同一の時計に向かって光の信号を送り、その信号をマスター時計に対して反射して返させることを提唱した。もし、その往復旅行で時間Tが測定されたならば、我々は光がその遠く離れた時計に届くのに$1/2T$かかったと明らかに言うだろう。その（遠く離れた）時計は、マスター時計によって送られてきた光の信号の到着時にそれが時刻tを指している時には、その時計の針を$t+1/2T$にして（マスター時計と）時間を合わせることができる。このような方法で、エーテルの至る所の時計とマスター時計の時間を合わせることができる。標準の測定棒が、それらの間の距離を測定するのに使われる。これは、もしエーテル理論が正しいならば、時空の格子を準備するための明白な方法である。

けれども、それは、エーテルが「目に見えて」、我々がそれの中で静止している時にそれを区別できることを当然のこととしている。しかし、相対性原理はこれを否定している。時間を測定するために時計を持ち、長さを測定するために物差しを持って準備している観測者の一集団が、お互いに相対的に静止して空間に分散していると仮定しよう。エーテルの中で静止している彼等自身を信じて、彼等はアインシュタインの処方によって同時性を定義する。同様に、第二の集団があり、同じ物差しや時計を持っており、同様にお互いに相対的に静止して分散しているが、第一の集団に対して相対的に一様に動いていると仮定する。相対性原理によれば、彼等は等しくエーテルの中で彼等自身が静止していると信じることができる。それで彼等もまた同時性を定義するためにアインシュタインの処方を使うだろう。エーテル理論の中の確信は、その処方を自然なものにするが、まさにそれと同様に、相対性原理の中の確信は、二つの集団がそれを採用することを自然にする。自然の中の何も、ある集団に他の集団以上の特権を与えるものはない。集団がすることは何でも、他の集団も等しい権利を持ってすることができる。特に、各々の集団はアインシュタインの処方を使うことができる。

その避けられない結論は、二つの集団がその出来事が同時であることについて意見が合わないだろうということである。しかしながら、これを受け入れることによって、アインシュタインは彼の最初の目的を達成した。すなわち、光の伝播は二つの集団にとって同一の形式を取ることの実証（BOX9）である。相対性原理は光の伝播を支配しており、同時性は観測者と約束事によるという、この注目すべき事実は、非常に多くの素晴らしい一九世紀の物理学が向かってきた方向の、このような偉大な大団円である。我々がエーテルに対して相対的に動いているかどうかを実験的に立証することができないので、エーテルが余分な概念であることもまたそれは示している。

同時性の欠乏は最初だけであった。アインシュタインは、全ての現象が、お互いに相対的に一定の速度で動いている観測者の任意の二つの集団について、厳密に同じ方法で説明されなければならないという彼の強い主張から、さらに進んだ驚くべき結論を引き寄せる方に向かった。特に彼は、物差しと時計について、ある驚くべき予言をすることができた。そのヒントは光の伝播の真相は物理的な物差しと時計によって確立されたが、これらの道具は相対性原理に対して反応しないということである。簡単な方程式と厳密な論証を使って、アインシュタインは次のことを示した。すなわち、二つのそのような集団は、彼等に対して相対的に動いている他の集団の時計が彼等自身の時計よりも、よりゆっくりと進むという結論に各々到達するに違いないということである。そしてその上、各々の集団は他の集団の物差しが彼等自身の物差しよりも、より短いという結論に達する。

これらの結果については、非常に驚くべきことであるが、これが彼等の共に生きている自然である。そしてそれが非常に不可能なことのように思われるので、多くの全く知的な人々がそれを受け入れることを、まだ拒否している。各々の集団は、他の集団の時計が彼等自身の時計よりも、より遅く進んでいることを発見

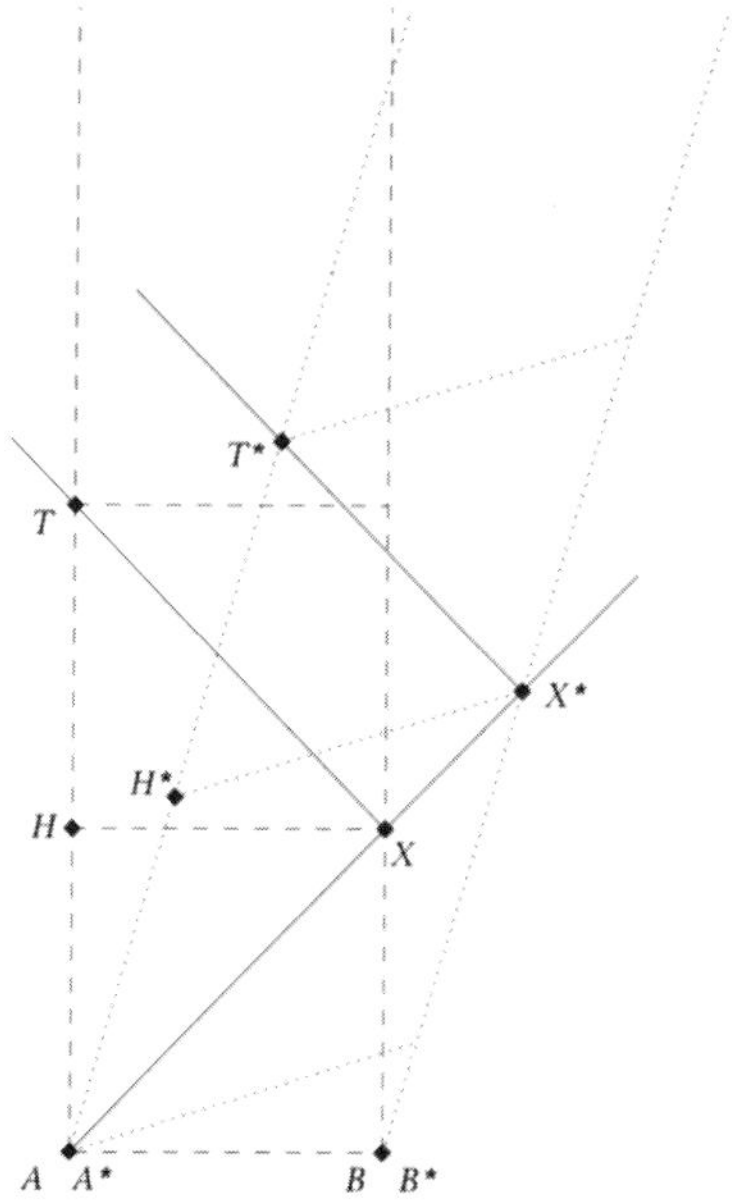

図 25　アリス（A）とボブ（B）は、彼等がエーテルの中で静止していると信じている。そしてそれ故に、垂直方向の線で表した時間と水平方向の線で表した空間（一次元のみで示している）で格子（破線）を描いている。彼等の時計を同期化するために、アリスはボブに対して点 X で彼に届くように光の信号（実線で示す）を送る。そしてそれは、反射されて点 T でアリスの所へ戻って来る。アリスはその信号が、彼女が点 H に居る時にボブに届いたと推論する。彼等と同一の二人であるアリス*（A^*）とボブ*（B^*）は、彼等に対して相対的に一定の速度で動いているが、彼等もまた（彼等自身が）静止していると信じている。アリス*は、彼等が出会った瞬間に彼女（A^*）の対の一人（A）がするのと全く同じように、光の信号を送る。それはボブ*に X^* で届く。そしてその反射は T* でアリス*に戻って来る。それ故に、彼女は彼女の信号が（彼女自身が）H^* に居る時にボブ*に届いたと推論する。それで彼女（A^*）とボブ*は彼等の対の二人の格子に対して相対的に斜めに傾いた格子（破線で示す）を持つ。二つの組はそれらの出来事が起こったのが同時であるということに同意しないだろう。アリスとボブは点 H と点 X が同時であると考え、彼等の対のもう一組（A^* と B^*）は点 H^* と点 X^* が同時であると考える。しかしながら、彼等は両方とも、その各自の対等の格子の対角線（AX、XT と A^*X^*、X^*T^*）と一致する光線に沿って進むことを知っているので、相対性原理を承認する。絶望の出現、状況は対称的である。すなわち、アリス*とボブ*の格子の中で、それらと対の格子は斜めになって現れる。

するのだが、それはどのような方法でできるのだろうか？　それは、ＢＯＸ10で説明する。

8-4　時間の忘れられた見解③

アインシュタインの二つの相対性理論の結果は魅惑的なものであるが、それらの多くは私の主要なテーマと直接的に関連したものではない。私が省略したテーマのための一般向けの説明は、さらに読み進んだ節の中で登場する。第三部における私の狙いは、アインシュタインの相対性理論に対するアプローチが、同時性の明白な理論ではなくて、暗黙の持続性の理論に対して、彼をどのようにして導いたのかを示す事である。この本にとって重要なのは、後者の方であるが、それは相対性理論の中で決して適切には扱われない。ヒントは、異なった観測者の時計を通して知らされた時に、持続期間についての驚くべき事実が、同時性の定義と相対性原理から不可避的に結果として起こって来る事である。アインシュタインは、それらについていくつかの事実を知るために、最初の原理から時計と持続期間の理論を作り出す必要が無かった。すなわち、それらはすでに彼の二つの根本的な必要条件に従って出て来たのである。

アインシュタインが彼の相対性理論を創造するために使った方法には、重要な要素がある。一九世紀の間ずっと、主として熱力学の発展を通して、物理学者は、一方で真に基礎的な法則や要素（例えば、原子や場）に関する世界の理論と、他方で原則理論と呼ばれているものとの間の違いを識別し始めた。後者の中で、事象の究極的な理論を示すために何の努力もなされなかった。その代わりに、その考えは、大きな普遍性を持って支配しており、現象を表す基礎の中にそれらを含んでいるように思われる原則を探す事が目指された。その二つの異なった型が心に描かれていた永久運動機関を組み立てるという、全ての企ての度重なる失敗が、熱力学の第一法則と第二法則の基礎を築いた。この基礎の上に発達させられた形式の中で、熱力学は第二の

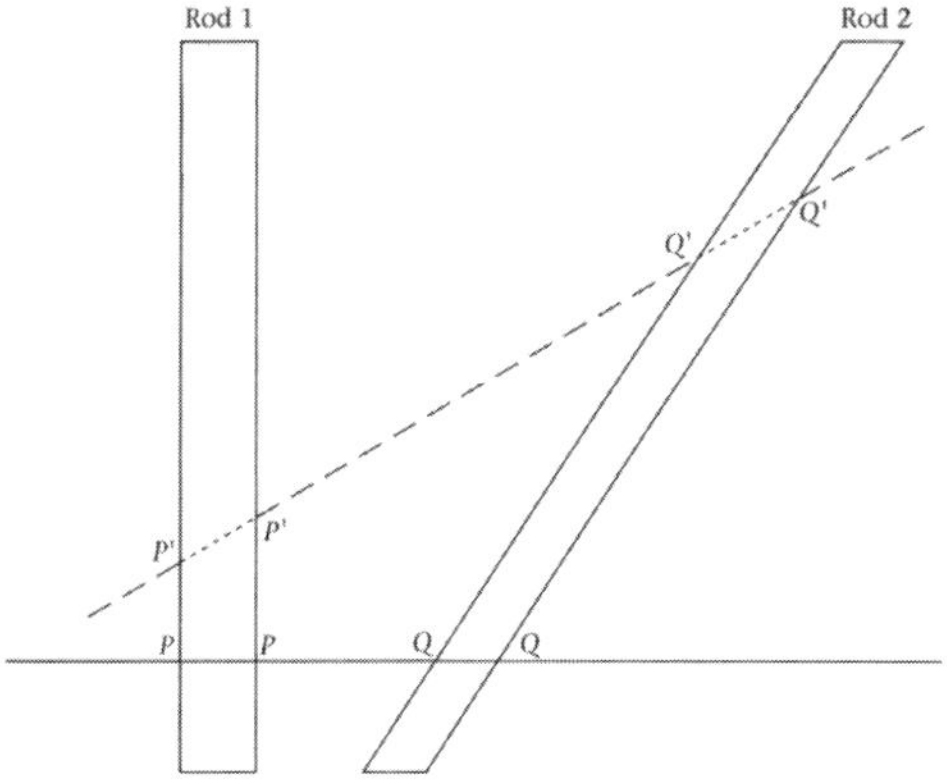

図 26　その中で時間が垂直方向に増加し、水平線は一次元の空間を表しているところの、その水平線と斜めに傾いた細長い小片は、お互いに相対的に一様に動いている二つの物理的に同一である物差しの歴史を示している。ボブとアリスにとって連続した線 *PPQQ* の上の点は同時であり、その対応する時間における物差しの位置と長さを示している。彼等の物差し *PP* は、ボブ * とアリス * の物差し *QQ* よりも、より長いように見える。しかし、出発した二つの集団は線 *P'P'Q'Q'* 上の点が同時であると考える。そして彼等の物差し *Q'Q'* が（もう一方の物差し）*P'P'* よりも、より長いという結論に達する。類似した説明図が時計についても与えられる。そのような図表は、物差しと時計のこの振る舞いを説明しないが、明らかな論理的矛盾が何も無いことを示している。アインシュタインの結論は、彼の根拠と同じように安全に守られている。それらに対する彼の自信は、完全に証明されている。

種類の理論であり、原則理論であった。

それとは対照的に、電磁場と電荷とエーテルを合体させたローレンツの理論は、根本的に第一の種類の理論であった。それは、その究極的な構成要素に関して、世界の基本的な記述を熱望していた。アインシュタインは、そこから特殊相対性理論が出現してきた電気力学に関する彼自身の研究の中で、そのような道筋に従わないことを慎重に決定した。彼は一般的な原則に関して、それを可能な限り遠くに置いた。マックス・プランクの量子の発見（BOX1）と相対性理論を発表する数ヶ月前のアインシュタイン自身のそれらに関する発展が、アインシュタインに何か非常に奇妙な事が起こっていると確信させたことは事実である。マクスウェルの方程式に関する彼の賞賛にもかかわらず、それらが量子効果を説明することに完全に失敗したので、それらが電磁気学の真の法則になることはできないと、彼は確実に感じていた。彼は正しい代替案を見つける能力に自信が無かった。それから、いよいよとなってアインシュタインは量子の不可解さを発見した。彼はそれが計り知れない不可思議さを持っていることを深く感じた。それと比較すると、相対性理論（少なくとも、特殊相対性理論）は、ほとんど子供の遊びであった。

電磁気学的エーテルの問題に取り組む時のアインシュタインの策略を大いに形作ったのは、彼のこの考えであった。彼は顕微鏡的極微の現象の細かい描写を試みることをやめる決心をした。その代わりに彼は、強い実験的な裏付けがあるように見える相対性原理に頼り、できるだけ少ない付加的な仮定を準備することにした。結局、彼は光伝播の性質についての彼の仮説に対して、これらを制限する事ができた。これは、親友が量子革命を生き延びるだろうと合理的に感じたマクスウェルの計略の一部分であった。

これは、時間の理論にとって重要な結論であった。ポアンカレの一八九八年の論文は、それが二つの主要な疑問に答える事であるに違いないと示していた。すなわち、同時性はどのような方法で定義されるべきなのかという事と、持続期間とは何であるかという事である。ほとんど同じく重要な別のものが二番目の疑問と結合している。すなわち、時計とは一体何であるか？という事である。彼の申し出を受けて、アインシュタインは基礎的なレベルで最初の疑問だけに答えた。彼は他の二つに対して部分的な最良の答えだけを教えたが、物差しか時計のどちらかの明白な理論は教えなかった。代わりとして、彼はそれらが持っている最低限度の固有性を暗黙の了解とした。もしそうでなければ、彼は相対性原理に関する非常に偉大な評価に頼ったであろう。それは彼を遠くに連れて行った。物理学の中の少しの事象は、彼が宇宙的な相対性原理と光伝播の特別な法則を公理とみなした方法よりも、もっと美しい。そしてそれから、それらの結合から物差しと時計と時間の特別の固有性が引き出される。もしも、その前提が真実であるならば、物差しと時計はそのような方法で振る舞わなければならない。

一般相対性理論の創造を引き延ばしている間中ずっと、アインシュタインはこのトリックをしばしば使った。その戦略はいつも特殊な仮説を避ける事であった。そして、原則を探すことに代えた。このような方法で彼は、物差しと時計の物理的研究について講演しなければならない事態を避けた。すなわちそれらは、特殊と一般の二つの相対性理論の中で、独立した存在として、いつも分離的に取り扱われた。それらの特性は理論の内部構造から引き出されはしなかったが、相対性原理と調和することを単純に要求された。アインシュタインはこれが結局は満足できないものであることに良く気付いていた。そして、一九二三年に述べた講演の中でそれを話した。彼は、一九四八年に出した、『自伝ノート』の中で再び類似した論評を述べた。

しかしながら、彼の論評の雰囲気は、彼がこの「過失」（アインシュタイン自身の表現による）の修正から立ち直るための何か偉大な洞察力を予期させるようなものでは無かった。ただ「整理整頓して片付ける」操作が必要であった。持続期間と時計のその理論の中のこの隙間は、まだ満たされてはいなかったのである。

ジェームス・トムソンやテイトとポアンカレによる非相対論的物理学の中で、達成された洞察力のレベルで、時計とは何であるか（そして、それがいかに決定的に基準系の慣性構造物の決定に依存しているかという事である）という疑問に取り組んでいる研究が何も無いことを、私は知っている。相対性理論の最初の古典的な形式の中でも、その量子を創造するために試みられた形式（第五部で取りあげる）の中でも、共に相対性理論全体を通じて、時計は重大な役割を演じる。まだ誰も、それらが何であるかについて現実に尋ねはしない。一人の識別できる相対論者が、一度私に次のように言った事がある。すなわち、一個の時計は「国の標準局が承認した装置が、良い精度で時間を保持している」その装置の事であると。私は、理論家として彼が他の方法の完成されていないことを言うべきなのではないかと感じる。

真実は、物理学の話題がどういう訳か決して書かない事である。マッハにとっては彼の偉大な賞賛にもかかわらず、アインシュタインはマッハとポアンカレによって強い光を当てられた問題に対して、奇妙にも無反応であった。彼は、自然と力学の枠組みの起源について、直接的には問題解決に取り組まなかった。彼の出版された研究論文と出版されあるいは出版されていない手紙（通信文）を通して、広範囲にわたる探索を行ったにもかかわらず、私はテイトの問題によって持ち上がって来たこれらのような問題について、彼がこれまでに本当に真面目に考えたという証拠は何も見つける事ができなかった。これらは、アインシュタインが特殊相対性理論を創造したまさしくその期間中の「熱い話題」であったので、これはむしろ驚きである。彼は、時空の枠組み（すなわち、物理学者によって使われる空間と時間の枠組み）がどのような方法で発生したのかについて尋ねなかった。代わりに彼は、最終的な生産物とそれが創造した劇場の内部で起こっている経過を描写した。

事実上、アインシュタインとハーマン・ミンコフスキー（彼の研究は手短に斟酌されるだろう）は、物理学の中で強調を特徴付ける変化をもたらした。ジョン・ホイーラーの表現を使うと、ガリレオからアインシュタインまでの「物理学の王道高速道路」は、力学であった。マクスウェルは彼自身の研究を、新しい現象やファラデーによって導入された場の概念に対して、ガリレオとニュートンによって開発された原理を拡張したものと見ていた。同じ頃、カール・ノイマンとマッハのような他の科学者は、力学の新しい基礎の必要性に気付き始めた。ポアンカレの一九〇〇年頃に書いた書物の中に、人は研究の主要な流れとして、力学がどのような方法で更に進んで開発されてきたかについての明瞭なヒントを見る事ができる、とある。特に、時空の枠組みの起源に関する明瞭な系統立った理論が現れるかもしれない。それは、一八九八年のポアンカレの論文と、第5章で論じた一九〇二年の彼の論評からさらにもっと明白になっている。

これら全てはアインシュタインの一九〇五年の論文によって変化させられた。彼の量子的疑念の故に、彼は明瞭な力学的モデルを疑った。数年以内に二元論的な体系が現れた。ニュートンの絶対空間と絶対時間は時空間によって取って代わられたが、これは完全なストーリーではなかった。本物の物理学は、物差しと時計が時空間の中でどのように振る舞っているかについての説明と一緒の時だけ現れた。これは、その体系が二元論的であった場所である。物差しと時計の振る舞いと、それとともに持続期間の理論は、それが簡単に仮定された時空間の構造から組織的に現れることは決してない。これは、二元論的な体系が、それの作った陳述の中で間違っていると言っているのではない。アインシュタインの理論はその基礎と同じ位に堅く守られている。すなわち、そこには失敗の徴候が全く無い。しかしながら、時間と持続期間の本質の中に入って行く洞察力は失われた。

一般相対性理論は、全てを含んでいるので、持続期間の理論と時空の枠組みは、(私がすでに示したように)その数学の中に隠されてしまっている。しかしながら、これは何十年もの間、光を当てられていなかった。そして今でさえ、適切にその真価を認められていない。この事がどのようにして起こったのか、そして一般相対性理論の「隠された力学的核心」の説明は、次の章の主題である。

それは、時間に関する一般的な論評としてこの章の最後で取り上げるつもりである。もしある人が、時間は世界の中で独立的に過ぎて行くと考えるならば、相対性理論を理解することは不可能である。変化が非常に全体に普及し充満しているだけなので、非常に多くの異なった変化が全て、完全に歩調を揃えて行進しているように見え、そのような眺めに我々はたどり着く。相対性理論は時間の理論的な概念について、少しも触れていない。すなわち、それは、時計と呼ばれる物理的な装置についてである。我々が、一度それを理解すると、多くの困難が消滅する。もしも光が、普通の物体よりも非常に速く移動しないとしたら、我々は相対論的効果を直接観察するだろうから、それらの効果が異様であるとして我々を驚かせはしないだろう。我々を高速度で過去に運んでいる時計は我々の手首に付けている腕時計よりも、より遅く進んでいる事が観察されるべきである、という考えに固有的に受け入れ難いものは何も無い。時計の運動は、そのカチカチという音で、よくその速度を変えてきた。最後に、我々が水の中を通って泳ぐ時に、我々は我々の肉体が反応する方向を感じる。もしそこに、エーテルがあるならば、時計はそれを通り抜ける彼等の運動によって、完全に影響を及ぼされるだろう。理解するのが難しいのは何かというと、それは、動いている時計と一緒に移動している観測者は、どのようにして我々の腕時計が遅く進んでいると判断するのだろうかという事である。ところが一方、我々は、彼等の時計について全く同じように、相手の時計が遅く進んでいると判断しているのである（この明白な論理的不可能性はBOX10の中で取り扱われた）。しかしながら、重要なことは、時間が「何かあるもの」であるという概念を無視する事である。時間は存在しない。存在している全ては、変化する事象である。我々が時間と呼んでいるものは、少なくとも古典物理学の中では、簡単に言えば、変化を支配している法則の複合体である。

第9章　魔術師ミンコフスキー

9-1　新しい劇場

ヘルマン・ミンコフスキーの概念は、現代の物理学者の魂の奥深くまで食い込んでいる。彼等は、一九〇八年九月二一日にケルンで行われた有名な講演で述べられた彼の壮大なビジョンに対して、任意の代案を期待するのが難しい事が分かった。その開演の言葉は、まさしく本当の魔法のような呪文で彼等の魂に刻み付けられた。

「私があなた達の面前に設定することを望む空間と時間の展望は、実験的物理学の土壌から出現してきており、その場所にそれらの勢力がある。それらは根本的なものである。これからは、空間はそれだけでは、そして時間もそれだけでは、共に影の中に消えて行く運命であり、二つの統合みたいなものだけが、独立した実在として保持されるだろう。」

何が存在しているかを熟考する知識の部門は存在論である。これらの三つの文章は世界の存在論を変えた。少なくとも物理学者の間では。

一九世紀の大部分の物理学者にとって、空間は最も基本的な事項であった。それは時間に固執しており、存在論の中で最も深いレベルを構成していた。その結果、空間は点の集合で創られた。それらは、一区画の中で袋詰めされた同一の無限小の砂の粒子として考えられていた存在の根源であった。空間はガラスのようなものであった。もちろんそれは、三次元のものであった。しかしながら、相対性原理がいかに空間と時間を混乱させているかを、アインシュタインの研究によって知らされたミンコフスキーは、「かつて誰も、時間を除いた空間や空間を除いた時間に注目しなかった」と論評した。彼は誰もがこれまで思っていたよりも、はるかに深い意味の中で、空間と時間が一緒にあるという認識を持っていた。彼は「時空間」の中でそれらを融合させて、この四次元の存在の点を「事象」と呼んだ。それらは存在の新しい基礎になった。

存在のそのような極めて小さいもの、すなわち時空間の構成要素をなす事象は、存在の真に極めて小さいものとして第二部で私が提唱した実体とは非常に異なっている。第三部の主要な狙いは、時空間が次のような二つの方法で心に描くことができることを示すことである。一つは事象の集まりとして、しかしもう一方は最適整合の原理によって、それと第7章の終わりにニュートン的場合として説明したような識別単純化を通した「時空化」の導入によって、一緒になった拡張された立体配置の集団として、である。しかしながら、同時性の相互依存性を反映させると、その集団は、我々が時間の真の本質を確立することを試みる時に直面する主要なジレンマ（板挟み）の原因となる付加的な注目すべき特性を持っている。

9-2　三次元から四次元へ

空間と時間の融合はそんなに基本的な一歩ではなかった。それは、ニュートン的な空間と時間によってなされている。これを表すためには、我々は普通の空間が三次元ではなく、二次元だけを持っていると想像しなければならない。その時、我々は空間を一枚の何も記入していない白紙のカードとして想像する事ができる。そして、空間の中の物体はその紙の上の目印として想像できる。これらの目印の任意の相対的な配置は、時間の瞬間に明らかにされる。

テイトの問題の解答は、もしそれらの物体がニュートンの法則に従うならば、相対的な立体配置が絶対空間の中でそれらの位置に、対応している絶対時間にどのようにして置かれるのかを示していた。もし、空間が二次元で描かれているならば、絶対空間は部屋によってではなく、一枚の平らな面によってモデル化される。テイトの問題の解答は、カードの上の目印によって決定された位置の表面上に、各々のカードを置く。その中で重心は点に固定されるが、これらの位置の中で、慣性的に動いている任意の物体は、その表面上の直線に沿って動く。

全てのカードを水平面上に（表面に平行に）保ちながら、それらの間の絶対時間の量に比例するように、それらの間に垂直方向の間隔を置く事ができる。これは、一一時と一二時の間の時間の量を単位間隔としてイメージするようなものである。そしてこれは、事象を視覚化するための非常に便利な方法である。その結果得られた構造物は「ニュートン的時空」と呼ばれる。時間の一次元は、空間の二次元と共に一緒に置かれてしまっている。ニュートンの法則は、区画の一種であるこの三次元構造物の中で非常に美しく表現する事ができる。物体がどのような運動をしようとも、それはこの区画の中で、必ずあるパスに沿って進んでいるに違いない。ミンコフスキーはこのパスを、その「世界線」と呼んだ。もし、その物体が空間の中で動いていなければ、それは慣性運動の特別な場合であるが、その世界線は上方に向かって垂直線になる。もしそれが、ある速度で慣性的に動いているならば、その時、それは垂直線に対して斜めに傾いている一本の真っ直ぐな世界線を持っている。その運動の速度がより速くなると、垂直線となす角度がより大きくなる。

現実では、普通の空間は三次元を持っているので、ニュートン的時空は四次元になる。異なった時間あるいは同時性の程度を表す、垂直の位置に置かれたカードの代わりに、我々は四次元の区画の中に融合された三次元の空間を想像しなければならない。これは可視化する事ができないけれども、この二次元だけの空間を持ったモデルは、良い代理品である。

ニュートン的時空は、全ての方向が等しい基礎の上にあり、他と識別するものが何も無いところの（普通の）空間とは重要な点で異なっている。ニュートン的時空の中では、方向が選び出される。これはカードの一組としてその描写の中で反映されている。カードの中にあるいは同時性のレベルの中にある方向は、そのカードを通り抜けて垂直方向に走っている時間線とは全く異なっている。ニュートン的時空は「薄板を重ねた物」である。もしあなたが、ある角度で「それを通り抜けて切断」したならば、その「薄板製品」が隠れた物を知らせるだろう。あなたは、同時性のレベルを「通り抜けて切断した」ことになるだろう。その方向の不同等性は、座標の言語によって表現されるのである。

あなたは、二次元の地図の上に、座標の碁盤目を置く事ができるが、ちょうどそのように、あなたは（時間線に対して平行に）鉛直方向の座標軸の一つと共に、ニュートン的時空の上に直角の碁盤目を「描く」事ができる。運動の法則は、碁盤目の言葉で明確に表現する事ができる。例えば、慣性的に動いている物体は、碁盤目に関して真っ直ぐな線に沿って移動する。それからあなたは、時空の中の異なった位置に居ても、完全な構成単位として碁盤目を「動き回る」事ができる。そしてもし、新しい碁盤目に関してその運動が同じ法則を成立させているならば、それらは古い碁盤目に関しても同じ様に成立させている事が分かる。ニュートンの法則にとって考慮すべき事があるが、碁盤目を動くことは完全に自由な訳ではない。それが垂直を維持しているという条件で、それは普通の空間の中で移動したり回転したりできる。ちょうどジャングルジムのように。そしてそれは、垂直の時間軸方向で上がったり下がったりすることができる。しかしながら、垂直の座標軸を傾けることは許されない。ニュートン的力（例えば、重力や静電気学的力）は、そのモデルでは水平方向に瞬間的に伝達される。もし最初の時間軸から碁盤目を傾けるならば、あなたは古い同時性のレベルを残していることになる。（ニュートン的）力は新しいレベルを通り抜けて伝達されない。

ミンコフスキーの本当の発見は次の事であった。すなわち、ニュートンの法則の代わりにマクスウェルの電磁方程式を使った類似の構造物の中で、結果として生じた、現在ミンコフスキー時空間と呼ばれる時空構造は、特別な「薄板構造」を持っていない、という発見である。それは、あなたがそれの任意の方向を通って薄く切る事ができる一個のパンと言った方がいいだろう。その切った表面は、いつも同じ様に見える。座標の碁盤目の変化でこれが見せた方法は、特に注目すべきである。時間は、まさしく空間のようになっているが、全く同じではない。

その相違点はジャングルジムによって説明される。ここで実際に、垂直方向に保たれた枠組みは、堅い構成単位として移動させ回転させ、上げたり下げたりさせる事ができる。マクスウェルの法則は、位置を変えた格子に関してはまだ、同じ形式を取る。しかし、他の操作を行う場合は、垂直方向からそれを傾ける事もまたできる。このため、同時性の議論の中で図25に示したように、すでに実際出くわした「関連付けられた格子を必要とする。それは、ミンコフスキーが導入した時空間図解の典型的な実例である。お互いに相対的に動いている観測者の二つの集団は、それぞれ他方の物差しが彼等自身の物差しに対して収縮しているように見えるという驚くべき証拠を示す図26は、ミンコフスキーの実際の図解の一つであり、わずかに修正されてはいる。（この本の文脈の関係で、ただ一致させるために、物理学的内容は変化させずに残している。）

図25において、最初の格子が破線で時空間上に「描かれて」おり、点線がもう一つのものを示している。我々が知る限りでは、光パルスの振る舞いを表す自然の法則は、それらがどちらかの格子の対角線に沿って移動することを許可する。ある座標格子からもう一つの座標格子へのこの法則の変形は、「ローレンツ変換」と呼ばれる。そしてその格子自身は「ローレンツ系」と呼ばれている。直角の座標格子が存在し、全ての他の

格子は斜めになっていることに関して考えるべきではないことは、すでに述べた。アリスは、アリス*が彼女と比較して斜めに傾いた系を持っていると考えるが、アリス*は、アリスの系について同様にアリスが自分の系と比較して傾いた系を持っていると考える。これが相対性原理の結論であり、我々が手短に公表する時空間の特別な特性である。ミンコフスキーは、図25に示されている変換が四次元空間における回転の一種であると指摘した。普通の空間において回転を作り出す可能性は、その一体性、ブロックのような性質の深い反映である。ミンコフスキーは、ニュートンの時空構造では不可能であるような、時空間の中で一種の回転を引き起こす事のできる可能性を、空間と時間の根本的な融合のための最も明瞭な証拠と考えていた。たとえ「接合」のために必要なものが、時間が空間とは性質において、まだ少し異なっていることを示していても。

アインシュタインとミンコフスキーと他の物理学者は次のことを示す事ができた。すなわち、彼等の時代に知られていた自然の法則は全部（最初は重力に関するものは除いて）、全てのローレンツ構造におけるのと厳密に同じ形式をすでに持っているか、または彼等が行った結果、相対的に容易に修正する事ができたのであった。一度その概念が明瞭になると、たとえその修正が相対的に簡単なものであっても、アインシュタインの有名な方程式 $E=mc^2$（その当時まだ予言だった）を含んでいる彼等の暗示は、大部分が非常に驚くべきものであった。アインシュタインとポアンカレのように、ミンコフスキーは未来において発見される自然の法則全てが、相対性原理と調和しているという強い予言をした。そして、そのような法則を見つけるための道案内をする原理は、時間をちょうどまるでそれが空間であるかのように取り扱うことを強調した。

空間と時間の相互共同所有と光によって演じられる識別的役割を除いて、ミンコフスキーの時空は、ニュートンの時空と猛烈に似ている。物質は、その堅い絶対的な構造を創造する事もなければ、変えることもない。それは、印を持った完全なフットボール場のようである。その中では、選手達は変える事のできない規則によって、それを我慢しなければならない。

9-3　相対性の中に現在はあるのか？

相対性理論は「今」の概念を破壊したとしばしば言われる。ニュートン的物理学の中では、座標軸は図25にあるように、決して傾ける事ができない。同時性のレベルは水平にとどまり、その各々が完全な宇宙に適用される、時間の瞬間の独特の順序がある。これは、相対性理論の中で覆される。そこでは、各々の出来事は「今」の多数に属している。これは、我々が過去、現在そして未来について考える時の方法として、重要な暗示を持っている。

ニュートン理論の中でさえ、我々は我々の眼前にきちんと並べられた世界の歴史を想像する事ができる。この「神の目」の展望の中で、時間の瞬間は同時に全てが「そこに」存在する。過去から未来へ（時間の）瞬間を通り抜けている「動く現在」という従来のものとは全く異なる概念は、理論的には可能であるが、それが真実であることを証明することは不可能である。それは時間の科学的概念に対して、何も加えられていない。特殊相対性は、「動く現在」を論理的可能性としてもまったく擁護できないものにしている。

二人の哲学者が散歩の途中で出会ったとしよう。各々の哲学者は時間の瞬間を通り抜けてさっと通って行く現在の中に居ると信じている。しかしそれは、瞬間または「今」の独特の連続を含んでいる。彼等はどちらの「今」に居るのか？　もし二人の哲学者が、そのような主張をしたいと思うならば、彼等は、そこを通って時間が流れ出す「今」を「生産する」事ができるだろう。不幸なことに、彼等は相対性理論の同時性の問題に直面している。各々の哲学者は、彼等自身に対して相対的に同時性を定義することはできる。しかし、彼等がお互いの方向に向かって歩き始めてからは、彼等の「今」は異なり、時間の独特の流れがあるという任意の考えはダメになった。ミンコフスキーの時空の中で時間が流れる自然な方法は無い。少なくとも、古典的物理学の内部では時空は一区画であり、それは単純である。これは時間のブロック宇宙論として知られている。過去、現在、未来の全ての物は一緒に（同時に）そこにある。何人かの著者達は、経験している「今」に対して相対的に対応しているものは何も無いと主張している。すなわち、そこには時空の中にちょうど点のような出来事があるが、拡大解釈された「今」は無い。心理学的なレベルでは、アインシュタインは彼自身、これについて全く邪魔だと感じていた。討論を解説している哲学者ルドルフ・カルナップは次のように書いている。

アインシュタインは、彼を本気で心配させた「今」の問題について言った。彼は、次のように説明した。すなわち、「今」の経験は、人間にとって特別なあるもの、過去と未来とは根本的に異なるあるものを意味している。しかし、この重要な相違点は物理学の内部では起こらないし、起こり得ない。この経験が科学によっては理解する事ができないということは、彼にとっては、苦しいが避けられない忍従の問題に見えた。それで彼は、「科学の領域のまさに外側にある「今」について本質的な何かが存在している」と結論付けた。

ブロック宇宙論は、私自身のものに実に近いが、「今」が物理学の中で全く何も役割を演じておらず、点のような出来事によって取って代わられるべきだという考えは、私の計画表を破壊するだろう。しかしながら、アインシュタインが否定したのは絶対的な同時性だけである。相対的な同時性はひっくり返されてはいない。

我々は、三次元空間の中の平らな表面（二次元の平面）について全て慣れている。そのような平面は、それらがその中に埋め込まれている空間よりもさらに少ない一次元を持っており、平らである。「超平面」は、平面が空間であるところの任意の四次元空間にある。ニュートン的物理学の中で時間の瞬間における空間は、四次元のニュートン時空の中の、三次元の超平面である。それは、「同時性超平面」である。すなわち、その中の全ての点は同じ時間である。そのような超平面は、ミンコフスキー時空の中にもまた存在しているが、それらはもはや、独特の集団を形成しない。空間と時間の中の時空の各々の断片は、それらの異なった帰結を与える。

さて、ミンコフスキー時空は何で創られているか？　標準的な答えは、出来事すなわち、四次元時空の点である。しかし、拡張された物の三次元の配置が、時空の建設用ブロック材として認められるようなもう可能性がある。要点は、相対的な同時性を示す三次元の超平面が、ミンコフスキー時空の致命的に重要な構造上の特徴であることである。特殊相対性が、優れた基準系の存在を表していることは重要な真理である。そして、それらに関する本質的な事実は、それらが同時性の超平面の上に「描かれて」いることである。結論として、私がそれらを定義する時の「今」である同時性の超平面は、理論のまさしくその基礎である。それらは特徴を識別される。あなたはそれらを最初に導入せずに、特殊相対性理論について話を始めることはできない。この点において、アインシュタインとミンコフスキーの両者が特殊相対性理論を創造した方法がはっきりする。

疑問は以下のとおりである。すなわち、四次元の構造はどのようにして三次元の要素から作られたのか？これをより簡単に目に見えるようにしてみよう。物質の分布状態を表すためにそれらの上に目印を付けた複数のカードから三次元構造物を作りあげるという類似の問題を考えてみよう。与えられた目印を付けたカードの一組から、多くの異なった構造が、垂直間隔を変えながらお互いに相対的に水平方向にカードを単純に滑らせることにより作られる。テイトの問題は、一般的に特別な注意を払わずに作られた構造物の中の目印は運動の法則を満足しないだろうということを示している。さらにその上、正しい位置取りを見つけるために、我々は完全に拡張された物質分布を使わなければならない。これらは、私が時間の瞬間と同様に身元を確認したことである。あなたは、それらを使わずに、簡単に時空構造物を作ることはできない。

興味深いことは、アインシュタインもミンコフスキーも共にこの問題について、真面目な考えを示していないことである。彼等はそれが解決していると簡単に推測していた。彼等は時空がすでにそこに一緒に置かれているという地点から､彼等の熟考を開始した。アインシュタインよりもっと系統立った、ミンコフスキーによる論評は、これを次のように明瞭にしている。すなわち、「これらの現象が、その時それら自身、明確な法則と一致していることを示すことによって、自然現象の全体から、基準系 x、y、z、t 時空間の体系をもっともっと正確に引き出すことは、連続的に高めた近似法によって可能である。」彼はそれから、そのような基準系の体系は決して独特のやり方で決定されることは無く、それら全ての中で自然の法則が同じ形式を取るような他の集団全体に対して、それから引き起こす変換があると指摘している。しかしながら、彼は「自然現象の全体性」によって何かを意味することを言っている訳ではなく、そして心に描いた連続的接近を実行するために階段を登らなければならないとも言っていない。しかしそれはどのようにしてなされたのか？　これは尋ねるには完全に合理的な疑問である。参照体系から他の体系へどのようにして得られるのか、そして最初の体系を見つける方法は無いのかと言われている。アインシュタインかミンコフスキーのどちらかが、この疑問を明示的に尋ね、実行する必要のある手順を実行した、拡振された物体の立体配置と、それらと共に私が定義した時間の瞬間の重要性が明らかになる。これは私の論証の鍵になる部分である。歴史的発展における偶然の出来事は、拡大解釈された「今」の重大な役割を覆い隠し、出来事が根本的なものであるという誤った印象を与えた。

私は、アインシュタインやミンコフスキーによって与えられた時空の描写が誤っていると主張しているのではない。それどころではなく、彼等はそれを正しく手に取ったが、最終的な生産物を描写した。そして、完全な説明は生産物の構成もまた含んでいるに違いないということであった。これは、一般相対性理論の時空にとって直接的に最もふさわしくなされている。それは次章の話題である。それらの準備として、私はその最も重要な点の要約をもって、この章を終了する。

ミンコフスキーの時空は、その中に同時性の構造を全く持っていないある巨大な無定形物ではない。我々は多くの異なった方法で時空の上に「座標の線」と結合した同時性の構造物「を描く」ことができる。しかし、その理論の全体の内容物は、もし我々がそれを方法あるいは他の方法ですることができなかった場合、失われるだろう。それについては疑う余地はない。すなわち、同時性の超平面は、顕著な特徴として時空の中のその外部に存在しているのである。

さらにその上、相対性理論に対して任意の内容物を与えるために、ほとんど逆説的に三次元的事象の普遍性を当然のこととする。我々がローレンツ系の中で見つけることのできる時計は、我々が任意の他の（ローレンツ系の）中で見つけることのできる時計と同一でなければならない。これは、物理学の法則が任意のそのような構造物の中で同じであると言っている相対性原理の必要前提条件である。もし特別な種類の時計が構造物の中に存在するが、他の構造物の中に存在しなければ、それは不可能であるだろう。我々はさらに言うことができる。任意のローレンツ系の中の任意の超平面の上で、世界（電磁場、荷電粒子など）の中の実際の事象は、莫大な数の異なった配置の任意の一つを持つことができる。それらの各々は、そこから我々がニュートン的物理学のために「プラトニア」を構築した粒子の、ちょうど可能な分布のようである。

厳密に同じことを相対性理論の中で行うことができる。人がミンコフスキー空間の中の、任意の同時性超平面の上で見つけることのできる場と物体の全ての可能な分布が、その点であるところの「ミンコフスキー的プラトニア」がある。たとえ我々が、どのようなローレンツ構造物を選ぼうとも、「ミンコフスキー的プラトニア」はいつも同じように現れる。もし、それがそうでないならば、自然の法則が全てのローレンツ構造物の中で同じであるという主張を持った相対性原理は、無意味なものとなるであろう。同一であるために、「プラトニア」の点を定義している分布が精密であるところの同じ事象の上でその法則は作用しなければならない。その四次元の完全な物全部にとって、時空は三次元のレンガで建てられている。その美しい四次元の対称性が、レンガの重要な役割を覆い隠している。

それはまさに、時空が独特のセットからは、構築されていないことを示している。再びカードの一組というたとえが、全く適切である。ニュートン的時空は普通の一組であり、ミンコフスキーの時空は不思議な一組である。それをある方向から見ると、カードは傾斜を持ってブロックを通り抜けて走っている。それを別の方向から見ると、異なったカードが異なった傾斜を持って（ブロックを通り抜けて）走っている。しかしあなたが、どちらの方向から見ようとも、カードはそこにある。

第10章　一般相対性理論の発見

10-1　奇妙な幾何学

この章は、アインシュタインが重力を含んでいない特殊相対性理論から、重力を含んでいる一般相対性理論に、どのようにして発展したのかについて述べる。アインシュタインはその最も深い基礎としてあるのは、同時に編入したマッハの原理であると信じていた。しかし後年には、私が言うように彼はこの考えを変えて、この話題を大きな混乱の中に置き去りにした。私の見た所それにもかかわらず、アインシュタインはそれに気付くこともなく、その原理を編入した。これは時間に関して重要な暗示を持っている。我々はアインシュタインが仕事に着手した方法を理解したいと思うならば、必要であるミンコフスキーの発見について、もう少し多くのことを身に付けてから始めた方が良いだろう。

物理学と幾何学において最も重要な概念の一つは、物差しで測られる距離である。距離は、任意の次元数の空間で測ることができる。あなたは、直線や曲線に沿って、平面や局面上で、あるいは宇宙空間でそれらを測ることができる。第二部で我々は、理論的な「距離」が「プラトニア」のような多次元の配置空間の中で、どのようにして提出されるのかという仕掛けを知った。ミンコフスキーは、驚くべき種類の四次元の距離が時空の中に存在していることを示した。その存在は、特殊相対性理論の根底にある経験的な事実の結果である。これらの事柄は、もし我々が空間は三次元でなくまさに一次元であると仮定するならば、その時、

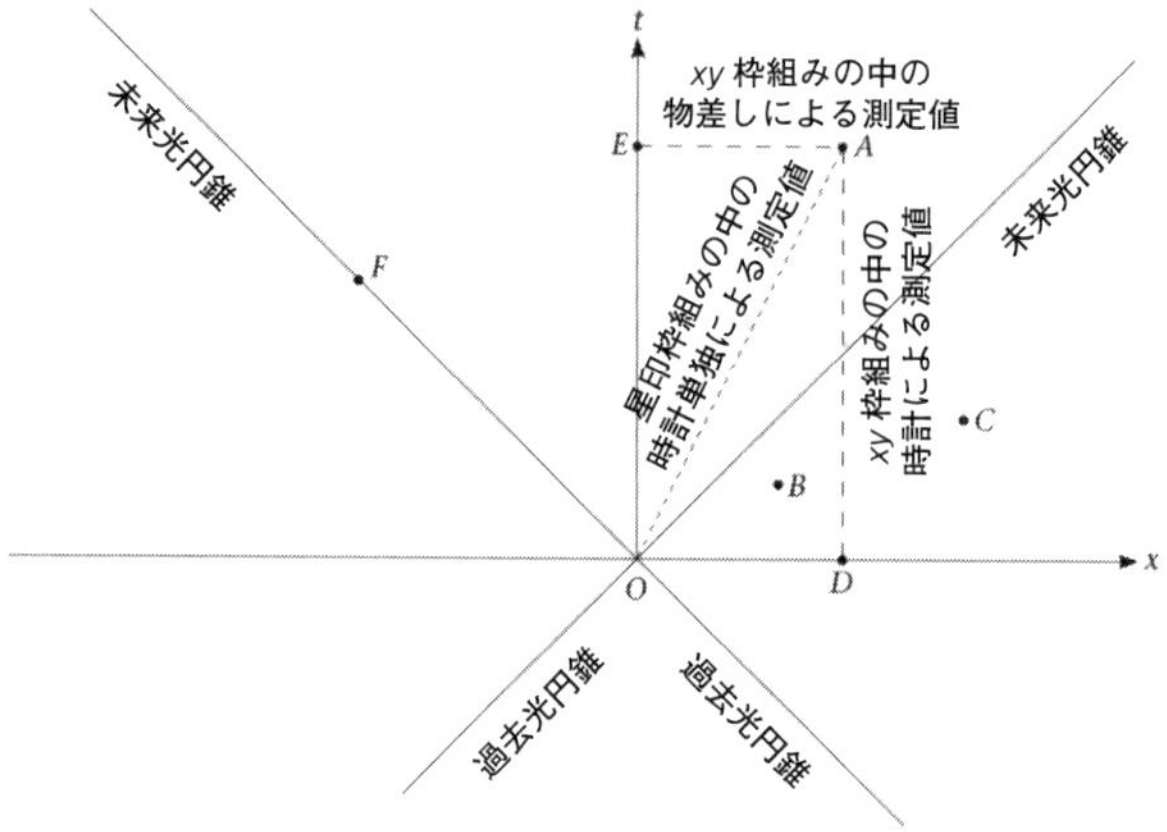

図 27　過去の光円錐と未来の光円錐と時間様領域と空間様領域の中の時空の分割

時空は二次元になるが最も容易に説明される。そのような時空を図27に示した。我々は、何よりも先に、時空の中の過去、現在、未来について学ばなければならない。

時空の中に存在している識別された座標系の一つが、図27に示してある。図の中でx軸は空間のためにあり、t軸は上の方に向かって増加しており、時間のためにある。これは、図25におけるアリスのローレンツ構造物である。彼女の世界線は、垂直のt軸である。時間と距離の構成単位は、光の速度を一致させるために選ばれる。空間の中で真逆の二つの方向に向かって、$t=0$で事象Oを通り抜けている光のパルスは、「未来光円錐」と印を付けられている二本の直線に沿って時空の中を移動する。それらの連続的経歴（それがOに到達する以前の光の運動）が「過去光円錐」を定義する。

各々の出来事は光円錐を持っているが、点Oの瞬間だけが見られる。相対性理論は、主として、光円錐と全ての過程において制限された速度を持ち、結合し識別された光速度cを通して、ニュートン理論とは異なっている。光は、それがその速度を持っているという単純な理由によって、相対性理論の中で顕著な役割を演じている。どのような物質的な対象物も光と同じかあるいはそれ以上速く移動することはできない。もし、物質的対象物が点Oを通り抜けているならば、その世界線はその光円錐の内側のどこかにあるにちがいない。例えば、図27の直線OAである。

光円錐は時空を質的に異なる領域に分割する。点Aのような出来事は、光よりも遅い速度で移動している物質的対象物によって点Oから届けられる。二つのそのような出来事は、お互いに関して「時間様」である。そのような二つの出来事のために、同じ空間座標を持っているが、時間座標が異なっているようなローレンツ構造物が存在している。点Oと点Aのために、この構造が図28の右上方に示されている。

次に、我々はOの光円錐の外側にある、図27の点Bと点Cのような出来事について考える。それらは、点Oに関しては「空間様」である。物質的な物体はどれも、点Oから点Bや点Cに到達するためには、光より速く移動しなければならないので、それは不可能である。相互的に空間様である二つの出来事のために、その中でそれらが同じ時間座標を持つが、空間座標が異なっているところのローレンツ構造物が存在している。二つの空間様出来事にとっては、任意の絶対的感覚においてどちらがより時期が早いかを言うことは不可能である。あるローレンツ系の中で、あるものは他よりも早いだろう（図27において点Oがアリス構造の中の点Bと点Cの両者よりも早いというように）。しかし、他の（ローレンツ構造物の）中では、時間の順序が逆転しているだろう。

結局、光線で繋ぐことのできる二つの出来事は「光様」の関係を持っている。出来事Oの光円錐上の全ての点は、例えば点Fのような点は点Oに関して光的である。

これらの出来事の間の三つの基本的な関係、すなわち時間様存在、空間様存在、光様存在は、全てのローレンツ構造物の中で同じである。これは、ちょうど川が陸地の実際の地形であるように、時空の中の実際の地形である光円錐によって、その三つの型が決定されるからである。それとは対照的にその座標軸は時空の

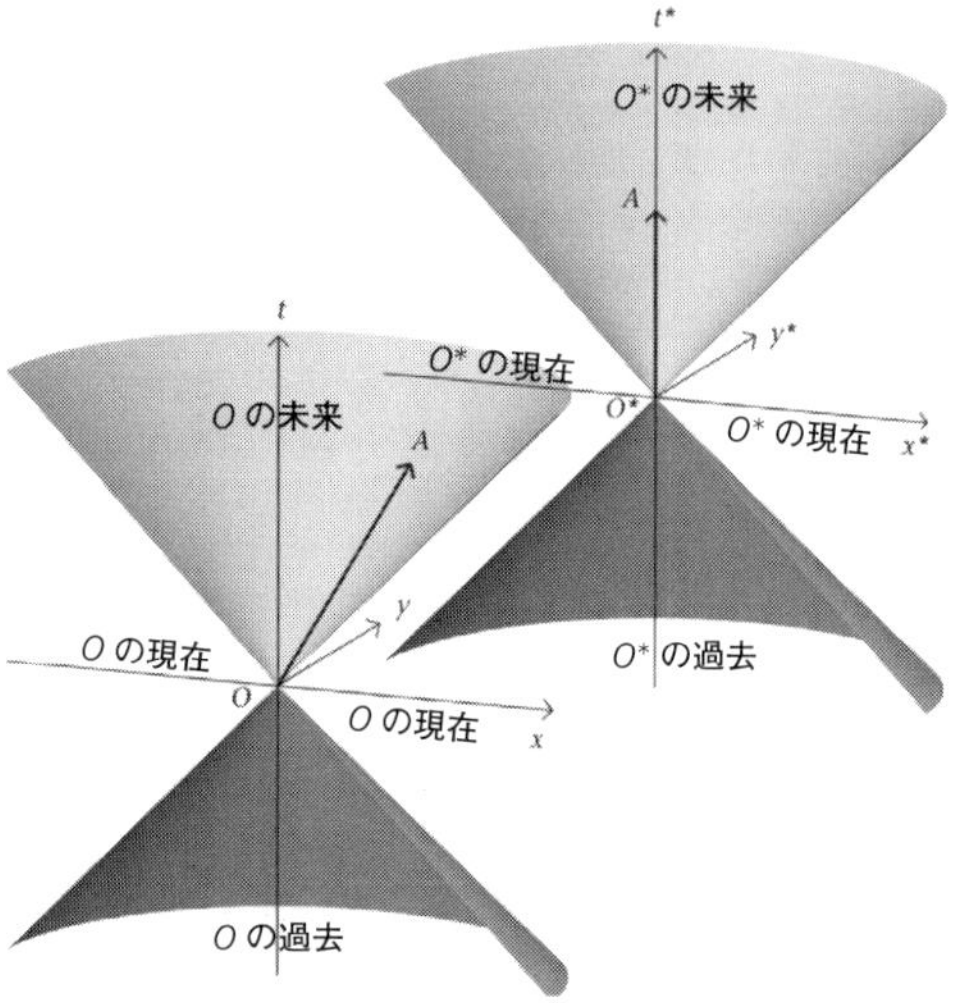

図 28　二次元の空間における時空の過去、現在、未来。　OA に沿って動いている物体（左下の図）は、星印を付けた枠組み（右上の図）の中では静止している。その世界線は O^*A である。（O と O^* は同じ出来事である。）

上に「描かれた」線のようである。それらは、地図の上に描かれた格子線よりもっと現実的なものでは決してない。さらにその上、構造から他の構造に変化する時に、その座標軸は決して光円錐を横切ることはない。時間軸は移動するが、光円錐の内部に留まっている。ところが一方空間軸は上で明らかにしたように、「今」の内部に留まっている。これは、二次元の空間として図28の中で説明されている。その図は光円錐がどのようにしてその名前を得たかを示している。それはまた、ニュートン的世界とアインシュタイン的世界との間の大きな違いに脚光を浴びせている。前者（ニュートン的世界）では、過去、現在、未来は宇宙の全体に渡って定義される。そして現在は単純な同時性超平面である。後者（アインシュタイン的世界）では、それら（過去、現在、未来）は時空の中の各々の出来事に関して分離して定義されている。そして、その現在はもっと広大である。

今、我々は距離について話すことができる。普通の空間の中では、それはいつも明確である。距離の関係はピタゴラスの定理の中に、反映されている。すなわち、任意の直角三角形の斜辺の二乗は、他の二つの辺の二乗の和に等しい。$H^2=A^2+B^2$
ミンコフスキーは、奇妙な事実に気付くことによって時空の中の「距離」を導入することに導かれた。図27と図28の中で $x\ y$ 枠組みを使っている観測者にとっては、出来事 A は O から、空間様間隔 EA と、時間様間隔 DA によって引き離されている。しかしながら、星印の付いた枠組みを使っている観測者にとっては、O と A は同じ空間の点にあり、時間様間隔 OA によってわずかに引き離されている。$x\ y$ 枠組みの観測者は、物差しで EA を時計で DA を測定し、それぞれ結果 X と T を得る。星印枠組みの観測者は、彼等の時計で、時間様間隔 OA だけを測定できる。今、彼等の時計は $x\ y$ 枠組みの時計とは異なった速度で進んでいるので、彼等は OA が T ではなく、T^* であることが分かるだろう。アインシュタインの結果を使って、ミンコフスキーは、$T^{*2}=T^2-X^2$ であることを発見した。これは、記号がマイナスであることを除けば、まさにピタゴラスの定理に似ている。

この結果についていくつかの重要な事柄がある。アインシュタインは、お互いに相対的に動いている観測者が、一組の出来事の間で、距離と時間について意見が一致しないだろうということを示した。しかしながら、ミンコフスキーは、その上で彼等がいつも同意するだろうと予想される物を見つけた。同じ二つの出来事OとAの空間様分離の測定（物差しによる）と時間様分離の測定（時計による）は、任意の速度で動いている観測者によって実行することができる。彼等は個々の測定の結果については、全て異議を唱えるが、時間様分離の測定値の二乗から、空間様分離の測定値の二乗を引いた数値が、全て同じであることを発見するだろう。その値は、（出来事）O と A が同じ空間位置にあるような独特の観測者の「固有時」と呼ばれ、時間様分離の測定値の二乗と、いつも等しいだろう。この結果はセンセーションを生み出した。物差しと時計のように、空間と時間は完全に異なった本質を持つように思われるが、アインシュタインとミンコフスキーはそれらが分離できない様に連結していることを示した。

さらにその上、ミンコフスキーは、空間と時間を二つの点（時空の中の出来事）が「距離」によって区切られた一種の四次元の国として考えることは、非常に自然であることを示した。この物差しと時計の両方を使った測定によって調べた「距離」は、誰もがその値に同意するので、完全に現実的とみなされなければならない。実際、ミンコフスキーは異なった観測者が意見を異にするため、普通の距離や時間よりも現実的であると主張した。時空の中の「距離」だけが、いつも同じであることが発見される。しかしそれは、目新しい新奇な距離であり、図27の中で時間様（間隔）OAに関してプラス符号を、光様（間隔）OFに関してゼロを、空間様（間隔）OCに関してマイナス符号を取る。（時々逆転するが、時間様分離はプラス符号を、そして空間様分離はマイナス符号を取るのが慣習である。それらが正反対の符号を取ることは何かが関係している。同様に、もし空間と時間の単位が、光速度cが1に等しくなるように選ばれなければ、時空間「距離」の二乗は$(cT)^2-X^2$となる。）

特殊相対性理論に関する神秘的で興奮させられるほとんど全てのことは、その時空間「距離」の中の不可解なマイナス符号から生じている。それは、図25において星印枠組みの二本の座標軸が「傾斜していること」が原因になっている。そしてそれは、次の単純だが最も驚くべき予言に導く。すなわち、それは現実の感覚の中で未来に、あるいは少なくとも誰か他の人の未来に旅行することを可能にする。それ以来、未来はそのようにして、特殊相対性理論の中で独特なものとしては定義されなくなった。我々が空間・時間と呼んでいるものは、観測者が真の現実である時空間の上に「座標系を描く」ために選んだ方法から得られる単純な結果である。ミンコフスキーの図解は、これらの不思議なことを全て明らかにし、物理学者を夢中にして興奮させた。しかしながら、ここは、時間旅行や他の無数の本の中で広範囲に渡って扱われている相対性理論の他の驚くべきことについて論じる場所ではない。

10-2 一般相対性理論へのアインシュタインの道[1]

物理学者にとって、「相対性理論」は二つの異なった意味を持つ。通常は、相対性理論を創造した時に、アインシュタインによって使われた一つである。彼は、一六三二年にガリレオによって最初に明瞭に指摘された経験主義的な事実にそれを関係付けた。すなわち、一定の速度で航行している船の閉じられた船室の内部でなされた全ての観測結果は、船が静止している時になされた観測結果と一致する。アインシュタインは、この事実を列車の上の実験で説明した。彼がそれから引き出した教訓は、そのような一定の運動が任意の実験によって検出されることはないということであった。それ故に、自然の法則は、定常状態にあると知られている基準系の独特の枠組みの中で表現されることはなかった。それらは、お互いに相対的に一定の運動の中で識別できる枠組みを持った任意の集団の中だけで表現される。「相対性原理」は、自然の法則がそのような全ての構造の中で、同一の形式を持つと述べている。説明された短い理由によって、この後者は「限定されたまたは特殊な」相対性原理として知られるようになった。

相対性のこの意味は、世界の特別な特徴と提携している。すなわち、識別された枠組みの存在と、自然の法則を表現するためのそれらの等価である。相対性の他の意味は、もっと根源的でより一般的である。それは、空間と時間が目に見えないものであることを単純に認めている。すなわち、我々がこれまでに見てきたもの全ては、対象でありその相対的運動である。それが他の対象物からいかに離れているかを言うときだけ我々は対象物の位置と運動について意味のあることをしゃべることができる。位置と運動は他の対象物に対して相対的である。これは、ガリレオ的相対性からそれを識別するために、「運動学的相対性」と呼ばれる。

両方の相対性原理は、物理学の中で重要な、しばしば決定的な役割を演じる。コペルニクスとケプラーは、彼等が成し遂げた革命の中の重要な効果に対して、運動学的相対性原理を使用した。ガリレオは、我々がその運動を感じずに地球上で、どうして生活できるのかを説明するために、他の相対性原理を使用した。それは、三〇〇年近く後のアインシュタインの研究とほとんど同じ位に素晴らしい一片の研究であった。これは普通の疑問である。すなわち、二つの相対性原理の間の関係は何なのか？ 任意の満足できる解答が、基準系の識別された枠組みの問題に取り組み、解決するに違いない。それらはどのようにして決定されるのか？それらの起源は何なのか？ 我々が見て来たように、アインシュタインもミンコフスキーも、彼等が特殊相対性理論を創造した時に、これらの問題に取り組まなかった。そして彼等は、その後ずっと（この問題を）奇妙にも無視してきた。これは、彼等が時間の本質に接近していただけに、残念なことである。我々は、「時間が何であるか、そしてそれが存在しているのかどうか」さえ、言うことはできない。我々が、運動とは何であるかを知るまでは。

ポアンカレは、二枚のスナップ写真の考えの中で、それを明確な形に作り上げた時に、力学の構造に関する単純な条件の中で、二つの相対性原理を結合させようと努力し、彼は成功した。彼は、運動学的相対性原理から引き出した自然の基準の基礎の上に、たった一人で、ガリレオの相対性原理の経験主義的な事実を引き出した。彼は、一層進んだこの考えを話さずに亡くなった。しかし、任意の場合において、二つの相対性原理が中に完全に融合させられるかどうかは、疑わしい。ポアンカレは、空間と時間の相対論的混和が明らかになる前に、一九〇二年に彼の考えを明確な言葉で表現した。そして、運動学的相対性原理の最小限の事実から、かつて、それがどのようにして引き出されたのかを知ることは難しい。しかしながら、はるか昔にポアンカレの考えが、どのように受け取られたのかを知ることは大変興味深い。我々は、アインシュタインがいかにしてそれについて考え、彼自身の相対性原理を生み出し、それによって一般相対性理論を創造したのかを知った時に、それがわかるだろう。

アインシュタインの天才によって威圧されないことが重要である。彼はいくつかの盲点を持っていた。その一つは、特殊相対性理論の中で重大な役割を演じている識別された枠組みの実際問題としての決定についての、彼の心配の欠如であった。彼は単純に、それらを当然のことと思った。それらが、頼もしく強固な地球の上で熟練した技術を持った鉄道客車の中で、大体実現していることは本当である。しかし人は、宇宙の莫大な拡がりの中で、それらをどのようにして見つけるのだろうか？　これは取るに足らない疑問ではない。実質的な関心のこの欠乏に合わせて、我々は理論上の懸念の欠如を発見する。アインシュタインは、基準系の与えられた枠組みの中で、何が自然の法則のように見えるのかだけを尋ねた。彼は、それ自身の枠組みを決定するような法則があるのかどうかについて、彼自身に決して尋ねはしなかった。せいぜいが間接的な解答を探して混乱の中に入った。しかしそれは最も創造的な混乱であった。

それはなぜかを知るために、それ自体が魅惑的な話である、彼の思考の発展の足跡をたどることは役に立つ。極めて野心的な学生であった時に、彼はニュートンの絶対空間に関するマッハの批評文を読んだ。これは彼を、その存在について非常に懐疑的にした。同時に、彼は電気力学の中のエーテルに関係した全ての問題を明らかにさせ世の中の非難の的にした。特に、ローレンツは静止の曖昧でない状態の形式の中で、エーテルと一緒に絶対空間を、事実上認めてしまった。しかし、アインシュタインは一八九九年八月に未来の妻ミレバに宛てた手紙に書いているように、エーテルに関した運動が、任意の物理学的意味を持っているかどうかについて、すでに疑問を感じていた。これは、特殊相対性理論の鍵となる考えの一つに発展した。もし、それに関する運動を検出することが不可能であるならば、エーテルは存在することができない。アインシュタインにとって、絶対空間に対して同じ考えを適用することは自然なことであった。

彼の一九〇五年の論文は、任意の種類の絶対空間やエーテルに関係した一定の運動が検出され得るという考えを抹殺した。しかし、ニュートンは等速度運動でなく加速度運動を検出する場合に、絶対空間に基礎を置いた。彼が一九〇五年に、定速度運動と同様に加速度運動に対して、相対性原理を拡張することを欲したことを、アインシュタインは一九三三年に認めた。しかし、どうすればよいかを知ることはできなかった。偉大なインスピレーション「私の人生における最も幸福な思考」は、ニュートンの重力がどうしたら特殊相対性理論の枠組みに適合させることができるだろうかと、彼が熟考し始めた、一九〇七年にやって来た。彼は、ガリレオによって指摘された、全ての物体が重力場の中で厳密に同じ加速度で落下するという、ニュートンによって感動的な精度で確認された事実に関して位置エネルギーの重要性を突然理解した。

大部分の物理学者はこれを自然のおかしなところと見た。しかしアインシュタインは、ただちにそれを別の偉大な原理に昇進させることを決定した。そして彼は、相対性原理を持っていたのでそれを有効に利用した。直ちに重力の新しい法則を探り当てることはできないので、重力に関して自由な空間の中で、一様に加速している基準系の構造の中と同じように、厳密に同じ方法で一様な重力場の中で変化過程が説明されるが、それに従って彼は「等価原理」を明確な形に作り上げた。彼は、純粋の加速度が一様の重力から識別されることはできないと主張した。重力が不思議に強いことに気付いて、あなたは暗い寝室で深い催眠性の睡眠から目覚めたと仮定しよう。二つの異なった原因が考えられる。あなたはより強い重力を持った別の惑星に、寝室もろとも連れ去られてしまったのかもしれない。一方、あなたはまだ地球上に居るが、上方に向かって一様に加速しているエレベーターの中に居るのかもしれない。あなたがあなたの寝室で実行できるどのような実験も、これらの二者択一の間で、あなたが識別することを可能にするものは何も無いだろう。

アインシュタインはここに、相対性原理と一緒に注目すべき相似を見つけた。相対性原理は、観測者が一様の運動を検出することを妨害していた。今度は、等価原理が観測者を一様な加速度を検出することから妨げていた。すなわち、観測された加速度は、重力自由の空間における加速度の故と考えるのか、または重力場の故と考えるのか、どちらでも可能であった。アインシュタインは、彼の新しい原理に関して、即時の短期間ポテンシャルを認めた。彼は重力自由空間の中で、変化過程がどのように説明されるかを知った。少しの計算が、加速する構造の中でそれらがどのようにして現れるかを示した。しかし、等価原理によって、これらと同じ変化過程が一様な重力場の中で起こるに違いないことを引き出すことは可能であった。再びもう一度、全ての物体が同じ方法で落下するという単純な普遍的原理に関する、アインシュタインの霊感的選択が、彼に驚くべき現出の手品を演じることを可能にした。彼は、重力場の中で時計の進む速度がそれらの位置に依存しているに違いないことを示した。重力に引かれて落下している物体に密接した時計は、さらに遠方の時計に対して、相対的にゆっくりと進むに違いない。

この事実はしばしば、重力に引かれて落下している物体の近くでは、「時間がもっとゆっくりと過ぎている」ことを示すと言われている。しかしながら、相対性理論の内部では、客観的な事実は、もし我々が時間を川の流れのように想像しているならば、全く神秘的で論理的に不可能であるように見えるだろう。そのような時間は存在していない。相対性理論は、抽象的な時間ではなくて、実際の時計について説明を作成している。物理学者は今では、それが本当であることを証明するのが比較的簡単であると知っているので、別の同じ時計をより高い塔の先端と根元に置いた時に、それらが（落下物体に付けた時計とは）異なった速度で進むと想像するのは容易である。ついでに、重力の中の「時間拡張」効果は、運動と結合した類似効果よりもはるるかに簡単に受け入れられる。相互的に減速することはない。このように、塔の先端と根元に居る観測者は両方とも、先端にある時計がより速く進むことに同意する。

一九〇七年までに、アインシュタインは同様に、重力が光を偏向させるに違いないことを示すことができた。完成された理論の中で明確にされた彼の初期の予言は両方とも、最近の一〇年間の中で最も感動的な精度で確認された。しかしながら、アインシュタインは彼の初期の予言を、ただ単にはるかに広大な何かに対する踏み石に過ぎないと考えていた。慣性（すなわち、静止や一定の運動の状態を持続しようとする物体の傾向）と、ニュートンと他の全ての物理学者が別個のものと考えていた重力が、自然の中では実際に同一であるに違いないということを、等価原理が彼に納得させた。彼はこの信念の場所を見つけるために、概念上の枠組みを探し始めた。同じ頃、彼はエーテルのみならず、絶対空間の全ての痕跡もまた廃止するための、重要な機会を見出した。これまで彼は、一定の速度の運動と一定の加速度の運動が世界の中の物質的に真の何かと対応することができないことを示すことによって、この過程の二つの段階を成し遂げるよう対処してきた。しかしながら、大変多くの一般的な運動を想像することができる。アインシュタインは、自然の法則が基準系の構造のどのような運動に対しても、同一の形で表現することを狙った。

彼がこれまでに確立した相対性理論は、非常に特殊なものであった。彼が欲したのは、完全な「一般相対性理論」であった。八年間以上育み発展させ、最後の四年間ずっと強烈に人を巻き込み、そしてしばしば苦しい研究を重ねたこの概念は、一九一五年に最終的になされた重力と慣性の統一理論に対して、彼が与えた名前を説明している。理論の出発点において、直接的に運動学的相対性理論を組み立てるという企てが何も無かったので、アインシュタインの問題の取り上げ方は、非常に独特であり、多少びっくりさせるものであった。マッハや他の多くの同時代の人達と違って、彼は相対的な量だけが、力学において姿を現すべきであると断言しなかった。彼は、一般的な原理のために、たいていは彼の好みの故に、回り道をして物事に取りかかった。しかしながら、それはまた、彼が空間と時間について熟考した道のりの結果であったと、私は思う。

私が理解する限りでは、アインシュタインは時空を、現実のものとして、物質的なすなわち場と粒子の入れ物として心に描いていた。しかしながら彼は、その全ての点が目に見えないことであり、そこに存在する観察できる物体によってのみ、それらが識別され確認されることを認識していた。そのような物体によって、時空が「目に見える」ものになったので、彼は時空間の上に座標軸の格子線を割り付けし、それらに関して自然の法則を表現することができると推測した。

今や、決定的な問題が発生した。アインシュタインは、時空間をその中に何も物質の無い空白のカンバスと考えていた。なぜ、座標軸の格子の線が他でなくむしろ一つの方法で描かれなければならないのかについて、何も提唱することができなかった。任意の選択は勝手気ままであり、十分な理由の原理を妨害するだろう。アインシュタインはこれが我慢できないものであることが分かった。それは誇張ではない。人間とは対照的に、自然の合理性についての彼の信念は、強烈であった。唯一の満足できる解答は、一般相対性理論であった。実を言えば識別される座標系など、どこにも存在しない。全ての体系の中で、厳密に同じ形で自然の法則を表現することが可能でなければならない。

ニュートン力学と特殊相対性理論の中に現れた、優秀な体系のための唯一の正当性は、慣性の法則であった。しかし、等価原理は慣性と重力を統合する可能性を開いた。この洞察は、一般相対性理論のための彼の長い探索の中でアインシュタインを元気づけた。彼と同時代の人達は全て、重力の新しい法則を発見することで単純に満足してしまっただろう。彼は高尚な何かの後ろに居た。

ポアンカレとアインシュタイン、すなわち年寄りの巨人と若い巨人の両者が、十分な理由の原理から、絶対空間に関して攻撃を始めたことは示唆的である。彼等の取り組み方の間に違いがあることは、興味深い。伝統的な力学上の枠組みの内部で働いているポアンカレは、直接的に観測できる量すなわち、物体の相対的な分離とそれらの変化の速度だけが、力学のための最初のデータとして認められるべきである、と言った。そのような理論の中では、我々は「完全なラプラス的決定論」が保たれているというであろう。(それは、目に見えない絶対空間や絶対時間を使用しているニュートン理論の中では保たれない。)アインシュタインは更に一般的な接近を試みた。彼はただ、自然の法則を表現するために使う座標系に関する気まぐれな選択はあってはならないということを主張した。

10-3 主要な進歩

もっと一般的な座標において、革新的に自然の法則を表現したいと望む願望が、アインシュタインを全ての主要な目覚ましい発見に導いた。ニュートンは、遠心力が絶対空間の存在を証明したと主張していた。自然の法則は回転系の中では異なって見える。アインシュタインはこの問題を正面から攻撃することを望んだ。もし、正確に表現するなら、自然の法則が最終的に、回転座標と非回転座標において同じ形を取ったことを、果たして彼は示す事ができただろうか? ニュートンが回転している系の中に絶対的な慣性効果があるとして取り扱ったものは、遠方の物質の重力効果であるかも知れないということを、等価原理が示唆していた。回転している系の中で、遠方の星はそれら自身が回転している状態で姿を現すだろうという事が問題点である。回転している電荷は電磁場を発生させるので、回転している質量は新しい種類の重力場を発生させるかもしれない。ほぼ三〇年位前に、マッハは、回転している物質で「多くの同類仲間の密集したもの」が、その内部で測定できる遠心力を発生させることを示唆した。アインシュタインは、重力場がそれを通り抜けてそのような力を発生できる仕組みがあることを今、推測した。

彼はそれ故に、どんな形の自然の法則が回転系の中で選ばれるかを熟考し始めた。これは直ちに彼を驚くべき結論に導いた。すなわち、ユークリッド幾何学の普通の法則がそのような体系の中では支配する事ができなかったのである！　彼の議論は、特殊相対性理論の中で彼が証明した運動において測定する物差しの収縮に基礎を置いていた。最初に、その上に描かれた円の円周と直径を測定する表面上で静止している観測者を想像してみよう。彼等はそれらの比率が「π」であることを発見するだろう。それは、承認された自然の法則であるユークリッド幾何学と合致している。今、描かれた円の上方の一枚の円盤の上に他の観測者が乗っており、その円盤が中心点の周りで回っているのを想像してみよう。彼等は、円周の周りで運動の方向に物差しを並べた時、フィッツジェラルド＝ローレンツ収縮を経験するだろう。しかしながら、直径に沿って（物差しを）並べた時には、物差しは収縮しないだろう。（その収縮は、運動の方向においてのみ発生する。）それ故に、回転している観測者は、彼等が円周と直径の比率を測定した時に、「π」を発見することはないだろう。このようにして、ユークリッド幾何学は保たれないだろうというのである。

アインシュタインは、相対性原理を一般化することを非常に熱烈に望んだので、彼はこの結果を真剣に受けとめた。等価原理からのヒントに従って、加速された座標系の中の新奇な効果は（回転している系と同じように）重力効果の故と考える事ができるだろう。彼は、幾何学が重力場の中ではユークリッド幾何学のままではいられないという結論に達した。これは、彼がプラハで研究していた時の、一九一一年から一九一二年の間に起こった。同僚の提唱や、彼が学生の時に聞いた非ユークリッド幾何学に関する講義の回想を通り抜けて、アインシュタインの注意は、ドイツの数学者カール・フリードリッヒ・ガウスによって一八二〇年代に出された古典的な研究に引き寄せられた。

ガウスはユークリッド空間における面の湾曲状態を研究していた。規則としては、空間における物質の表面は、平坦ではなく曲がっている。地球の表面や任意の人間の身体について考えてみよう。ガウスの最も重要な洞察は、三次元空間の中の表面が、二つの異なっているものの、まだ完全に独立してはいない種類の湾曲状態によって特色付けられている事であった。彼はそれらを「固有の」湾曲状態と「非固有の」湾曲状態と呼んだ。その固有の湾曲状態は、表面の内側に保たれている距離的関係だけに依存している。ところが非固有の湾曲状態は、空間の中の表面の曲がりを測定している。固有の湾曲状態を含んでいない表面は、それ自身平坦であるが、まだ空間の中で曲げられるので、結果として非固有の湾曲状態を持っていることになる。これに関する最良の説明図は、固有の湾曲状態を持っていない平らな一片の紙によって与えられる。それが机の上にある時、それは全然非固有の湾曲状態を持っていない。すなわちそれは空間の中で曲がっていない。しかしながら、それは筒の中に巻き込まれることができる。その時それは曲げられ、広げなければ非固有の湾曲状態を取得する。

一枚の紙とは対照的に、地球のような球の表面は、正真正銘の固有の湾曲状態を持っている。ガウスは、それについての重要な情報が表面の内部で測定された距離から完全に導出できることを知っていた。あなたは非常に正確に遠距離をゆっくりと歩く事ができ、北極点からまさしく南に向かって、北緯八五度線に届くまで歩くと仮定しよう。それから、左に曲がりまさしく東に向かって、その緯度で地球の周りを一周する道を全部歩く。その間、相変わらず北極点からの同じ距離Rを保っているだろう。もしあなたが、地球が平坦であると信じているならば、あなたは、左に曲がった地点に戻って来るまでに$2\pi R$の距離を歩かなければならないと予想するだろう。しかしながら、あなたはそこで幾分短い距離を歩いていたことに気付くだろう。これは、地球の表面が湾曲していることを示している。

全ての滑らかな表面に関して、数学的にこれらの事象を表すために、ガウスはその表面上に曲がった座標線を「描く事」を想像するのが便利であることを発見した。平坦な表面上では、直角の座標格子を導入する事が可能であるが、もしその表面が、自由気ままな方法で曲がっているならば、そういう訳にはいかない。それでガウスがなした次善の策は、地球の表面上の緯度と経度の線のように、湾曲している座標線を許可する事であった。彼は、曲面上の任意の二つの隣接した点の間の距離が座標線に沿って測った距離を用いてどのように表現されるのかを示し、そしてまた、同じ距離の関係が同じ曲面上の異なった座標系を用いて、どのように厳密に表現されるのかを示した。約三〇年後に、別の偉大なドイツの数学者ベルンハルト・リーマンが、二次元の面のみならず三次元の面そして、より高い次元の空間でさえもまた、固有の湾曲状態を持つ事ができることを示した。これは目に見えるようにすることは難しいが、数学的にはそれは完全に可能である。ちょうど地球の上と同じように、より高い次元の曲がった空間の中で、いつも同じ方向に移動していると、あなたが出発した地点に戻って来る事ができる。湾曲状態を持ったこれらのもっと一般的な空間は今、リーマン空間と呼ばれている。

アインシュタインはこれらの研究全てについて徹底的に学ばねばならないことを自覚した。そして、彼がその時期にチューリッヒに引っ越したことは非常に幸運だった。というのは、そこでは学生時代からの旧友であるマルセル・グロスマンが働いていたからであった。グロスマンは彼が必要としている数学全てに関して、彼に短期集中講座をした。アインシュタインは十分にそれに慣れると、二つの理由で極端に興奮状態になった。

最初に、ミンコフスキーは時空が、任意の二つの地点の間の、その中で定義された「距離」を持った四次元空間として考えられ得ることを示した。ただし、その「距離」が時々はプラスであり、時々はマイナスであった。ところが、リーマンはその距離がいつもプラスである事が当然の事であり、時間を次元の一つとしては決して捉えなかった。数学的に熟考すると、ミンコフスキーの時空はリーマン空間のようであった。しかし、それは欠けている湾曲状態の中で特殊であった。すなわちそれは、地球の表面よりも、むしろ一枚の紙のようであった。とかくするうちに、アインシュタインは重力が時空を曲げることを確信するようになった。これは彼を最も美しい概念の一つに導いた。すなわち、特殊相対性理論において、慣性的に動いている物体の世界線は時空の中で一直線である。これは、「最短曲線」あるいは測地線の特別な実例である。湾曲状態を持った空間の中の対応する軌道は、球面上の大円のような、一本の測地線であるだろう。

アインシュタインは、慣性〝と重力〟に従っている物体の世界線は、一本の測地線であるということを当然の事とした。慣性と重力は、ちょうど最短の軌道に従っている本質的な傾向のように、同じ状況の単純に異なった現れ方であることを示すという彼の夢は、このようにして成し遂げられた。もし重力が存在していないならば、時空は湾曲状態を持っていないので、これは一直線であるだろう。しかし一般的に、それは正真正銘曲がった時空の中の一本の曲線（しかし、「最大限に真っ直ぐな」線）であるだろう。物体が重力の原因となったので、アインシュタインは物体が、ある法則に従って時空を曲げたに違いないと仮定した。そして彼は、早速その法則を探し始めた。そのような時空の中で動いている物体は、物体によって引き起こされた湾曲状態に対応した測地線に従っているだろう。それで、物体の重力効果は、それが生産した湾曲状態を通して表現されるのだろう。もう一つの重要な洞察は、小さな領域の中では湾曲状態の効果が、ちょうど地球が狭い領域の中では平坦に見えるように、ほとんど人目を引く程目立たないだろうという事であった。それで、これらの狭い領域の中では、物理現象はちょうど重力無しの特殊相対性理論と同じように、説明の手続きとして現れるだろう。これは、等価原理に対して完全な表現を与えた。

アインシュタインがなぜそのように興奮状態になったのかという二番目の理由は、ガウスの手法が一般相対性理論の彼自身の概念にぴったりと合った事であった。彼は、特殊相対性理論の識別された骨組みが嫌いであった。なぜなら、それらは時空の上に「描かれた」座標系の特殊な方法に対応していたからであった。彼はこれが絶対空間と絶対時間を持っていた時と同じであると感じていた。それらは、もし座標系が気まぐれな方法で時空に描かれる事ができたならば、その時だけ除去されるだろう。しかしこれは、結局ガウスの手法に等しい事であった。実際、曲がった空間の中で直交座標を導入することは、数学的に不可能である。数学者は完全に気まぐれの座標系を使うことの可能性を「一般共変性」と呼んでいる。特別に、法則は、それらが全ての座標系において厳密に同じ形を取るならば、一般的に共変性があると言われる。アインシュタインは一般相対性理論に関する彼の必要条件として、これを認めた。

物語のこの部分を要約すると、一九一二年にアインシュタインは非ユークリッド幾何学とガウスによって始められた研究によって、見えて来た可能性に気付くことになった。彼は、重力場が幾何学を非ユークリッドにしたことに疑問を感じ始めた。彼はまた、基準系の識別された骨組みを前提条件としないという形式主義を見つけることにほとんど絶望的であった。彼は気まぐれな座標によるガウスの手法が、彼の野心にとって最適である事が分かった。彼は、空間と時間がミンコフスキーによって徹底的に融合させられたので、なすべき唯一の自然なことは、一種のリーマン空間の中で時空を作る事であった。ガウスとリーマンの概念は、空間単独に対してでなく、空間と時間に対して適用されなければならない。これは、ミンコフスキーが可能にした信じられない程美しい概念である。すなわち、重力は、空間〝と時間〟の中の湾曲状態によって説明される事であった。アインシュタインは、次のように推測した。すなわち、時空は重力によって曲げられ、重力と慣性力だけに服従している物体は、その幾何学的な特性全てを凝縮した時空の距離特性によって決定された測地線に沿って進むと考えた。アインシュタインの推測は最近の一〇年間で、偉大な精度をもって、きらきらと輝いて承認された。

10-4 最後の障害物

重力場における物体の運動の法則を見つける事が、アインシュタインに残された唯一の問題であった。彼はまた、物質がどのようにして重力場を創造したのかを見つけなければならなかった。彼は、マクスウェルが電磁場のための方程式を見つけたように、重力場のための方程式を見つける必要があった。彼等は、物体が重力場と共にどのようにして相互作用するのかを確立させた。そしてまた、物体の自由な時空の領域の中で、場それ自身がどのように変化するのかを確立させた。(時空を通り抜ける光のように電磁放射を伝播させる方法と整合させることによって。) 問題のこの部分は、大部分が大変不幸な理由のために、アインシュタインにとって計り知れない困難を生み出した。

魅惑的なそして皮肉たっぷりの完璧な話をうまく話したいのだけれども、私は次のように述べる事で満足しなければならないだろう。すなわち、神経が破壊されるような三年間の苦労の後に、アインシュタインは物体が時空の湾曲状態をどのようにして決定するのかを表す一般共変性の法則を最終的に発見した。それは、数学者によってすでに研究されていた、全ての固有性であるテンソルと呼ばれる数学的構造物を含んでいる。特に、物体の自由な時空の場合、アインシュタインは、リッチテンソル(それが、イタリアの数学者グレゴリオ・リッチ＝クルバストロによって研究されたので)として知られるテンソルが、ゼロに等しくならねばならないことを示す事ができた。皮肉なことに、空っぽの空間の中におけるリッチテンソルの消滅が、彼の探している一般共変性法則であるかもしれないことを、グロスマンがすでに一九一二年にアインシュタインに提唱していた。しかしながら、いくつかの無理もない間違いが、その時に彼等が真実を認めることを妨害した。

アインシュタインが必要とした全ての数学がすでに存在していたことは、注目すべき事実である。実際、彼がそれに関して何かを創作する必要が無かったことは、示唆的であると私は信じている。一九一五年に彼はさっそく次のことを示すことができた。すなわち、天文学者がその時に達成できた最高の精度に対して、彼の理論は水星の運動に関する非常に小さな修正（水星の摂動による近日点の移動）を除いては、ニュートン的重力による予測と一致する結果を与えた。全ての惑星の軌道は楕円形である。惑星の楕円軌道は、他の惑星の重力の影響を受けて、それ自身非常にゆっくりと回転している。これは、近日点の前進として知られている。近日点は、その惑星が最も太陽に接近した地点であり、その（惑星の軌道の）楕円形の長径の末端である。アインシュタインの理論に従うと、水星の近日点は、ニュートン理論によって予測されるよりも一〇〇年間につき四三秒角だけ多く前進するだろうと予測された。この非常に小さな効果が水星に関して目立っているのは、それが他の惑星よりも太陽により近いからであり、またそれが大きな軌道離心率を持っているからである。長い間、惑星達の観測された運動の中で、唯一のつじつまの合わなかった事が、まさにあの偉大さによって、そのような水星の近日点の移動の謎が厳密に解明されたのである。それを説明するための全ての試みが、これまで失敗していた。アインシュタインの理論はそれを直ちに説明した。

10 - 5　一般相対性理論と時間

多くの事柄を一般相対性理論とその発見について言うことができる。しかしながら、私が今やりたいことは、時間に関する理論の見解と発見の手法を確認することである。

最初に、現状では古典（非量子）理論は、時間が存在しないという私の主張を台無しにするように見える。

一般相対性理論の時空は実際、それが四次元と二次元でない場合を除き、ちょうど曲面のようである。二次元の表面をあなたは、文字通りに見る事ができる。すなわち、二次元の中で拡げられた事象である。彼等の心の目で見ると、数学者は四次元時空を見る事ができる。その中の一次元は時間であることは明瞭である。時間様の方向性が、空間様の方向性といくつかの点で異なっていることは本当である。しかし、回転している地球の上で東西の方向性と南北の方向性の間の相違点が緯度を経度より非現実的にするが、それよりも、時間次元の真実性の基礎をこれ以上危うくすることはない。しかしながら、この項の最初で「現状では」と述べた制限が重要である。次の章で我々は一般相対性理論の従来のものとは全く異なる無時間的解釈があることを知るだろう。

次に、識別された座標系の問題がある。アインシュタインは勘で、それらを廃止した。ある美しい田舎で、多くの異なった地形的特徴と共に居るあなた自身を想像してみよう。それらは、あなたが景色を探すようにあなたの目を案内する物である。時空の中の現実の地形は湾曲状態から作られる。そして、丘陵や谷がそれらの非常に良い相似物である。想像した格子線はそのような風景に対して、全く相いれないものである。一般相対性理論の中では、座標線は本当に根底にある実在の上にただ単に「描かれた」ものに過ぎない。そして座標それ自身は、実体が無く、時空の地点を特定するための名前である。

以上のように、時空は考慮される必要のある特別の強靭な構造を持っている。識別された座標系はまだ、理論の中で特色になっている。これは、測定の理論と、理論と実験の間の結合が、特殊相対性理論を超えて非常に大規模に取り扱われているからである。要するに、一般相対性理論の内容物の多くは、時空の中に存在している「距離」という意味の中に含まれている。これは、時空と風景の間の相似がどこで誤った方向に導いたのかである。我々は、我々のポケットの中の定規と一緒に風景の中を歩き回るのを想像する事ができる。我々は、ある距離を測りたい時にはいつでも、ただ定規を取り出して選ばれた間隔にそれを当てればよい。しかし、特殊相対性理論における測定は、それよりもはるかに神秘的で精巧な仕事である。一般的に、我々が時空の中で間隔を測定するためには、物差しと時計の両方が必要である。（物差しと時計の）両者はその理論によって識別された基準系の構造の中で慣性的に動いていなければならない。もし、そうでなければ、その測定は無意味である。一般相対性理論の中の測定の原理は、特殊相対性理論の中のミンコフスキー時空の全体の中でされていたことを、時空の狭い領域の中で単純に繰り返しているものである。特殊相対性理論の基礎である区別された骨組みの特別構造が、測定される小さな領域の中で特定されるまで、一般相対性理論の中でどんな測定も受け入れることはできない。

これは、専門家によってでさえ、しばしば正しく判断されない何かである。一般相対性理論の発見の歴史的な状況の故に、そして物差しと時計の十分解明された理論が無かった故に、それが大規模に発生した。地球上の我々の環境の安定性もまたある。そして、我々の時代の時計も利用できる。我々にとって地球の上に静止して立ち、手の中を見守り、純粋に距離と同じく時間の測定を実行することは容易である。しかし、自然は我々に何も無くても基準系の慣性的枠組みを与えてくれ、熟練した技術者が時計を作った。最後に、我々は目の前に散開された三次元の風景を見る事ができ、そして非常にしばしば見るので、同じ方法で展示された四次元時空を想像することは非常に容易である。全ての教科書と主題の大衆向けの説明書は、我々にそうすることを積極的に奨励している。それらは全て、時空の「絵」を含んでいる。今、その絵は本当にそこに有り、それはまた、大変素晴らしい事である。しかし、リッチテンソルの数学的構造の内部に隠されていた極度に精巧な方法の中で、それは発生している。一般相対性理論によって語られているように、時間の物語はリッチテンソルの内側を説明している。それは、奇跡を実行する。すなわち、時間のレンガの難解な設置と織り込みによって時空の大聖堂を建設する事である。私は次の章で、質的な言葉でこれを説明することを試みるだろう。歴史的発展の重要性に、再び光を当てることによって、この一つを私に推論させてもらいたい。それは、その内容の十分な正しい知識を持たずに、理論の発見を可能にする。

一九一五年一一月の末に、アインシュタインは彼の終生の友達ミシェル・ベッソに一通の有頂天の手紙を書いた。その中で彼に、彼の最も無謀な夢が実現したことを知らせた。その内容は、「一般共変性。驚くべき精度を持った水星の近日点」であった。これらの二つの動詞の無い文章が、全てを物語っている。アインシュタインは一般共変性が深い物理的重要性を持っており、最も天才的な稀に見る大成功の一つに彼を導いたことを人々に納得させた。それにもかかわらずわずか二年半後に、彼はエリッヒ・クレッチマンという数学者から、一般共変性が全く物理学的な意味を持っていないという非常に痛烈な批判を受け、それに答えて渋々認めた。

ある意味では、これは明白である。時空は美しい彫刻作品である。何がそれを美しく作るのかは、その部品がその中で一緒に置かれる方法次第である。人はそのでき上がった製品の上に座標線を描く事ができ、彫刻作品の上の任意の座標によって印を付けたその上の点と点の間の距離を測る事ができるという事実は、厳密に同じように彫刻品を明らかに離れていく。この座標の交換は全て、純粋に正式なものである。それは、あなたに彫刻作品を作るための厳密な規則は何も無いことを告げている。

遅れて、アインシュタインは、深い物理学的原理として一般共変性を達成するための彼の道のり全体が、実際に根拠を無くしてしまった事が分かった。それはまさに、正式な数学的必然性であった。かつて、自然の新しいそしてより美しくさえある法則を見つけるために決定したので、彼は彼の彫刻作品が実際にどのようにして作られるのか、戻って正確に見ることの必要性を全然感じなかった。私は力学の発見に関して数年前に書いた本の中で、ケプラー（結局、変換物理学という概念を頑固に捕まえ続けている点で、アインシュタインに非常に良く似ている）が、どんな素晴らしい発見をしたかを全く理解していなかったことを述べた。私は彼を次のように例えた。

傷の付いていない外殻を持ち熟したマロニエの実を、最初に見つけた少年。金色で奇妙に形の整った物を大事にして、彼はそれを家に持って帰った。それは、褐色に光り輝き、小さな直接的圧力が掛り次第、殻からはじけ飛ぶ準備をして完全に穏やかに眠っており、全くそれに気付かれていない。それは、ケプラーの宿命であった。すなわち、彼は彼の木の実が本当に何を封じ込めているのかをほのめかすことなく亡くなった。

同じ事がアインシュタインにも起こった。彼はまだプラハに居る間に自分が必要とするものを、悟って、彼はチューリッヒにいる親友グロスマンによって認められた「数学」と呼ばれる店に急いだ。在庫処分の割安価格で、彼はリッチテンソルと呼ばれる素晴らしい仕掛けを買った。三年後に、苦しい奮闘努力の後に、彼は正確にハンドルを回すにはどうしたら良いかを学び、水星の近日点の前進と日食における精密な光線の屈折をポンと飛び出させた。

しかし、その仕掛けが実際にどのようにして働いたのか、彼の頭の中には決して浮かばなかった。アインシュタインは、彼が創造した奇跡の半分だけしか気付かずに亡くなった。

第11章　一般相対性理論——無時間の概念

11-1　一般相対性理論の黄金時代

奇妙に思えるかもしれないが、一般相対性理論は約四〇年間にわたりほとんど研究されていない。これは賞賛のためではなく、すぐに最高の偉業として認められていたからである。一九一九年に、アーサー・エディントンの日食観測遠征隊によって、予言されていた太陽の近くを通る光線の（重力による）曲がりの確証が、「タイム」誌に電報で連絡された。その報道は、一晩の内にアインシュタインの知名度を世界に拡げた。問題は、彼が創造した理論の起こした奇跡に驚く事以外に、できる事はほとんどないように思われる事であった。

主な困難は、すぐに利用できる全ての重力場の極端な弱点であった。ニュートン理論と異なる三つの小さな相違点は別として、全て合理的に良く認められているためさらに進んだ実験的試験はもう無いと思われた。さらに先の問題は、理論の数学的複雑さであった。その解答は、全てのブラック・ホールの魅惑的な構造を含んでいた。しかしそれは、これらが発見され十分に理解される前の数十年間であった。最終的に、一般相対性理論に関する興味は、一九二五～一九二六年の量子力学の発見によって、影が薄くなった。事実上、一般相対性理論に関する真に活発な探究は、特殊相対性理論の五〇周年記念を記録するためにベルン（一九〇五年にアインシュタインはここで特許局の職員として働いていた）で一九五五年に開かれた会議で唯一開始された。

皮肉なことに、この年にアインシュタインは亡くなった。

それ以来、研究は三つの主要分野に集中された。最初に、途方もない実験的前進が有り、宇宙探究を含む技術的な開発によって、全てのことを可能にした。その理論の基礎といくつかの詳細な予言は、非常に高い精度でテストされた。特に重要なのは、相対性理論によって予言された重力波の存在の強力な証拠を証明することになった観測である、最初の二連星パルサー（パルス状電波を出す天体）の四半世紀前の発見であった。一般相対性理論はまた、観測天文学と宇宙論の中で決定的な役割を演じた。

理論の探究のために二本の幅の広い道があった。第一に、一般相対性理論は時空の古典的な四次元の幾何学理論で、ミンコフスキーの先駆的研究の体系的な美しい展開として研究されてきた。スティーヴン・ホーキングを含む他の多くの人達が非常に重要な貢献をなしたのだけれども、ロジャー・ペンローズがこの分野では、他の誰よりも多く貢献した。第二に、一般相対性理論と量子力学（BOX2）の間の関係の理解に対する願望が、多くの研究を刺激した。ここで、二つの計画表を見分ける必要がある。余り野心的でない人は、古典的な背景として時空を受け入れ、量子場がその中でどのように振る舞うかを立証しようと努めている。この研究は、ブラック・ホールには熱的な放射があるというホーキングによる驚くべき発見で最高潮に達した。『ブラック・ホールと時空の歪み』の中で、キップ・ソーンはこの構想の魅力的な説明を示した。ホーキングの発見の完全な意味は、まだ理解する事から程遠いのだけれども、一般相対性理論それ自身を量子理論（BOX2）に変換するための、もっと壮大なプログラムのために、それが重要であることを誰も疑っていない。まだ成し遂げられていないこの変換は、一般相対性理論の「量子化」と呼ばれている。

実際、多くの研究者は、重力が自然の他の力と結合される前に、直接的に一般相対性理論を量子化するという試みは間違いであると信じている。彼等は、超ひも理論を通り抜けて、これを達成することを願っている。しかしながら、現実的な少数派は、一般相対性理論が任意の未来の理論の中で、生き延びると思われる根本的な特徴を含んでおり、それ故に、その量子化の直接の試みが保証されると信じている。これが私の立場である。特に、私は一般相対性理論を時間の古典理論と考えている。その量子の型を確立することを試みるのは、間違いなく価値のある事であるに違いない。たとえ我々が未来理論の最終的な細部を待たなければならないとしても、一般相対性理論の量子化が、時間の量子理論について重要なヒントを与えてくれるだろう。

この章で述べている研究に導く事が、一般相対性理論を量子化するための願望であった。「正準量子化」と呼ばれている重要な研究法は、古典理論の力学的構造の分析に基礎を置いている。これは、一般相対性理論が幾何学的な時空理論として創造されて、そのほぼ半世紀後に、どうして力学理論として詳細に渡って研究されるようになったのかという理由である。「隠された力学的核心」あるいは、深い構造の理論が解明された。決定的な分析が一九五〇年代後半に、ポール・ディラックとアメリカの物理学者リチャード・アーノウィット、スタンリー・ディゼル、チャールズ・マイスナー等によって行われた。彼等は、今ではADM形式（それは何人かによって論争の余地ありと考えられているので、その頭文字は時々入れ替えられて、MADやDAMとされる）として一般的に知られている特に優雅な理論を創造した（A＝アーノウィット、D＝ディゼル、M＝マイスナー）。

一般相対性理論の力学的形式は、しばしば「幾何学的力学」と呼ばれる。「ブラック・ホール」のような他のいくつかの言葉は、プリンストンの彼の多くの学生達と一緒に、理論のこの形をより多く普及させたジョン・ホイーラーによって新しく作り出された。この章で提唱しているそれの解釈は、一九六〇年代の初期にホイーラーによって提言されたものと非常に類似している。しかしながら、私はそれが、その時期に書かれたホイーラーの良く知られた文書よりも、むしろもっと強力に一般相対性理論の根本的に無時間の本質を明らかにすると信じている。ここで何が危なくなっているのかが、一般相対性理論の構想である。それが力学的理論として熟考される時に、その究極的な要素は一体何であるのか？そして、それらはどのような方法で一緒に置かれるのか？である。

これは、ディラックとＡＤＭが立証するために始めた事である。その答えは、序文で引用した驚くべき声明を出すことに彼を導いたので、少なくともディラックにとっては、明らかに驚きであった。彼等は、もし一般相対性理論が力学的形の中に影を落とすことになっているならば、その時、「変化するという事象」は、人々が本能的に当然の事とするように、時空の内部のではなくて、時空に重ね合わされている三次元空間の内部の距離であるということを発見した。一般相対性理論の力学は三次元事象、すなわちリーマン空間について存在する。

11-2　相対性理論のためのプラトニア(1)

第二部の話題とつなぐために、ブルーノ・ベルトッティと私は、先に述べた研究の後の研究について、話しておこう。我々は、もっと野心的になれるかどうかを知りたいと思い、ただ単に非相対論的なマッハ力学ではなく、多分一般相対性理論に対して、従来のものとは全く異なるものを構築し始めた。その当時、我々はアインシュタインの理論が、正真正銘のマッハ原理と調和しないと信じていた。そのための実験的な裏付けが、むしろ疑う余地が無いように見え始めた。しかし、小さな効果が、非常に異なった構造を持った別の物によって、外見上は完全な理論との交換に、しばしば導いた。我々は、ホイーラーとＡＤＭのぼう大な研究について知っていた。そして、さまざまな論争が我々に次のことを確信させた。すなわち、三次元空間の幾何学は、リーマン幾何学であるのはもっともであり、湾曲状態を持ち、マッハ原理に従って発展してきた。

我々は、それが一般相対性理論であるとは考えもしなかったマッハ的幾何力学を見つけることを望んだ。最初の仕事はそのような理論の基礎的な要素を選ぶ事であった。どんな構造が、時間の瞬間を描写し、その理論の「プラトニア」の地点であるのだろうか？

この疑問には簡単に答えられる。本質的に異なっているが、全て同じ規則に従って構築されている物体の任意の集合は、「プラトニア」を形成する事ができる。これまで、我々はユークリッド空間の中で粒子の相対的立体配置を考慮してきた。特にそれらが有限であるならば、それらはそれら自身と接近しているので、我々が三次元のリーマン空間について熟考することを止めるものはない。これは、非数学者にとっては理解し難いが、二次元の対応する事象は地球や卵の表面のような、単純に閉じていて曲がった面である。この場合の「プラトニア」の地点は、述べる価値がある。任意の完全な球の表面は地点である。そして、異なる半径を持つ各々の球は、異なった地点である。今、その表面上に作られたひだによって、球面を変形させると想像してみよう。これは、無限に多くの方法でする事ができる。それはちょうど、地球や月の上にあるように、球の表面上の「丘」や「谷」の全ての種類を形成する事ができる。そして、その表面は球形の形をより多く残そうが、より少なく残そうが構わない。すなわち、それは、卵やソーセージやダンベルに似ている無数の異なった形にゆがめる事ができる。これら全てに基づいて丘や谷を作る事ができる。各々の異なった形は、「プラトニア」の中のまさに一つの点である。そして、それは、時間の瞬間のモデルになりうる。この場合に、あなたは「プラトニア」の中の各点がどのように見えるかという、非常に具体的なイメージを形成する事ができる。これらは、あなたが拾い上げ手に触る事のできる物体である。その面の内部の幾何学的関係だけを考慮に入れていることに注意して欲しい。管の中に巻き込まれた紙の破片のように、伸ばさずにお互いに曲げる事のできる面は、同じように考慮に入れられる。しかしながら、これは単なる技術的方法である。重要なことは、「プラトニア」の点が真実の構成されたもので、お互いに全て異なることである。

この「プラトニア」を構成している点を想像することは十分にたやすいことである。「プラトニア」それ自身のイメージを形成することはもっと困難であるだろう。なぜなら、それはとても莫大であり、無限に多くの次元を持っているからである。「三角形の土地」は三次元を持つ。そして我々はそれの映像を与える事ができる（図3と図4）。しかし、「四面体の土地」はすでに六次元を持っている。そしてそれを可視化することは不可能である。無限に多くの次元がある時、可視化するための全ての企ては、失敗する。しかし、そのような「プラトニア」の数学的な概念というものは、まさに存在し、数学と物理学の両者の中で重要な役割を演じる。

リーマン空間は、我々が物質と認めるものを何も含んでいないので、実際に空っぽの世界である。あなたはそれらが存在することに何の意義があるのか、不思議に思うかもしれない。それらは確かに数学的な可能性として存在している。そして、これの証明は一九世紀における数学の大勝利の一つであった。しかしそれらはまた、平らな良く知られているユークリッド空間のように、物体を含む事ができる。その特性と存在は、その内部の物体の振る舞いによって、独創的に提唱された。そして、曲がった空間のための証拠は、一般相対性理論の実験的確証が示すように、物体を通り抜けて引き出す事ができる。私はこれが、あなたが持っているかもしれない不安を解消してくれることを望む。実際に、三次元のリーマン空間の「プラトニア」は、「超空間」（ホイーラーが新しく創り出した別のもので、超ひも理論の中の別の超空間と混同してはならない）として、ADM形式で良く知られている。

確かに実際の宇宙をモデル化した「プラトニア」は、我々がこの世界で物体を見ているので、空っぽの空間だけから成ることはできない。何が必要かというアイデアを得るために、物体の立体配置あるいは空間の中の電場、磁場、他の場を表すために、それらの上に目印や「彩色した模様」を付けた面を想像してみよう。今、それらは幾何学と物体の分布の両者の間で異なっているので、「プラトニア」の中の点の数は、とてつもなく増加するだろう。どのような方法でも本質的に異なっている任意の二つの立体配置は、時間の可能な異なった瞬間と、「プラトニア」の異なった点とみなされる。

古典的一般相対性理論の内部では、超空間の概念は、私の計画全体の基礎を危うくする事ができる困難を持っていないわけではない。その問題は、明白に専門的なものであるので、私は「注解」にそれらの討論を載せた。しかしながら、私はここで次のように言う事ができる。すなわち、結婚する気がある一般相対性理論と量子力学は、二つの別々の理論の中で確立されている思考の型の変更を必要とする事が明白であると。超空間は確かに、一般相対性理論の骨組みの中で自然の概念として発生している。問題は、それが全ての状況において妥当であるかどうかである。

私は、それが含んでいる「今」の明確な定義と種類について、非常に壊れやすい問題があるのだけれども、全ての事が考慮された時に、超空間が妥当な概念になると感じている。今、それ等が分類できるような仮説を作って、新しい「プラトニア」モデルで我々に何ができるだろうか。

11-3 新「プラトニア」の最適整合

第二部の中で鍵となる概念は、「プラトニア」の中の隣接する点の間の「距離」が、単に、それらの間の本質的な相違点に基づいている事である。もし我々が、もっと壮大な目標に対して何らかの進歩を遂げることになっているならば、我々は新「プラトニア」の中で適当な相似性の距離を見つけなければならないだろうという事が、ブルーノと私にとって明らかであった。我々は、新しい劇場の中で充当する最適整合のある形式を探さなければならなかった。

その問題を説明するため、多数の（しかし一定の）粒子のニュートン的状況において、最適整合が何を達成するかを最初に思い出そう。時間の各々の瞬間すなわち、各々の「今」は、ユークリッド空間の中のそれらの相対的な立体配置によって定義される。我々は、各々の「今」を「非常に大きな分子」としてモデル化した。外部の空間や時間を参照せずに、適当な平均によって測定するように、それらを合致させるために、できるだけ近くまで持って来て、一つを他方に対して相対的に動かすことによって、そのような二つの「今」を比較した。最適整合位置にある「今」と「今」の間の残された差異が、「プラトニア」の中のそれらの間の「距離」を定義しているので、これが実際の物理学が存在している場所である。一度、我々がそのような隣接する「今」と「今」の間の「距離」を全て所有したならば、我々は、古典的なマッハの歴史に対応する「プラトニア」の中の測地線を確定することができる。これらの「距離」を定義することに加えて、もし我々がその方法で事象を描写したいと思うならば、最適整合がニュートンの絶対空間で持っている位置に、二つの「今」を自動的に持ってくるだろう。

しかしながら、ニュートン型の映像を完全なものにするために、我々はまだ、二つの「今」が「時間においてどれだけ遠くに離れているか」を決定しなければならない。これは、「目立って単純化したもの」すなわち、最も簡単なあるいは最も一様な方法で、動的な歴史を表している時間分離を見つける問題である。第6章の最終の節で考えたように、天文暦時の討論の中で、「目立って単純化したもの」の選択は、もし我々が約束を守ることを可能にする時計を組み立てたいと望んだならば、素晴らしいことである。約束を守るための我々の能力は、その中で我々が我々自身を見つけ出す、実際の世界の素晴らしい特性である。そして我々は、その基礎の固有の理論的知識を持たなければならない。時計が「目立って単純化したもの」を測定し、あるいはそれで「ステップを踏んで行進する」任意の仕組みであると、我々が主張するならば、肯首される。これは、アインシュタインが決して系統立てて問題解決に取り組まなかった、継続期間と時計の理論である。しかしながら、最も重要なことは、歴史それ自身が無時間様式の中で組み立てられている事である。その「目立って単純化したもの」は、もっと調和の取れた様に見える最終産物を作るための事象の後に紹介される。継続期間は見物人の目の中にある。

ニュートン派の中では、最適整合の比較した「今」は、お互いに相対的に厳密に動かされる。我々は、もっと一般的な手順を心に描く事ができるかもしれない。しかし、「今」はユークリッド空間の中で、粒子によって定義されるので、その平坦性と均等性はその付加された複雑な状態を作る。我々は、いつも事象を単純に保つことを試みるべきである。

しかしながら、もし我々が「今」として曲がった三次元空間、あるいはしばしば三‐空間と呼ばれる空間を採用するならば、それらにとって任意の最も調和した手順は、「今」の間のより一般的な対をなす点を使うべきであろう。例えば、二つの三次元空間（それが物質を含んでいるにしろ、いないにしろ）は、異なった大きさを持っているかもしれない。その時に、まるでそれらが同じ空間の中で一緒に座っているかのように、全ての点を二つ一組にすることは明らかに不可能であろう。もっと一般的に、両方の空間が曲がっている、しかも異なった方法で曲がっているという単にそれだけの事実が、最適整合を達成するための、はるかにもっと一般的で適応性のある方法を、我々に強制する。

談話の中で、私は一度、それが木の上に生え、とてつもなく堅固になるのは、二つのタイプの素晴らしいきのこによってなされるに違いないことを説明した。明らかな理由のために、私は彼等をトリスタンとイゾルデと呼んだ。トリスタンはイゾルデよりも少しだけ大きかった。そして両方とも立派で鮮やかな茶色であった。その暗さは、それらの曲がり渦巻き状になった表面の上で変化していた。私は、人が平坦な空間の中で、質量にとって最適整合の立体配置との相似によって二つの間の「相違点」をどのようにして決定できるのかを説明したかった。ある方法の中で、これが、トリスタンの上の各々の点をイゾルデの上のぴったり合った点と二つ一組にすることを含んでいた。少し考えればこれをするための唯一の方法が、調和を作る全ての可能な方法を、完全に考慮する事であるということがわかる。

私は、1、2、3と番号を付けた多くのピンを手に取り、トリスタンの中のさまざまな位置に、それらを無造作に置いた。それから私は、同じく1、2、3と番号を付けた二番目のセットを手に取り、それらをイゾルデの中に無造作に置いた。それらは類似した形をしているので、私はできる限り、そのピンを対応する位置に置いた。それで私は、暫定的に、トリスタンの上のピン1はイゾルデの上のピン1と「同じ位置に」あると、言う事ができた。それらの上の他の全ての点は、「試験的ペアリング」の中で同様に、ペアリングされていると想像された。

これは、「暫定的な相違点」を決定することを可能にした。例えば、私は二つのきのこを、それらの褐色の表面の暗さを使って比較する事ができた。かわりに、一般相対性理論の中で何が起こっているかについて、もっと接近して見ると、調和している点で、その湾曲状態を比較する事ができた。本質的な点は、ある本質的な固有性が調和している点の各々の対で比較され、そして全ての結果としての相違点の平均値が、その時に決定される。この平均値は数字であるが、その暫定的な相違点である。私は、たとえ根底にある概念が単純でも、難解な数学的詳細は無視した。

この暫定的な相違点は、それが基礎を置いているペアリングとは別に作られているので、明らかに任意のものである。実際の物理的意味を持つ事のできる固有の相違点を見つけるために、我々は極端に骨の折れる仕事に関して、少なくとも今は想像力を引き入れなければならない。トリスタンの上にピンを固定し続けるために、我々は全ての考えられる限りの方法で、イゾルデの上にピンを、（数学的な研究の結果、合理的に、連続的に）再配列させる事が必要である。トリスタンの上の全ての点に対して、イゾルデの上の全ての点の各々の試験的ペアリングのために、我々は暫定的な相違点を見つけなければならない。もし我々が、与えられたペアリングから、それとほんのわずかに異なっている任意の他のペアリングに移動するならば、その時に暫定的な相違点は変化せずに残り、我々は最調和ペアリングと対応している本質的相違点を見つけ出すことを知るだろう。（数学的には、この条件の成就は、人が考えられる量の最大、最小あるいは静止していると呼ばれる点を見つけることを暗示している。静止している点が、この場合に見つけられる何かであることを明らかにする。しかしそれは、ただ単に技術的な方法に過ぎない。）ペアリングを変更する方法は、計り知れない数だけ、ほとんど無限にあるので、最適整合の必要条件は非常に強い条件規定を付与している。異なっているが、同じ種類である二つの事象の、もっと緻密で繊細な比較について考えることは不可能である。しかしながら、ブルーノと私は、それが比較される事象の性質によって必要とされる事が分かっていた。

それは、最適整合と合理性の「最高点」にすぐに導いてくれる。

11-4　アインシュタインを逮捕する(2)

ブルーノと私が新しい最適整合の概念を開発したのは、およそ一九七九年頃であった。我々は非常に多くの専門的研究をなし、全く希望に満ちたものを得始めていた。我々は、我々がマッハの幾何学的力学のさまざまな形を構築する事ができるのを知っている。そして我々は、それらの一つが一般相対性理論に対して、真剣な競争相手になるかも知れないと考え始めた。しかし、まもなく我々が気づいたように、アインシュタインを打ち負かすことは容易ではない。これは、我々がいくつかの討論をしていた時に、私が一九七二年に知り合った別の友人カレル・クハシュの介入を通してわかったことである。カレルはチェコ人で、プラハのカレル大学で物理学を勉強しており、相対性理論を専攻していた。一九六八年に、彼はジョン・ホイーラーと共にプリンストンで行なった研究に対して、賞を獲得した。彼はそこで、ディラックやADMがその分野で開拓者であった重力の正準量子化(重力を量子化するための試みの中で使われている、最も簡単な量子化手順(BOX2))の中で先導的専門家として、直ぐに頭角を現した。数年後に、彼はソルトレーク市のユタ大学で物理学の教授になった。そこで彼はまだ働いている。何年か後、私にカレルとの討論が非常に役に立った。そして確かに、いくつかの極めて重大な点で彼からの支援が無ければ、この本を書くという立場には居なかったであろう。しかしながら、私は、カレルが時間は全く存在していないという私の見解について懐疑的であることを急いで付け加える。我々が知っているように、一般相対性理論は重大なジレンマを抱えている。カレルは、このジレンマの角により重点を置き、私はもう一方の角に重点を置いた。

その問題は、一九八〇年に私にとって明らかに焦点がはっきりした。その年の四月に、カレルは、ブルーノと私が開発していた考えを彼と私が討論するための機会を持っている時に、オックスフォードの国際会議で、忘れられない批評演説を行った。彼はワサッチ山のアスペン(ポプラ属の植物)の青ざめた金色を見るのにちょうど良い時に、晩秋にソルトレーク市に来るように私を招待した。アメリカ合衆国の西部の壮大な砂漠とユタ州を知る事ができたことは、私と私の家族にとって、物理学の研究からの大きなボーナスであった。しかしこれは、物理学に関する本であり、旅行の本ではないので、脱線しない方がいいだろう。

その地点に直接到達するために、まもなく、次の事がカレルとの討論で明らかになった。すなわち、最適整合の考えと相違点の測定として、持続期間について考える全体の方法は、透明な形の中ではないのだけれ

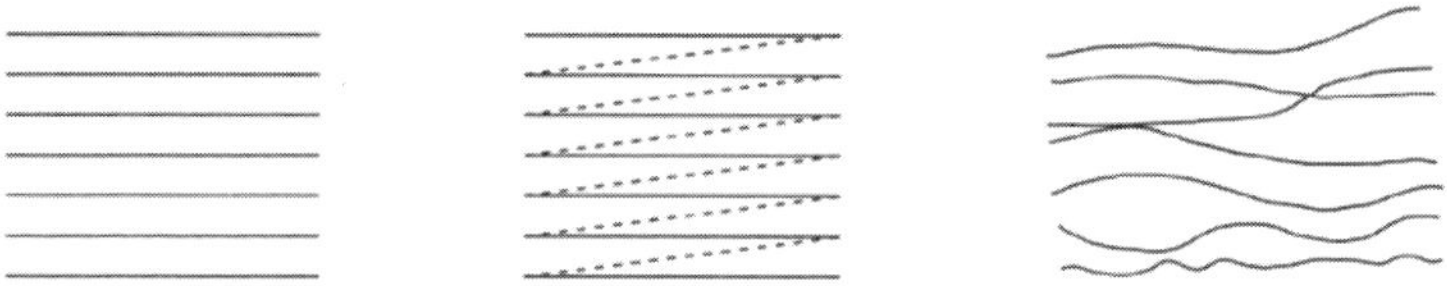

図29　三つの異なった種類の時空。　左側の図は、「水平の」「今」を持ったニュートン的時空。　中央の図は、選択的な「傾いた」「今」を持っているミンコフスキー時空。　右側の図は、任意の方向に進んでいる「今」を持った一般相対性理論の時空。

ども、一般相対性理論の数学の内部に、両方ともすでに含まれていた。これらの事実はまだ、広くは知られていなかった。私が思うに、これは主に明白な慣性によるのであろう。一般相対性理論は四次元時空の理論として発見された。そして、それが示している道はいまだ本質的である。それが同時に、三次元事象の変化を表す力学理論であるという事実は、はるかに少ない重要視しかされていない。これが、一般相対性理論の心臓部で、時間の性質について、そのような深い問題と危機があることに、なぜ非常に少ない人達しか気付いていないのかという事である。

私は、その問題の本質を、非科学者に対して説明する事ができると考えている。これは少なくとも私の試みである。図29は、この本の中で考慮された四次元時空の、三つの異なった種類の非常に図式的な描写である。いつものように、空間の三次元のうちの一つだけが、示されている。

それと、その物質的な内容は、垂直方向に時間が流れる間に、水平の方向によって描写されている。このように、この図の三つの部分で、多いあるいは少ない水平線と曲線は、空間と異なった「時間」におけるその物質的な内容を表している。それらは、私の感覚の中の各々の「今」である。我々が見て来たように、ニュートン的な時空は普通のカードの一組のようなものである。各々のカードは「今」である。そしてそれらは全て水平線上にある。私は、ミンコフスキーの時空をカードの魔法のような一パックと呼んだ。なぜなら、その「今」あるいは同時性の超平面が異なった方法で描かれるからである。ローレンツ構造によってそれが選ばれる時、類似した「今」の異なった集団が得られる。時間は骨組みに対して相対的になってしまう。一般相対性理論の中では、この時間の相対性はいっそう進んで取り扱われる。すなわち、「今」は、光円錐を横切らない事が規定されており、（その条件のもとで）それらは無限の数の異なった方法で描く事ができる。それは、これがなされる方法における一意性の完全な欠如が、アインシュタインに「今」の概念は、現代物理学の中に存在しないという見解に導いた。しかしながら、これは時空の観点を反映している。力学の観点は、事象を異なった展望の中に置く。

これを見るために、一般相対性理論の方程式を成立させる時空の中で、図30に示したような、二つの隣接する「今」を考えるとしよう。各々の「今」は、それ自身本質的な三次元の幾何学と、時空の内部に嵌め込まれた物質的内容物を持った三次元空間である。この四次元の時空は、それ自身もまた、幾何学を持っている。そして、二つの「今」の間の「支柱」の構造を許可する。その支柱は、出発点でそれに対して垂直である時空方向に沿っている、より早い「今」を離れて、時空の中の測地線に従っている物体の世界線である。各々の「支柱」は、いわば、最初の「今」の上に直立している。それはいくつかの点で二番目の「今」を貫通しているだろう。全体を手に取ると、そのような支柱は、最初の「今」の各点と二番目の「今」の各点を二つ一組にすることを独特のやり方で決定している。それらは、何か他の物に対しても同じく行う。もし時計が、その二つの端の間の各々の支柱に沿って移動するならば、それはそれが移動した時に、それらの間の固有時を測定するだろう。なぜなら、二つの「今」は任意に選ばれ、固有時は一般的に、各々の支柱に対して異なっているだろうからである。

これを最適整合にするのは何であろうか？　全てである。図30の全ての支柱の両端を確認するために、二つの三次元空間の中で、トリスタンとイゾルデに無造作に置いたこれらのような「ピン」を突き刺している、

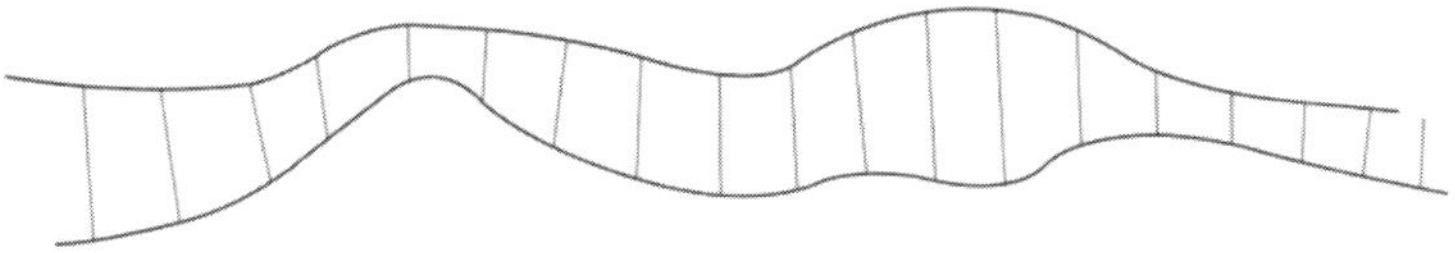

図 30　二つの連続した曲線は、テキストの中で述べた二つのわずかに異なる三次元空間を（一次元で）表している。大体垂直な線は、「支柱」である。

平均的な知性を持った数学者達を想像してみよう。そのピンは対応している支柱の「長さ」を書いた小さな旗を上げている。それは、それらが持っている――固有時――である。しかしながら、時空の中で二つの三次元空間がどのようにしてお互いに相対的に位置を決めているかということを、正確に我々に教えてくれるこれら全ての情報は、まさにその二つの三次元空間が「与えられ」、その「今」がそれらの本質的な幾何学と物体分布を持った他の数学者達にとっては、目に見えない状態になり、その支柱の位置や長さを見つけるという仕事を課すのである。彼等は果たして成功するだろうか？

やっかいな条件にもかかわらず、その答えはイエスである。あなたが、アインシュタインの理論の数学の中身を取り出して、それが幾何学的力学の観点からどのようにして働いているかを知った時に、それはこの問題を解決するための適任者として姿を現わす。これは、ラルフ・バイエルン、デイヴィッド・シャープとジョン・ホイーラー（最初の二人は、プリンストンにおけるホイーラーの学生達であった）によって、注目すべきだが余り広くは知られていないちょうど二ページの論文の中で、一九六二年に示された。ＢＳＷ（頭文字、バイエルンのＢ、シャープのＳ、ホイーラーのＷ）として、幾分謎めいた題「時間に関する情報の運び手としての三次元の幾何学」を付けていた論文の著者達に、私はその原因があると思う。イニシャルは、脅威になる事があるが、ＢＳＷ論文は私の構想に対して非常に中心的であるので、私は彼等に正当性があると考えている。

私が一九八〇年にカレルで討論したことは、BSW論文の暗示である。それらはすぐに要約する事ができる。BSWが熟考した基礎的な問題は、情報の種類が何であるかという事と、もし完全な時空が独特の方法で決定されるのであるならば、どれだけ多くの事が指定されなければならないのかという事である。これは、ポアンカレがニュートン力学に関連して尋ねた疑問に、厳密に似ており、その時に「三つの」「今」の中の情報が必要とされることを示した。我々が見て来たように、もし、「二つの」「今」が十分なものであるならば、理論はマッハ的であるだろう。BSW論文が示したことは、一般相対性理論の基礎構造が、この必要条件を満たしている事である。

実際、その条件を満たした全ての重要なアインシュタインの方程式は、二つの三次元空間の間の最適整合条件が保たれているという厳密な声明である。それによって確立された点の対は、直交する支柱によって確立された対と厳密に同じである。実際、アインシュタインの方程式を成立させている時空の鍵となる幾何学的な特性は、理論の基礎の中に最適整合建設の根底にある原理を反映している。私は次のように思う。アインシュタインは、自然が究極的に合理的であることに深い信念を持ち、最高の深い感動を覚えていたので、それについて学ぶために生きたのであったと。

同様に、美しく興味深いものは、三次元空間が「時間においてどれだけ遠く離れているか」を決定する条件である。マッハ力学の中で、顕著な単純化として導入されている継続期間による規則と、天文学者が天文暦時として導入している方法は、しっかりと似ている。しかしながら、重要な相違点がある。簡単なマッハ力学の場合において、顕著な単純化が、空間全体を横切って、同じ「時間分離」を創り出すのである。アインシュタインの幾何学的力学の中で三次元空間の間の分離は、点から点へと変動する。しかし、それを決定する原理は、ニュートン（力学）の場合に働いている原理の、今は局所的に適用されている一般論である。

そして、それは人々がいかにして約束を守る事ができるかを説明している。これは彼に対して全く知られていないのだが、アインシュタインはマッハ原理の理論と持続期間を彼の理論の中心部に置いたのであると私が言う理由である。

私はさらに先に進む。等価原理もまた、最適整合によって非常に大規模に説明される。実際の宇宙をモデルにして、三次元空間はそれらの内部に物質分布を持っているに違いない。二次元における相似物は物体の上に印を付ける事、あるいは曲がった表面上に絵を描く事である。我々が、イゾルデの中にピンを突き刺して、最適整合の手順を通り抜けて行く時、それはトリスタンの上の点にぴったりと調和している彼女の皮膚の上の点のみならず、任意の入れ墨や他の装飾的な印になる。これら全ての装飾品、すなわち実際の宇宙の中の物質は、最適整合位置と三次元空間を別々に保持している顕著な単純化を決定している幾何学と共に貢献しており、それらの間に固有時を創り出している。この概念が相対性理論の必要条件と結合した時に、等価原理は多かれ少なかれ自動的に現れて来る。

等価原理は時空の狭い領域で慣性の法則が成立する本質的な条件であり、全ての時計が何らかの形での慣性に頼っている。これが、全て歩調を合わせて進む時計を作ることが(少なくとも今では)、相対的にたやすい究極的な理由の説明である。それらは全て、最適整合を通り抜け、共に適合している宇宙によって作られた天文暦時に対して、時を刻んでいる。

11-5 要約とジレンマ

我々は、極めて重大な段階に到達した。そろそろ、要約に入ろう。古典物理学の全ての三つの型、すなわちニュートン理論、特殊相対性理論、一般相対性理論の中で、最も基礎的な概念は空間と時間の枠組みである。世界の対象物は、それらがその中で動いている枠組みよりも、存在のヒエラルキー（ピラミッド型階級制）において、より低い所に立っている。我々は、物体だけが存在しており、空間と時間の推測された枠組みは引き出された概念であり、物体から作られた構成物であるというライプニッツの考えを探究してきた。

もし、それが成功するならば、枠組みがそれから構築される基本的な「事象」にとって唯一の可能な候補者は、宇宙の立体配置、すなわち、「今」あるいは「時間の瞬間」である。それらは、それら自身の正当性において存在する事ができ、我々は、それらがその中に嵌め込まれるような枠組みを前もって準備する必要はない。この展望において、世界の真実の劇場は、時間も無く枠組みも無い、すなわち、全ての可能な「今」の蓄積（集まり）である。動力学は歴史を創造する規則として解明される。四次元の構造物は、三次元の「今」から組み立てられる。選択的な無時間のための厳しい吟味は、演習の中で必要とされる「今」の数である。もし、二つで十分であるならば、完全なラプラスの決定論は、古典的な世界の中で、支配権を保持する。それは完全に合理的な基礎を持っているだろう。まざまざと表現される任意の二つの隣り合う「今」の検査と比較で発見いだされた全ての物に理由があり、そのような動力学の中に完全性がある。すなわち、いずれの「今」の構造の最後の部分も、その役割をはたし貢献する。しかし、それ以上のものは必要とはされない。

非相対論的な力学の中で、事象の根源的な枠組みと二次的な状態のためのニュートンの外観上論争の余地がない証拠は、もし宇宙がマッハ的であるならば、説明することができる。その時、その役割が逆転し、事象が最初に発生し、慣性運動によって定義された局所的な枠組みが説明されるだろう。しかしながら、完全な宇宙に近づかなければ、そのような理論は適切に検査する事ができない。任意の場合において、ニュートンの描写はたとえそれが問題を明らかにしたとしても、今や時代遅れである。一般相対性理論においては、最適整合が無限に精製され、その効果が宇宙全体に浸透するので、その状況ははるかに多く好都合であり、強い印象を与える。我々はそれらを局所的に検査する事ができる。時空の中のある点でそれらが、条件を満たしていることを見つけるのは、一枚の滞在カード——「エルンスト・マッハはここに居た」——を見つけるようなものである。アインシュタインの方程式が保持している強力な証拠は、物理学が本当に無時間であり無枠組みであることを暗示している。

それにもかかわらず、時空がその中で四次元の構成物として、一緒に保持している方法は、とても注目すべきものである。それは、「今」がその中で、独特の順序でお互いに続いて起こっている感覚が無いという事実によって、目立ったものにされている。これは、ニュートン的な場合において、何が「プラトニア」の中の一本の曲線のように、歴史の見事に単純なイメージの原因となるかという事である。しかし、特殊相対性理論の中で、そして一般相対性理論の中ではさらに多く注目されるように、歴史を表すそのような独特の曲線は失われている。人と同じ時空は、「プラトニア」の中で多くの異なった曲線によって描写される事ができる。たとえ、「プラトニア」の中にすでに存在している時空を構築するために必要な物の他には何も余分な構造物は無いとしても、それが一緒に保持している方向は、（それが含んでいる物質と共に）時空が、本当に存在しているとみなされるべき唯一の状況であることを、大部分の物理学者に納得させている。彼等は、ディラックとADMとBSWの動力学的取組が要求している方法で、三次元空間に対する基本的状態と一致することを非常に嫌っている。たとえ彼等の大部分は、量子理論が、ほとんど確実に時空の概念を徹底的に修正するだろうということを認めているのだけれども、彼等はまだミンコフスキーが一九〇八年に行なった偉大な講演の精神を維持することを非常に切望している。彼等は空間と時間が密着していることを確信しており、彼等はどんな犠牲を払ってもその統一体を保護することを望んでいる。純粋に古典的な理論の内部では、その論争は立派に釣り合いが取れているように、私には思われる。おそらく、時空の慣例に従わない自由な概念が、この問題すなわち動力学に対照した時空がいかに精緻な物であるかを示すだろう。

ワグナーのオペラ「トリスタンとイゾルデ」は、音楽の中でロマンチックな楽章の最高の呼び物として、広く尊重されてきた。一般相対性理論は、動力学の「最高点」である。もっと明瞭に言うと、二つの三次元空間がその動力学的核心において、ぴったりと嵌め込まれている方法は、できるだけ密接した抱擁を求めている二人の恋人達のようである。これは、時空の骨組みを創造している原理の中で働いている緻密さの程度である。それはちょうど四次元のブロックよりも、さらに巨大である。我々の見ている至る所で、それはある偉大な話を語るが、無数の変異の中で、より高い次元のつづれ織りの中に全て織り込まれている。これは、アインシュタインが、ミンコフスキーのカードの魔法のパックを立証したものである。時空をある方向から見ると、我々は「トリスタン」と「イゾルデ」が、シャガールの絵のように空にぶら下がっているのを見る。別の方向から見ると、我々は「ロミオ」と「ジュリエット」を見つける。更に別の方向（から見ると）、それは「エロイーズ」と「アベラール」である。これらの全てのペア達は、各々がそれら自身の中で完全であり、全てお互いに作り出す。それらとそれらの経歴は、お互いを通り抜けて流れている。それらは、時空の十文字に交差している骨組みを創造している（図31）。

それは、物質の概念を限界まで拡げる。時空の主要部にとって、時間におけるその拡大は、まさに我々が物体を離して保持するために選ぶ方法である。その結果、その経歴は簡単に説明される。少なくとも、ニュートン的時空の中ではそうである。実際に起こっている全ての動力学的（現象）は、水平線上に置かれている。我々は描写の達成された簡単さのために、仕掛けとして我々が時間と呼んでいるところの垂直方向にカードを引き離す。時間は顕著な単純化である。実体はカードの中にある。それらは事象である。すなわち、静止は我々の心の中にある。

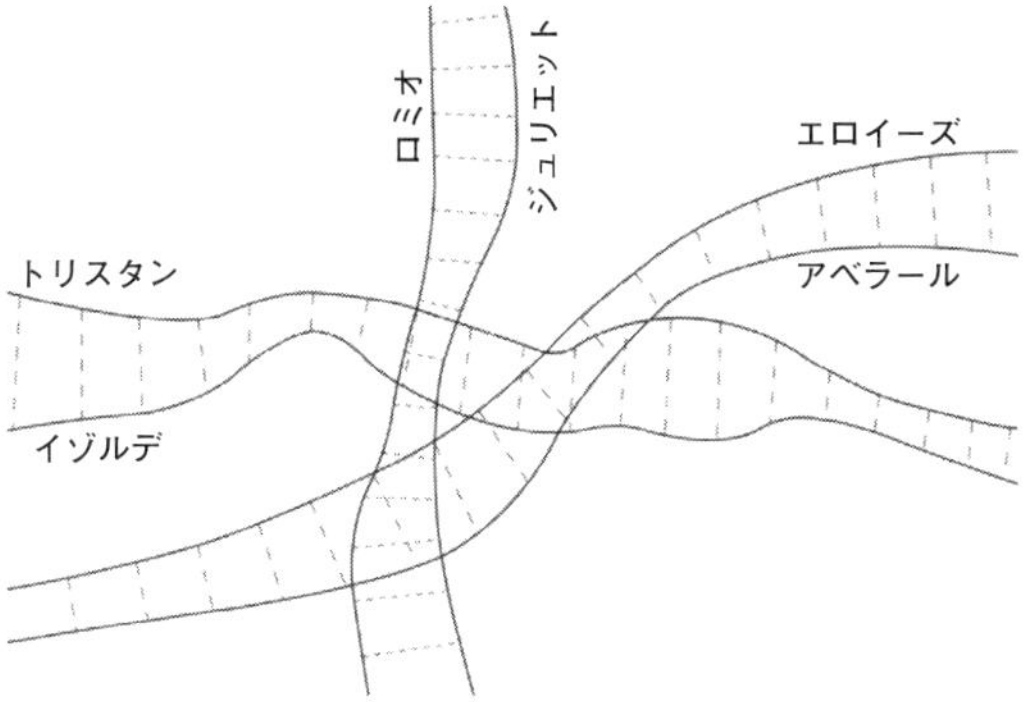

図31　織り込まれた恋人達のつづれ織りのような時空。まさに、「トリスタン」と「イゾルデ」の「固有の構造」が与えられると、BSW形式主義は「イゾルデ」の上の点と対になる「トリスタン」の上の全ての点を原理的に決定する。支柱の長さ（適合対応した点の間の固有時）は、可能な限り密接した抱擁にとって「最適の位置」を見つけるという基礎的な問題の副産物として得られる。それ故に、それらは破線で示した。支柱の長さは天文暦時の局所的類似性であり、それらは「トリスタン」と「イゾルデ」を分離しているので、それらの二つの間の本質的な相違を表現するための、単純で最も明快な方法である。恋人達の他のペアの間の支柱は、同様にして決定される。我々は「トリスタン」を「イゾルデ」から離して保持している相違点が、どのようにして実際に「ロミオ」（と「ジュリエット」）の体の部分となっているのかを知る事ができる。「ロミオ」と「ジュリエット」の間の支柱は、それらが空間型の分離を持っているので、短い破線で描かれている。アインシュタインの方程式と最適整合の原理は保たれている。しかしながら、時空は薄く切られている。

一般相対性理論は、この見かけ上の時間に関する最終的な理論に対して、ある驚くべきねじれを加える。単独で考えると「トリスタン」と「イゾルデ」は実体である。そして、それらの間の分離は、まさにそれらの相違点の物差しである。それらは異なっているので、単純に言って完全に一緒に来ることはできない。この相違点は、我々が時間と呼んでいるものである。しかし、ワグナーの恋人達の間の相違点の描写をしているものは、シェイクスピアの恋人達のまさしくその実体の部分である。「ロミオ」と「ジュリエット」は、もし「トリスタン」と「イゾルデ」がそれらの相違点によって離れて保持されていなければ、それらは存在していないだろう。「トリスタン」を「イゾルデ」から離して保持している時間が、「ロミオ」の本体である。時空の中の全ての基本的性質と相違点に関するこの相互の流れは、各々が他方より短い二本の物差しを含んでいるミンコフスキーの図解よりも、もっともっと注目すべきものである。

いくつかの難解な概念が統合され、図31の中で極端な手段が取られる。すなわち、同時性に関するアインシュタインの相対性、空間を含んだ時間のミンコフスキー的融合、相対性原理が完全なラプラスの決定論を通り抜けて実現されるべきであるというポアンカレの考え、持続期間が可能な最も単純な型を取る自然の法則を作るように定義されているポアンカレの概念、変化している全ての物の平均値によって測定されている天文学者の現実等である。一般相対性理論の中の最適整合が、全ての考えられる限りの方向において、宇宙の至る所で保持されて以来、時間と空間の両者は、宇宙の中のどこにでも、全ての相違点の蒸留法として現れている。マッハ的関係は明白に、一般相対性理論の深部構造の部分である。しかし、それらは本質的な部分なのだろうか？

もし、世界が純粋に古典的であるならば、私は我々がノーと言わなければならないだろうと思う。そして、ミンコフスキーが大変確信を持って宣言した統一体が時空の最も奥深い真実であると、私は思う。非常に多くの異なった方法で作られた、その外側の三次元空間は、非常にピンと張った編み合わせるひもによって、一緒に結び付けられる。これは、そこに深いジレンマが横たわっている。世界の最良の知性を持った何人かによる四〇年間の研究は、それを解決することに失敗した。一方では、動力学は、事象の出発点として三次元の実体を前提条件としている。一般相対性理論について何も知らないポアンカレのような人は、最大限に予測的で、柔軟性があり、精錬され、そして永遠不変の空間や時間を使わない動力学の形をうまく概説してきた。異なった事象が存在するという考えによってのみ強制されるそのような動力学は、ある明白な一般的な形を持つに違いない。理論の集団全体は、同じマッハの鋳型の中で作られうる。

他方では、真に霊感を与えられた天才が、まさに一層進んだ条件の元に、ヒットを放ったのである。動力学に、たとえ三次元の実体で始める事が心配でも、全てのこれらの事象を行わせてみよう。しかし、より深い統一体でさえ、究極のアーチを架ける原理を存在せしめる。全ての三次元の事象は、それらの全ての動力学的特性で、より高次の四次元の統一性と対称性の単なる一面であるべきである。

もし、確かな単純の条件が付与されるならば、一般的な集団からのただ一つの理論だけが、この条件を満たすだろう。それは、一般相対性理論である。それは、時空の十文字に交差している骨組みを創造し、量子重力の創造における巨大なジレンマを生み出しているこのより深遠な統一体である。我々が分かっているように、量子力学は三次元の事象を扱う必要がある。一般相対性理論の力学的構造は——ディラックは十分に強力に彼の「反革命的な」論評を述べている——これがおそらく可能であることを示唆している。まだ、一般相対性理論は両面性の信号を送っている。その動力学的構造は「私を引き離してくれ」と言っているが、ミンコフスキーによって明らかにされた四次元の対称性は「私を完全なままでそのまま残してくれ」と言っている。強大な予期せぬ力だけが、時空を粉砕することができる。

第四部　量子力学と量子宇宙論

もし、ニュートン的物理学とアインシュタイン的物理学の間の相違点が顕著であるならば、量子力学は深い裂け目によって、両方から分離されると思われる。しかしながら、それに関するほとんどの説明は、それがその中で公式化された本質的に絶対的な空間と時間という枠組みを問題にすることは無かった。それらは、非常に小さな系、大部分は原子や分子が、どのようにして外部の枠組みの中で振る舞うのかを表す。これは、量子力学を必要以上に困惑させる事態を招くかもしれない。

もし、量子力学が普遍的に真実であり、原子や分子に対するのみならず、リンゴや月や星と最終的に宇宙までに対して適用されるならば、その時、我々は「量子宇宙論」を考慮すべきである。宇宙の量子力学は、どのように見えるのだろうか？　それは、外部の枠組みの中で明確な形に作り上げることはできない。古典物理学のように、量子宇宙論は枠組み無しの描写を必要としている。我々は、古典物理学と量子力学の間の多くの明白な相違点がその時、異なった光線の中で姿を現すことを知るだろう。残っているのは、巨大な相違点である。我々は、まもなくその問題に取り組み始めるだろう。

第12章　量子力学の発見

約一〇〇年前に、世界の二元論的な描写が具体化した。電子がまさに発見され、それは、二つの全く異なった種類の事象が存在していると信じられた。それはすなわち、荷電粒子と電磁場である。粒子は、いつも明確な位置と速度を保持している小さなビリヤードの球として描かれた。ところがそれに反して電磁場は空間を透過し、波動のように振る舞った。波動は干渉する。そしてこの認識は、トーマス・ヤングをして光の波動理論に導いた（図22）。

一九世紀の終わりまでに、光の波動理論のための証拠は非常に強力であった。しかしながら、最初に一九〇〇年にマックス・プランクを導き、それから結局、一九〇五年に量子力学を生み出した革命的な提唱へとこれまでアインシュタインがとっていたような、連続した波動のような状態を考えていては、電磁輻射は説明できないことがわかったのである。問題がオーブンの理論の中で発生した。その中で輻射は、ある温度でオーブンの壁と熱平衡の状態にある。ガスにとっては非常に上手く行っているボルツマンの統計学的方法は、これが起こらないことそしてオーブンを熱くするためには無限の量のエネルギーが必要であることを示した。要点は、輻射が任意の周波数を持つことができるので、無限に多くの異なった周波数を持った輻射がオーブンの中に存在しているだろう。同じ時に、統計学的な論争が、平均して同じ有限な量のエネルギーは、平衡状態にある時に輻射と結合することがあるだろうと示唆した。それ故に、オーブンの中に無限の量のエネルギーがあるだろうということは、明らかに不可能なことである。オーブンで焼くことが物理学の法則を壊した！　プランクは、エネルギーがオープンの壁と輻射の間で連続的ではなく「固まり」あるいは「量子」として転換されると仮定することに駆り立てられた。

従って、彼は自然の新しい定数として、今「プランク定数」と呼ばれる、「作用量子」を導入した。なぜなら、同じ種類の量が最少作用の原理の中で現れている。プランクの研究まで、全ての物理学的な量は連続的に変化するのが、普遍的に当然のこととされていた。しかし、量子の世界では、作用はいつも「量子化されて」いる。これまでに測定された任意の作用は、0, 1/2*h*, *h*, 3/2*h*, 2*h*…という値の中の一つを持つ。ここで、*h*はプランクの定数である。（*h*の整数の半分の値、すなわち1/2*h*, 3/2*h*…が自然界において発生し得るという事実は、プランクの独創的な発見の後に長い間をかけて確立された。それによって、基礎的な単位として最初の量の半分を取るには余りにも遅すぎた。）*h*の値は小さい。

大部分の人々は、一秒間に地球を七回周り、あるいは月と（地球）の間を二・五秒間で往復する光の速度については、良く知っている。プランク定数の小さいことは余り良く知られていない。エンドウ豆の中の原子の数で比較すると、良く分かる。角運動量は作用であり、*h*の倍数である「運動」の中でだけ増加することができる。我々は、エンドウ豆に三〇センチの長さの紐を通して、一秒間に一回円を描いて回る様に回転させるとしよう。その時、エンドウ豆の動きは、*h*の約一〇の三二乗倍である。我々が知っているように、ばらばらにして一ミリの点として表現したエンドウ豆の中の原子は、一キロの高さでイギリス諸島を十分に覆い尽くすだろう。一〇の三二乗という数を同じ方法で表現したら、地球全体を（一キロの高さで）一度だけでなく一〇〇回も覆い尽くすだろう。回転の速度の二倍は、あなたを豆の角運動量の中に同じ数の作用量子を置くだろう。それらが加えられた時に、*h*の個々の「運動」にあなたが気付かないことは、猛烈に驚くべきことである。

我々の正常な経験が、相対性理論や量子力学の暗示を何も与えないということを、人々が説明する時に、光の莫大な速度と量子作用の驚くほどの小ささが、しばしば引用される。相対性理論は大変遅く発見された。なぜなら、全ての物の正常な速度が光の速度と比較して非常に小さいからである。同様に、量子力学は、全ての正常な作用が h と比較して莫大であるために、そんなに早くには発見されなかった。これは真実であるが、感覚において、それもまた誤った導きである。少なくとも物理学者にとって相対性理論は、完全に理解できるものである。相対論的な世界の間の不適当な組合せや、その我々に対する非相対論的な出現は、完全に光の速度によって説明される。それとは対照的に、プランク定数のただ小さいことが、量子世界の古典的な出現を十分には説明していない。謎が存在する。私は、それが時間の本質と根本的に結び付いていると信じている。しかし、我々は最初に量子についてもっと多くを学ばなければならない。

アインシュタインは、包括的な離散性の中でプランクよりも、さらに遠くに行った。相対性理論の論文を出す数ヶ月前に書かれた、一九〇五年の彼の論文は、特別に先見の明のあるものであり、一般相対性理論から広範囲の結論を引き出すための、彼の能力の素晴らしい証明である。彼は、いくつかの事項で輻射が、まるでそれが粒子から成り立っているかのように振る舞うことを示した。独創的な手段の中で、彼はその時「確かな点から放射された光のビームのエネルギーは、これまでに増加している量の中で連続的に分散するのではなくて、全体としてのみ吸収するか放出するかする、有限の数のエネルギーの分割できない量を作りあげる」ことを示した。アインシュタインは、その推定上の粒子を「光量子」と呼んだ。（もっと後になると、それらは「フォトン（光子）」と呼ばれた。）特に美しい論証の中で、アインシュタインはそれらのエネルギー E は周波数 ω にプランク定数 h を掛けた輻射でなければならない、すなわち $E=h\omega$ であることを示した。これは物理学における最も基本的な等式の一つになった。ちょうど有名な $E=mc^2$ と同様に重要な等式である。

偉大な多くの現象、とりわけ光の回折、屈折、反射と分散などが、波動仮説と結合した干渉効果の言葉で一九世紀中に完全に説明されてしまっており、光量子の概念は、それとは全く異なるものであった。しかしながら、アインシュタインは、光学的な実験で測定された強度分布は、一定不変に有限回以上蓄積された平均値であり、それ故に、個々の光量子の無数の「衝突」の結果であることを指摘した。その時、マクスウェルの理論は個々の量子の振る舞いではなく、平均的な分布だけを正確に述べた。アインシュタインは、波動理論の古典的な成功に属さない他の現象が、量子的な考えによってより良く説明され得ることを示した。彼は、オーブンの中の効果、紫外線の輻射による陰極線の発生（光電効果）と光ルミネッセンス（光の吸収による発光）と古典的な説明を受け付けない全ての現象を予言し説明した。アインシュタインが、一九二一年のノーベル物理学賞を受賞したのは、相対性理論に対してではなく、彼の量子論文に対してであった。

大きな謎は、光が、まだ波動の振る舞いを見せながら、どのようにして粒子の要素から成ることができるのかであった。推量された光量子の位置とマクスウェルの理論の連続的な強度の間に、ある統計学上のつながりがあるに違いないことが、アインシュタインとしては明瞭であった。多分、それは、場の強度の濃縮された「結び目」であるとして粒子を表している、もっと複雑な古典的波動方程式から現れることができた。その時、マクスウェルの方程式は、このより深い理論の単なる近似的な徴候に過ぎなくなるであろう。彼の人生全体を通して、アインシュタインは、時空の枠組みの中で定義された古典的な場を通り抜けて、量子効果の説明を追求することを切望した。この点において、彼は驚くほど保守的であった。そして、彼は一九二〇年代における、量子力学の創造によって彼の発見を供給した多くの単純な統計学的解釈を、良く知られているように認めなかった。

続く数年の間に、アインシュタインは、固体の比熱に関して、量子理論の基礎に横たわっている、いくつかの重要な量子論文を発表した。しかしながら、次の主要な前進は、一九一三年にデンマークの物理学者ニールス・ボーアの原子モデルと共にやって来た。原子は、それらが出現するためにスペクトルの「線」と呼ばれる、ある一定の確かな周波数でのみ放射線を出すことが、長く知られていた。正規の一組の中で、純粋に経験主義的に配列されているこれらのスペクトル線は、大きな謎であった。誰もが、各々の（スペクトル）線は原子の中の同じ周波数の振動子の変化によって発生させられているに違いないと仮定したが、満足できるモデルは何も構築されなかった。

ボーアは、全く異なった説明を見つけた。有名な実験の中で、ニュージーランド人のアーネスト・ラザフォードは、最近（電子の負電荷によってバランスを保っている）原子の正電荷は、小さな原子核の中に集中して集められていることを示していた。この発見は、それ自身非常に驚くべきものであり、良く知られている相似形によって説明される。もし、原子の空間すなわち、電子がその中で動き回っている領域が、大聖堂の大きさであると仮定するならば、その原子核は一匹のノミの大きさである。ボーアは、原子が太陽系のようなものであると推測した。すなわち、原子核は「太陽」であり、電子は「惑星」である。

しかしながら、彼は見た所では途方もない特別の仮説を作った。電子の知られている電荷の代わりに静電気の力と、正電荷の原子核を使って、彼はたった一つの電子を持つ水素原子に関して、ニュートン力学で電子軌道を計算した。各々のそのような軌道は明確な角運動量を持っている。ボーアは、この角運動量がプランク定数のある厳密な倍数、すなわち、$0, h, 2h\cdots$になっている軌道だけが、自然界に発生することができることを示唆した。これらの軌道はまた、限定されたエネルギーを持っており、今ではそれを「エネルギー準位」と呼んでいる。スペクトル線の中の放射は、電子が（ある説明できない理由によって）、より高いエネルギーを持った軌道から、より低いエネルギーを持った軌道に「ジャンプ」する時に発生することを、彼は一層進んで途方もない推量をなした。これらのエネルギーの差Eは、周波数ωの放射線と結合した「エネルギーの塊」に関して、アインシュタインによって見つけられた関係式$E=h\omega$によって決定される周波数ωを持った放射線に変換されることを、彼は示唆した。このように、ボーアの理論によれば、原子は、軌道から別の軌道に（電子が）ジャンプすることによって、十分に明らかにされたエネルギーの光量子（光子）を放出する。

水素原子にとって、エネルギーのレベルそしてそれ故に、それらの放射線の周波数を計算することは容易であった。ある確かなさらに進んだ条件を従えて、ボーアの理論は即座の成功を収めた。ニュートン理論と奇妙な量子要素に関する彼の混同は、謎のスペクトル線について、ほとんど説明しなかったが、しかしそれは非常に良くそれらの周波数を予言した。そして、彼が少なくとも偉大な真理のある部分を発見したことは、疑う余地が無かった。

続く一〇年間の間、ボーアのモデルはますます多くの原子に対して適用されたが、いつも成功する訳ではなかった。それは明らかに特別であった。終始一貫した量子原理に基礎を置いた、原子と光学的現象の完全に新しい理論に対する必要性は、さらにいっそう明白になり、切実に感じられた。最終的に、一九二五年〜一九二六年に、完全な量子力学が公式化された。すなわち、一九二五年にウェルナー・ハイゼンベルグによって、そして、一九二六年にエルヴィン・シュレディンガーによって作りあげられた（それぞれ「行列力学」と「波動力学」と呼ばれた）公式である。最初に、彼等は奇跡的に同じ結果を与える、完全に異なった二つの体系を発見したと思われていた。しかしすぐに、シュレディンガーはそれらが同じものであることを立証した。

ハイゼンベルグの図式あるいは「概念」は、抽象的な代数学に基礎を置いており、しばしば、より正確な概念を与えると考えられている。量子理論がいま存在している型の中で、それはより適応性があり、一般的である。不幸なことに、それが抽象的な代数学に基礎を置いているために、直観的な言い方の中でそれを表すことを非常に難しくしている。それ故に、私はシュレディンガーの概念を使うことにする。幸運にも、これは私が言いたいことをそらさないだろう。実際、私が展開したい主な考えの一つは、シュレディンガーの概念がハイゼンベルグの概念よりも実際にもっと根本的であり、それが量子力学的に宇宙を表すために使われうる唯一のものであることである。多くの物理学者はこれについて懐疑的であるだろう。しかし多分これは、彼等が環境の中の現象を研究しているからであり、局所的な物理学がどのようにして、全体としての宇宙の振る舞いから発生して来るのかについて考慮しないからである。

シュレディンガーの研究は、一九二四年にフランス人のルイ・ド・ブロイによって提唱された別の革命的なアイデアから発展した。それは、最終的に、一九世紀の終わりに具体化された粒子と場の二元論的な描写を覆した。アインシュタインはすでに、電磁場が波動のみならず粒子の特性もまた、支配していることを示した。ド・ブロイは光が波動としても、粒子としても振る舞うことができるので、「電子は(光と)同じように振る舞わないのか?」と不思議に思った。その位置に加えて、質量m、速度vの粒子の最も基本的な特性は、その運動量mvである。ド・ブロイは、粒子がそれらの運動量とプランク定数によって関係付けられた波長λを持った波動で、一定不変に結合していると仮定した。すなわち、$\lambda = h/mv$。

彼は、ボーアのモデルにこの考えを応用した。各々のエネルギー・レベルで電子は、正確な運動量と、それ故に(正確な)波長を持っている。我々は、(電子が)軌道の周りを回っていることを想像することができ、波動の振動をオッシレーターで見守ることができる。一般的に、もし我々が波の山から出発するならば、その波は一周巡回した後、山に戻っては来ないだろう。ド・ブロイは、山から山へぴったり合うことあるいは「共振」が、ボーアのモデルの中で、非常に顕著に現れた量子化された角運動量を持った軌道に入った場合にだけ起こることを示した。

彼は、厳密には何も新しい発見をしていないのだけれども、彼の提唱は暗示に富んでいた。それは、世界の見せかけ上の統一性を回復した。電子も電磁場も両方とも、波動と粒子の特性を見せた。ド・ブロイの命題は、感動させ、その有望さに注目したアインシュタインに届けられた。シュレディンガーはヒントを得て、続きは歴史となった。一九二五年〜一九二六年の冬とそれに続く数ヶ月の間に、彼は波動力学を創造した。これは、次の章の主題である。

一九二七年に、ド・ブロイの電子についての推測は、最初に英国人のジョージ・トムソンによる実験で、それからアメリカ人のクリントン・ダビソンとレスター・ガーマーによる特に有名な実験で確認された。それらの実験と似た実験がドイツの物理学者マックス・フォン・ラウエによって約一〇年半早く行われていた。その実験で彼は、水晶の上にエックス線を直接照射した。そして、非常に特有の回折模様を観測した。そしてその模様から水晶の構造が引き出された。その模様は、水晶を形成している原子の規則正しい格子と波動の相互作用に関して説明した。それらは、電磁場の波動のような振る舞いを写実的に表示した。（エックス線はもちろん、光のような電磁波である。しかし、非常に高い周波数で、より短い波長である。）一九二七年の実験では、電子が水晶の上に直接照射され、その回折模様がエックス線によって生み出された模様と本質的に同じものであることが分かった。このように、電子の粒子的性質は、それらの波動的性質が疑われるよりもずっと前に観測されていた。光については、それは反対方向の別の道であった。すなわち、（光の）波動の干渉は、アインシュタインが光は粒子的姿もまた持つのではないかと疑ったときより一世紀前に観測されていた。

光も電子も両方とも、波動と粒子の二面性を見せることは、今では明らかであるのだけれども、それらの間の重要な相違点があった。それが今現れているので、概念の短い記述が役に立つだろう。全ての粒子が場と結合しており、これらの場の励起として描写される。これが何を意味しているかについて、ある概念を得るために、かき乱されていない水の励起状態である水の波に対して粒子をたとえることができる。しかしながら、その相似性は単に部分的である。波動と結合させられた粒子の古典的な実例は、光子である。それは、マクスウェル場の励起状態である。場と異なった種類の結合した粒子が存在している。各々の点において単一の数によって描写される場が有り、それはスカラー場と呼ばれる。そして、三つの数によって描写される場をベクトル場と呼ぶ。スカラー場は単純な強度を表す。ところが一方、マクスウェルの場のようなベクトル場は、一種の「直接的」強度である。一般相対性理論の中で、我々は同様にテンソルに偶然出会った。数学的に、スカラー場、ベクトル場、テンソル場は集団に属している。そして、座標系の回転のもとで同じ種類の規則に従っている。特に、回転の後に、それらは前に持っていた数値に戻る。しかしながら、一九二七年に、さらに別の驚異的な量子的発見がディラックによってなされた。彼は全く異なる場の集団を見つけた。それは、「スピノル場」と呼ばれ、(多くの他の粒子と同様に)電子と陽子とを結合している。それらの場合、座標系の一回転は、それらが(回転の)前に持っていた値を「マイナス」にして、それらに戻って来る。そして、二回の回転がそれらの最初の値を回復するために必要とされる。ディラックは、相対性理論と共存できるように、新しく発見した量子原理を作ることを試みることによってスピノルを見つけた。彼の論証は全く説得力のないことが、後でわかったのであるが、それでも壮観な成功を達成した。しかしながら、大事な点は、電子がスピノル場で結合しており、陽子はベクトル場で結合していることである。

電子も陽子も両方とも、状況によって、波動かあるいは粒子の振る舞いを見せることができるのである。他の点では、それらの振る舞いは非常に異なる。多くの陽子は同じ状態の中に同時に存在することができる。

（運動の位置と方向のように、粒子の固有性の特有のセットがある状態）しかし、電子にとっては、これは不可能である。すなわち、（電子の場合）任意の与えられた状態の中で、多くて一つである。二種類の粒子は、異なった統計学的振る舞いをする。いわゆる、電子のためのフェルミ・ディラック統計値と、陽子のためのボース・アインシュタイン統計値である。実際、今では多くの異なった粒子が知られており、その各々が結合した場と共にある。フェルミ・ディラック統計値を満たしたものを「フェルミ粒子（フェルミオン）」と呼び、ボース・アインシュタイン統計値を満たしたものを「ボース粒子（ボソン）」と呼ぶ。加えて、ほとんど全ての粒子は、反粒子を持っている。反粒子は、いくつかの点については、元の粒子と同一であるが、他の点については、それと正反対である。特に、粒子とその反粒子は、いつも逆の電荷を持っている。

多くの点で、ここ七〇年間の基礎的な物理学の歴史は、粒子の発見と、その中でそれらが相互作用し合う方法の理解であった。今までに発見された全ての粒子は——それらの全体の「動物園」がある——、スピノル粒子か、ベクトル粒子のどちらかである。皮肉なことに、最も簡単なスカラー場に対応した粒子は、まだ発見されていない。けれども、間接的な、しかしむしろ説得力のある理論上の論争の基礎の上に、それがまもなく主要なものになることが、確信されている。現在は、「超対称性」と呼ばれるアイデアを用いて、二つの広大なカテゴリーの粒子、すなわちフェルミ粒子とボース粒子を統一する企ての莫大な量の研究がなされている。ここ二〜三年の間に、超ひも理論の分野で、興奮させる別の偉大な大きなうねりがあった。目下知られている粒子の完全な「動物園」は、バイオリンの弦がその異なった倍音で振動できるように、弦の振動の単純に異なる出現であるというアイデアと超対称性の概念を、これは合体させている。これは、「万物理論」（ＴＯＥ）の夢である。何人かの読者は、壮大な統一理論、頭文字で表わすとＧＵＴの中の独創的に具体化されたこれらの概念について良く知っているかもしれない。これは、（含むことが特に難しいとして長く認められてきた）重力を除いた自然の全ての力をただ統一された理論的な枠組みの内部で表すことを望む物理学者の目標であった。もっと最近では、もっと野心的に、それは重力を含むことを狙って以来、大きなＴＯＥの探究となっている。

私は、この研究について論じるためのどんな試みもするつもりはないし、粒子とそれの結合した場の間の関係を説明するつもりもない。もし、万物理論が見つけられたら、それは物理学の枠組みを変えることになるだろう。我々は全く新しい劇場に立っているかもしれないし、更に再び、空間と時間についての我々の概念を変えなければならないかもしれない。しかしながら、今以降、現在の「動物園」のみならず、たとえある推定上の万物理論が現れたとしてもそれを収容するための十分に大きな劇場の概略をチラッと見ることができると、私は信じている。私が心の中に描いている劇場は、莫大で無時間である。私は、万物理論に対する競争相手としてではなく、その中で、そのような理論が明確な形で作り上げられるような一般的な枠組みとしてそれを見る。

今や、シュレディンガーが一九二五年〜一九二六年の冬に提出した概念について、話すべき時が来た。それは、ドアが広大な劇場の方に開かれる時であった。

第13章　より小さい謎

13-1　導入

量子力学に関する大部分の説明は、最も単純な状況すなわち、単一粒子の振る舞いに集中している。それはすでに大変驚くべきことである。しかし本当に不思議な特性が明らかになるのは、いくつかの粒子の複合系においてのみであり、その振る舞いは不可解に相関している可能性がある。実験主義者は、今では、二つの遠く離れてはいるが強力に相互に関連している粒子を研究することができるので、その状況は現在では非常に刺激的である。彼等の観測は、見事に量子力学を裏付けているが、人間の直観を限界まで引き延ばしている。そのような状況が、時間と空間の中でどのようにして起きるのだろうか？　そして、量子宇宙は信じ難いシナリオを示すのだろうか？

大部分の量子理論家は、量子宇宙論について十分に考えていないので、現在の驚愕が存在しているのではないかと、私は疑いを持っている。最初の問題はその劇場である。量子力学は、同時に二つの劇場の混成的枠組みの中で、現在は示されている。一つは、ヒルベルト空間として知られている抽象的な数学的構成物である。しかし、その要素は、二番目の劇場を構成する絶対的な時間と空間によって、根本的に定義されている。量子力学は、両者とも当然のことと認める。しかし、それらは量子宇宙論にとって疑わしい基礎だけを供給する。明瞭な状態は、この混成状態が終わるまで達成されない。すなわち、時空間の枠組みで行かなければならない。そのような事象が空間と時間の中で、どのようにして起こり得るのかという疑問に解答しようと思ったらそれらが起こっていないと考えるしかない。それらは、起こっておらずまた、空間と時間の中でそれらを見つけることもないのである。しかし、これらの事象とそれらの存在は「プラトニア」の中にある。それは、絶対的な空間と時間の不確実な基礎の上に組み立てられたヒルベルト空間に取って代わるに違いないものである。少なくとも、これが私の展望である。

波動力学に関する私の説明は、空間と時間の終焉が避けられないものであることを示すことに向けられるだろう。我々は、最初に単一粒子が空間と時間の中で、どのように描写されるかを見る。それから、我々が宇宙を表すことを試みた時に、何が起こるかを知るだろう。空間と時間は「蒸発」し、我々は、真実の劇場、すなわち「時間の無いプラトニア」と共に残される。この劇場では、量子力学は全く透明な形を取るように、私には見える。その中で、我々が信じることができるかどうかは、別の問題である。

13-2 波動関数

量子力学の全ての説明は、有名な二本のスリット（細長い切り口）の実験を含んでいる。宝の山には例外が無い（BOX11）。差異は後からやって来る。マイケルソン・モーリーの実験が相対性理論のためにあるように、二つのスリットの実験は量子力学のためにある。その事実は単純であり、根本的な変化が避けられないことを示している。素晴らしい美しさは、実験的事実が、波動力学の必要性と、その基本的な形を直接的に示唆していることだ。

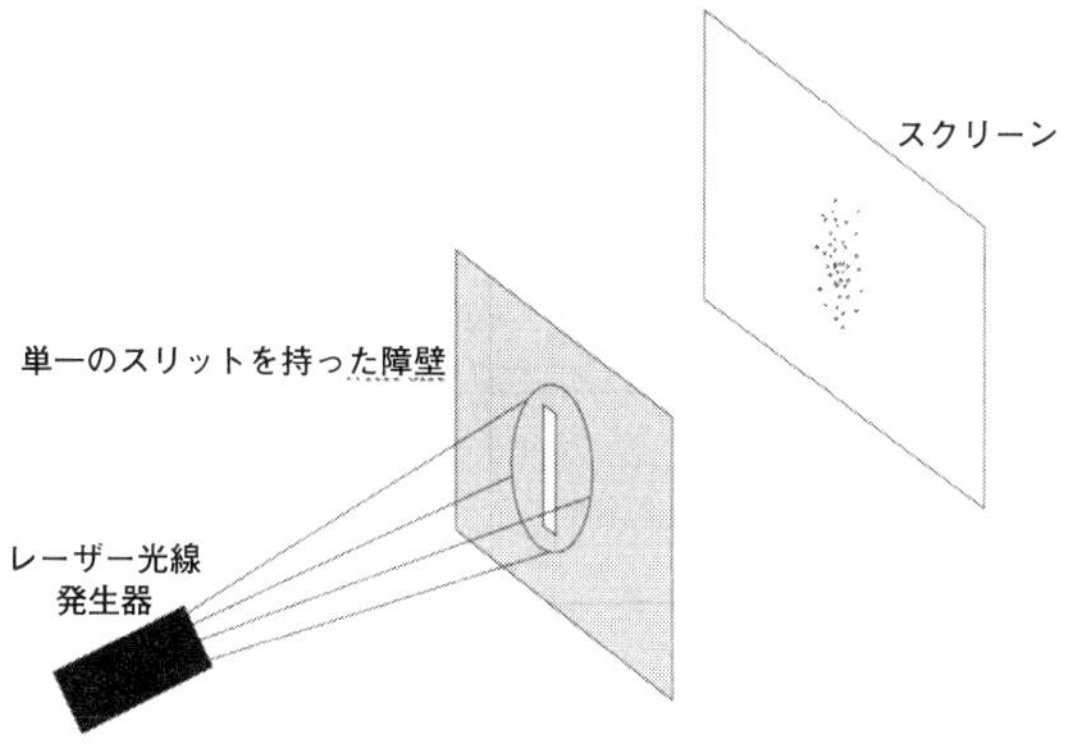

図32　単一のスリットの後ろの（スクリーン上の）衝突の分布

BOX11　二本のスリットの実験

もし、全て同じエネルギーを持った陽子や電子のビームが障壁の中のスリットに偶然出くわして、それからその後ろのスクリーンに衝突するならば、独特の集中した「衝突」が、一定不変に起こるはずである（図32）。これは、たとえそのビームが大変低い密度であったとしても、そのようになる。それで、一度にせいぜい一つの粒子がその系を通り抜けている。これは、個々の粒子がビーム発生器を離れて、そのスリットを通り抜けて、スクリーンに衝突することを強く示唆している。その衝突は、領域を超えて独特の分布を示す。

今、障壁に二つの同じスリットを入れる（図33）。個々の粒子に関して、最初の実験の解釈は、何が起こるかについて、あいまいではない予測をもたらす。論点は次の通りである。全ての粒子は、障壁に向かって移動して、空間の中で一様に分散するだろうと仮定することができる。単一のスリットの後ろの模様は、それらがそれを通り抜けた時の、粒子とスリットの間の相互作用によって、たぶん作り出される。異なった位置でスリットに入ると、粒子は異なった屈折をし、異なった点でスクリーンに衝突するだ

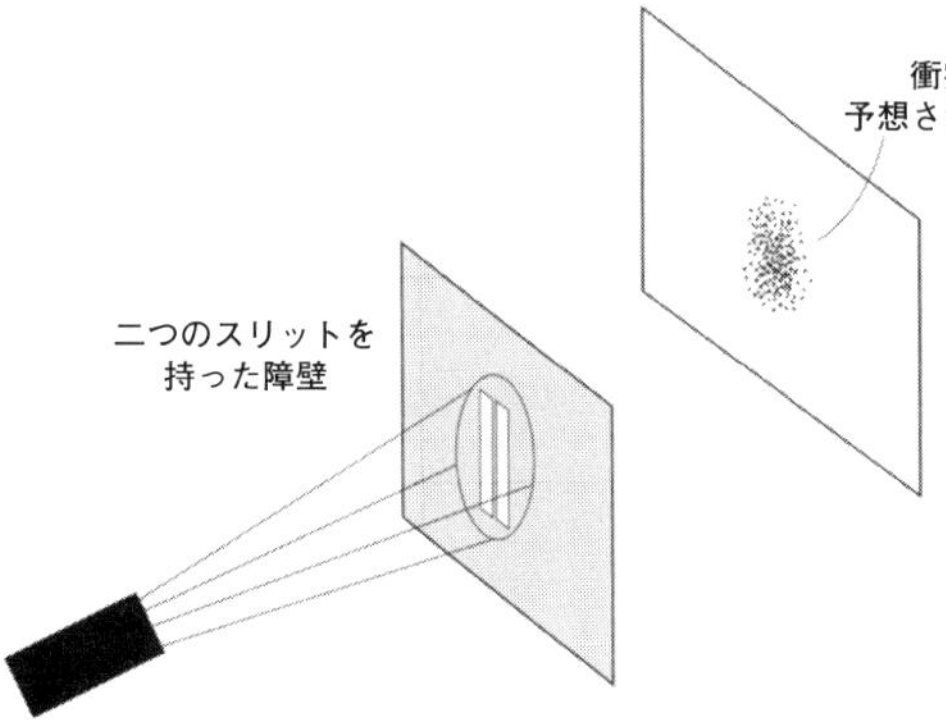

図 33　二つのスリットの後ろの（スクリーン上の）衝突の予想される分布

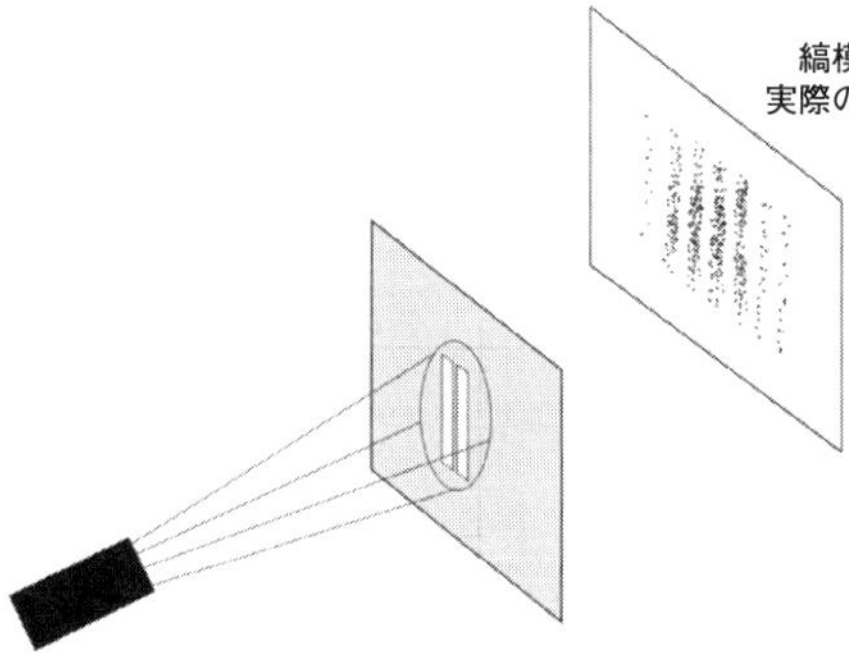

図 34　二つのスリットの後ろの（スクリーン上の）（衝突による）実際の分布

ろう。二つのスリットが障壁に開けられた時、各々のスリットは、単一スリットの場合と同じ効果を示すだろう。それで、複合された模様は、二つの単一スリットの効果の単純に合計したものであるだろうと予想される。しかし、これと全然似ていない模様が観測されている。その衝突は光の波動理論（図22）にヤングを導いた干渉に特有の帯または「縞模様」（図34）の中に分布している。一九世紀になると、これらの縞模様が連続的に積み上げられ、個々の「衝突」の中には無いことが信じられた時、波動場だけが、それらを生み出すことができると思われた。

詳細な理論が無い中で、単一スリットの後ろで観測される模様は、粒子や波動によって、平等に良く説明される。しかし、二本のスリットの後ろにできる模様は、粒子の仮説に基づいては、全く説明し難いものであるように思われる。というのは、間違いなく粒子は、スリットだけを通り抜けることができる。そしてそれからそれが何をするかは、そのスリットの特性にもっぱら依存するだろう。それは、他方のスリットが開いているかあるいは閉じているかどうかを「知る」こともできないし、それに応じてその振る舞いを変えることもできない。さらにその上に、我々は異なった形や異なった大きさの多くのスリットに対して、同様の実験をすることができる。変わらずに、波動理論はスクリーン上に生み出される模様を正しく予測する。全体の強度パターンが関係している限り、波動理論によるものを除いては、それを説明する方法が無い。

けれども、その模様はいつも、個々の「衝突」によって築き上げられる。これは、粒子にとって特別に強力な証拠である。しかし、もし粒子が模様をつくり出しているならば、彼等は、なんとかしてすぐに全てのスリットを探査するに違いない。粒子のまさしくその概念を否定する何かが、すぐに至る所で出てくるに違いない。さらにその上に、いくつかの場所に同時に存在するこの能力は、すぐに「自己干渉」を生じる。ディラックはそれを、記憶すべきこととして述べた。すなわち、「各々の陽子…は、それ自身に対してだけ干渉する。」スクリーンのようなものに連続して現れる干渉の可能性が、「それ自身秘密を明らかにするために」粒子に強制しているのは、重要な観測事実である。

その粒子は、選択されるために強制されていないので、量子力学の中のその振る舞いは、シュレディンガーが「波動関数」と呼んだものによって表される。（その波動関数を）彼はギリシャ文字プシーψによって示した。そしてこれが、伝統的なものになった。時々、大文字Ψが使われる。私は、実験室の中で起こる事象に関してはψをそのまま使い、量子宇宙論の中ではこの適格に立派な大文字Ψを使うだろう。波動関数は強さの様なものである。もしxが空間の点であるならば、$\psi(x)$はxにおけるψの値である。一般的に、ψは各々のxに関して異なった値を持っている。波動関数は物理学の中で、完全に新しい何かを表している。一層進んだ目新しさは、波動関数が単純な強さを表すような普通の数ではなく、「複素数」であることである。（非数学者は驚かなくて良い。すなわち、それは、普通の数の対としての複素数という考えで全く十分である。この文脈の中での「Complex」は「複合の」の意味で、「複雑な」の意味ではない。）

波動関数の状態は、控え目に言っても論争を引き起こしている。他の人達がそれを、ファラデーの磁場と同様に物理的なものとすることを望んでいる一方で、ある人達は、それにただ単に知識の描写を要求している。私がこの状況を見ると、波動関数は、実体の無い無形物であり、（場や粒子のようなある物理的事象ではなく）事象の「等級付け」を確立するものである。真実の事象は「プラトニア」の地点すなわち、時間の瞬間である。量子宇宙論は、少なくとも未発達な形の中では、「プラトニア」の各地点でΨ（大文字であることに注意）の値と結合するだろう。波動関数がどのように異なっているかを強調するために、私は、その濃度が点から点へと変化している「プラトニア」の上で空中に浮かんでいる、あるいは空中に停止している、ある「霧」のようにそれを考えることが気に入っている。

実際に、波動関数は、その二つの「構成要素」があり、複合して二つの数から成っているので、二つの霧がある。私は、それらをそれぞれ「赤色の霧」と「緑色の霧」と呼ぶことにしよう。私はまた、「青色の霧」と呼ばれる三番目のグループを導入する。この三番目の霧の濃度は、赤色の霧の濃度の二乗と緑色の霧の濃度の二乗の和として、二つの最初の構成要素によって決定される。これは、初期の章の中で述べた霧である。内情に通じているこれらは、波動関数の実数部と虚数部と、その振幅の二乗の和として、三つの霧を認めるだろう。

私がこれらの霧に与えている重要さは、量子力学のゆがめられた幼稚な描写でなければ、大部分の理論物理学者（何にもまして、ディラックとハイゼンベルグ、彼等はまだ生きている）によって一方的なものとみなされた。その霧は、（オペレータと呼ばれることに反して）実験室で行われている大部分の量子実験について話すのは妥当ではない。しかしながら、私が心の中で行っている実験は、実験室では行われない。それは、宇宙が時間の瞬間に対して何をなしているかである。この実験に関しては、本当に考慮に入れる物は、霧の言葉が妥当であると、私は考えている。異議を唱える人達は、もしも彼等が慣性的な骨組みと持続期間がどのようにして生じて来たかについて本当に考え始めると、二番目の考えを持つかもしれない。私は、これらの問題に後で戻って来る。

私は今、良く知られている時空の言葉で、二つのスリットの実験の量子力学的な説明をするつもりである（図35）。最初の時に、粒子として結合している波動関数は、障壁の左側に完全な「雲」としてある。その雲の内部では、ψはゼロではない。その外側では、ψはゼロである。時間が経過して、この雲が右側に動き、概してその形を変える。それは、（ある明確な規則に従って）「展開する」。一般的にそれは「拡散する」。障壁

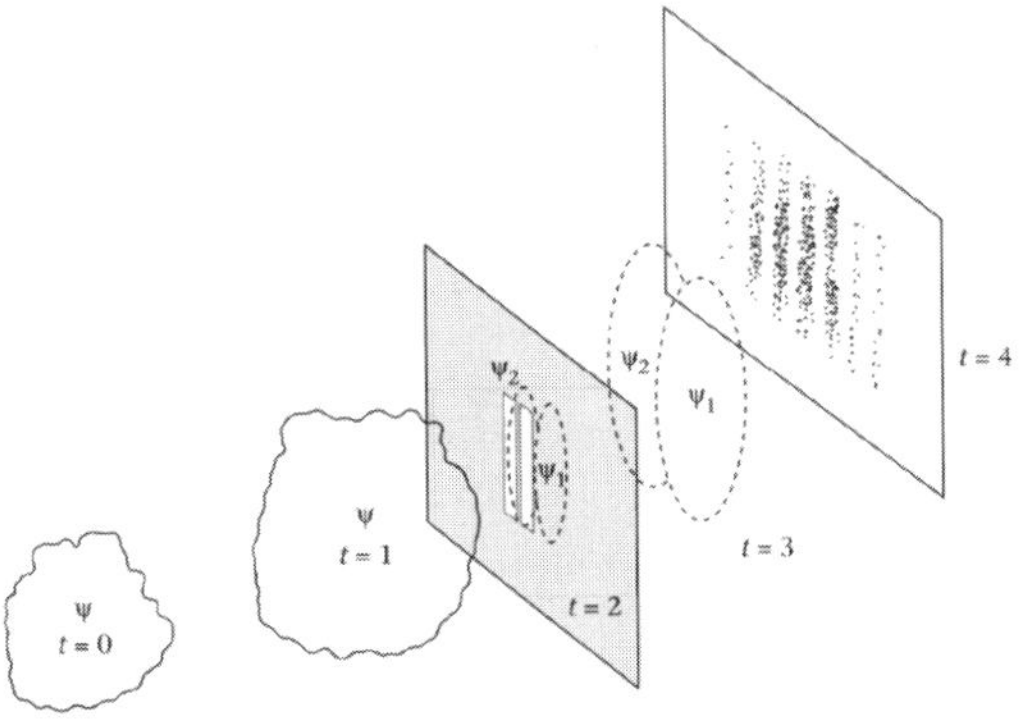

図35　波動関数の「雲」が、二つのスリットに接近している所（t=0 と t=1）、二つに分割しそれらを通り抜けている所（t=2）、拡散し重なり合っている所（t=3）、スクリーン上に衝突している所（t=4）。

の所で、雲のいくらかは反射されて左側に返っていくが、雲のいくらかは二つのスリットを通り抜ける。最初は二つの分離した雲があるが、それらは急速に拡散し、そのスリットが狭いならば、すぐに重なり合う。独特の波動の干渉が発生する。このように、合併した波動がスクリーンに到着した時には、ψは何処でも同じではない。そして、縞模様が形成される。実際に、最良の縞模様は、雲ではなく、波動関数の安定した「流れ」によって形成される。

13-3　波動関数の解釈

今、疑問が出てきた。それは、図35の中で粒子はどこで観測されているのか?というものである。その解答は、一九二六年にドイツの物理学者マックス・ボルンによってすでに与えられているように、ψが青色の霧の濃度を通して決定していることである。すなわちそれは、粒子が観測される場所の「確率」である。青色の霧は、その粒子がどこに「衝突するか」を推測することを可能にする。すなわち、その濃度が二倍になれば、その確率が二倍になることを意味する。

量子力学の中には、多くの謎が存在する。そしてその一番は確率である。我々は、同じ雲を何度も、そのスリットを通り抜けて送ることができる。縞模様のパターンはいつも正確に再現されるが、その衝突は無作為に分布している。多くの「走行」の後にのみ、衝突のパターンが打ち立てられる。青色の霧がそのパターンを与える。その濃度が高い所では、多くの衝突が起こっている。それが低い所では、衝突は少ない。それがゼロの所では、衝突が起こっていない。量子力学は、これらの確率を完全に決定しているが、その個々の衝突が、どこで起こっているかについては、何も示していない。

アインシュタインは、これが断固として邪魔をしていると思った。彼は、物理学者がそのような実験をして、どこかにその粒子が表れるように強制するたびに、神が毎回、サイコロに手を伸ばすとは信じられなかった。それは、標準的な量子力学が何を意味しているかということ、すなわち、野蛮な生の偶然が結果を決定する。しかし、さらに多くの困惑させることがある。量子力学は、注目すべき美しさと自己完結の構造を持っているというのは価値がある。数学的に検討すると、それは非常に調和の取れた統一体である。特に相対性が考慮されている場合に、個々の衝突がどこで起こっているのかを決定するために、その構造をどのように自然に修正することができるのかを知ることは困難である。

次の謎は、「波動関数の崩壊」である。粒子がスクリーンに衝突するちょっと前に、そのψは広大な領域を超えて拡散することができる。その粒子がどこかで突然発見された時に、ψに対して何が起こるだろうか？その標準的な解答は、その粒子が今、存在していることが知られている場所を除いて、その波動が至る所で瞬時に消滅するということである。

もし、我々が今、何が起こっているのかを決定することを望むならば、我々は改めて、小さな縮小した雲から始めなければならない。大きな雲は「崩壊して」しまっており、もはや何も関連を持っていない。言って見れば電荷密度のような真実のあるものとしてψを考えることを望んでいた（一九二六年のシュレディンガーのような）人達にとって、特にこれが、余りに多くを混乱させる原因となっている。真実の何かが、どのようにして瞬間的に消滅することができるのだろうか？　方程式の中の何も、その崩壊を表しているものは無い。それは単純に（崩壊することが）要求されている。量子力学の規則（方程式）に従った、正当な発展が観測結果が得られるまで続けられている。しかし、その時その規則は簡単に脇に置かれる。全く異なった規則が、それらが呼ばれた時に、「測定」の中で適用される。（量子力学の中で、「測定」という用語は、非常に厳密な方法で使われている。それは道具類のある正確な配置（配列）が、言って見れば粒子の速度や位置のような、ある物理学的な特性の値を確立するために使われていることを意味している。）測定がされる時の、規則の突然のそして奇妙な振る舞いをする（意見や態度をころころ変える）変化が、悪名高い「測定問題」の主要部分である。発展のための規則類と、測定のための規則類がある。そしてそれらは、チョークとチーズよりもさらにより多く異なっている。それにもかかわらず我々は、その崩壊が瞬間的であることを言う時、それが発生した時でさえ注意深くあらねばならないけれども、両者は見事に確認されている。

13-4　状態の内部の状態

測定が行われるときの規則の変更と同様にまさに不可思議なものは、測定の種類に関する明白な相互の排他性である。これまでは、私は粒子の位置についてだけ話して来た。しかしながら、我々は他の量もまた測定することができる。例えば、粒子のエネルギー、運動量や角運動量などである。それら全てについての情報がψの中に同時にコード化されていることは、特に魅惑的である。これは、古典的な力学とは別の大きな相違点である。

一定の波長を持って無限から無限へと広がっている完全な正弦曲線の波動を想像してもらいたい。その瞬

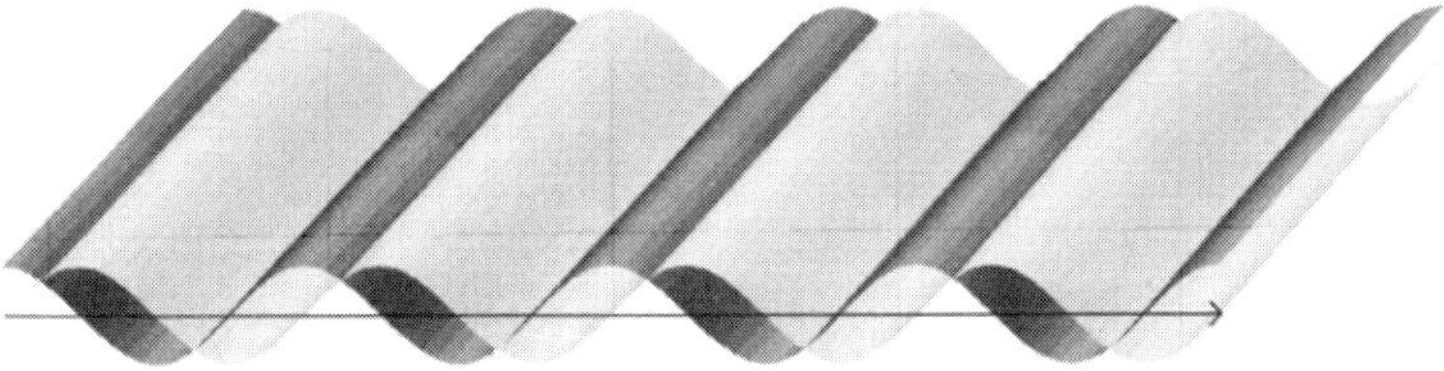

図36　限定された運動量を持つ粒子の波動関数

間に、干潮時に湿った砂の上にあなたが見る波模様のように、それが「凍っている」と仮定しよう。これを赤色の波動と呼ばせて欲しい。なぜなら、それは赤色の霧を表しているからである。今、赤色波動に比べて波長の四分の一だけ前方にずれた波長は同じだけれども別の緑色波動を、同じように想像してみよう（図36）。

その時、赤色波動の頂点は、厳密に、緑色波動の結節点の位置にある。そこでは、緑の波は強度がゼロである。時間が経過すると、赤色波動と緑色波動は、それらの特別な相対的位置関係をいつも維持しながら、右側に動いて行く。この特別な形の中の波動関数は、限定された運動量を持った粒子を表現している。すなわち、もし、それが何かに衝突したら、それはそれに対して限定された衝撃を伝達するだろう。正反対の運動量を持った粒子は、同様に表現されるが、反対方向に移動し、緑色波動のピークは、赤色波動のピークより四分の一波長だけ遅れて進む。量子規則に従って、その粒子は、そのψが限定された波長を持ち、完全に正弦曲線であるので、限定された運動量を持っている。そのように、波動関数は二つのスリットの実験の中で最良の干渉効果（の説明）を与えてくれる。それらは、運動量「固有状態」と呼ばれる。（ドイツ語でeigenは、「固有の」あるいは「特有の」の意味である。）

この状況について注目すべきことは、赤の強度の二乗と緑の強度の二乗の和によって与えられる粒子の位置の確率が、空間の中で完全に一定であることである。その理由は、波長の四分の一だけ変位している二つの正弦曲線の波動にとって、もしその波動の振幅（ピークでのその高さ）が一であるならば、この合計がいつも一

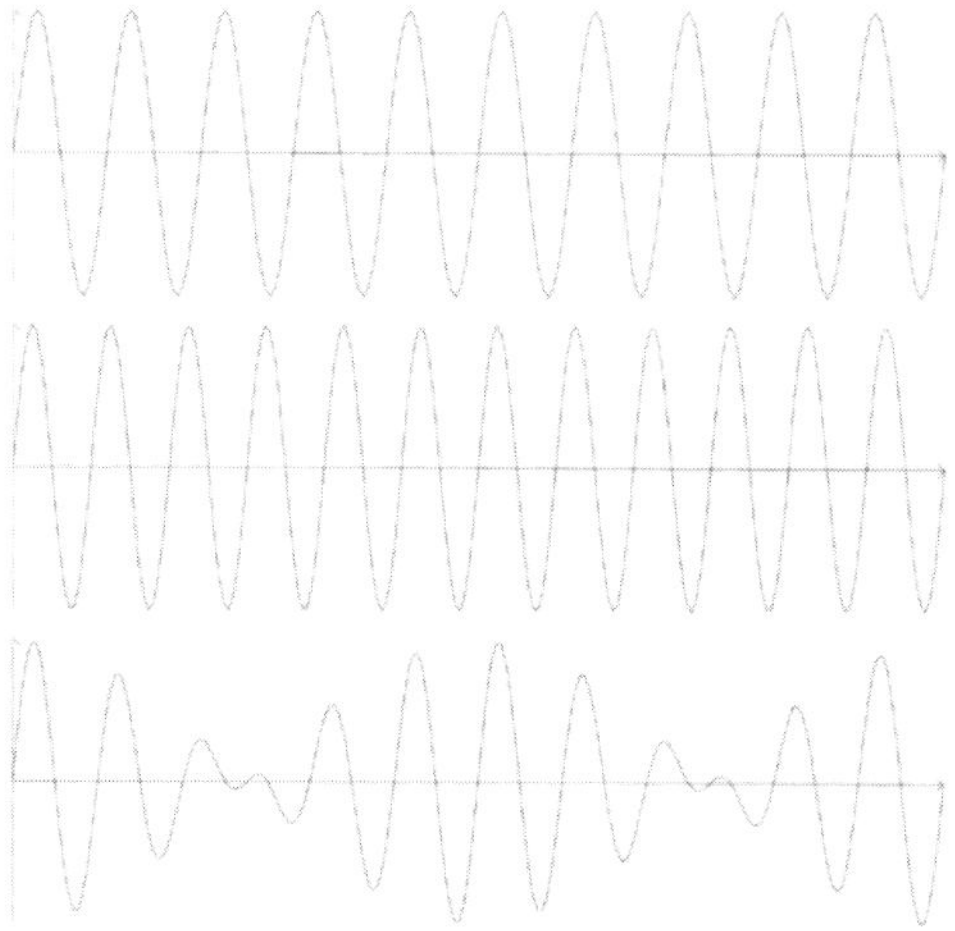

図37　上部の二つの波動の重なりが、下部の非常に異なった波動パターンを生じている。

であるからである。これは、良く知られている三角法の関係式 $sin^2A+cos^2A=1$ の結果である。それは、それ自身ピタゴラスの定理のまさに別の表現である。このように、この状態の粒子に関して、我々はその位置について完全に情報を持っていないが、我々はそれが限定された運動量を持っていることを知っている。

これまで、我々は単一波長の波だけを考えてきた。しかしながら、我々は異なった波長の波動も加えることができる。波が付け加えられる時にはいつでも、それらは干渉し、ここではお互いに強め合いそして、そこでは（お互いに）相殺し合う。異なった波長の波を変化することによって、我々は模様の莫大なパターンを作ることができる（図37が実例である）。実際、フランスの数学者ジョセフ・フーリエ（ナポレオンの将軍の一人）は、ほとんど任意の模様が妥当な正弦曲線の波動を加えるか、「重ね合わせる」ことにより作ることができるのを示した。任意の波動パターンは、この方法で創造され、「波束のむれ」と呼ばれる相対的に小さな「雲」の中に集中している。同じパターン（模様）は全く異なった種類の（波動の）

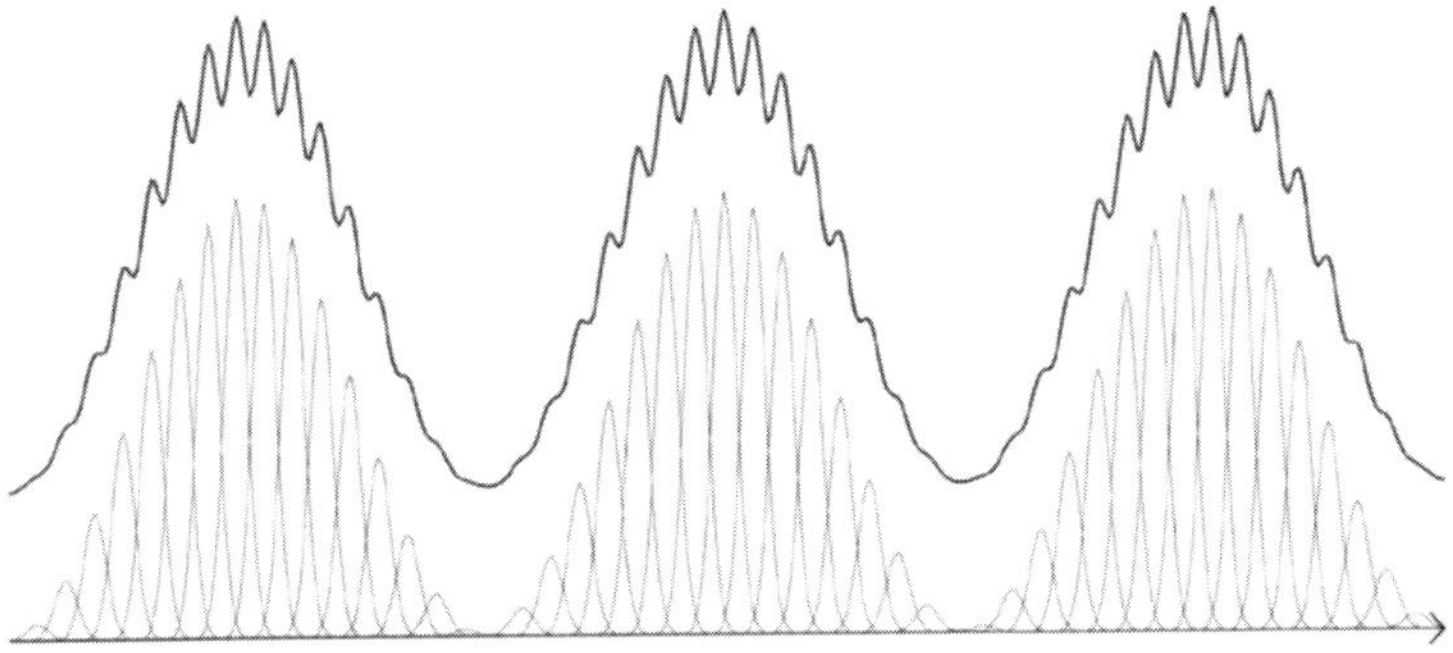

図38　二つの「スパイクの付いた」波動模様（薄い曲線）は、より多く滑らかな模様（濃い曲線）を作るために重ね合わされている。

重ね合わせによっても、作ることができる。

ψの初期の意味は、その粒子がxで「見つけられる」確率、すなわち、その二つの強度の二乗を通して、xでのその値を決定することである。今、「雲」が、非常に幅が狭く存在したのでxのある値で「スパイク」になっている。その粒子はその時、スパイクの所の唯一の場所に存在することができる。そのような波動関数は、固有状態の位置と呼ばれる。

このように、同じ波動パターンは、平面波動の重なり合いとしてか、または異なった係数と共に加えられたそのような多くのスパイクの重なり合いとみなすことができる（図38）。

任意の波動関数は位置の重なり合いか、または運動量の固有状態の重なり合いである。数学の中心部に二元性が存在している。何が注目すべきか、そしてディラックによって与えられた標準型の中で、量子力学の本質的な核心を何が構成しているかは、それが自然界で見つけられた類似した二元性を完全に反映していることである。これは、測定の問題がさらに多く混乱させられるようになる場所である。我々は、コペンハーゲン解釈として知られている「公式の路線」を考慮する必要がある。なぜなら、それは量子力学が創造された直後に、ハイゼンベルグとボーアによって、コペンハーゲンのボーアの研究所で確立されたからである。

13-5　コペンハーゲン解釈

粒子の波動関数は、その物理的状態に関する最高の表現であることを当然のこととする。それは、瞬間にその粒子について、かつて引き出すことのできる全てをコード化する。それを使って、我々はその粒子に関して実行した実験の結果を予測することができる。これらの予測について二つの最重要な事実がある。第一は、それらが確率論的であることである。例えば、もしその粒子が運動量の固有状態（上に述べたように、二つの特別な平面波動によって表現される）の中にあるならば、運動量の測定は、その粒子が対応する運動量を持っていることを確認するだろう。もし、それが運動量の固有状態と重なり合う中にあるならば、その時、重なり合いの中の運動量の任意の一つが、測定の結果として見つけられるかもしれない。その確率は、対応する運動量固有状態が重なり合いの中で描写されるところの、その強度によって決定される。

その確率論的な陳述が自然の基本的な特性を反映しているが、単に我々の無知だけではないことが、基本的なコペンハーゲン信条である。それは、測定の前に、その粒子が限定された運動量を持っており、我々が単にそれを知らないだけということではない。代わりに、重ね合わせの中の全ての運動量はポテンシャルとして存在している。そして、測定はそれらの一つを実現させることを強制する。これは単純で説得力のある事実によって、正当化されている。もし、我々が測定を実行せず代わりに放射のψを使うことを許し、後である測定をするだけとしよう。そうすると、後に観測される事象（二本のスリットの縞模様のような）は、全ての状態が最初に存在しており、それとその後に起こる展開放射のいたるところで存在しているのでなければ、説明することができない。量子力学の中の結果は、大部分の基本的な段階で偶然によって決定される。

これは、アインシュタインを非常に煩わせた神のサイコロ遊びのシナリオである。

どちらかと言えば、二番目に重要な事実が、彼をさらにもっと煩わせた。確率論的な不確実性よりも、さらにもっと根本的な自然の徹底的な不明瞭性が存在するように思われる。我々が見て来たように、同じ状態は、運動量か位置の固有状態の重ね合わせとみなすことができる。驚くべきことは、この数学が物理学に翻訳される方法である。実験主義者は、位置か運動量か測定されるべきものを選ぶための、完全な自由を持っている。両者は、波動関数の中にポテンシャルとして、同時に存在している。実験主義者は、位置か運動量を測定するために計画されたものから選ぶだけだ。一度その選択がなされると、結果はその時予測することができる。そして、結果がその測定の実施された時に、実現する。実際、他の量あるいはエネルギーや角運動量のような彼等が「観察できるもの」と呼んでいるものがまた、ψの中のポテンシャルとして存在しているので、その不明瞭さは、さらにより大きくなっている。

唯一の実験を、位置か運動量に関して実施することができる。言ってみれば、両者ではないということである。実験毎に波動関数が「崩壊する」。その崩壊の後に、二者択一的な測定の結果を予言するために使われた波動関数は、変更できないものに変わってしまっている。すなわち、我々は実行しないことを選んだ実験には戻らないからである。それは、大変風変りな仕事である。我々が測定することを決定した観察できるものが何であっても、我々は明白な結果を得る。しかし、その決定している観測できる物は、我々の気まぐれによっている。アインシュタインのように、現実と明確な世界を信じている多くの人々は、これが極度に当惑させることに気付く。大部分のコメンテーターは、この基本的な不明瞭さ——位置か運動量のどちらかを実現するための可能性、がしかし両者ではない——が、古典物理学と量子物理学の間の最も特徴的な相違点であると信じている。古典物理学では、位置と運動量は等しく現実のものであり、それらはまた、完全に明確である。
量子力学において、人は一つ（の量）を測定する為に選ぶことができるが、二つの量の両方を選ぶことはできないという事実は、ボーアによって「相補性」と呼ばれている。それが保持している量の対は、補完的であると言われる。

13-6 ハイゼンベルグの不確定性原理

ハイゼンベルグの有名な不確定性関係は、位置と運動量に関する相補性に対して、量的な表現を与えた。ド・ブロイの関係式$\lambda=h/mv=h/p$は運動量$p=mv$の粒子の波長λを確定する。ここで、mはその質量であり、vはその速度である。今それが、小さな空間領域に限定された波束が幅広い波長の多くの波動を含んでいるという、波の重なりに関するフーリエの研究から続いて起こったのだ。空間の位置qを絞るために、運動量pの範囲を広げることが必要である。逆に言えば、ほとんど限定したpの値を得るために、我々は位置qの幅の広い範囲を受け入れなければならない。

数学的に、我々は実際に、その中で位置がqから$q+\Delta q$までの小さな範囲で制限されており、その運動量がpから$p+\Delta p$までの対応している小さな範囲で制限されている波束を構築することができる。Δqをより小さくするための任意の試みは、必然的にΔpをより大きくする。そして、逆もまた同じである。ハイゼンベルグの偉大な洞察力—彼の不確定性関係——は、この数学の物理学的相対物であった。いつも、最小の不確定性が存在する。すなわち、その積$\Delta q\Delta p$は、プランク定数hを4πで割った数よりもいつも大きいかまたは、最も良い状態でそれと等しい。もしもあなたが、その位置を動けなくすることを試みるならば、その運動量はもっと不確実になる。そして、逆もまた同じである。これが、不確定性関係である。さらにその上に、最小次元の波束は一般的に拡がっているだろう。すなわち、位置における不確定性は増加するだろう。これが、量子力学の中の「波束の拡大」として知られているものである。

プランク定数hが非常に小さいので、豆やさらに砂粒の様な対象物は、事実上、明確な位置と明確な運動量の両者を持つことができる。そしてその波束の拡大は、極めてゆっくりと起きる。これが、我々の周りの全ての肉眼で見える対象物がなぜ、明確な位置を持っているように見えるのかを説明している。しかし、量子の法則は、空間の中で局在化している対象物に、事実上、明確な速度を持つことを許しているけれども、これが習慣的になぜそうあるべきなのかという明白な理由は、方程式の中には無い。それらは、豆の波束が二つかそれ以上の場所に同時に局在化することも許している。ψに対して、地点の周りに「集中する」ことを強制しているものは何も無い。アインシュタインは、いつも月を見ては、なぜ我々には二つに見えないのだろうかと尋ねた。それは、現実的な問題である。顕微鏡的な体系における量子測定は、巨視的な道具の針が、その方程式に従って、多くの場所に同時に存在するような状況を、実際に作り出すように計画される。それにもかかわらず、我々はいつもそれをただ一つとして見るのである。

13-7　謎めいた宝石

我々は、別の見解でこの謎に戻って来るだろう。すなわち、ヒルベルト空間と変換理論である。もし、この節が少し抽象的であると思ったら、心配しなくてよろしい。これらの事柄を述べることは、少なくとも有用である。量子力学の中では、位置と運動量（それと他の観察できるもの）は、むしろ地図上の座標すなわち、格子の線のような役割を演じる。ちょうど、相対性理論において時空の座標が、異なった方法で「描くこと」ができるように、量子力学においてもまた、座標を準備するのに、多くの数学的に同等の方法が存在する。

これがディラックの最初の偉大な洞察の一つであった。そしてそれが、彼の「変換理論」に導いた。

これに従えば、量子体系の状態は、多少明確であるが、同様に抽象的なヒルベルト空間のように抽象的なものである。その状態は、言わば展望の異なった地点から見られたものである。一枚の立体派《キュビスト》の絵画は、あなたにそのアイデアの風味を与えるかもしれない。相対性で、時空の異なった座標系は、空間と時間の異なった分解に対応している。量子力学の中では、異なった座標系あるいは「基礎」は、それらの物理学的な意義において等しく驚くべきものである。それらは、もし異なった種類の測定、いわば位置の（測定）かあるいは運動量の（測定）が、その系の外部にある器具によってなされるならば、何が起こるかを決定する。ヒルベルト空間におけるその状態は、そこからそれが試験される全ての無数の側面に関して異なった見解を示すという、謎めいた宝石である。ライプニッツが言ったように、それは、遠近法に従って増大させられた都市である。ディラックは有頂天にさせられて、「最愛の変換理論」について話した。彼は、物質的存在の構造の中を見てしまったことを知った。彼が見た物は、何らかの実体であるが、たやすく視覚化されることには全く耐えられない抽象的事象であった。しかし、視点の増加とそれに付随した数学的自由度が、彼を喜ばせた。

量子力学者の本物のバイブルである『量子力学』の中で、ディラックは、次のように言っている。古典物理学では、「人は、全体の計画から、空間と時間の中で心象を形成することができた。」しかし、「自然が、異なった計画に取りかかっていることが、ますます明白になっている。基本的な法則は、それが任意の非常に直接的な方法で、我々の心象に現れるように、その世界を支配してはいない」と。私は、彼の発見の重大さと彼の思考の明快さに対して最大の尊敬を持っており、それ故にこれらの言葉を引用した。ディラックは、おそらく彼の単純な心象を放棄することによって、大きな成果を上げたのであろう。しかし、我々がここで話している心象は、どんな種類のものであろうか？　ディラックは、空間「と」時間の中で心象を形成することを唱えたアインシュタインとシュレディンガーに反対していた。例えば、シュレディンガーは、波動力学に関する彼の二番目の論文の中で、次のように論評していた。

原子の中で起こった事象が少しでも思考の時空間形式の中に編入されることができるかどうか疑問である。哲学的にはこの意味での最終決定は完全な降伏と同じだというのは我々は、実際に思考の形式を変えることができないので、それらの内部で理解できないことは、全く理解できないのである。そのような事象が存在する。しかし、私は原子の構造がそれらの一つであるとは思っていない。

これは、思考の不可抗力的な形式に訴えており、一八世紀のドイツの哲学者イマニュエル・カントの、空間と時間が、それ無しでは我々が世界のイメージを形成することさえできない先験的な枠組みであるという信念のこだまであるのが、二重に皮肉である。シュレディンガーは東洋の神秘主義からきた全体論の概念に強力に引き寄せられていたが、彼はそれらが不可避のように思われる彼自身の理論の中に、それらを受け入れはしなかった。さらに、もっと皮肉なことに、彼は彼自身の思考の形式を変えた。彼は、彼とアインシュタインが必死になって執着していた空間と時間とまさに同じような透明な新しい心象を創造した。それは次の章の話題である。

第14章　より大きな謎

14-1　シュレディンガーの巨大な劇場

量子力学の本当の核心と量子宇宙論に至る道は、複合系すなわち、いくつかの粒子から成る系を表すための方法である。それは、たまに良く言われているのだけれども、本当に興奮させる特別の物語である。シュレディンガーが波動力学を発見した時に、彼はそれが一般化されるだろうと言った。そして、それが「量子の真の本質（wahre Wesen）に非常に深く触れている」と言った。しかし、それは問題点がはっきりしたまさにボーアの量子化規定ではなかった。すなわち、創造の規則がここでは危なくなっている。大胆な主張だが、この本が進むにつれて私が正当化したいものだ。最初に、我々はシュレディンガーが、巨大な新しい劇場のドアをどのようにして開けたのかを、知らなければならない。

この本の中心的な概念は、「プラトニア」である。それは相対的な配置空間である。シュレディンガーが導入した新しい劇場は、（「相対性」を持たない）「配置空間」と類似したものである。その概念は簡単に説明される。三つの粒子の各々の可能な相対的配置は、三角形であり、三次元の「三角形の土地」の中の単一の地点に対応している。しかし今、三つの粒子が絶対空間の中で場所を見つけていると想像しよう。三つの数（その辺の長さ）によって指定されて形成した三角形に加えて、我々は今、さらに三つの数を要求している絶対空間の中のその重心の居場所を考慮しなければならない。そしてまた、さらに三つの数を要求している絶対空間の中のその方位についてもまた考慮しなければならない。絶対空間の中で「三角形の土地」の中の方位が、三つの数を必要とするので、それは九個（の数）を必要とする。ちょうど、各々の三角形が三次元の「三角形の土地」の中の地点に対応しているので、絶対空間の中の三角形とその居場所は、九次元の配置空間の中の点に対応している。四つの粒子によって形成された四面体は、六次元の「四面体の土地」の中の地点に対応している。そしてその点は一二次元の配置空間に対応している。確かな数の粒子の相対的な配置に対応している任意の「プラトニア」に関して、その調和している配置空間は六の割増しの次元を持っている。シュレディンガーはそのような空間をQと呼んだ。そして、私は彼の例に従うことにした。そのようなQは絶対的な要素と相対的な要素の両方から成っているので、「混成プラトニア」である。この混成の性質は非常に重要であり、いずれ明白になるだろう。

シュレディンガーの波動力学に関して、最も重要なことは、それが空間と時間の中ではなく、適格に選ばれたQと時間の中で、明確な形に作り上げられていることである。これは、それのための配置空間が普通の空間であるような、単一粒子に関しては、明白ではない。量子力学の大部分の説明は、単一粒子の振る舞いだけを考慮しているので、多くの人々は、波動関数が配置空間に関して定義されていることに気付いていない。それは、ψがどこで生きているかである。それは、計り知れない相違点を作り出している。

分子の模型として、プラスティック製のボールと支柱を使った解説が、これを痛感させることを助けるかも知れない。あなたが、絶対空間を描写できる部屋の中のある明確な位置に、そのような模型を保持していると想像してみよう。三つの数字式の表示装置が有り、私はそれらをψメーターと呼ぶ。そしてそれは、壁の上に赤色、緑色、青色の数字を示す。これらの数字は、考慮された時間における、その系のψによって表された三つの「霧」の濃度を与えている。その系の粒子を表しているまさにボールを、あなたが手に取り、それをその模型から引き離すと仮定しよう。他の全てのボールを固定して一定に保ち、あなたはボールの周りを動き回ることができ、ψメーターのお陰で、ψがどのように変化しているかを知ることができる。あなたが空間の中でそれぞれの方向に動く時、それぞれのψの値は変化するだろう。空間の各々の点に関して、あなたはψの値を見つけることができる。青色のψメーターはいつもあなたに、それに関する確率が高いか低いかという位置（の情報）を告げるだろう。あなたがこれを実行した後、そのボールをその最初の場所に戻すと仮定しよう。

今、二番目のボールをわずかに異なった場所に移動し、それをそこに残しておく。その時ψメーターは新しい値に変化するだろう。再びもう一度、ψメーターを監視しながら、最初のボールと共に空間を探査してみよう。ψの値は、（一般的に）先程と全く異なっているだろう。その表示装置の示すψの値は、情報を具体的に示している。その総量はふらついている。他のボールの任意の一つをあなたが移動させた空間の単一位置において、あなたは、「探査者」として選ばれたボールのための空間に、完全に新しい値のセットを得る。そして、任意のボールは探査者になることができる。各々の探査者は、他者の位置の全ての考えられる限りのセットに適するような特有のψの三次元様パターンを持つだろう。

さて、分子とは何であろうか？　リチャード・ドーキンスが、ヘモグロビン分子と我々の体の中の六×一〇の二一乗個のその完全なコピーについて述べた時、彼は、それがその入り組んだイバラ構造の中で、「小枝ではなく、あるべき所に無いねじれでもない」状態があると言った。それは、分子の中に、恐らく二万個の原子が含まれていることだ。しかし、分子は、それよりもさらにもっと驚くべきものである。その小枝とねじれは、その中で分子が見つけられるところの最も有望な立体配置に対応している平均的な構造物である。シュレディンガーの描写の中では、その分子はただ構造物ではなくて、各々がそれ自身の確率を持った、潜在的に存在する構造物の莫大なコレクションである。

実際、ヘモグロビンのような複雑なタンパク質分子の完全な構造は、波動力学の基礎に基づいても、単独では理解することはできない。これは、それらがアミノ酸の構成単位から集められている方法のせいである。しかし、まだ多くの粒子を含んでいる、より簡単な分子に関して、私がちょうどボールと支柱の模型に関して描写したようなことを、あなたは（少なくとも、想像の中で）することができる。化学の教科書の中に示されている立体配置モデルの一つと共に始める。そして、特に青色のψメーターを見る。それは、高い読取値を与えるだろう。その周りの高度に有望な構造は他の類似した構造であり、全てが高いが高過ぎもしない青色の強い構造である。その構造物の個々の構成単位、すなわちドーキンスの「小枝」のより簡単な形は、最も有望な立体配置から、言わばそれらをねじることによって、全体として動かすことができた。そして、青色の強度が低下するのである。もし小枝の内部の数ダースの原子の一つが、最も気に入っている位置から動かされるならば、それはまた低下するだろう。その分子は、まさに、最も有望な立体配置ではない。波動力学の法則によってバランスを保った、それらのψの値と共に、全ての可能な立体配置が存在している。存在と分子の最もお気に入りの形は、他のどんな方法でも理解することはできない。

多くの本の中で与えられている印象とは反対に、量子力学は空間の中の粒子についてのものではない。すなわちそれは、Qや「混成プラトニア」の中の「点」において、立体配置の中に存在している系についてのものである。それは、普通の空間の異なった地点に存在している個々の粒子のための個々の確率とは、全く異なったものである。各々の「点」は全体の立体配置である。すなわち、「宇宙」である。その「点」によって形成された劇場は、想像を絶する大きさである。そして、古典物理学はその劇場の中のただ点に、その系を置いている。それとは対照的に、波動関数は原則的には至る所で有効である。

シュレディンガーが、巨大な新しい劇場の扉を開けたということによって、私が意味したかったものはこれである。ヴァルハラ神殿の中に入るワグナー風のどの入口よりももっと壮大なシュレディンガーの眺めと比較して、ハイゼンベルグの単一粒子のための不確定性関係は量子力学を少しを捕えている。配置空間Qの中へ踏み出したシュレディンガーの一歩と比べると、物理学の全ての革命が色あせて見える。しかし、彼はそれを喜んでは行わなかった。

14-2 相関関係と絡み合った物（鉄条網）

異常な量子世界を直接的に観測することは、可能ではない。ある人々は、それが存在していることを全く信じていない。大きな次数に対して、それは、数個の粒子の系で観測された現象から、演繹したりあるいは推測したりしてきている。明らかになったのは、単一の粒子の量子的振る舞いに関して、直接的な証明が困難であることであった。放出の間に長い時間間隔を必要としていた個々の粒子を放出する源泉の発達が、個々の「衝突」の中に干渉模様の発展を確認したのは、ディラックが、それ自身と共に干渉している各々の光量子について、彼の記憶すべき論評を出してから、ずいぶん後のことであった。最後の二〇年間に、結果としてそのQが六次元を持つ二つの粒子の純粋な量子状態を実験室の中で創造することが可能になった。全てが真実であることが証明された量子予測は、少ない言葉では勿論のこと、多くの言葉を使っても説明することは容易ではない。そして、そうするための本気の企ては、私の主題から大変遠くに離れてしまう。できるだけ簡単な説明図が、単一の線上を移動している二つの粒子によって与えられる。すなわち、各々は一次元のQを持っており、共に一緒にそれらは二次元の配置空間を持っている（図39）。

単一の粒子に関しては、任意の瞬間tにおける量子体系の最大限に情報を与える描写が、原則的に配置空

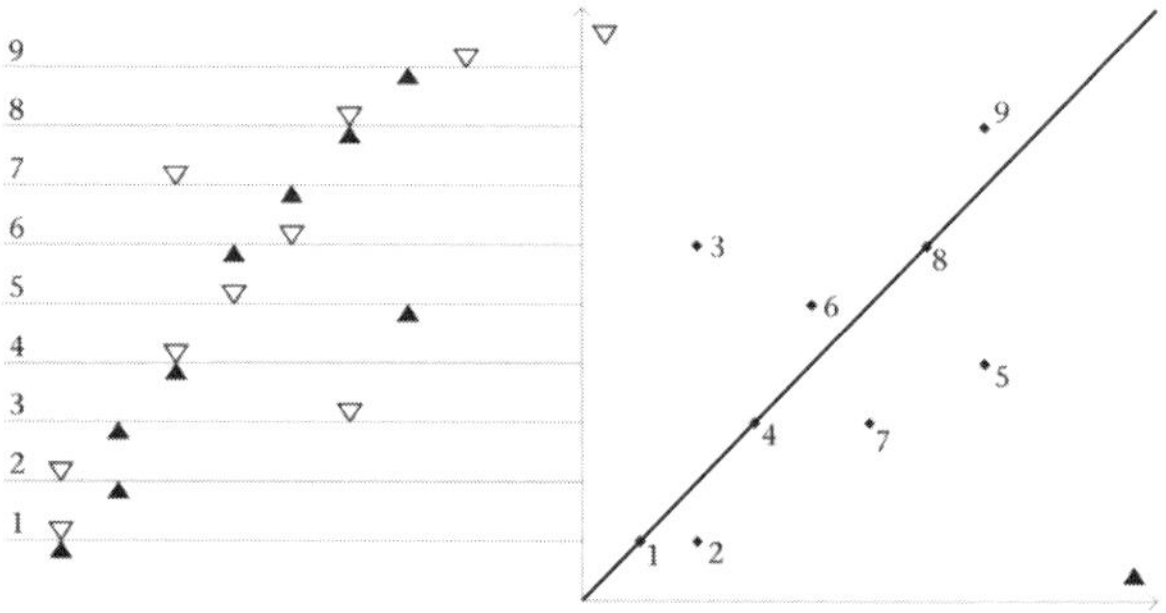

図 39　一直線上の二つの粒子の、二次元の配置空間 Q。その直線は、左側に多重コピーとして示してある。その上に、二つの粒子の九個の異なった立体配置が示されている。粒子 1 と粒子 2 の位置は、各々黒い三角形と白い三角形によって示されている。右側の Q の座標軸は、直線の左端から粒子 1 までの距離（水平軸）と、直線の左端から粒子 2 までの距離（垂直軸）を示している。Q の中の 45° の斜線上の点は、二つの粒子の位置が一致している（点 1、4、8）立体配置に対応している。あなたは、左側の九個の立体配置が、どのようにして右側の九個の対応する点によって表されるのかを確かめると良いだろう。

間の各点で異なった値を持っている複合波動関数ψによって明確に述べられる。tが変わるとψが変化する。tでその系について知られている全ての情報は、Ψの中に暗号化されている。そして、それについて作られる予測の要素となる。多くの異なった種類の予測が作られるが、それらはたびたび、相互に排他的である。非常に本質的な方法で、予言が、その部品ではなく、その体系そのものに差し向けられる。

　位置の予測から始めよう。ちょうど我々が、単一粒子に関してしたように、「青い霧」の濃度を見つけるために、我々は、その濃度の二乗の合計を、ψから計算することができる（図40）。これは、もし、妥当な測定がなされるならば、その系が、Qの中の対応する点で見つけられる相対的な確率を与える。重要なことは、Qの中の単一の点が両方の粒子の位置に対応していることである。これを理解しない人は誰でも、量子力学を理解しないだろう。相補性と合わせて、最も驚くべき量子的現象に導いているのは、この事実である。

　第3章で、我々は三角形を、袋の外に取り出すことを想

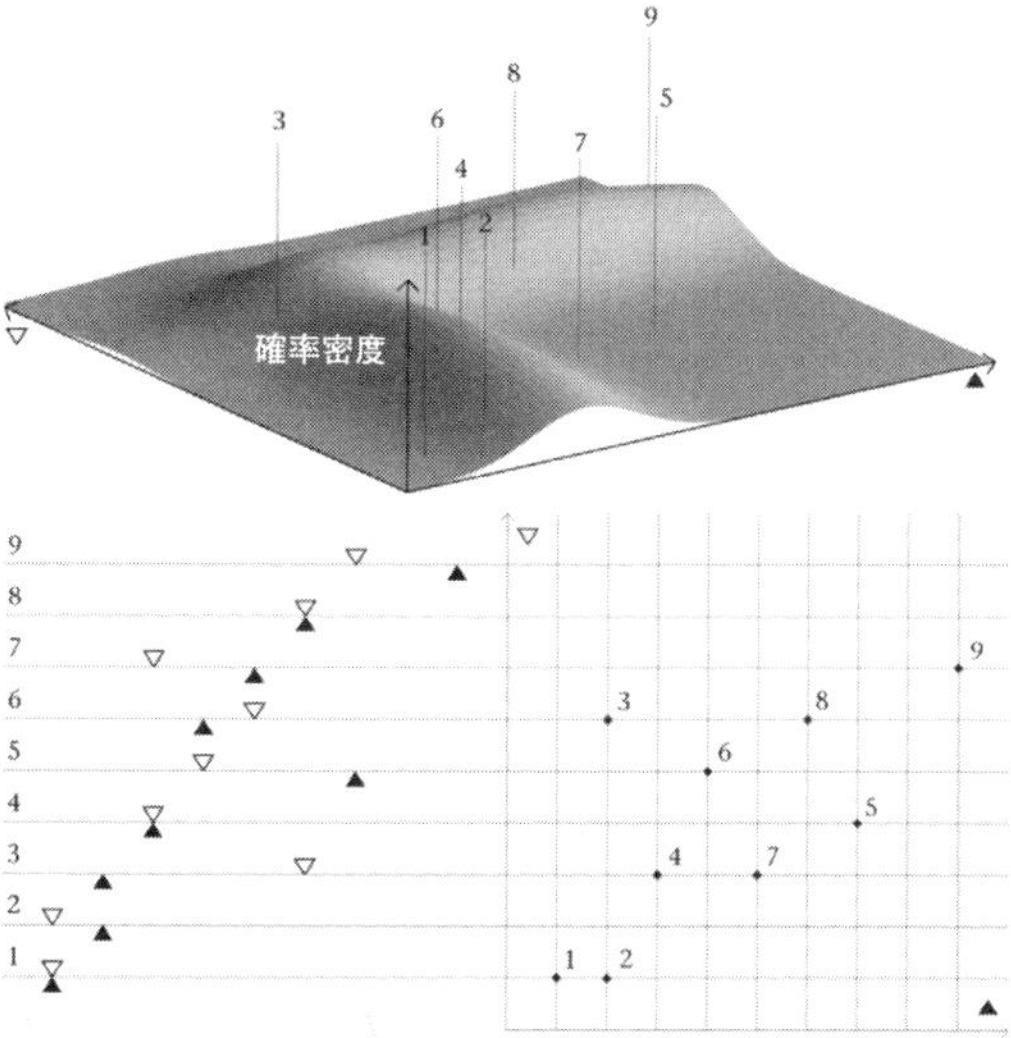

図 40 図 39 のように、これは、直線上の二つの粒子（黒い三角形と白い三角形）の九個の異なった立体配置を示している。そしてその点は、配置空間 Q（その上に、格子が描かれている）の中のそれらに対応している。青い確率の霧の濃度の可能な分布は、その図の上部に、Q を越える表面の高さとして、示されている。（あなたは、遠近法に従って上から、そして回転させてその表面を見ている。）ここに示したその系の状態で、立体配置 4、6、9 の確率は高く、その一方、立体配置 5 は非常に低い確率である。

像した。それをここで出したのは、それがその中で我々が量子状態を解釈できる方法の一つに良く似ているからである。今、青色の霧が図40で示されている分布を持っていると想像しよう。立体配置に関する無数の問題を避けるために、我々はψが、それらの任意の内部で激しく変化しているのを、十分に上手く、格子によってQを分割する（**図40**の右側）。各々の個室の中心点の青い霧の濃度は、その時その個室の中のほとんど同じ立体配置の相対的確率を与えている。厚紙の一片で（**図39**と**図40**の左側に示した様に）、これらの立体配置の一つを表現させてもらいたい。これは、その個室の全ての立体配置の代表として役立つだろう。一〇〇の個室を持った図の中の格子に対しては、その合計が手ごろに大きくあるべき一〇〇の相対的確率、言ってみれば一〇〇万の相対的確率が存在する。その時我々は、127.8543…のような厳密な相対的確率を、切り上げた整数128と取り替えることによって、ひどく物事を歪ませたりはしないだろう。

我々は、今、その周りの確率と等しい各々の典型的な立体配置の数のコピーを、例えば一二八枚を、袋の中に入れていると想像しよう。量子力学の中で、両方の粒子の位置を確定するために、測定を実行することは、袋から厚紙の一片を手当たり次第に抜き出すような作業である。我々は、ある何らかの明確な立体配置を手に入れる。その過程において、我々は波動関数を破壊し、我々が見つけた立体配置の周りの完全に密集したものと、それを取り替えている。もし、我々が最初の波動関数を再現し、我々がいつもそれを準備する時にしていた操作を繰り返すことによって、その実験を一〇〇万回繰り返すならば、その時、さまざまな立体配置が「袋から抜き出され」、その相対的頻度は統計学的に計算された相対的確率と、ぴったり合うだろう。

これは、ほんの始まりに過ぎない。我々は、異なった種類の測定のメニューから選ぶことができる。例えば、我々が他のものについて言うことのできる注目すべき暗示を持った、ただ粒子の位置を見つけることを選ぶことができる。最初に我々がただ粒子の位置を測定すると仮定しよう。量子規則に従って、これはその最初の二次元の「雲」から、一次元の側面図に、瞬間的に波動関数を崩壊させる（図41）。その要点は、我々が今、ある小さな誤差の範囲内で、粒子の位置を知るということである。それで、幅の狭い細長い小片の外側の波動関数のどれもが、もはや何も関連していないのである。それは破壊されている。もし、その位置が測定されている粒子が、水平軸に沿って表されているならば、ψの垂直成分の細長い小片だけが生き残っている（図41（a））また、もし他の粒子の位置が測定されているならば、（ψの）水平成分の細長い小片だけが生き残っている（図41（b））。

どちらの側面も、その時、条件付きの情報を提供する。もし、我々が粒子がどこにあるかを知っているな

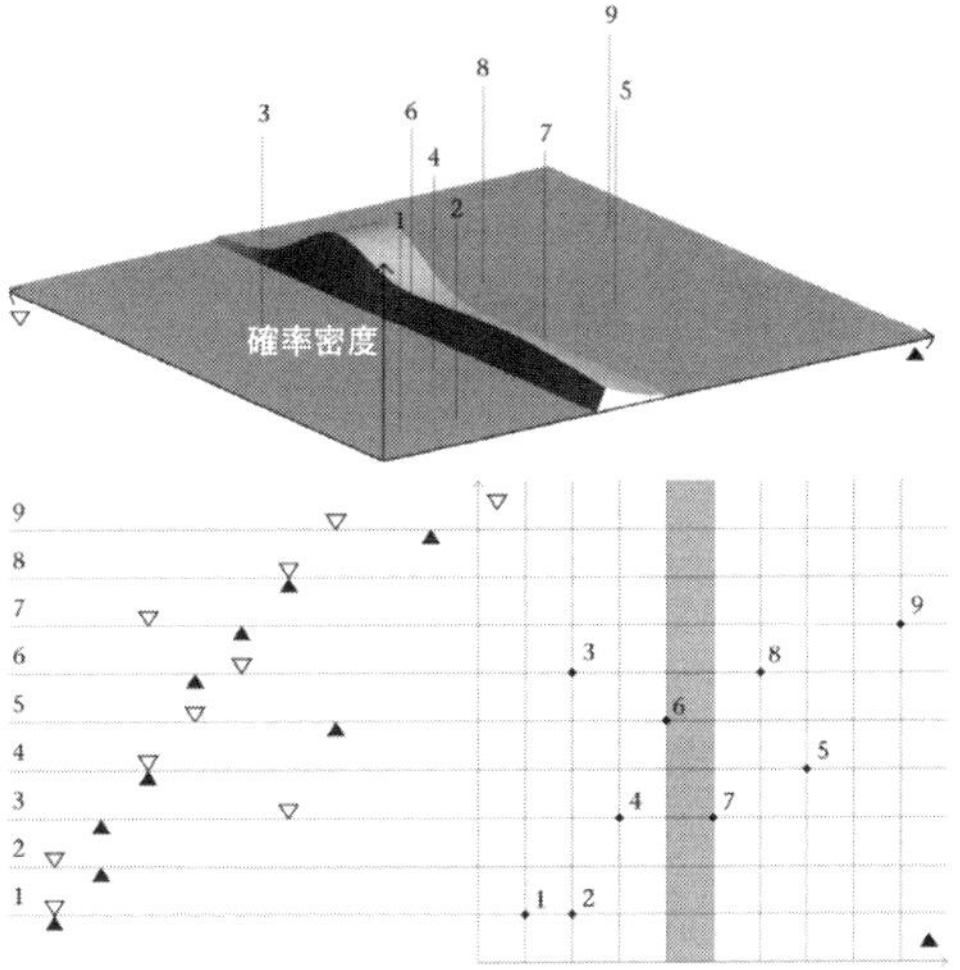

図 41（a） 図 40 の確率密度に関する測定の結果。水平軸によって表現された粒子の位置。そして、それが垂直の細長い小片が立ち上がっている区間に横たわっているのが分かる。その細長い小片の外側の波動関数は全て、瞬間的に崩壊している。

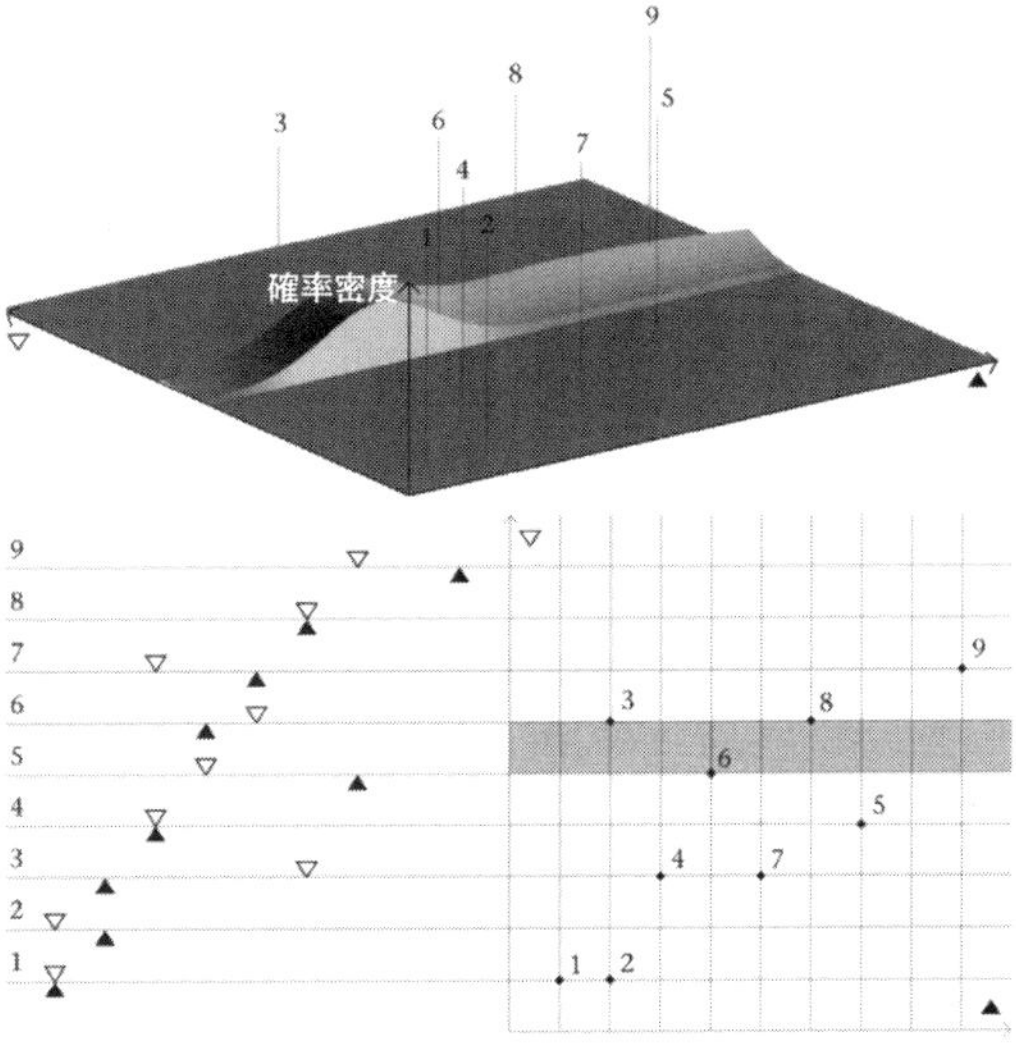

図 41（b） 他の粒子の位置測定に関する測定結果。

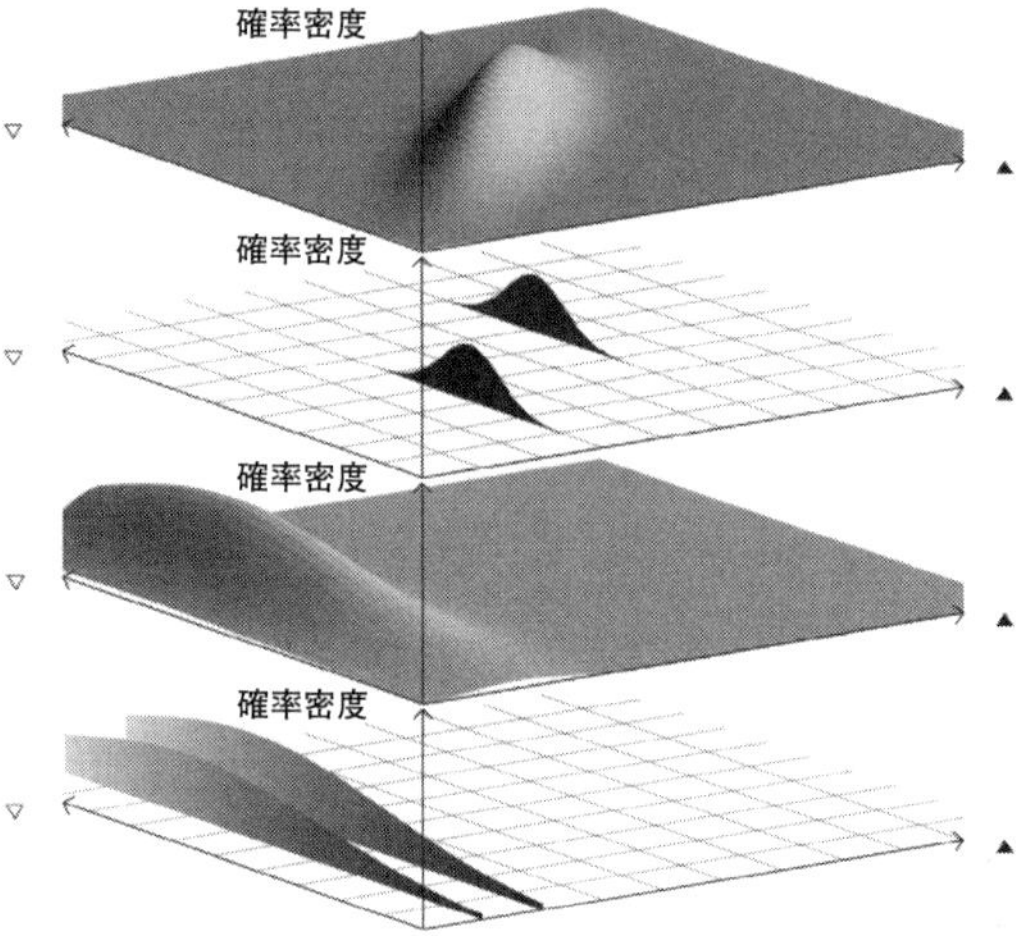

図42　二つの粒子（黒い三角形と白い三角形）に関して、絡まった状態（上部の図）と絡まっていない状態（下部の図）。

らば、他の粒子の可能な位置は、幅の狭い細長い小片に限定される。二番目の粒子の位置に関する相対的な確率は、細長い小片の内部のψの値によって、確定される。我々が、最初の波動関数について知っていることを準備すれば、粒子について取得した知識が、瞬間的に他の粒子についての我々の知識を鋭敏にする。これは、「からまった状態」あるいは「量子的非分離性」について説明するための場所である（BOX12）。

BOX12　絡み合った状態

図42は再び、我々の二つの粒子Qと、二つの異なった量子状態を示している。（図の）下部のからまっていない状態で、全ての水平面のψの側面は全く同じである。そして、全ての垂直方向の側面も（それらの形を考慮するだけで）同じである。このように、波動関数はからまっていないと言われる。なぜなら、もし我々が粒子1（黒い三角形）について——それが、ある明確な位置に存在するという——情報を得るならば、我々は粒子2（白い三角形）について、どんな新しい

情報も得ることはないからである。これは、全ての水平線上の側面と全ての垂直線上の側面が、同一であるからである。すなわち、それらは同一の相対的確率を与える。粒子1に関する正確な位置測定から得られた結果が、二つの側面によって示されている。粒子1に関する測定は、粒子2についての新しい情報につながらない。

より面白いのは、上部の「絡まった」状態である。そこでは、水平方向の側面と垂直方向の側面が同一ではない。図42は、粒子1の正確な位置測定から得られた結果として、二つの側面を示している。それらは、粒子2に関して非常に異なった確率分布を与えている。すなわち、粒子2について情報の利得がかなり多い。これは、事実上、全ての波動関数が多かれ少なかれ程度の差はあっても、絡まっているので、量子力学の典型的なものである。

絡まった状態の個々の特徴は、注釈を付けるつもりである。粒子は、それらがお互いに接近した時に、通常は相互に影響し合う（お互いに影響を及ぼす）。図39の中の二つの粒子（の配置空間）Qにとって、その粒子が斜線の上で一致しており、それ故に、粒子がお互いに接近し、強く相互に影響し合うことのできる領域は、その線の周りの幅の狭い細長い小片である。しかしながら、絡み合った状態の波動関数は、この領域の完全に外側に場所を決められるかもしれない。その粒子は、それらの一つが観測される時に、非常に遠くに離れているかもしれない。それにもかかわらず、他の粒子は、明らかにすぐに影響を及ぼされる。それは、二つのとてつもなく異なった可能性のどちらかに跳ぶことができる。さらにその上に、もし、図42の上部の図の中で「山の尾根」が細く細くなって一本の線になるまで縮んだならば、その時、粒子の位置確定が、直ちに他の粒子の位置を、完全な精度を持って決定する。そのような状況は、位置測定を行う技術者にとってたやすいことではない。（そして、一般的に波動の束の拡散のために持続しないだろう。）しかし、似たような状況が、準備するのが容易な運動量と角運動量の測定に関して存在する。

BOX12の中で議論した事実は、もし我々が、粒子に関する測定が、どのようにして遠く離れた粒子に直接的な影響を及ぼすことができるのかを説明するための、物理的なそして原因となる仕組みを見つけることを望むならば、非常に困惑させられる。私がすでに説明したように、ある感覚の中で、任意の測定がなされる前に、その粒子が、ψが広がっている所にはどこにでも、同時に存在していることを、無数の干渉現象が示している。粒子の間の距離に関しては、何の制限も無いので、最初の粒子が観測された後、二番目の粒子に関して、任意の原因となる効果が瞬間的に伝達されなければならないだろう。しかしながら、相対性理論では光速度よりも速く移動する全ての原因となる効果を除外することになっている。さらにその上、一九八〇年代半ばに、パリのアレン・アスペクトが、そのような波動関数の崩壊が検査されるような、ある非常に有名な実験を行った。そして、量子力学の予言が、偉大な精度を持って確認された。その実験は、非常に手際よく準備されたので、任意の物理的影響は、その（波動関数の）崩壊を成し遂げるために、光の速度よりも速く伝達されねばならなかった。

その状況は、実際に精緻で、好奇心をそそられるものである。相対性理論は、光より速い「情報」の伝達を完全に禁止している。しかし、奇妙なことに波動関数の崩壊は、情報を伝達していない。粒子1に関する情報が、実験者によって得られた時、彼あるいは彼女は、遠く離れた実験者が粒子2に関して知ることができたことを、直ちに知るだろう。しかし、そのような情報を光より速く伝達することができるような方法は、存在しない。多くの物理学者は、その「神」が冒とくされていることを心配しているけれども、相対性理論の規則は矛盾していない。

これまでは、我々は二つの粒子系の位置測定だけを考えてきた。しかし我々は、多くの他の測定、例えば運動量の測定についてもまた、考えることができる。（配置空間）Qの中で、ψが与えられると、我々は直接的に位置に関する予測を得る。しかし、ディラックの変換理論は、我々が運動量測定のために直接的な予測を与える相補的運動量空間に移ることを可能にする。もし、波動関数が運動量に関して、しっかりと絡み合っているならば、粒子1の運動量を測定することが、粒子2の運動量を直ちに我々に教えてくれるだろう。そしてこれは、任意の測定がなされる前に粒子の運動量に関して相当の不確実性が存在するという事実があるにもかかわらず、である。しかしながら、確かなことは、それらが絡み合っている、あるいは相互に関連していることである。これは、我々をEPRパラドックスに連れて来る。

14-3 EPRパラドックス

一九三五年に、アインシュタインと、ボリス・ポドルスキーとネーザン・ローゼンの二人の共同研究によって、明確な形に作り上げられたアインシュタイン＝ポドルスキー＝ローゼン（頭文字を取ってEPR）のパラドックスの核心は、二つの粒子が、それらの位置と運動量の両者に関して、完全に相互に関連している（絡み合っている）状態で存在できることである。EPRが見つけたそのような状態の実例は、むしろ非現実的である。しかし、アメリカの理論物理学者で、後にロンドンで長い間研究したデビット・ボームが、一九五二年に、量子と結合した本質的な角運動量、「スピン」を使って、すぐに実現する状態を提唱した。アレン・アスペクトがそのような系に関して、彼の実験を行った。EPRがそれらの状態に困惑したのは、粒子の位置が測定されたならば、その完全な相互関係の故に、他の粒子の位置が直ぐに確実なものとして確立されなければならないことであった。遠く離れている二番目の粒子は、その測定によって物理的に影響を及ぼされないが、それがどこで見つけられるかが、確かに知られているので、EPRは、最初の粒子の測定の前に、それが明確な特性を持っているに違いないと推論した。

しかし、それは運動量を測定することを決定した方が良いだろう。運動量の測定は、その時確実なものとして、他の運動量を瞬間的に決定するだろう。以前と同じ議論によって、その粒子は、最初の粒子の測定の前に、その運動量を持っているに違いない。最後に、運動量測定と位置測定の間の選択は、それについて二番目の粒子は何も知らない、我々の気まぐれの問題である。引き出した唯一の結論は、次の通りである。すなわち二番目の粒子は、任意の測定が全てなされる前に、明確な位置と運動量を持っていたに違いないということである。しかしながら、量子力学の基礎的な規則に従って、ハイゼンベルグの不確定性原理の中で例示されているように、量子は、明確な運動量と明確な位置を同時に持つことはできない。EPRは、何かまずいものがあるに違いない、すなわち量子力学は不完全なものであるに違いないと結論づけた。

皆の満足は得られなかったけれども、ニールス・ボーアは実際に、EPRに対して全く容易に答えた。彼の本質的な要点は、量子力学が明確な実験的前後関係の中で引き起こされた結果を予測することであった。我々は、二つの粒子系が明確な特性を持ち、世界の静止から独立して、それ自身で存在していると考えてはいけない。位置や運動量の測定をするために、我々は実験室で様々な実験器具を準備しなければならない。その時、量子系の要素と測定系の要素から成っている全体の系は、二つの場合で異なっている。物事を二つの場合に異なって現れるように調整する。自然は全体論的である。すなわち、それは我々ではなく、自然が何であるか、あるいは何をするかを決めることである。量子力学は、我々の観測の中に秩序をもたらすための、ただ単なる規則のセットである。アインシュタインは、ボーアのこの極端な操作主義に対する答えを決して見つけられず、深い不満を残した。

私は、ボーアがアインシュタインよりも真実に、より接近したと確かに感じている。しかしながら、ボーアはまた、私が信じていることが最終的に支持できないとする立場を採用した。彼は、量子理論の枠組みの内部で、量子実験で使われる道具を表すという試みが間違いであると主張した。もし我々が、これまでに量子実験について話して、お互いに有意義にコミュニケーションするとしたら、道具と空間と時間の古典的な世界が前提条件とされるに違いない。ちょうどシュレディンガーが、思考の必要な形として、空間と時間に対して、彼のカント的な要求をしたように、ボーアは、古典的に振る舞っている肉眼で見える対象物に対して、同じようにカント的要求をした。それら無しでは、彼は科学的な対話が不可能であると主張した。それの中では彼は正しい。しかし、最終章の中で、私は、巨視的道具の量子的理解とそれらの微視的体系での相互作用を達成することが可能であるかもしれないと主張するであろう。ここでそれは、アインシュタインが彼の通って来た道についてなぜ熟考していたかを考える助けになるだろう。

「任意の方法で二番目の系の邪魔をしていないところの」最初の系に関する遠く離れた測定が、それにもかかわらず、それに深刻な影響を及ぼしているように見えることが、彼等の論証の根拠となっている。EPRは「現実の合理的な定義が、これを可能にすることを期待することはできない。」と論評した。これらの言葉は、何が危なくなっているかを示している。すなわち、それは現実の原子論的な描写である。相対性理論と量子力学の両者における、彼の研究全ての精巧さにもかかわらず、アインシュタインは、純真な原子論的哲学を保持していた。空間と時間があり、その中で動いている別個の自律的な物体がある。これが、EPRの分析の根底にある世界の描写である。一九四九年に、アインシュタインは、彼が「実在する対象物として存在している物質の世界」の存在を信じると言った。これは、七個の単語で表わした彼の信念である。しかし、「実在する対象物」とは何であろうか？

この疑問について調べるために、我々は最初に異なる身元を確認できる粒子が存在できることを認める。それらの三つを想像しよう。二つの可能な現実が存在する。マッハ主義の見方では、その系の特性は、粒子の質量とその分離によって言いつくされる。しかし、その分離は相互の特性である。その質量から離れて、その粒子は、それら自身が排他的であるという特性は持っていない。三角形の形をしているそれらは、単純な物体である。ニュートン的見方では、その粒子は絶対的な空間と絶対的な時間の中で存在している。これらの外部的な要素は、マッハ的展望では否定されている粒子の特性すなわち、位置、運動量、角運動量を与えている。その粒子は三つの物体になる。絶対的な空間と絶対的な時間は、原子論の根本的な部分である。

その与えられた特性は、古典力学と量子力学の両者の建築用ブロック材である。古典的には、各々の粒子は、任意の瞬間に各々の粒子の状態を明らかにしている、それらの独特のセットを持っている。これは、アインシュタインのような現実主義者達が熱望している理想である。その与えられた特性は、また、量子力学の中にも現れる。それらは一般的に、状態それ自身には存在せず、それらの重ね合わせに存在する。もし、量子的体系が、それを研究するために使っている道具類から隔離した状態の中で考慮されるならば、その基本的な要素はまだ、ニュートン的存在論から引き出される。これが、ボーアを出し抜くことができるという考えに、EPRを誤って導いたものである。ボーアによるアインシュタインの敗北は、マッハの「全ての物に関する圧倒的な和合」を十分に理解した時にだけ、我々は量子力学を理解するだろうということの明瞭な暗示である。

14-4　ベルの不等式

量子力学が非常に深い意味で、全体論的であるという強い確証は、一九六〇年代に得られた。その時に、ベルファストから来た英国の物理学者ジョン・ベルは、ＥＰＲパラドックスの大幅な改善を成し遂げた。最初のパラドックスの真髄は、量のペア、例えば位置の対や運動量の対の間の相関関係の存在である。それは、もし相関関係、あるいは他の相関関係が試験されるならば、いつも真実であることが証明される。それ自身によって、二つの粒子の間のある程度の相関関係は不思議ではない。ＥＰＲ型の相関関係の状態は、一般的に、その時に相互に影響し合うことが許されている二つの粒子の、相互に関連していない状態を知ることから生み出される。古典的な物理学の中においてさえ、そのような環境の元での相互作用は、相関関係に導くように束縛される。ベルは、ＥＰＲよりもさらに鋭い疑問を提出した。すなわち、離れて実行された場合、いつでも特定の結果に導く全ての測定によって確定される特性を、考慮している系が、特定の測定がなされる前にすでに持っているという考えと、量子的な相関関係の広がりが整合するだろうか？

ベルの疑問は、完全にアインシュタインの「頑固な現実主義」を反映している。すなわち、二粒子系は、任意の測定がなされる前に、明確な固有性を所有している二つの分離した存在から成っているはずである。これを当然のこととして、ベルは、そのような「古典的な」実体が見せる相関関係の程度の上限を付与する、正当に有名な特定の不等式を引き出すことに進んだ。（より堅密な相関関係は、単純に論理的な不可能性が存在するだろう。）彼はまた、量子力学がこれらの不等式を破ることができることを示した。すなわち、量子の世界は、任意の考えられる限りの「古典的世界」よりももっとしっかりと相互に関連させることができるからである。外観の実験がベルの不等式を特別に試験し、量子予測を勝ち誇ったように認証した。その後アインシュタインがあこがれた原子化された世界が救われる唯一の方法は、物理学的相互作用によるものである。それは、非常に遠くの完全に消え去ったものの検出をすることと、更にその上、光より速く伝達されることである。アインシュタインは、この価値の無いものから、満足できるものをほとんど受け取ることができなかった。私に取ってはるかに良いと思われるのは、マッハの全体の中の「ここ」を理解することである。私は、次の話題を考慮した後に、これによって私が意味するものを示すだろう。

14-5　多世界の解釈(1)

一九五七年に、プリンストンに居るジョン・ホイーラーの学生であるヒュー・エヴェレットが、量子力学の新奇な解釈を提唱した。その含蓄は、驚くべきものであるが、ブライス・ドウィットが、その主要概念を表すために、特に彼の新造語「多世界」によって広い注目を引き寄せるまで、一〇年以上ほとんど注目されなかった。エヴェレットは「量子力学の相対論的状態の公式化」という控え目なタイトルを使用していた。ある有名な物理学者は、それを「物理学の中で最も良く保存された秘密」と呼ぶことを思い付かせた。私が知る限り、エヴェレットは他の科学論文を発表していない。彼の論文が発表された時には、彼はすでにペンタゴン（米国国防総省）の兵器システム評価局で働いていた。彼はどうもチェーンスモーカーだったらしく、五〇代初めに亡くなった。

エヴェレットは、量子力学の中で「状態関数を変化させるのに、二つの基本的に異なった方法が存在する。」ということを指摘した。すなわち、連続的な原因となる発展を通してと、測定における悪名高い崩壊を通しての二つである。彼はこの二分法を除去することを狙った。そして、その崩壊を説明するために導入されたまさしくその現象が、それは量子力学が可能だと思われる多くの異なった可能性のただ一つである我々の一定不変の観測結果であるが、それが、純粋の波動力学によって実際に予測されることを示したのである。崩壊はくどくて余分なものである。

エヴェレットの解釈の基礎は、絡み合った物の固有の現象である。絡み合った物は、複合系すなわち、二

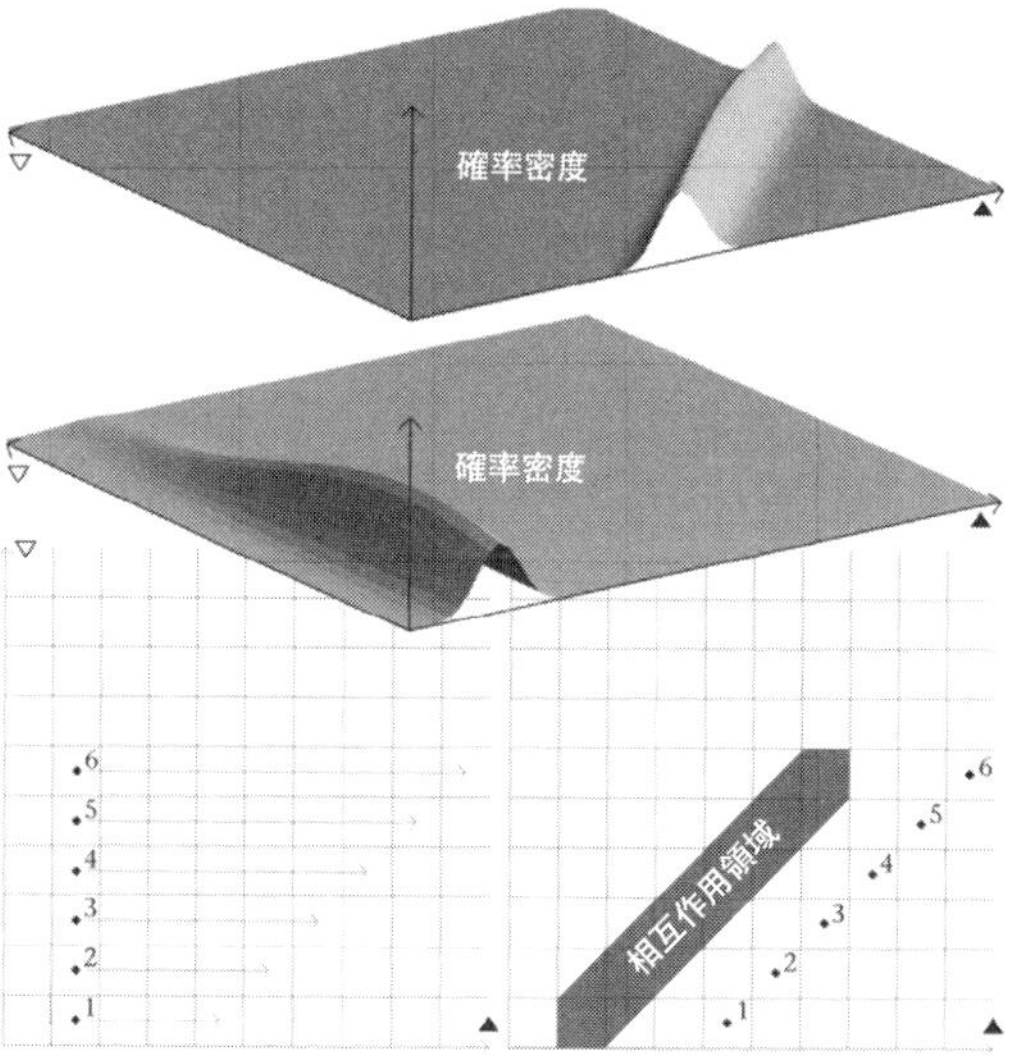

図 43　創設時の t セットアップにおける、最初の絡み合っていない状態が、下図の左側に、位置 1,2,3,4,5,6 の縦の段によって、図式的に示してある。そして、その上部に最初の確率密度が示してある。測定時の t メジャーメントにおける絡み合った状態に発展したものが、傾いた数字 1,2,3,4,5,6 によって、下図の右側に示してある。そして、上部の右側が、その確率密度である。

つやそれ以上の要素から成る系の中においてのみ、全く自然に発生することができる。実際、今ほとんど普遍的に理解されているように、多世界の解釈の本質的要素は、宇宙が少なくとも二つの部分、すなわち、観測している部分と観測されている部分の二つに分割することができるし、分割されるに違いないということである。しかしながら、エヴェレット自身は、統一場理論の状況の中で、彼の考えの応用を楽しみにして待っていた。すなわち、「そこには、かつて隔絶された観測者と対象物の系に関する疑問が無かった。彼等は皆、場を「単一」構造で表している」。それは結局、我々が考慮しなければならない状況の種類である。しかし、その瞬間、我々はその解釈の良く知られた形に注目するだろう。

最も単純な二粒子系は、量子的測定を説明するために良く使われる。その核心的な考えは、全てが計算されることである。「ポインター」と呼ばれる粒子が、「オブジェクト」と呼ばれる他の粒子の場所を確定するために使われる。図43は、我々がすでに良く知っている状況を示している。

最初の時間tセットアップにおいて、ポインター（水平軸）とオブジェクト（垂直軸）は絡み合っていない。ポインターの可能な位置の小さな範囲のどれかにとって、そのオブジェクトは下図左に、点1から6まで図式的に示された可能な位置の同じ範囲を持っている。この状態の中で、ポインターの位置の決定は、そのオブジェクトについて、何も我々に告げないだろう。しかし、粒子の相互作用が、非常に整列させるので、もっと後の時間tメジャーメントまでに、相互作用の範囲を通り抜けた波動関数は、上図右に示した位置に「向きを変えて」しまっている。（配置空間）Qの中の点が、どのようにして空間中の位置を移動させるのかを思い出すと、我々は、オブジェクトがまだその最初の位置1から6の範囲を持っているが、新しいポインターの位置が、それらと共に強力に相互に関連させられることを知る。

もし我々が、（それに乳濁液を衝突させることによって、あるいはさらに、原則的には我々自身を観測者として行動させ、妥当な位置に我々の目を置くことによって）ポインターの位置を見つけるために、時間tメジャーメントで検出器を操作するならば、標準的な量子規則は、異なったポインターの位置が今、異なったオブジェクトの位置と共に、相互に関連させられていることを、直ちにオブジェクトの位置を我々に教える。量子測定は、二つの段階から成り立っている。すなわち、強く絡み合った状態の中での絡み合っていない状態からの創造（いわゆる「良い測定」の条件を創造して）と、引き続くその状態の中の相関関係の利用である（対象物の位置を演繹——測定——するためのポインター位置の決定を使って）。そのような相関関係の存在は、今、実験によって素晴らしく良く確認されている。もし、検出器がポインターを見つけるために使われて、それで直接的にオブジェクトの場所を指し示すために使われるならば、予測された量子の相関関係が、一定不変に承認されていることになる。測定理論は、絡み合い現象と結合した相関関係の真実の証明である。私個人としては、「測定」という言葉が誤解を生んだと考えている。そして、それは、相関関係の証明に関して話す方がより良く単純であるだろう。

量子力学の「測定問題」がこれである。すなわち、多くの可能性を持つ絡み合った状態が、どのようにしてただ一つ（の状態）に崩壊するのか、そして、それは何時起こるのか？　それはポインターが乳濁液を衝突させた時か、あるいは人間の観測者が乳濁液の印を見た時であろうか？　私は、我々が量子力学的に表すことを望んでいる世界のどれほど多くに依存しているかという、全ての複雑化の中に入って行こうとしている訳ではない。それは、ひどく無限の後退に導いている。あなたは、崩壊が発生した時に何度も何度も言って、量子力学に尋ね続けることができる。しかし、それは決して答えを与えはしない。オブジェクト系の異なった位置で、時間 t セットアップですでに描写された異なった可能性は、決して根絶させることはできない。そして、世界の残部に単純に「影響を与える」。すなわち、最初にポインター、それから乳濁液、それから実験者の目の網膜、最終的に彼あるいは彼女の意識状態である。そのコペンハーゲン解釈が言うことのできる全ては、崩壊が実験者の知覚の中で、一番遅れて起こることである。それが起こっている時には、誰も言うことができない。すなわち、それは、もし崩壊が起こらなければ、観測された現象を説明することができないと言えるだけに過ぎない。

しかし、それは起こっていることに間違いないのか？　エヴェレットは明らかな後知恵で、単純な代替案を出した。崩壊は全く起こっていない。すなわち、複合的可能性が、共存するために存続していることを絡み合った状態の中で表していたのである。各々の可能性の中で、異なった前世の中で、観測者は異なった何かを見る。しかし、何が見えているかは各々の場合で明確である。観測者の各々の前世は、コペンハーゲン解釈が仮定していることが崩壊によって作り出されていることを、可能な結果の一つと見る。これの暗示するものは、驚くべきことである。単一の原子の粒子は、図43の中の対象物粒子であるが、最初はポインターと共に、それから乳濁液と共に、そして最終的に観測者の意識と共に絡み合ったものになることによって、多くの異なった前世の中で、観測者（本当は、その宇宙）を分裂させることができる。幅広い説明に対して、最後にエヴェレットの考えを持ってきた、一九七〇年に出された彼の論文の中で、ブライス・ドウィットは、次のように書いている。

私が最初にこの多世界の概念に偶然出会った時に経験した衝撃を、私は今でも強烈に思い出す。自分自身のわずかに不完全なコピー、その全てがさらなるコピーで絶え間なく分裂している、そして最終的には認識できないものになる（一〇の一〇〇乗以上の）概念が、常識的なものと調和させることは容易でない。ここには、ひどい統合失調症患者が居る。

エヴェレットの提唱は、二つの疑問を提起している。もし、多くの世界が存在しているならば、なぜ我々はただ一つしか見ないのか？　なぜ全部ではないのか？　なぜ、我々は世界が分離していることを感じないのか？　エヴェレットは、「線形性」あるいは「重ね合わせ原理」と呼ばれる量子力学の重要な特性によって、その両者に答えた。それは、二つのプロセスが、お互いに影響を及ぼし合うこと無しに、同時に起こることができることを意味している。例えば、二つの波動源の間の干渉に関するヤングの説明を考えてもらいたい。各々の波動源は、活動が単独の時には、ある確かな波動型を生じる。もしも、両方の波動源が活動しているならば、それらが発生させるプロセスは、お互いに激烈に邪魔をすることができる。しかし、これは起こらない。両方の波動源が活動している時の波動の型は、二つの波動型を一緒に加えることによって、簡単に見つけられる。全体の結果は、個々のプロセスのどちらとも非常に異なっているが、実際の感覚の中で、各々が他方の存在によって影響されないで、存続している。これは、いつでもその場合が決して存在していない。すなわち、いわゆる、非線形波動プロセスの中で、二つかそれ以上の源泉から成る波動パターンは、単独で活動している分離した源泉からの波動パターンの、単純な足し算によっては、見つけることができない。しかしながら、量子力学は線形であり、それで多くのより単純な状況が発生している。

結果として、量子プロセスは、お互いに独立的に起こっている多くの個々のサブプロセスを作り上げる存在と考えられる。図43の中で、波動関数の全体のプロセスすなわち、「クルリと向きが変わること」と絡み合った状態になることが、六個の個々のサブプロセス（あるいは、エヴェレットの用語を使えば「枝」）のような矢によって、象徴的に表されている。それらの全ての中で、ポインターは、同じ位置で出発しているが、異なった位置で終わる。エヴェレットは、自覚している認識が、全体としてのプロセスではなく、いつもその枝と結合しているという鍵となる前提を作っている。各々のサブプロセスは、いわば、それ自身だけに気付いている。各々のサブプロセスは、量子法則によって十分に描写されているので、これに対して、美しい論理が存在している。それ単独では、宇宙の全体の歴史を構成しないことを暗に示すだけで、その枝の内部には何も存在していない。それは、他の枝の不注意な無知の中で続行している。そしてそれは、そこに何も見えない「並列世界」である。それにもかかわらず、その枝は非常に複雑にすることができる。エヴェレットの論文の感動的な部分は、そのような一本の枝の内部の観測者（生命の無いコンピューターによってモデル化された）が、そのような多世界の中で、全て単独で量子実験を行い、量子の統計的予測が真実であることが証明されたことを知るというような、存在の経験を、どのようにして十分に持つことができるのかを論証している。

任意の科学理論は「精神物理学的並行論」の必要条件を確立しなければならない。すなわち、それは、物理理論の何の要素が、実際の自覚しているいる経験に対応しているのかを、言うことが必要である。自意識に関する我々の現在の貧弱な理解を与えられると、我々は我々のなす選択の中でかなりの自由度を持っている。エヴェレットは、彼の特別な選択をするために、量子力学の線形性を有効に利用した。しかしながら、それは、重大な技術的問題として、今では広く見られるものに導いた。

まず最初に、エヴェレットは「波動関数は、前の解釈が何も無いにもかかわらず、基礎的な物理的存在として取り扱われている」と述べた。彼は、その理論の解釈が、「その理論の論理的構造の研究」から現れることを示すのを狙った。その理論の論理構造が、ディラックの変換理論によって描写されることが、一般的に推測されるので、波動関数が存在している事象だけであるという彼の主張と結合したこの標的は、困難さを生み出している。それに従って、任意の量子状態が、エヴェレット型の「多世界」の映像の中の枝のような他の状態を、本当に作り上げるとみなすことができる。その難しさは、この描写が独特ではないことである。同じ二人の「観測者」と「オブジェクト」の系で形成された一つと、その同じ状態は、その中で他の状態を作り上げられるように描写されることのできる、多くの異なった方法が存在している。例えば、我々は位置の状態を使うことができるが、我々は、同様に、運動量の状態も十分に使うことができる。

その事実は、量子力学が、二重に不明瞭であることである。第一に、もし、明確な種類の状態が選ばれるならば、複合系の任意の状態は、その下位体系の状態の独特の合計である。位置の状態については、これは、図40から図43に示されている。その確率分布は、粒子がその中で明確な位置を占め、他の粒子が別の明確な位置を占めている可能性の莫大な範囲を超えて拡散している。位置は、いつもこの方法によって、ペアを組んでいる。エヴェレットは、独特の世界における我々の経験と、各々と共に分離した自発的な経験を結合させることによって得た可能性のこの複雑さとの間の明白な矛盾を解決した。しかしながら、彼はその二番目の不明瞭さに取り組まなかった。図40から図43の中で、位置として示した状態は、例えば、運動量状態によって、同じく、十分に良く描写されることができた。その時、運動量状態の対が、結果として生じる。その描写次第で、並行世界の異なったセットが獲得される。すなわち、場合において、「位置の歴史」であり、他の場合において、「運動量の歴史」である。量子展開は、多くの歴史だけでなく、歴史の異なった種類の多くの集団もまた、生み出すのである。

この困難が、「優先的基本問題」として明瞭に認められたのは、意外なことにずっと以前のことだった。すなわち、明確な種類の歴史は、描写の中で使われている状態の種類のどちらを意味しているかによって、もし、ある識別されるあるいは、「好んで選ばれる」基礎の選択が存在しているならば、その時だけ獲得されるだろう。その優先的基本問題は、異なった見せかけの中の、EPRパラドックスである。エヴェレットは、位置の基礎がいくらか自然に選び出されることを、直観的に仮定していたのかもしれない。しかし、これを確認する証拠は彼の論文の中に少ししかない。

問題解決に取り組まなければならない最初の疑問は、間違いなくこれである。すなわち、何が真実であるのか？　エヴェレットは、波動関数を物理的実体だけのために利用した。この波動関数一元論のための代償は、優先されるべき基本問題である。なぜなら、複合系の波動関数は、非常に多くの方法で表わされるので、異なった種類の描写に対する、エヴェレットの概念の応用は、一つ（の波動関数）と同じ波動関数が多くの歴史のみならず、多くの異なった種類の歴史もまた、含んでいることを示唆している。それは、「多くの多世界」の考え方に導く。ある人はこれを受け入れるが、私は、もっと魅惑的な代案があると感じている。

14-6　二元論的な描写

量子論の「創始者」とりわけディラックとハイゼンベルグの間で、純粋主義者は、（量子状態の）描写と多くの方向の中で、同じ量子状態の（描写の）間で、密接した相似を見つけ出し、一つ（の時空間）と同じ時空間に関して、多くの異なった座標系を置くことの可能性を見出した。相対性理論の中では、このことは、異なった方法で、空間と時間の内部で、時空間を分割することに対応している。アインシュタインの偉大な大成功の後に、物理学者の誰一人として、これがただ一つの方法でなされたということを夢想する者は居なかった。同様に、ディラックとハイゼンベルグは、量子状態を表すための優先的な方法があるという提唱は、量子理論の中には存在しないと主張した。しかしながら、並行論は正確ではないかもしれない。

第一に、古典的な相対性理論の中で、時空間は、全ての現実、すなわち完全な宇宙を表している。それとは対照的に、量子状態それ自身は、言ってみれば、位置を測定するあるいは、運動量を測定するというような、戦略上の決定が決まるまで、明確な意味を何も持っていない。その状態は、その系の外側の実際の測定器具と結合した時だけ、その十分な意味を取得する。その系は、その潜在している可能性を明らかにするために、その器具と相互に作用し合わなければならない。今現在、器具、本質的には宇宙の残りの部分とのその相互作用は、十分に理解されていない。それ自身による量子状態は、物語のほんの一部である。その下位体系の不完全な量子記述から、量子宇宙についての成果を引き出そうとすることは、時期尚早かもしれない。

第二に、現在、明確な形に作り上げられたものとして、量子力学は外側の枠組みを必要としている。実際に、大部分の基礎的な観測できるもの、位置や運動量や角運動量などの全てが、ＥＰＲパラドックスの討論の中で言及された「貸与された」特性に対応している。それらは、絶対空間の枠組み無しでは存在することができない。そして、マッハの原理は、宇宙の瞬間的な立体配置によって決定されることを、強力に暗示している。さらに、時間は、量子状態の記述の全く外側にまだあって、量子力学において本質的な役割を演じている。しかし我々は、時間が宇宙の中の万物の位置に関して、まさに実際に簡潔な表現であり、それで宇宙の立体配置が、宇宙の量子記述において本質的なそして直接的な役割を演ずるのを期待することができることを第6章で知っている。我々がもし、それらを量子宇宙論の基礎に置いていないならば、我々がどのようにして、現在の量子理論の外側の枠組みを理解することを期待できるか私には分からない。これは、「プラトニア」の二元論的な描写に、私を導くものである。すなわち、宇宙の全ての可能な立体配置の集まりと、「プラトニア」の上空を覆う「霧」として想像されている完全に異なった波動関数の二つである。エヴェレットの理論の言葉の中でいえば、好ましい基礎を紹介している。「何が真実であるのか？」という疑問に対して、私は「立体配置である」と答えている。私の本は、それらが、時間と量子の両者を、同じ硬貨の異なった面として、説明することを示すという試みである。

第15章　創造の規則

15－1　最後の変化

この章で、私は波動力学がどのように働くのかについて、少し細部に入って行くつもりだ。これは、一九二六年にシュレディンガーが発見した、二つの方程式を調べることを意味する。そしてそれにディラックが気付き、化学の全てと物理学の大部分を説明した。あなたは、量子宇宙論の構造に関して、この本の第一部で書かれたことを理解するために、十分に吸収することが必要だろう。それは、目標である。すなわち、私はその努力することに価値があるのを、あなたが気付くことを望む。私は、それが我々に創造がどのように働くかを示すだろうと信じている。なぜ、何かがあるのか？　それが究極の謎であるが、それをかつて説明できた理論は無い。しかしなぜ、別の事象ではなくてその事象が創造され、経験されるのかを、理論が、我々に教えてくれるかもしれない。さらにその上、私は、我々が全ての瞬間に、直接的に創造を経験していると信じている。創造は「ビッグ・バン」の中で起こったのではなかった。創造は此処にあり、今ある。そして我々は、それが支配される規則を理解することができる。シュレディンガーは、彼が量子の規定の秘密を見つけたと思った。正確に理解すると、彼が見つけた物は、創造の規則であった。

仕事に真剣に取り組むことにしよう。我々は、波動関数ψがどのようにして変化するかを熟考するとしよう。量子力学の中で、これは変化するのはこれだけだ。粒子自身が移動していることに関する考えを忘れなさい。配置空間「Q」の可能な立体配置や構造は、一度与えられており、全てに対して与えられている。すなわちそれは、無時間の配置空間である。その系の瞬間的な位置は、その（配置空間）「Q」の点である。古典的ニュートン力学の中の展開は、「Q」の風景を超えて時間が過ぎた時、動いている明るい点のようである。私はこれが、時間について考えるための悪い方法であることを主張してきた。そこには、過ぎて行く時間も無く、動いている地点も無い。まさにそこには、その風景を通り抜けている無時間のパスが存在する。その中に時間があるフィクションの中の動いている地点によって使われる道がある。

我々が今考えている、時間のある量子力学の中で、軌道は全く存在しない。その代わりに、（配置空間）「Q」は、波動関数とそれらを結合させた確率の概念を図解で説明するために使われてきた「霧」によって覆われている。赤色の霧と緑色の霧は、しっかりと組み合わされた方法で発達している。ところが一方、他の二つから計算された青色の霧は、その確率の変化を表している。時間の経過につれて起こる全ては、霧の模様が変化することである。その霧は行ったり来たりして、景色全体を覆って絶えず変化しているが、それ自身は決して変化していない。

シュレディンガーが発見した方程式の一つは、このプロセスを支配している。もし、（波動関数）ψが、特定の時に、（配置空間）Qの中の至る所で知られているならば、ψが、わずかに遅れていることに気付くだろう。この新しい値から、別の小さな段階に進み、はるか未来の次の段階に進んで行くことができる。（波動関数）ψの根本的な二つの構成成分である赤色の霧と緑色の霧によって、ここで演じられた役割は、全く興味深いものである。すなわち、赤の霧が空間で変化する方向が、時を同じくして緑の霧の変化の速度を決定する。そして、逆もまた同じである。二つの構成成分は、いわばテニスをやっているようなものである。この方程式は、時間に特徴があるので、時々、「時間に依存する」シュレディンガー方程式と呼ばれている。

実際の所これは、シュレディンガーが発見した最初の方程式ではない。

彼が発見した最初の方程式は、今では普通、「静止した」あるいは、「時間に依存しない」シュレディンガー方程式と呼ばれている。これは、（波動関数）ψの二つの構成成分すなわち、赤の「霧」と緑の「霧」が、一方の増加が他方の減少とぴったりと調和して、規則正しく振動しているある特別な場合に、何が起こっているのかを決定している。運動量の固有状態に関して我々がすでに見て来たように、青い「霧」（確率密度）の値は凍結する。すなわち、（その値は、一般的に配置空間「Q」を越えて変化するのだけれども）、それは、時間から独立している。そのような状態は、「定常状態」と呼ばれている。これは、その解答は定常状態である二番目の方程式に与えられた名前を説明している。標準的な展望は、時間に依存する方程式が量子力学の基本的な方程式であることである。すなわち、定常型方程式（時間に依存しない方程式）は、それから引き出された特別な場合として見られるのである。これは、その中で波動関数ψのある状態がいつかある時に創造され、そしてそれから、測定が実行されるまで、展開している端から端までの全体の計画に対応している。

これらの二つの方程式の役割が、宇宙の量子力学の中において、逆転しているという、好奇心をそそるヒントがある。定常型方程式（あるいは、そのような物）は、それから時間に依存する方程式が近似法としてのみ引き出される、基本的方程式であるかもしれない。我々はそれが、基本的であると考えている。なぜなら我々は、我々の周りで見つける現象の記述のために、それを有効にする状況によって騙され続けて来た。しかしながら、これらの現象は、それが、宇宙の全体の話になった時に、我々を大いに欺いたのである。とりわけ、存在していないにもかかわらず、時間が存在していることを信じ込ませるように、我々を導いたのである。

そうであるように思われるものが、二つのシュレディンガー方程式の重要な特性から続いて起こっている。

どの量子系に関しても、それが持つことのできる全ての定常状態を見つけるために、時間に依存しない方程式を使うことができる。これらの状態の各々は、ある明確なエネルギーに対応している。そして、それらの各々の中で、赤の霧と緑の霧が同じ一定不変の周波数で振動している。ところが一方、青の霧は一定のままである。これらの解答は、また、時間に依存する方程式の解でもある。それらは、特別に静止した存在であるのだけれども。私は、量子力学の中の線形性について述べている。ここでは、線形性は、時間に依存するシュレディンガー方程式の二つ以上の解が、別の解を一緒に得るために、単に付け加えることができる。もし、特別な静止した解が加えられるならば、何か重大な結果が起こる。独立して熟考された各々の解の中で、赤色と緑色の霧は固定の周波数で振動し、一方青色の霧は一定のままである。しかしながら、我々が異なった周波数を持ったそのような二つの解を加え合わせた時、それらは、干渉する。すなわち、赤色の霧と緑色の霧の加えられた強度は、もはや、規則正しく振動しない。もっと重要なことは、青色の霧が時間とともに変化することである。

今や、これは非常に特徴的なことであり、本当に、それは量子進化の本質である。時間に依存する方程式の全ての解は、異なった周波数を持った静止した解（定常解）を加え合わせることによって見つけられる。それ自身に関する各々の定常解は、赤い霧と緑の霧の規則正しい振動を持っているが、青い霧の、――実際には静的な――一定の分布を持っている。しかし、異なったエネルギーそしてそれ故に異なった振動数を持った定常状態が一緒に加えられるとすぐに、特に青い霧の中で本当の変化のしるしである不規則な振動が始まる。量子力学における全ての真の変化は、異なったエネルギーの定常状態との干渉から生じる。「定常状態によって記述された系の中では、何の変化も起こらない。」

この文章は、予言していた。我々は臨界点に到達した。その示しているものは、全体としての宇宙が、単一の本当に静的な状態によって記述されているということである。何も起こらないとはどういうことか、そしてなぜそうであるのだろうか？　これは、この本の前半の部分と関連するところである。時間と変化は、マッハの古典的動力学が量子力学に出会った時に、終わりを迎えた。我々は、マッハ的宇宙が、エネルギーのただ一つの値すなわちゼロだけを持つらしいことが分かっている。我々はまた、量子理論が、対応している古典理論を量子化することによって獲得されることを知っている（ＢＯＸ２）。実際に、空間と時間のその外部の枠組みと共に、量子化されたニュートン的動力学が、時間に依存するシュレディンガー方程式を簡単に導くのに対して、第７章で考察した量子化された単純なマッハ的モデルは、その中の基礎的な方程式が時間依存型でなく、定常のシュレディンガー方程式である量子理論を導く。

もし、古典力学に対するマッハ的なアプローチが正しいならば、量子宇宙論は力学を持たないだろう。それは無時間であるだろう。それはまた、枠組みがないに違いない。

15-2　創造とシュレディンガー方程式

私は、これがどのようにして成し遂げられるのかを説明する前に、シュレディンガー方程式がどのようなものであり、そしてそれに何ができるのかを、話さなければならない。私はそれが、物理学者が悟るよりももっと驚くべきことであると信じている。もし、私が正しいならば、これは創造の秘密に接近することを達成している所である。

シュレディンガーが波動力学を確立した時、ボーアの研究は原子の唯一のモデルであった。原子は、それぞれ一定のエネルギーを持って定常状態の中で存在することができ、原子がそれらの間でジャンプした時に、光子が放出されることを示唆していた。シュレディンガーの偉大な狙いは、どのようにして定常状態が発生し、跳躍が起こるのかを説明することであった。ド・ブロイの提唱は、定常状態が、その振幅は空間の中で変化しているのだけれども、一定の振動数で調子を合わせて急速に振動しているある波動関数によって描写されるべきであることを強力に示唆した。それ故に、シュレディンガーは、最初のステップとして、空間の中の変化に関する方程式を捜した。

彼が、この方程式を引き出すべきであると厳密に話していた時間に依存する方程式をそのすぐ後に発見したのは、皮肉である。しかしながら、彼は幸運を持っており、良い直観力によって導かれた。それは、数学者にとってはたやすいことであるけれども、私は、シュレディンガーがどのようにして彼の方程式を発見したのか、あるいは、どのようにしてあるものから得て他のものへとしたのか、その詳細にはふれない。BOX13は、この話の趣旨を理解するために必要な定常的な方程式についての最小限度の説明をする。

BOX13　創造はどのように働くのか

定常状態にあるシュレディンガーの波動関数に関して、次のように考えることができる。配置空間「Q」の各々の点において、一定に保たれている弦の長さϕの垂直の円の中で球を揺らしている子供を想像してもらいたい。その球がぐるぐる回る時に、その円の中心の上側または下側のその高さは、連続的に変化している。その高さは、(円の中心より上側で)時々正符号で、(中心の下側で)時々負符号である赤色の霧のイメージである。横の距離は、——右へは(正符号)、あるいは左へは(負符号)——緑色の霧のイメージである。ϕの二乗は、青色の霧の一定の強度のイメージである。定常状態とは、配置空間「Q」の中の至る所で、同じ速度で、そのような球を揺らしており、全て完全に位相を同じくして、すなわち、それら全てが一緒に円の頂上に到達するように球を揺らしている子供達を持っているようなものである。完全に一定ではない唯一のことは、その弦の長さϕである。そのϕは、配置空間「Q」の点から点へと変化することができる。運動量の固有状態の中で、ϕは至る所で同じである。それは、非常に特殊な状態であるが、もっと一般的な定常状態の中では、ϕは配置空間「Q」の至る所で変化している。静的なシュレディンガー方程式は、その変異を支配している。

それは、配置空間「Q」の各々の点において、条件を付与することによって、これを行う。明確な方法で計算された二つの数の合計は、三番目の数と等しくなければならない。最初の数は最も興味深いのであるが、発見するのが最も難しい。三つの物体の量子系を取り上げる。その配置空間「Q」は九次元を持っている。「Q」の中の各々の点は、絶対空間の中の三物体の位置に対応している。二物体を固定して保持し、三番目の物体を絶対空間の中の直線に沿って動かしていると想像しよう。これは、配置空間「Q」の中で、直線に沿って移動させるだろう。その直線上でそれに沿って、あなたは弦の長さϕの曲線を描くと仮定しよう。各々の点でこの曲線は、明白な湾曲状態を持つだろう。ある場所では、その直線の方に向かってあるいは、直線から離れる方向に強力に曲がっており、そして、他の部分では弱々しく曲がっているだろう。微積分学では、その湾曲状態は、二次導関数である。

配置空間「Q」の各々の点で、そのような九個の湾曲状態がある。なぜなら、その中で各々の粒子が動くことのできる絶対空間の中の三方向のそれぞれに次元が割り当てられており、配置空間「Q」は九個の次元を持っているからである。シュレディンガー条件の最初の数は、計算された粒子の質量を、各々掛け合わせた後の、これら九個の湾曲状態の合計である。私はこれを、「曲率数」と呼んでいる。

（シュレディンガー条件の）二番目の数は、見つけることがはるかに容易である。物体の任意の立体配置は結合した位置《ポテンシャル》エネルギーを持っていることを思い出して欲しい。立体配置（と物体の特徴、それらの質量など）

が、それを特別に決定する。重力に関しては、図17で説明した。私が、「ポテンシャル数」と呼んでいる二番目の数は、ポテンシャルとφを掛け合わせることによって簡単に見つけられる。

（シュレディンガー条件の）三番目の数もまた、見つけるのは容易である。もし、ωがその状態の振動数である（一秒間の「球の回転」数）ならば、その時、量子規則によって、その状態のエネルギーは、「E=$h\omega$」である。ここで、「h」はプランクの定数である。これが、エネルギーと光子の周波数の間の、アインシュタインが発見した関係である。私が、「エネルギー数」と呼んでいる第三番目の数は、その時、エネルギー「E」とφを掛け合わせることにより見つけられる。

静的なシュレディンガー方程式によって付与された条件は、次の通りである。

曲率数＋ポテンシャル数＝エネルギー数

（プランク定数もまた、最初の数の中に現れ、全ての三つの数が同じ物理的性質を持つようにする。）

しかしながら、配置空間「Q」の中の至る所で保持されているに違いないこの条件を捜すことは、話全体の半分にしか過ぎなかった。シュレディンガーは、定常状態にある原子が、共鳴の中で振動しているバイオリンの弦のようなものであると考えた。なぜなら、その二つの端は固定されており、その両端における振幅がゼロであるからである。それ故に彼は、上記の条件だけでなく、はるかに遠い所でゼロに向かうであろう条件でも、Φを付与した。彼自身納得と非常に速やかに他のみんなを確信させたこのとてつもない発見が可能であったのは、この必要条件のためだ。このようにして、彼はボーアの量子規定の秘密を発見した。

これは、静的なシュレディンガー方程式の極めて興味深い特性によっている。今のところ、「E」は一定であるが知られていない数である。それは、配置空間「Q」を覆って変化しているポテンシャル「V」よりも小さいかあるいは大きいかであるだろう。興味深いことは、上述の条件規定が、ϕに、「$E-V$」の値によって非常に異なった状況にすることを強制する。それが、ゼロよりも大きい所では、ϕは振動する。シュレディンガーが、むしろ風変りで面白く言ったように、「それは、支配から逃げはしない」。しかしながら、「$E-V$」がゼロよりも小さい所では、その条件規定は、ϕに関して完全に異なった振る舞いを強制する。それは、ゼロに急速に向かうのか、さもないと急速に大きくなり、実際指数的に無限大まで大きくなるのかのどちらかであるに違いない。後者の場合は、惨事になるだろう。それ故に、シュレディンガーは、状況が油断のならないものになるので、繊細な注意を持って取り扱われなければならないと論評していた。本当に、彼はϕが「爆発」しないが、その代わりにゼロまで無限に下がって行くような「E」の特別な値は、例外的な場合にのみ存在することを示した。これらは、彼が探していた場合である。都合良く振る舞う解は、もし、「E」がゼロよりも小さいならば、別々の（お互いに離れている）「E」の一定の値にだけ存在している。

　都合良く振る舞う解答は、「固有関数」と呼ばれている。そして、「E」の対応している値は、（エネルギー）「固有値」と呼ばれている。任意の系が、いつも少なくとも固有関数を持っていることは、量子力学の基本的な特性である。（しばしば、そのような固有関数だけが存在し）、そのエネルギー固有値の最低値を持っている、任意の系の固有関数は、「基底状態」と呼ばれる。一般的には、より高いエネルギーを持った固有関数もまた、存在する。それは、「励起状態」と呼ばれる。最後に、もし「E」が、至る所で「$E-V$」がプラスであり、十分に大きいならば、位置《ポテンシャル》が最も低い所ではもっと速いけれども、その固有関数は、至る所で振動している。マイナスの固有値「E」は、「離散スペクトル」を形成し、その対応する状態は「束縛状態」と呼ばれる。なぜなら、それらにとってϕは、有限の領域を超えただけで、認められる値を持つからである。残りの状態は、ゼロよりも大きな「E」を持っており「非束縛状態」と呼ばれている。そして、それらのエネルギー固有値は「連続スペクトル」を形成する。

シュレディンガーは、主として、水素原子に関する彼の波動力学予測に関して、一九三三年のノーベル物理学賞を受賞した。彼は、その定常状態のエネルギー固有値が、ボーアのモデルで認められた状態のエネルギーと、精密に一致していることを発見した。シュレディンガーの形式主義が、内部の統一性と、より古いモデルの中で完全に不足しているそれに対する一貫性を持っているので、これは、計り知れない進歩であった。シュレディンガー自身によって大部分が達成された、新しい波動力学の素晴らしい成功はすぐに知れ渡り、新しい体系の大きな収穫について、何も疑念の余地はなかった。

第14章で、私は、シュレディンガーの描写の中で、どのようにして分子が現れるのかを述べた。それはすなわち、考えられる限りのもの全ての立体配置の巨大な集まりとして、それらは、最も有望な立体配置の強力に濃縮された量子確率の青い霧とともに現れる。(配置空間)「Q」の中の単一の点の周りに一般的に群がっているこれらの最も有望な立体配置は、球と文柱の模型によって表された物である。私は今、シュレディンガーが創造の法則を発見したという私の主張を上手に始めることができる。彼の定常方程式は、我々自身の肉体を含む宇宙の中の物体の非常に多くを構成する、これら全ての驚くべき原子や分子の構造を決定し、実際に、その構造物を創造している。その方程式は、どの構造が可能性が高いかを決定することによって、それを成している。しかし私は、原子や分子の構造という意味のみならず、より深い創造を意味するつもりである。その十分な説明にはまだ到達していないが、我々は、目標に接近している所である。

15-3　何も無い中で低迷している量子力学

量子力学において、時間のみならず絶対空間についてもまた、排除することができるかどうか、見なければならない。無時間系においては、エネルギー「E」はゼロであり、BOX13の条件規定は、（配置空間）「Q」の全ての点で、曲率数とポテンシャル数の合計が、ゼロであると、単純に言っている。ポテンシャル数は、我々の必要な形式の中にすでに存在している。任意の可能な相対的立体配置に関して、そのポテンシャルは独特の値を持っている。それは、他の何物にも依存していない。ポテンシャル数を見つけるために、我々は単純に各々の立体配置に関するポテンシャル「V」を計算する。それから、ϕを掛けて、「$V\phi$」を得る。計算のこの部分は、心地よい必要物が全て揃った自給自足である。なぜなら、「V」は、相対的な立体配置だけに依存しているからである。各々の構造は、我々がそれを空間の中に埋め込む場合に、それ自身、潜在的に無視されやすい。

しかしながら、「自己抑制」の欠乏は、その曲率数の中に現れている。それを見つけるために、我々は、配置空間「Q」の中の位置から位置へ、どのようにしてϕが変化しているのかを知らなければならない。これは、シュレディンガーの方程式の中の、自給自足のプロセスではない。なぜなら、彼の「Q」の地点は、絶対空間の中の粒子の位置によって限定されているからである。その絶対空間は「Q」の中で決定的に使われており、それを「混成」にしている。ϕの全ての重要な湾曲状態は、絶対空間の中の位置の相違によって、最終的に決定される。結果として、標準的な量子力学の中での方向づけは、粒子の分離を指定する相対的なデータによって、一般的に絡み合っているというものである。今、位置、運動量とエネルギーに加えて、量子力学の中に、別の非常に重要な量が存在する。それはすなわち、角運動量であり、活動が存在しているとき、いつも不連続の固有値を持っている。それは、量子力学の中で、その存在を絶対空間に帰している。我々は、まだニュートンの枠組みから脱出していない。

我々は今、別の臨界点にやって来ている。我々は古典物理学の中で、作用は、似ているが厳密に同じではない二つの立体配置の間の「距離」の一種であることが分かっている。絶対空間は、それにそのような「距離」を定義することを可能にする、付加的手法である。これは、角運動量がなぜ、古典物理学と量子物理学の中に存在しているのかの理由である。しかしながら、第7章で、我々は「プラトニア」の中で、純粋に相対的な配置空間で働き、絶対空間に対して何も負うてはいない「距離」の二者択一的な定義を発見した。それらは、相対的立体配置だけを使って、最適整合の手順によって定義される。古典的物理学の中では、これは、純粋に相対的でそれ故に、必要物が全て揃った自給自足の動力学を創造することを可能にする。我々はまた、最適整合の精巧な型が一般相対性理論の核心部にあることを発見した。最適整合は、世界の根本的な規則として現れている。

それ故に、それが量子力学の中で適用されるかどうかを考えることは、非常に魅惑的である。我々がやりたいと望んでいることは、相対的配置空間に関して、ゆっくりと定義された波動関数を操作するための、確立された規則である。例えば、三物体の場合、絶対空間の中のそれらの位置や方位と結合している六次元を消去し、まさに三角形の辺として働くことを我々は望むだろう。その時、我々は三次元の「プラトニア」で定義された波動関数を持つだろう。結局、我々は曲率数とポテンシャル数を計算することを望むだろう。後者は、それが普通の量子力学の中で扱われるのと同じであるので、何の困難も無く示されるだろう。困難は、曲率数の中にある。結局、曲率とは何なのか？　任意の与えられた曲線にとってそれは、その傾斜度が変化する割合である。しかし、変化の割合について鍵となることは、それがある物に関してであるということである。そのある物は全てにおいて重要である。それは、「距離」の一種である。普通の量子力学的な「距離」は、（考慮している粒子の質量）×（絶対空間の中の単純な距離）である。古典物理学の中の絶対空間を消去するために、それをマッハ的最適整合距離によって置き換えた。量子物理学の中で同じようにするべきではない、という理由は無い。

これは、配置空間に関する量子力学の説明が非常に重要になるところである。それに関するあの本質的な固有性を保つために、シュレディンガーはとてつもなく多い段階を必要としたが、我々は彼の混成的な（配置空間）「Q」から、「プラトニア」に移らねばならない。もし我々が、新しい劇場で量子力学を公式化することに成功することになっているならば、その中に「距離」があるに違いない。しかし、それは精密に、最適整合の概念が展開し供給されてきたことである。古典物理学の中でマッハ原理を実現するために必要とされたのに厳密に同じ「距離」は、絶対空間無しで、宇宙に渡って波動力学の変形の中で使うことができる。我々がしなければならない唯一のことは、最適整合によって「プラトニア」で創造されたマッハの距離に関する曲率の測定である。それから、我々は、無時間の劇場の中でありったけの次元の相互に垂直である方向で測定した曲率を加え合わせて、その合計をポテンシャル数のマイナスに等しいと置くのである。

実際、このマッハ的状況において、シュレディンガーの条件を成立させる波動関数が、角運動量の固有値がゼロである普通の量子力学の固有関数と精密に同じである、ということをたやすく知ることができる。これは、古典力学の中の我々の結果と正確に一致している。すなわち、その最適整合の条件は、角運動量がゼロであるニュートンの解と同一の解に導いている。我々は、それらがなぜ、静的な解でなければならないのかについて、すでに知っている。

現れている映像は非常に単純である。マッハの古典的動力学の量子的相対物は、「プラトニア」における静的波動関数Ψである。「プラトニア」の中で点から点への、その変化を支配している規則は、ポテンシャルと最適整合の「距離」だけを含んでいる。その両者は、無時間の劇場の「地形学上の特徴」である。それの地図を作るために送られる測量技師は、それらを見つけるだろう。彼等は「プラトニア」の霧が、その地形をよく反映していることを知るだろう。それは、霧がどこに集まるかを決定する。

第16章 「あのダメだと判定された方程式」

16-1 歴史と量子宇宙論(1)

一九八〇年という年は、私の人生における別の転換点であった。それに基礎を置いた二つの概念が、すでにアインシュタインの理論の必須の部分であったことを学ぶことさえなければ、それは、ブルーノ・ベルトッティと私が、重力の新しい理論を発見したかもしれないと思った時であった。カレル・クハシュの介入は、我々の研究の角を取って丸くしたが、それはまた、結果に導いた。それは竜頭蛇尾のものであった。ブルーノは、アインシュタインの理論によって予言された重力波の検出を狙って、有人宇宙船を使った実験にますます熱中するようになった。一～二年の間、私は実際に物理学の研究をやめて、新しく設立された社会民主党(SDP)の中で政治的に活動するようになった。しかしながら、昔の興味がまもなく蘇った。マーガレット・サッチャーの一九八三年の決定的な首相選挙の勝利が、その過程を早めた。

二つの出来事が、一九八〇年代を通して私の心を占めた。第一は、私がケプラーについての論評を引用した本を書いたことであった。絶対運動と相対運動について書くことは、長い間常に私の野望であった。そして私は、ニュートンからアインシュタインまでの期間の問題を取り扱っており、ブルーノと私の研究の説明も含んでいる四〇〇ページの本をケンブリッジ大学出版部で出版する契約に、一九八四年に署名した。私がそれに乗り出した時に、ニュートンが持っているものを言った理由を見つけるべきである、ということが私の心に起こった。何が彼に、絶対空間の概念を与えたのか？　それは、ガリレオが言ったことを見つめるという考えではなかったか？　私は、これらの質問をすることにより、素晴らしい間違いを犯した。私は、何が起こっているかを知る前に、ガリレオの内部に対する探究が、過去の歴史へ、コペルニクス的転回からプトレマイオスへ、ソクラテス以前の哲学者に戻るまで過去の歴史の中で、私を引っ張っていった。プトレマイオスやケプラーやガリレオのような科学者達の実際の研究を読むことによって、私は、力学と天文学の初期の歴史が、私が科学の専門的な歴史家の目によって知ることのできたどのような説明よりも、もっとはるかに面白いことに気が付いた。彼等は、あらゆる種類の魅惑的なことを見落としていた。そして、彼等の歴史は全く的はずれであった。人間が天国で物事を発見する方法は物事それ自体とほとんど同じくらい興味深いというケプラーの論評によって元気付けられて、私は、初期の研究全てについて書き始めた。私は、一九八五年から一九八八年まで、完全に無計画な本『動力学の発見』を書くことに費やした。ケンブリッジでの私に好意的で良く理解してくれる編集者サイモン・キャペリンは、全二巻の仕事の第一巻として、それを出版することに同意してくれた。第二巻は、独創的に提唱された本にすることになっており、一〜二年後に完成させるはずであった。しかしながら、私が初期の歴史にさかのぼって研究していたので、同じ時代の物理学に私の興味がなく、並行的な展開になってしまい、運悪く遅れてしまった。

　私が以前に述べていたように、ブルーノと私は、完全に古典物理学に関わってきた。我々は、マッハが正しく、そして彼の概念が新しい古典物理学に導くことができることを示すのを望んだ。すなわち、我々は、それらが持っている任意の量子的暗示に対して、一瞬の考えではないものを与えた。量子宇宙論は我々の理解を超えた世界であった。何かに取り組む意欲をかきたてるのは奇妙である。それは、序文で引用したディラックによる論評は、私の長く苦しい旅に私を置いた、その分野においての初期の研究だったので、量子重力における私の関心の欠如は、特に奇妙であった。バイエルンとシャープとホイーラーの研究に導いたものと、ブルーノと私が一般相対性理論の内部のマッハの概念の遂行として見ることになったものは、同じものであった。量子重力の分野で世界を導く権威者の一人である、カレル・クハシュと一緒に研究してはいないのだが、彼は、私が必要とする刺激を与えてくれた。ひょっとするとそれは、余りにも威圧的に見えた。私は、新しい友人であるリー・スモーリンからもたらされた実例と激励を必要とした。

私は、一九八〇年の秋にソルト・レイク・シティに旅行する数週間前に、初めてリーに会った。私は、私に何の痛みも与えずに破裂した穿孔性の虫垂炎をのりこえ、まさにかろうじて死から逃れられたので、私にとってそれは全く劇的な時期であった。私の唯一の症状は疲労感とわずかな吐き気であり、腹痛のほんのわずかな暗示であった。幸運にも、私の用心深い医者が念の為、私を病院に送った。レントゲン検査は、解釈するのが難しいことを証明したので、全く長い熟考の後に、医師達は私を切開手術することを決定した。彼等は、これ以上の遅延が、致命的な結果になってしまうことに気付いた。私の状態を見た時、「これは、非常に剛勇な人であるに違いない」と、その外科医は明らかにした。私はその時、死に際の喘ぎの中に居たに違いないと思うのだが。実際、私は手術のたった一時間半前に、何の不快感も無く機嫌良く「タイム」誌を読んでいた。私が、病院から退院して家に戻った後、まだ健康回復期にある時に、二人のアメリカ人の物理学者が、マッハ原理の中の私の関心についてロジャー・ペンローズから聞いたと言って電話してきて、オックスフォードへやって来た。はたして彼等は来て、私に会うことができたか？　彼等は、次の日にやって来て、私は部屋着で彼等を迎えたのである。

一人はリーで、その時彼は博士号取得後の若い研究者であった。その会合は、双方にとって人生を意義深く変化させた。彼が彼自身に捧げることを決定した量子重力の問題が持っているに違いない妥当性を、私に奨励している間に、私が彼に紹介したライプニッツとマッハの考えに対して、非常に快く受け入れられることが証明された。我々は、続く数年間の間に数回会った。そして、公式化されたライプニッツの哲学的な体系、すなわち数学的な形式における彼の「モナドロジー」に対する試みに関して共同研究をした。私は、我々がある実際の進歩を遂げたと思っている。リーは彼の著書『宇宙は自ら進化した』の中で物事に関する彼の展望について書いている。我々の共同研究の確かな見解は、私自身が努力し苦心して作ったタイム・カプセルの概念と、究極的なそして唯一の本当に真実の実体は時間の瞬間であるという私の信念が疑いのない決定的なものであるということであった。私が気付いている限りでは、ライプニッツの考えは、数学的な形式の中で表現することが可能であるデカルト学派のニュートン的唯物主義に対して、正真正銘の二者択一だけを提唱している。とりわけ私を引き付けているものは、本当に原初の状態で構造物に与えられた重要性と顕著な特性と、宇宙が、無限に多くの空間の中で動いている原子のように本質的に同一の物の要素から成っているのではなくて、各々が共通の原理に従ってお互いから全て異なった物を作って、現実には、無限に多くの実体の集合体が存在している、という主張である。空間と時間は、これらの究極的な存在がその中でお互いを鏡のように反映させている方法によって、現れて来る。私は、この見解が物理学をひっくり返す可能性を持っていると確かに感じている。十分にありそうに見える興味深い構造物を作るよりもむしろ、起こりそうもない物を作る方が面白い。T・S・エリオットは、詩人になる前に哲学を勉強した。彼は、「ライプニッツの中には、可能性がある」と述べた。

一九八八年に、私が『動力学の発見』という本を書きあげた時に、私はリーと一緒にエールで三週間を過ごした。一九五五年のアインシュタインの死去した頃から、発展していき、一九六七年にホイーラー・ドウィットの方程式の公開に導いた量子重力の未発達な形の意味を、人はどのように理解するのかを本気で考え始めた。それに続く四年間の間、リーと私は多くの討論を重ねた。我々は結局、異なった道に進んだのだけれども、リーは、物理学の中の根本的な要素として、時間を放棄することに対して、気が進まなかった。私がこの本の最後の部分で述べたい考えは、これらの討論を通じて具体化された。私に取って、それらの魅力は、宇宙の劇場としての「プラトニア」の本来の妥当性と、良く似た配置空間の中でのシュレディンガーの息を飲むような一歩の暗示から来ている。私が今それを見るとき、その問題は簡単である。

16-2 単純な心による接近

あなたは、劇場と同じような他の劇場の中で異なった試合をすることができる。あなたは、また劇場で行われている試合の規則を調節することができるので、それは異なった劇場でも行うことができる。一般相対性理論と量子力学の両方は、複雑で高度に展開された理論である。その中でそれらは、独創的に自己主張する形式のために、それらは共存できないように思われる。私の驚くべき発見は、「プラトニア」の中でその二つを融合させることが可能であるように思われることである。それらの必要でないものを剥ぎ取った両方の理論の構造は、ぴったりと噛み合う。もし、シュレディンガーが波動力学を創造した直後に、わずか一年早く出版した彼のマッハ的論文に戻り、彼自身に尋ねていたならば、マッハ的波動力学は明確な形で作りあげられていたのだろうか？　任意の波動力学が、簡単に配置空間上で公式化されている一方、彼のマッハ的論文は、宇宙の劇場として「プラトニア」を暗に要求していた。それは、彼が使った混成のニュートン的（配置空間）Qでは全くないのだけれども、そのような物は「プラトニア」である。しかし、マッハ的波動力学の構造は、とりわけもし彼が、マッハの論評を時間どおりにじっくりと考えたならば、間違いなく彼に対してすぐに明らかにされただろう。以前の章の要約として、それらの避けられない単純さの中に、マッハ的波動力学への階段がここにある。

N個の粒子の系に関して、ニュートン的状況の中で、シュレディンガーの波動関数は、一般的に次の場合に変化するだろう。すなわち、もし相対的立体配置が変化するならば、もしその重心の位置が変化するならば、もしその方向が変化するならば、そしてもし、時間が変化するならば、それも変化する。数学者は、これらの状況を波動関数の「(独立変数の)引き数」と呼ぶ。それらは、その劇場を構成する。何が本当に考慮されているかを見るために、我々は数学者がするような象徴的な方法で波動関数を書くことができる。

Ψ(相対的立体配置、重心、方向、時間)(1)

しかし、もしそのN個の粒子が、完全な宇宙であるならば、重心の変化、方向の変化、時間の変化と共に任意の変異をすることができない。それは、それをするとこれらの実体が存在しないという単純な理由による。宇宙のマッハ的波動関数は、単純なものでなければならない。

Ψ(相対的立体配置)(2)

より総括的なΨに注意してもらいたい。これは、「宇宙の波動関数」である。それは、その故郷である「プラトニア」の中で発見された。

私は、正統な量子重力を理解するのを試みることについて不平を言っている有名な理論物理学者達に会った。彼らは、ホイーラー・ドウィットの方程式を発見した形式主義に不満であり、形式と見るからに秘密めいた複雑さに威圧されていた。しかし、私の知る限りでは、その最も重要な部分は、単純につまるところ、混成的な（1）から全体的な（2）へ、推移することになった。

16-3 あのダメだと判定された方程式（2）

これは、大胆な主張であるが、その真相は、ホイーラー・ドウィットの方程式を理解するための最も筋の通った前進する方法が、まだ残っていることである。第四部を終了するために、私はこの注目すべき方程式と不幸なトリストラム・シャンディのものが避けられなかったのとは違って、一般相対性理論の構造に根差しているその概念の手法について言及するだろう。それによって、私がその結論に到達した単純な論争を私がなぜ与え、結論がどちらであるか示すが、この節が少し難しいのに気付くかもしれない。骨が折れると思った任意の部分は読み直してもらいたい。

ディラックとアーノヴィット、デザー、マイスナー（ADM）の研究の中で、一九五〇年代の終わりに明らかになった重力の量子的描写の中に、時間の深い問題が存在していることが、第11章の中で述べられている。その問題の存在は、主として一般共変性のためであると考えられた。そして今でもまだそうである。その論争は次の通りに進んでいる。時空の上に置かれた座標は、任意で気まぐれである。人を含んでいる座標は、時間方向において時空に常にレッテルを貼り、全ての座標が気まぐれに変化することができるので、識別された「時間のラベル」は、明瞭には存在しない。これは、単一の時空が「プラトニア」の中で歴史を表す時に、何がパスの過多に導いているのかである。しかしながら、その問題の真実の根幹は、我々が同じ章の中で熟考している一般相対性理論の深い構造の中にある。

実際は、ディラックやADMが一般相対性理論の動力学に出会ったので、その問題はより現実的な形を取り始めた。明瞭に現れた最初の事実は「変化しているもの」の性質であった。それは、量子化されるべき「変化しているもの」であるので、これは非常に重要であった。それらは、三次元空間、すなわち、その内部に保っている幾何学的な関係を含んだ、同時性の超平面の上の宇宙の中の全ての物であることが明らかになった。これらは、基礎量子力学の粒子位置と類似している。私が述べたように、ディラックはこの発見に非常にびっくりした。すなわち、四次元時空の理論の中で、動力学は三次元の構造物と区別されるべきであるということが、明らかに彼を驚かせた。私は、いかに少ない理論家がディラックの論評を黒板の上にあげたかに驚いている。多くの人達は、「空間」の量子化よりもむしろ「時空」の量子化について（それとその内部状況について）話し続けている。それは、まるでディラックとADMが彼等の研究をしなかったかのようである。理論家は、ミンコフスキーが導入した時空の概念を取り除くことに気が進まないでいた。私は、彼がしたことが間違っているという何かを暗示してはいないが、思いがけない方法で量子世界に対する彼の洞察力を収容することが必要であるかもしれない。ある方法、あるいは別の思い切った何かがなされなければならない。

第11章で説明したように、一般相対性理論の中では、四次元の時空は三次元空間の外に構築されている。それらの幾何学は、その中で道は湾曲しているのであるが、空間の各々の点が三つの数によって描写されている。三つの数が存在しているということは、敬虔なキリスト教徒にとっては三位一体の神が持っている物に少々似ているという量子重力のための意義を得た。好奇心をそそるように、賭けられた問題は幾分類似している。この三位一体は一つで不可分なものであろうか？　三位一体の構成要素は、他の二つとは本質的に異なっているのだろうか？　各々の空間地点での三つの数が、なぜそのような問題に変わるのかという理由は、それが私の説明する必要のある量子理論の事実と矛盾しているからである。

私は第12章で、結合した場の励起である量子的粒子の「動物園」について述べた。その典型的な例は光量子である。すなわち、アインシュタインによって推測されたマクスウェルの電磁場と結合している粒子である。粒子の重要な特性は静止質量である。ある物はそれを持ち、他の物はそれを持っていない。質量ゼロの粒子は、質量ゼロの光量子と同じように、光の速度で移動するに違いない。それとは対照的に、電子は質量を持っており、光の速度よりもより遅い任意の速度で移動することができる。

今、質量ゼロの粒子は、あなたが想像するより、より少ない変数（数）によって描写される。量子力学的に質量を持った光量子は、三つの方向の振動もしくは揺動と結合しているだろう。すなわち、その運動の方向（縦軸方向の振動）に沿ってと、それに対して直角方向の相互に直交する二つの方向（横軸方向の振動）に沿ってである。しかしながら、質量ゼロの光量子にとって縦方向の振動は、相対性理論の効果により凍結封鎖され、物理的な振動だけが二つの横方向の振動として存在する。これらは、二つの「真実の自由度」と呼ばれる。それらは、光の二つの独立した偏光に対応している。この論評は、非物理学者にとって、これらの抽象的な事柄を、さらに現実的なものにするかもしれない。人間は光の偏光を記録に残すことができないが、ミツバチはそれができ、方位確認のためにそれを使うことができる。

電磁場に関するマクスウェルの理論と時空に関するアインシュタインの理論の間に、多くの類似点が存在する。一九五〇年代の間を通じて、これが数人の人々を導いた。すなわち、アメリカの物理学者リチャード・ファインマンが最も有名であった。そして彼はスティーブン・ワインバーグ（別のノーベル賞受賞者で『宇宙創生はじめの三分間』の著者）によって引き継がれた。ちょうど電磁場が、その質量ゼロの光量子を持っているように、重力場が、類似の質量ゼロの粒子「重力子」を持っていることを推測するために。重力子と、それとともに重力場もまた、まさに二つの真実の自由度を持っていることが、自動的に当然のこととされた。

一九五五年から一九七〇年頃にかけて、ほとんど平坦でそれ故に非常にミンコフスキー空間に似ている時空に関する多くの研究が、これらの線に沿ってなされた。(私は、この分野で私自身博士号を取得した。)この場合においては、アインシュタインの重力場とマクスウェルの電磁場の間の類似は非常に密接した物になる。そして、穏やかに成功する理論(実験的な証明は、現在まで疑問である。重力は非常に弱い)がそれのために構築された。この理論の内部では、重力子について話すことは確かに可能である。すなわち、光子のように、それらは単に二つの自由度だけを持っている。しかしながら、ディラックとADMは、示唆的にもっと壮大な目標、すなわち、重力の量子理論が全ての場合において有効であるようなもの、を彼等の視野に置いた。ここで事態はうまく調和しなかった。予想された二つの真の自由度は、動力学的な理論として一般相対性理論の分析から見つけられた三つの自由度とは、幾何動力学的に符合しなかった。

純粋に古典的理論の内部では、不適当な組合せの原因は明白である。すなわちそれは、私が「トリスタン」と「イゾルデ」の助けをもってイラストで説明した、時空の十文字に交差している最適整合構造物である。しかしながら、二つの偏光をともなない良く振る舞っている質量ゼロの粒子の量子的期待値と、相対性理論の難解な内部を流れている真実性の間の矛盾は、急速に量子重力の中心的なジレンマになった。四〇年間に渡って、それはいまだに万人が満足する説明を付けるに至っていない。それは、手に負えないものである。賭けられた問題は世界の骨組みであるので、これは恐らく驚くべきことではない。それは、ニュートンの想像力が有している巨大な目に見えない枠組みのような何かの中に存在しているのだろうか? それとも、世界それ自身が支えている何かの中に存在しているのだろうか? 我々は、何も無い中で漂っているのだろうか? まだ枠組み無しで量子理論の関数を作ることのできた者はいない。実際に、多くの人々はその枠組みが位置の問題であることを理解していない。すなわち、ディラックの変換理論は、実を言えば枠組みの中の曲芸の物語である。そして、ディラックの「量子力学の原理」を育てて来た物理学者にとって、曲芸は量子理論そのものである。もし空中ブランコが、それがあるべき所に無いならば、死が結果として生じるように、アクロバットは精密であるに違いない。まさに二つの真の自由度を持った重力子を据えることに研究者を導くことが急務である。

これを達成するための好奇心をそそる方法が、一九六二年にバイエルン、シャープとホイーラーの論文によって提唱された。そしてその不可解なヒントは、「時間」がどういう訳か空間の内部に運ばれて来るというものであった。とりわけそれが、量子的アクロバットの別の問題も解決するように見えるので、これは文字通りに受け取られた。実際の曲芸の中では、場所のみならず、好機を失わないこともまた極めて重要である。量子的自由度に対して、外側の独立した時間無しで量子力学を取り扱う方法は誰も知らない。しかし、そのような時間は重力が無くなってしまうと現れた。時間と二つの真の自由度の代わりに、時間は無いが三つの自由度が現れた。それで、これらはさらに怪しくなった。その計算は全てが余りに暗示的であった。そして、多くの人々が同じ結論に至った。すなわち、時間は存在するが、それは三つの自由度の中に隠れているというものである。

この洞察によれば、量子力学の基礎的枠組みは保護されるが、非常に緊急に必要とされた時間が、それが適用されることになっている「世界」から減らされるだろう。非常に比喩的な言葉でそれを置き換えると、空間の三分の一は時間から成っている。ところが一方、残った三分の二は、二つの真の量子的自由度から成っている。時間は空間から引き出されることになっているので、現実の状況の内側からそれは変化しており、発見されることになっているその時間は、「固有時」と呼ばれた。固有時の概念は、息を飲むような考えであった。そして、現在でもそうである。しかし、支払われるべき代償があった。そしてまた、克服されるべき密接に関連した問題が存在した。すなわち、空間のどの三番目を時間とすべきなのかである。

その問題は、明瞭な選択をすることができないものであった。どのそして全ての三空間も、一般相対性理論の非常に美しいその真の本質を要約した関係の中で現れうる。その上、任意の選択は、結局、時空に関する区別された座標の導入になるだろう。しかし、これは、相対性理論の全体の意図とは反対の方向に進むだろう。その本質は、全ての座標の完全な同等性にあるように思われた。それで、もし選択がなされたならば、その代償はこの同等性の喪失であろう。その代償とその問題は同じものである。それらの二つの最も基礎的な理論の基本原理の間で、正面衝突している量子理論家が存在していた。すなわち、量子力学の中の限定された時間の必要性と、一般相対性理論の中の限定された時間の拒絶である。一九八〇年にオックスフォードで開催された量子重力に関する国際会議で、その題目についての彼の再調査を終了したカレル・クハシュは、「量子の幾何学的動力学は、専門的なものではなくて、概念的なものである」「それは、その中で相対性理論と量子力学が時間の概念を眺める時に、全く正反対の方向にある」という問題点を述べた。この後半の部分は、私が加えたものである。私はその場所におり、その話を聞いた。そして、クハシュの論評は、私に深い印象を残した。

時間になるはずだった空間の三番目に関する探究は、誰も見つけることのできないルイス・キャロルの架空の生物である「スナーク狩り」のようであった。固有時の概念は、約三五年前に最初に明瞭に作り上げられたので、その四足獣は発見されなかった。カレルは、他の誰よりも多くそれを追い詰めることを試みていた。もし彼が、それを見つけることができないならば、私は非存在証明に近くなるのを感じる。私自身の確信は、その考えが時間の間違った概念に基礎を置いているということである。それは、巨大な苦しみを解決するために、むなしく懇願している想像上の四足獣である。特別な時間が時空のつづれ織りの中に隠されていて見つけられないことは、私を驚かせはしない。そのつづれ織りの中に私が見る全ての物は、変化と相違点である。そしてその相違点は、民主的に測定される。空間の外、あるいは時空やその内容物の任意の部分の外に引き出される特別な固有時の概念は、一般相対性理論の中心部に横たわっている天文暦表時の民主的理論を妨害している。

もし我々が、その概念のニュートン的相似に注目するならば、それは奇妙に見える。三粒子の世界において、他の二つが真の自由度であるのに、形成した三角形の辺の一つが時間であるというようなものである。時間を見つけるためのそのような試みは、宇宙の統一性を解体させる。三重星系を観測している天文学者は、誰もそのようなことを考え始めはしない。天文学的な天文暦表時の鍵となる特性は、全ての変化が持続期間の測定に貢献していることである。時間について考えるための異なった方法が、存在するに違いない。

私はそれが、一九六七年にブライス・ドウィットによって、多分、無意識的に発見されたと信じている。ジョン・ホイーラーは、量子重力の基本的な方程式を見つけるために強力に駆り立てられた。それは、幾何学的動力学のシュレディンガー方程式を発見するための、彼の最優先事項であった。固有時の理論が何を生み出しているかというと、それは、象徴的なことばで言うと、「空間の三分の一」を残すことによって構成された時間に関して、「空間の三分の二」のための波動関数を展開している、時間に依存するシュレディンガー方程式である。三番目が「時間」であるべきだという選択のしゃくに障る仕事にたじろいでいる時に、ドウィットは、選択しなければならないのを避けるために、ディラックによって一五年早く開発された、非常に一般的な形式主義を最後の拠り所とした。

ディラックの方法は、等しい基礎の上で空間の全ての部分を処理することができ、単純に時間の問題を後に延している。ドウィットは、クハシュが指摘しているように、ドウィット自身「あのいまいましい（ダメだと判定された）方程式」と呼んでいて、ジョン・ホイーラーが、いつもは「アインシュタイン－シュレディンガー方程式」と呼んでいる、そして、他の皆が「ホイーラー‐ドウィット方程式」と呼んでいる、魅惑的な方程式を書くために、ディラックの方法を使った。しかし、この方程式は何なのだろう、そしてそれは、時間の本質について、我々に何を知らせているのだろうか？

その最も直接的で素朴な解釈は、それが、宇宙のエネルギーの一定不変の値（ゼロ）のための、静止したシュレディンガー方程式であるということである。これがもし本当ならば、驚くべきことである。というのは、そのホイーラー‐ドウィット方程式は、その性質によって宇宙の基本的な方程式であるに違いないからである。「球と支柱」のモデルは、ただ単に最もありそうな立体配置であるに過ぎないが、唯一の量子描写に対する近似法であることを、私は分子構造の討論の中で指摘した。ホイーラー‐ドウィット方程式は、その最も直接的な解釈の中で、次のように我々に知らせている。すなわち、その全体としての宇宙は、定常状態における、ある巨大な分子のようであり、この「怪物分子」の異なった可能な立体配置が、「時間の瞬間である」と。量子宇宙論は、原子構造の理論の究極的な拡張になり、そして同時に、時間を包含している。

我々は、これが時間について我々に何を知らせているかを、尋ね続けることができる。その暗示は、それらが存在できることと同じ位に難解である。時間は存在していない。そこには、時間の瞬間と我々が呼ぶ世界の内容がまさに存在している。これと同様に、最終的な何かは、思いがけない物として見られるべきではない。私はそれを、量子力学の基礎的な原理と一般相対性理論の間の大規模な闘争の唯一の単純でまことしやかな結果と見ている。というのは、人は少なくとも、その標準的な形の中で、明確な時間を必要としているが、その他の人は、それを否定する。そのような正反対の対立する主張を持った理論が、どのようにして平和的に共存することができるのだろうか？　それらは、時間と呼ばれる玩具をめぐって、つまらない喧嘩をしている子供達のようである。そのようなつまらない喧嘩を解決するための最も効果的な方法は、そのおもちゃを取り去ることではないだろうか？　我々は、古典的な一般相対性理論が、その中で無時間であるという良く明らかにされた感覚が存在していることをすでに知っている。私は、それがその魔法のようなつづれ織りから読み取ることができる最も深遠な真実であると信じている。それで疑問は、我々が量子力学と時間の無い歴史の存在を理解できるかどうかである。それは、この本の残りの部分に掛っている。

第五部　無時間宇宙の歴史

もし、物事が単純であるならば、歴史はどのようにして存在することができるのだろうか？もし、量子宇宙論がただ単に永遠不変の「プラトニア」を覆い隠す静止した霧にすぎないとしたら、運動の明白な出現と我々の確信している歴史は、いつ現実となるのだろうか？これは重要な疑問である。私は、第五部の要約を与えるつもりはない。どうぞ、読み続けていただきたい。飛行中に、今まさに何かを引き起こそうとしているキングフィッシャー（カワセミの類の鳥）は、骨の折れる仕事の象徴である。時間の無い世界の中で、それが運動において我々にどのように見えるかを説明することは、ヘンリー八世が六人の妻を持っていたのはなぜなのかを、我々に納得させるために説明するよりも難しくない。

第17章　無時間の哲学

あなたは、ホイーラー＝ドウィット方程式の最も単純な解釈から現れる映像と、私が第一部で描写した無時間の世界の間の関係を今までに認めているだろう。私は、タイム・カプセルの概念を使って、死んだ静的な「プラトニア」が、どのようにして全ての瞬間において我々が経験している活気あふれた、生きている世界に対応しているかをそこで概略説明した。この本の最後の部分で、私はタイム・カプセルの概念に私を導いた物理学からの論証を説明したい。そしてまた、量子宇宙論の構造が、タイム・カプセルを「探し出す」ための宇宙の波動関数の完全な原因となっているかもしれないことを示したい。これは、物理学がどのようにしてプラトン的な形を人生に持って行くかという説明である。私は、いくつかの一般的な論評で始める。

私は、時間を見ることができないので、王様が裸であるという子供の様な理由で時間の無い宇宙を信じている。私は、宇宙が静的なものであり、ホイーラー＝ドウィット方程式のようなものによって描写されると信じている。私は、あなたにこれを作業仮説のように受け取ってもらいたい。そうすれば、我々はそれがどこに導くかを知ることができる。私が以前に言ったように、私はそれが創造の法則に導くと信じている。今私に、それはなぜなのかを説明させてもらいたい。

多くの解説によれば、宇宙は永遠に存在しているか、または遠く離れた過去に創造されたかのどちらかであることは、科学と宗教の両方で主流である。最初の火球における創造は、今の正統な科学ではビッグ・バンである。しかし、宇宙が経験されている全ての瞬間において、新しく創造されたものよりもむしろ過去において創造されたものが古いと、なぜ推測されるのか？　二つの瞬間は全く同一のものではない。我々が、物の中で見つける状況は、他の物の中で我々が見つける状況と、正確に同じではない。それで、何かある物が過去において創造されて、その存在が現在においても継続しているということを正当化するものは何であろうか？

その最も明白な理由は、生きている存在についての明らかな持続性である。でも、もし強要すれば、我々はそれらが決して厳密に同じようには残らないことを認めるだろう。岩石でさえもゆっくりと風化する。しかしながら、十分な特性は、同じ物が存在し続けるということを示すために、我々のために変化せずに残っている。本当に、人間の存在は、世界において安定性の意味をある程度を抜きにしては、考えられないものである。母親の絶え間なく現れる笑顔に対する赤ん坊の疑うことのない承認は、やがて、固執の概念を心にしっかりと埋め込む。しかし、もし我々が、これらの事柄について哲学者のように理性的に考えることを望むならば、我々は離脱の程度を強めるべきである。我々はデカルト学派の疑念を実践しなければならない。そして、少なくとも一度だけ、我々の全ての先入観を疑わなければならない。

私は、これについて最もふさわしい人々、すなわち理論物理学者が、思考の完全な自由化を達成するよう説得しているわけではない。大多数の人々は、客観的に存在している外部の世界に対して、強く身を委ねている。彼等は、唯我論や天地創造説の影響を受けたものをひどく嫌っている。これは、一世紀前に起こった原子の実在性についてのその時代の敵意に満ちた論争と、（多くの方法において原子についての論争を延長したものである）量子力学の意味についての今日の等しく熱情的な論争を説明している。現実主義に身を委ねた科学者にとって、彼等自身の中に同じものが留まっていて、空間と時間の中でただ単に動いているにすぎない原子は大変歓迎されている。原子と空間と時間は、永遠に存在していたか、またはビッグ・バンと共に存在するものに参入した実体である。

しかしながら、今、ファラデーとマクスウェルによって導入された場は、量子理論の今では最も深く知られている形式である量子場理論の基礎を供給している。そして、そのような場は永遠の流れの中にある。そして、古典物理学の中で、アインシュタインは空間と時間を等しく流動的で滅び易い無常のものにした。今日、宇宙が過去において創造されたというためのただ科学的正当化が存在する。すなわち、ある過去から現在に至る、そしてまだ経験されていない未来に続く正当的な動力学的発展の仮説である。もし、初期状態が、細部だけ異なる同じ発生の直後に起こる状態を独特のやり方で決定されるならば、初期の創造とその結果起こる発展についてしゃべることは、道理にかなっている。

しかしこの展望は、異議を申し立てられるに違いない。それは、その全体の中で古典的であるため、または時間と空間の古い古典的な枠組みの内部で量子的な対象物を取り扱うため、世界を支配している固定化した考え方に属している。我々は、いかにゆっくりと古い住居の外に移動すべきであろうか！　動的な物は何でも、たとえそれが我々の感覚について古典的に現れても、量子力学の規則に従うに違いないことを全ての証拠が示している。しかし、アインシュタインは空間を動力学的なものにした。すなわち、それがディラックによって、アーノヴィットとデザーとマイスナー（ＡＤＭ）によって、そして、バイエルラインとシャープとホイーラー（ＢＳＷ）によって詳細にわたって我々に教えられた幾何学的動力学の教訓である。空間が量子に服従するとき、創造され持続している枠組みの最後の痕跡が失われることは確実である。さらにその上に、我々が見ている古典的世界から、その根底にある量子的世界への移行は、広大な概略のまま固定される。我々がする必要のある全てのことは、量子化に含まれている二つの事柄を一緒に置くことである。すなわち、古典理論とそれを量子化するための規則である。そして何が現れてくるかを見ることである。

中心的な洞察は、これである。マッハの方法で時間を処理している古典理論は、そのエネルギーのただ値を、その宇宙に許可することができる。しかし、その時それがエネルギー固有値だけを持つことができるという、その量子理論は異常である。必然的に、量子動力学はエネルギー固有値よりも、もっと多くを持っているので、その宇宙の量子動力学は成り立たない。すなわち量子静力学だけが存在できる。それは、同様に単純なことである！

第一部で私は、法則と初期条件の間の物理学における二分対立を述べた。物理学における大部分の方程式は、それら自身によって完全な情報を与えるものではない。それらは、何が可能であるかに関して、限界を与えるだけである。ある正確な予測に到達するためには、さらに進んだ条件が必要である。ニュートンの方程式もアインシュタインの方程式もどちらも、宇宙がなぜ現在の形を持っているかについて、我々に教えてくれはしない。それらは、過去の状態についての情報が追加されなければならない。宇宙を創造する過程で、二つの段階を通過してきたアインシュタインが慣れていた方法で、我々は全知全能の神に懇願することができた。最初に、法則が選ばれ、それから初期条件が加えられる。多くの人々は、これが物理学の永遠の条件であるかどうかを疑っている。

静止したシュレディンガー方程式は、この点に関して全く異なっている。それは、無時間の方程式であるので、明らかに初期条件を持つことができない。それは、各々の境界条件も要求していない。これが何を意味しているかを私に説明させて欲しい。時間が何も変化していない空間において量がどのように変化するかを表す物理学の多くの方程式がある。そのような方程式は、多くの異なった解を持つことができる。そして特殊な場合に妥当である解を見つけるために、数学者はしばしば、その解が、ある領域の境界線で持つに違いない実際の値を要求する。この規定は「境界条件」と呼ばれるものである。境界条件は、初期条件と同じように重要である。しかしながら、BOX13で説明したように、静的シュレディンガー方程式は、そのような条件を何も要求してはいない。その代わりに、波動関数が振る舞うやり方に関して、ちょうど一般的な条件が存在している。それは連続的でなければならない（どのようなジャンプもしない）。それは各々の地点でただ値を持たねばならない。そして、それは至る所で有限にとどまらなければならない。我々が知っているように、有限にとどまり無限に向かって突進しないという条件は、非常に有効である。それは、何が量子の宝物の金庫の鍵を開けるかであった。実際、最初の二つの条件はまた、非常に有効であり、多くの重要な結果に導く。普通の初期条件や境界条件から、これらの条件を識別するために、それらを「完全に振る舞う存在条件」と呼ばせて欲しい。残った有限物の条件が、実際に境界線での振る舞いの正確な種類を強制するので、数学者はこれを、多少不自然なものとしてみなすかもしれない。それ故にそれは、ある意味で境界条件と等価である。しかしながら、それは非常に一般的であり完全に無時間のやり方の中で公式化することができるので、私はその方法の中でそれについてむしろ考えない方を選ぶ。それは、いつも気まぐれであるに違いない全ての特別な仕様書を無効にしている。

今や、私の提唱はこれである。自然の法則は何も無く、ただ宇宙の法則がある。その中には分岐は無い。すなわち、その法則と補充的な初期条件や境界条件の間に、何も区別がない。ただ一つ、全てを包含している静的方程式がある。我々はそれを、「宇宙の方程式」と呼ぶことができる。その解は（一つであるか、または多いかもしれないが）、以前の節の中で説明した感じで、ただ単に良く振る舞っているに違いない。それは、普通の静的シュレディンガー方程式が原子や分子構造を作り出しているように、最初の原理として構造物を作り出している方程式である。これはそれが、より大きなあるいはより小さな確率で、各々の考えられる限りの宇宙の静的立体配置を序列化しているからである。

青い霧の密度がどのようにして、最もありそうな原子的立体配置が、そこから手当たり次第に引き出せる袋やさらに堆積の山の中から立体配置の集まりをいつも創造することができるのかについては、図40に関連して説明した。構造物である立体配置は、静的シュレディンガー方程式が堆積の山の内部に多少置くことを告げている範囲の幾分明確な可能性として創造されている。その内部の個々の構造のように、その堆積は静的である。確率が量子力学の中でそのように不思議な役割を演じるので、一種の「存在の控えの間」であるところのプラトン的宮殿の中に、それは注意深く積み上げられる。

さて、私はシュレディンガーと創造についての、より深い主張を始める。我々は、全ての以前の物理学を忘れて、開かれた心で状況に接近して行かなければならない。最初に、我々はマッハ的時間独立型のシュレディンガー方程式とは何であるか、そして、それが何をするかに注目する。それは完全に自給自足である。三物体の系にとって、それはまさに三角形と質量に働きかける。そして他には何もしない。無時間の方式の中では、それは各々の三角形と確率を結合させる。これはそれらに等級を与えることと同等である。この等級は、それら自身の三角形によって決定され、他の何かを巻き込まないことが特に示唆的である。三角形の確率は、総合的な試験と比較プログラムから現れる。その方程式は、「プラトニア」で存続することのできる全ての可能な波動関数を「調べ」て、正確に「共振」しないものを全て投げ出す。残ったものは、上手く調和させられねばならない。もしそうでなければ、彼等はその方程式も、良く振る舞っている生存の条件も十分に満たさないだろう。そしてそれは、まさに共振する波動関数ではない。その三角形は、その確率がどのようにして分配されているかを、単独で決定しているので、最大の確率を得ている三角形は、「それらの仲間達と最も良く共振」しているものであることを、我々は示すことができる。これは、古典的動力学の最適整合の合理性を量子宇宙論へ変換するものである。全ての相対的確率に対して完全で閉じた円ほど合理的な説明がある。

私は、我々がいま得ているものは、創造の推測上の規則か、または恐らく存在と言うべきものと信じている。知的な演習として純粋に考えると、相対的立体配置に関して確率のこの量子力学的決定は、配置空間の中の湾曲の古典動力学的決定よりもそれほど奇妙ではない。科学の照準は、観測された現象の合理的な実用的な説明を見つけ出すことである。問題を早まって判断することではない。各々の仮説に基づく計画は、その真価に関して判断されるべきである。説明されることになっている現象の明白な説明が存在するべきである。雇われることになっている概念的な実体が存在すべきである。そして、その説明を生み出すことになっている仕組みが存在すべきである。

最初の目標は、現実主義者の（非唯我論的）宇宙論を創造することである。その中には感覚のある生命が存在しており、その根本的な認識はこの本のもっと初期の方で定義したような組織化された時間の瞬間である。これらの瞬間は個人的なスナップ写真のようなものであり、知覚の存在している原子と呼ばれるかもしれない。それぞれのスナップ写真は、時間のある瞬間に我々が気付いている実際の事実と呼びたいと思っている、全てが分離できない統一体の中に保持している。これらは、我々が見て、感じて、聞いたことのみならず、それらに関しての我々の認識、全ての物に関する我々の記憶と解釈を含んでいる。多くの異なった事柄を同時に知ることができるという事実は、時間の瞬間の最も注目すべき、明確な特性と（少なくとも私によって）みなされている。私は、科学（あるいは宗教）が、我々がなぜ瞬間を経験するのかを、いつも説明するとは思っていない。しかし、おそらくそれが、内部に見つける構造を説明することができるだろう。

その計略は現実主義者である。なぜなら、外部の客観的に存在している現実の物体の構造は、知覚的瞬間の内部で経験された構造物の説明として提唱されるからである。我々が主観的瞬間において何を経験するかは、外部の状況の中で、物理的構造を精神物理学的並行論を通して反映する。これがすなわち、宇宙の立体配置である。彼等の実際の性質は、進行中の研究にとって問題である。その概念はユークリッド空間の中で質量を持った点の立体配置によってすでに説明された。そして、ユークリッド空間の中でファラディ－マクスウェル型の場の島型の分布（配置）によって、また（それらに関して定義した場をまた持っているかもしれない）閉鎖されたリーマン的三次元幾何学によって説明された。物理学や宇宙論の知られている事実の多くの満足できる説明は原理の中で得られる、と信じることが最終の段階である。しかしながら、超ひもの概念や超対称性の概念と、どうにかしてやっと結合したさらに一層進んだ発展は、力の実際の混合物や宇宙に満ちている粒子について説明する必要があるかもしれない。

相対的な立体配置について何が重要であるかと言えば、それらが本質的に定義されていること、すなわち、必要物が全てそろった状況であること、そして、事柄を定義する法則が、同時に一斉に多くの事柄を定義することである。さらにその上に、それらは全てを、相対的な配置空間の中で体系的に配列させることができるのである。私はそれを「プラトニア」と呼んでいる。

一般相対性理論以前の古典物理学は、絶対空間と絶対時間の堅い外部の枠組みの中に位置している。そのような相対的立体配置の四次元的歴史であるべきことを当然のことと仮定することによって、世界を「説明した」。そのような世界は、空間と時間の枠組みが、ある重要な役割を演じている古典力学の法則によって、確かな初期状態から我々が今観測している状態に発展して来ていると推測される。これらの法則は古典物理学が原則的に可能である全ての説明を供給している。第二部において、私はどのようにして外部の枠組み無しで済ませることができるかを示した。それは、力学の法則を明確な形に作り上げることを求める必要は無く、さらに空間と時間の中で物体がどのようにして場所を決めるかを目に見えるようにすることさえ必要ないのである。思考の避けられない形としての、空間と時間に対するシュレディンガーのカント的要求は、必要が無かった。我々は、独立して存在する組織化された物体の明瞭な概念を形成することができる。我々は、これがどのようにして一般相対性理論に関して同様に真実であるかを示した。その中で、時空は非常に緻密なそして精巧な方法で三空間をぴったりと嵌め込み合わせることで「構築されている」。

それだから、ホイーラー＝ドウィットの方程式は我々に何を教え、それは、合理的な宇宙の中で起こり得るのだろうか？　その答えは皮肉である。何も無い！　量子宇宙はまさに存在する。それは静的である。何という大団円であろうか。これは屋根の上に上がって大声で叫ぶ必要のあるメッセージである。しかし、この外見上は荒涼としたメッセージが、静的宇宙のあちこちにどのようにして響き渡ることができるのだろうか？　我々は、枯れ葉に生命を吹き込むことができるのだろうか？　詩人シェリーは、宇宙を超えて彼の思考を運んでくるために、荒れた西風を呼んで祈った。その風の役割は、静的な量子的プラトニアの中で何を演じることができるのだろうか？

第18章　静的な動力学とタイム・カプセル

18-1　力学の無い力学(1)

　ドウィットは、前章の終わりで主張した問題を、すでに明瞭に理解していた。すなわち静的な量子宇宙と、時間と運動に関する我々の直接的な経験の間のひどい矛盾である。そしてそれは一九六七年に、その解答でヒントが与えられた。量子的相関関係がその仕事をしなければならない。なんとかして、それらは世界を活気のある状態に持って来なければならない。私は、ドウィット論争の詳細について、彼がそれを第一段階にすぎないとみなして以来、その中に立ち入っていない。しかしながら、続いて起こる全ての鍵となる概念は、彼の論文の中に含まれている。それは、固定したエネルギーに関する静止したシュレディンガー方程式を解くことによって得られる静的確率密度が、古典的にあるいは量子力学的に時間の中で展開している世界の中の予期された相関関係を提出することができるということである。我々は、任意の実際の動力学無しの動力学の出現を見ることができる。

　それはあなたを驚かすかもしれないが、それは物理学者が、その当時は少数の物理学者だけが、この考えを本気でまじめに取り扱い始める約一五年前のことであった。その真実は、大部分の科学者が良く確立されたプログラムの内部の現実的な問題に関する研究に向かっているということである。すなわち、少数の科学者が、その宇宙を調べる新しい方法を作り出すために、試みるという満足を与えることができる。量子重力でやっていくための、全ての物の中の特有な問題は、直接の実験的試験が、今は全く不可能であるということである。なぜなら、観測効果が予期される寸法が非常に小さいからである。

無時間の世界からの時間の出現を取り戻すための、正式の研究プログラムのような物は、多分ドン・ページ（スティーヴン・ホーキングの常連の協力者）とウィリアム・ウーターズによって、一九八三年に出された有力な論文と共に始まった。明白な問題に関して濃縮されたいくつかの論文がそれに続いた。普通の実験室の物理学の中では、量子現象を表すために使われる基本的な方程式は、時間に依存するシュレディンガー方程式である。それは、疑いもなく全ての普通の物理学にとって非常に良い精度を保持している。すなわち、例えば我々は、この方程式無しでは原子の放射線を理解し始めることさえできない。しかしもし、全体としての宇宙が静的なシュレディンガー方程式によって描写され、そして時間が全く存在していないならば、時間を持ったシュレディンガー方程式はどのようにして立ち上がってくるのだろうか？　この疑問は、最初にロシア人のV・ラプチンスキーとV・ルバコフによって問題解決に取り組まれたように思われる。しかし、アメリカ人のトム・バンクスによって一九八五年に書かれた論文は、物理学者の想像力をより多く捕らえた。これは、同じ問題を取り扱っているスティーヴン・ホーキングと彼の学生であるジョナサン・ハリウェルによって一九八六年に書かれた論文によって追求された。そのテーマに関する一層進んだ論文は、その後に続く数年間の間に登場した。全体を結合した研究プログラムは、私が後で説明するような理由によって、「準古典的なアプローチ」として知られるようになった。その基本的な概念は、理解するのが容易である。

引き潮が波の静的模様を残している広い砂浜の上に立っているあなた自身を想像して下さい。あなたは自由なエージェントなので、何物もあなたが砂浜の上に直角の格子を並べることを止めることはできない。そして、軸に沿った方向を「空間」と呼び、直角の軸に沿った方向を「時間」と呼ぶことを止めることはできない。あなたは、「時間座標」のそれぞれの値に関して、その「時間」における「空間」の一次元の線に沿って波動の型を調査することができる。あなたが、わずかに遅い「時間」において、「空間」に対応している砂浜の上の隣り合った線に移動した時に、あなたは、波動の型が変わったことに気付くだろう。簡単に言えば、あなたの格子を並べて、一つの方向を「空間」と呼び、そしてもう一つの方向を「時間」と呼ぶことによって、あなたは、あなたの心の眼で見た時に、一次元の波動力学の中に二次元の静的な映像を変換している。これは、任意のN次元の空間で、波動の型と共になされ得る。一つの方向は、いつも「時間」と呼ばれる。そしてこれは、残された（$N-1$）次元の中で自動的に「発展」を創造している。

もちろん、もし、最初の波動の型が「急変型」であり、ある規則によって創造されているのでなければ、「時間」の方向の選択は任意であるだろう。任意の選択は、残りの（$N-1$）次元の中で、発展の痕跡を創り出すだろう。しかしそれは、どのような明確なそして単純な法則にも従わないだろう。準古典的な研究法の中には、気まぐれな状況とは二つの決定的な相違点がある。第一に静的な波動型は、限定した方程式の解である。第二にそれは、「準古典的な解」と呼ばれる、いくぶん特別な解である。その中でそれは、多少規則正しい波動型を見せている。この仮説は、後に熟考することになるだろう。しかしながら、もし、その波動型がその仮説を成立させるならば、それは自動的に、それが「時間」と呼ばれることが自然であるという方向を選択することになる。この方向に関して、動力学の正真正銘の出現が、静的な状況の中で起こって来る（BOX14）。その結果がこれである。（任意に多次元の空間で）二つの静的な波動の型は、特有な条件のもとで、時間依存型のシュレディンガー方程式に従って予想される種類の、時間における発展と解釈される。時間の出現と発展は、時間の何も無い所から発生することができる。

BOX14　準古典的なアプローチ

このボックスでは、準古典的なアプローチについて、必要ないくつかの細部を準備する。ここでは、量子波動関数が波動型でなく、二つ（赤色の「霧」と緑色の「霧」）であることが、重要である。私は、それらの間で「テニス」がされていると言った。赤い霧の時間における変化の速度は、緑の霧の湾曲状態によって決定される。そして逆もまた同じである。これは、運動量固有状態の特有の型に導く。その運動量固有状態の中で、両方の霧は完全に規則正しい波動の振る舞いをしているが、四分の一波長だけお互いに相対的にずれた波の頂点を持っている。もし、赤い霧の波の頂点が、緑の霧の波の頂点の四分の一波長前にあるならば、その波動は一方向に伝搬しており、その運動量はその方向にある。もし、赤い霧の波の頂点が、緑のそれの四分の一波長後ろにあるならば、その波動は正反対の方向に進んでおり、その運動量は逆転している。我々はこれを、「相固定」と呼ぶことができる。運動量固有状態の中に、完全な相固定がある。

準古典的アプローチは、二つのほとんど相固定した静的な波動が、どのようにして時間依存型シュレディンガー方程式によって描写された発展を、まねすることができるのかを示している。図44で二次元の波動型のそれぞれは、ほとんど正弦曲線である。そしてそれらは、ほとんど相固定である。

静止したシュレディンガー方程式の解であるこれらの波動は、静的であり、それらは動かない。しかし、（砂浜の上の波の例におけるのと同じように）波の頂点に対して直角の座標軸に沿った方向を「時間」と呼び、波の頂点に沿った方向を「空間」と呼ぶ我々を止めるものは、何も無い。

今や、鍵となる一歩は、仮想の完全に正弦曲線の振る舞いに対応した規則正しい部分にある各波の全体としての型と、それと実際の（ほとんど正弦曲線の）振る舞いの間の相違点である残留物（引き算の残り）を分

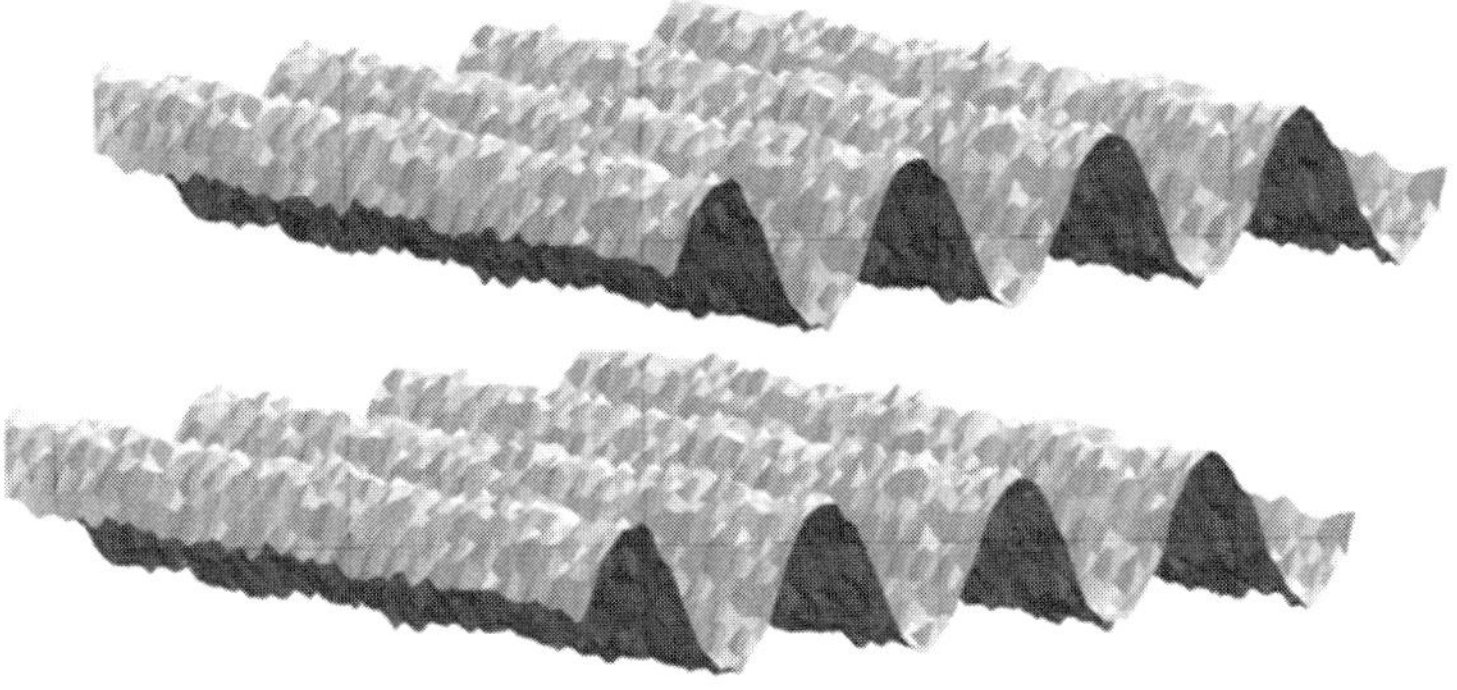

図44　二つのほとんど正弦曲線の波動型

割することである。これを「差分型」（各々の霧に関して一つある。）と呼ぶ。もしも、近似の相固定の条件を保つならば、それは、その「差分型」が、ある付加的な条件が出現することを除き、我々の「空間」と「時間」に関して、時間に依存するシュレディンガー方程式と同じ型の方程式を成立させていることを明らかにしている。この条件の重要性は次第に小さくなっていくだろう。けれども、準古典的なアプローチの仮説は、もっと厳密に条件を満たす。

事実上、準古典的アプローチは、全てのその表明の中で、時間に関する説明の見込みを提供している。それは、状況の統合された概念と共に始まる。「プラトニア」の各々の地点は、独特の論理的に可能な構造物である。すなわち、それは状況である。構造物を作る規則が、全ての物を作る。「プラトニア」は全体であり、永遠不変である。どの場所も、論理的に可能である何かあるものとして考慮された任意の他の場所と異なってはいない。しかし、各々の構造物は、まだ別個の個体である。我々は、我々の面前に、その全ての地点が、個性によって必要な印を付けられている真実の風景を見る。それは、注目すべき地形学上の特徴を持っている。このように、風景があるが、時間と呼ばれる全く異なったものは無い。

けれども、全く異なった要素がある。すなわち、波動関数である。シュレディンガーの謎のΨは、「プラトニア」を覆っている。霧は永遠不変なる景色の上空に停止している。その静止している霧は、ホイーラー－ドウィット方程式の良く振る舞う解（それは固有関数であるが）である。ここには、疑わない傍観者が時間のように見えるものは何も無い。あなたは、景色の上に霧を見ている。そのような状況が時間を説明できるということが、あなたの頭に浮かぶだろうか？　しかし、原理的にそれはできる。それが見える景色に対して良く振る舞う反応を単純に表す定常状態の波動関数は、規則正しい波の模様になるだろう。もし、そうであるならば、時間が、時間の無い状態から「出現する」ことができる。我々はその波動関数が、非常に実際的な意味で、相互作用する論理的に可能な構造が、どのようにして存在しうるのか、を知るだろう。それによって、お互いに助け合って、時間によって深く印を付けられたように見える、実際の存在になっている。

18-2　我々はなぜ宇宙が膨張していると考えるのだろうか？

この「時間を用いて印を付けること」は、準古典的なアプローチの中で、油断のならない部分に我々を連れてくる。それは、タイム・カプセルの概念に私を導いたものである。これは、私の考えが（普通の）通説から分け離れたポイントである。二つの密接に関連した困難は、根本的な一歩が必要であることを、私に確信させた。始まりは、二つのシュレディンガー方程式の間の、重大な相違点から発生した。複合した時間に依存した方程式は、二つの別々の構成要素すなわち、赤色の霧と緑色の霧のための、実際に二つの方程式である。それらは、それらの動きをしっかりと連結させ、任意の準古典的な解の中で固定されている位相を作り出している、一種の「テニス」を行っている。それとは対照的に、その静止した方程式は、波動関数の二つの構成要素を連結したものではない普通方程式である。

二つの分離した、ほとんど完全に調和した波動パターンの存在は、準古典的アプローチの中で、極めて重大である。その波は平行であるに違いない。そしてその波の山は、波長の四分の一だけずれている。標準的量子力学の中では、これは、妥当な仮説である。いや、それどころか、それは付与されている。なぜなら、本当の根本的な方程式は、時間に依存するシュレディンガー方程式であるからである。二番目の静止した方程式は、最初に赤の霧と緑の霧を見つけなければならないが、それをせずに青い霧の分布状態を我々に教えるための、まさに近道である。しかし、それらはそこにあり、そしてそれらは必然的に「相固定」である。

しかし、量子宇宙論は、我々にホイーラー－ドウィット方程式だけを与える。それは、根本的な方程式であるが、それが有効な時、それは青い霧だけを与えるだろう。我々は、相の固定された赤い霧と緑の霧を与える、その後ろに隠れた、より深い所の方程式を仮定することはできない。真実は、準古典的アプローチのこの部分が、引き出されるべき何かを、当然のこととしていることである。幸運にもこの困難は、時間に依存するシュレディンガー方程式の独特な構造が回復される、準古典的アプローチの部分だけを危うくするという徴候を示している。「時間」が無時間性から現れてくる広大な映像は、その徴候を示していない。実際に、赤い霧と緑の霧の外観において私の説明の中に現れる複素数は、量子力学の中で非常に深くしみ込んでいるので、私はこの難問が解決されるだろうと完全に確信している。必要とされるものは何かというとそれは、複素波動関数の出現とその構成要素の間の結合を強制する、ある独立した変数である。その時、それは必要な相固定を確実にするだろう。

それにもかかわらず、普通の量子力学の中だけで有効であるかもしれない仮説を、量子宇宙論の中で、うっかりと導入しないように我々は気を付けなければならない。これは、準古典的アプローチに対して、二番目の困難に私を連れてくる。

それは、運動と我々がそれを経験しているという我々の信念に関係している。そして同時に、我々の時間が経過しているという感覚がどこから来ているのかという問題に関係している。この疑問に対する答えを理解することは、時間を理解することである。「プラトニア」の上にかかっている霧の中の静的な波動パターンについてしゃべることは、私にとって非常に良いことである。そのようなパターンは、それらが充分に規則正しい場所で、「時間」と呼ばれるかもしれない方向を、本当に明らかにするだろう。しかし、たとえその波動パターンがある程度規則正しいとしても、我々はそれを調べて、それが時間の方向を識別しているということはできないだろう。波の山に対して、正しい角度にある方向は、我々が直面している方向がどちらでも、同じ方向を向いているだろう。「過去」と「未来」という、遠い水平線の上に準備された「しるし」は何も無いだろう。これが、今、私たちが取り組まなければならない問題である。

量子の波束を、どちらの方向に動かすかを決定するのは、何であるかについて考えることが、助けになるだろう。量子力学は、この点において古典力学と非常に異なっている。古典的な初期条件は、初めの位置と初めの速度の要素から成る。あなたは、粒子がどちらの方向に動くかを知っている。なぜなら、その速度の中に指定されているからである。しかしながら、量子力学では初期条件は、波動関数の二つの構成要素、すなわち最初の時間に至る所にある赤い霧と緑の霧の単純にその値である。このようなデータは、古典力学の中では、位置だけを与えられているのに対応しているように見える。それにもかかわらず、波束は、シュレディンガーが規定した規則の下で動いている。

実際に、その中で波束が動いている道は、赤い霧と緑の霧の山と谷の相対的位置関係の中に、暗号化されている。我々はこれを、運動量の固有状態の中で最も明瞭に見る。もし、赤い霧の山が、緑の霧の山の前にあるならば、それらは一つの方向に進むが、もしその山の（相対的）位置関係が逆転しているならば、それらは逆の方向に進む。

我々が見てきたように、本当に、運動量の固有状態のような状態は、準古典的アプローチの中で決定的な役割を演じている。最初の論文全ての中で、これらの状態は、また、別の役割も演じていた。すなわち、それらは、膨張する宇宙でも収縮する宇宙でも、そのどちらでもそれに対応したモデル的な状況になるのが常であった。全ての物理学者と天文学者は、我々が膨張している宇宙に住んでいると確信させられている。確かに、この展望を支持する多くの異なった方式の中に、非常に良い証拠が存在する。量子宇宙論の形式主義は、観測された宇宙のこの姿を反映することが可能であるに違いない。宇宙の膨張かあるいは宇宙の収縮を、暗号化している、あるいはむしろ、（無時間の考え方の中で）宇宙が膨張しているということに我々を導いている観測された証拠を暗号化している何かがあるに違いない。

我々が熟考した「プラトニア」の全てのモデルは、我々が宇宙の「大きさ」と呼ぶかもしれない次元を含んでいる。実際に、三角形の辺によって「三角形の土地」を表す代わりに、我々は、等しく都合よく——ここでは、もっと妥当に——二つの角度（三番目の角度は、一八〇度から二つの角度の合計を引くことによって見つけられる）と、その三角形の面積を使うことができる。その面積は「三角形の土地」の中で方向か、次元である。宇宙が膨張しているか、あるいは収縮しているかは、その時、その線に長さが増加しているか、あるいは減少しているかの運動に一致している。大きさの次元は、私が「アルファ」と呼んでいる「プラトニア」の中心点である、大きさゼロの点で始まり、それから全て、無限大の方向に進んでいく。

準古典的アプローチの中で、無時間から「時間」が現れるために必要とされる規則正しい波動パターンは、大きさが増加するか、あるいは減少するかの方向に従って、発展するだろうということは、むしろ合理的に当然のことだ。これは、公正な作業仮説である。私を悩ませているのは、膨張している宇宙と収縮している宇宙が、普通の量子力学の中で運動量固有状態との類似によって、その中でモデル化されているその方法であった。膨張または収縮は、波の山の相対的位置の中に、暗号化されることになっていた。

その波の山が、「アルファ」から放射されているように見える直線に対して直角である二つの静的な波動パターン、すなわち我々の赤い霧と緑の霧を想像することは、確かに可能である。これは、準古典的アプローチを使うほとんど全ての研究者によってなされた。そして彼らは「赤い」波の山と「緑の」波の山の相対的位置関係が「ビッグ・バン」から外に膨張している宇宙をモデル化することを当然のこととした。ところが一方、(「赤い」波の山と「緑の」波の山の)正反対の位置関係は、「ビッグ・クランチ」(その中では大きさゼロで、無限大の密度の状態に再崩壊する宇宙の可能な破滅に与えられた名前)に向かっている宇宙をモデル化するだろう。このように、運動量のような準古典的状態は、すぐに異なった三つの状況を成し遂げるために使われる。すなわち、「時間」の出現と、時間に依存するシュレディンガー方程式の回復と、膨張する宇宙と収縮する宇宙をモデル化することである。私は、最初の項目だけが、堅固に基礎を築くと信じている。二番目については、いくらか関係している。三番目については、明確に間違っていると思う。

その要点は、「緑の山」の位置が、「赤い山」の前だろうが後ろだろうが、重要な意味は何もないということである。普通の量子力学の中で、波動関数は、空間の場所のみならず、時間にもまた依存している。実際に、波束を動かしているものは、空間依存に対する時間依存の関係である。それは、もし、ある波束の中で、緑の山が赤の山の前にあるならば、その時はその波束は、一つの方向に動くように束縛されるという状況ではない。これは、時間に依存するシュレディンガー方程式が、特別な形式で書かれている時だけ起こる。しかしこれは、純粋な約束事である。全ての観測される現象は、テニスにおける攻守のコート交代に似ている、二者択一的な選択によって都合よく描写される。二つの選択は、それらの結論の中で一致する。それらは、赤い霧と緑の霧の波動の山の相対的な位置が異なっているだけであるが、これは、時間依存を逆転することによって、相殺される。実際の物理学は変化しない。時間依存無しでは、波の山の位置は、運動の方向を確定できない。

しかしこれは、静的量子宇宙論の中で、実際のジレンマを我々に提示する。すなわちその中に、波束をどちらの方向に動かすかを決定するための外部の時間は無く、時間の相関関係も何も無い。単純に、運動や変化が全く存在しない。我々は、我々がなぜ、世界に運動があると考え、宇宙が膨張していると考えるのかについて異なった説明を見つけなければならない。

事情は明らかである。すなわち、宇宙が膨張しているという我々の確信の原因は、二つの波の山の相対的な位置関係の中に組み込まれない。というのは、「赤」と「緑」の呼称は、純粋に形式的なものであるからである。その「色」は交換することができ、注目すべきものは何も変わらない。（波の）山の単なる静的な位置関係が、我々が宇宙の膨張と呼ぶものと対応することができるという論争は、幻想である。これは、一九八六年に私の友人でドイツの物理学者ディーター・ゼッへによって、はっきりと承認された。彼は、もし絶対的な時間が存在するならば、その時だけ、それが意味を持つと論評した。もし、時間が一度、そして実在の独立した要素として全てに関して廃止されるならば、これらの事柄について、本当に非常に異なっていると考える必要があると思われる。

18-3　タイム・カプセル（キング・フィッシャー（カワセミの一種））のアイディア

一九八八年から一九九一年まで、私はこの問題に没頭していた。私は、決定的な新しい考え方が必要であると、ますます確信するようになった。しかし長い間、私を満足させるような答えは見つけることができなかった。私は、その難問を以下の方法で明確な形に作り上げた。私は、非常に本質的なそして重大な状態の運動を含むいくつかの現象を監視している私自身を想像した。それは曲芸の展示、あるいはキング・フィッシャーの飛行である。それから私は、瞬間的に死に襲われて、私の「魂」が、プラトーの洞窟のような所に持って降りられると想像した。ここで私は、あなたの心の眼を現出させるようにあなたに頼んだ、赤、緑そして青色の量子の霧で全て覆われている、「プラトニア」のモデルを博識の数学者が調査しているのを見つけた。彼らは、私がちょうど人生から取り出した、宇宙に対応したホイーラー－ドウィット方程式の解を調査している。そこで、私は私自身にこれを尋ねた。「プラトニア」を一面に覆っている不可思議な模様の霧の中のどんな明確な状況が、飛行中のキング・フィッシャーを見たとき私の気付いたことに対応しているのか？　時間の無い静的世界の中で、運動の出現はどこに暗号化されているのか？　日光の中で、閃光を発しているキング・フィッシャーの色彩を、私はどこで見ることができるだろうか？

すでに指摘しているように、標準的な量子力学の中では、波束の運動についての情報は、赤い霧と緑の霧の相対的な位置関係の中に暗号化されている。これは、準古典的アプローチの中で引き継がれた、疑わしい仮説であった。しかしながら、量子力学にあるのはある瞬間における波動関数（赤い霧と緑の霧のパターン）だけではない。もしそのような関係が、波束の運動の中で翻訳されることになっているならば、どうして時間が必要とされるのかを、我々はすでに見てきた。しかし、それでさえも十分ではない。というのは、その系に対してなされる測定の命令を通り抜けるだけで、その波動関数は明確な意味を獲得するからである。これらは、古典的に動き量子体系の外側にある、測定器具の位置と構成を記述する形式を取る。

量子宇宙論の中では、外部時間と、考慮された体系の外側の測定器具の全体の上部構造が、消え去らなければならないのは明らかである。その（測定）器具類は、（完全な宇宙にふさわしい）量子体系の中へ包含されなければならない。そして我々は、静的波動関数をしっかりとつかむようにしなければならない。これは、実際の経験とドウィットによって見つけられた未発達な量子重力の裸の骨組みとを結合させるために、どんな見識を残すのだろうか？

私は、以下のようになると信じている。我々自身を見つけ、任意の瞬間に、いつも明確な位置で対象物によって取り囲まれているように見える、我々の最も根源的な経験は、いつもそうではないか？　このように各々の経験された瞬間は、観測や発見の本質である。さらには、「我々が存在している場所」を確立している。さらにその上、我々が観察しているものは、いつも状況の収集物や全体性である。我々は、多くの状況を一瞬で見る。実際、大部分の人間や、本当にほとんど全ての動物達は、空間の認識を驚くほど発達させている。この本を書いている間、私はこの贈り物、すなわち時間を所有しているあなたを強く信頼している。そして、再び私はあなたに、実体として宇宙の立体配置を想像することを願う。それらは、「プラトニア」の中の場所すべてである。

それ故に、私はプラトンの洞窟の中に私自身を見つけ、そして私の前に並んだ「プラトニア」の彼の領土を見る時、私は私が立っている場所の流れの岸の間で、キング・フィッシャーの閃光発射の強烈な記憶を使って、死が私をその中に連れて行くその瞬間を認めることができる。「その瞬間を認める」こと、川岸、日光と影、さざ波を立てて流れる水とキング・フィッシャーの翼、私が最後に目撃した位置において凍結した全ての物の立体配置を認めることを意味しているのである。いつもの通り、私は、「時間の瞬間」が簡単に言えば宇宙の立体配置を意味していると断言する。物理的経験と物理的実在のモデルの間の関係を見つけるという問題のこの部分は、比較的簡単である。位置の描写において、少し問題があるだけである。

それで、本当の問題は運動の描写の中にある。我々は、川岸の上の場所に全ての物を簡単に置いているために、静的量子宇宙論の全ての供給源が枯渇しているように見える。量子力学は、位置の情報は全部獲得することを我々に許すが、運動の情報に関しては全体の損失のコストだけしか許可しない。我々には、キング・フィッシャーが飛ぶことを可能にするために、残っていることがは何も無いように思われる。これが、問題の核心である。古典物理学は、我々が（位置と運動の）両者を同時に見るという我々の経験とうまく合わせるために、位置と運動の両者を前提条件としている。しかし、量子力学は、その現在の標準的な形式の中に、手に入るデータのこの奇妙な二分性を持っている。

それで、我々はキング・フィッシャーをどのような方法で飛ばすことができるだろうか？　多少の状況が、飛行中のキング・フィッシャーよりも多く私を喜ばせてくれたので、これは私にとってある興味のある問題である。一九九一年の夏に、私に突然やって来た答え（もちろん、それは時間ではなく、「プラトニア」の中の場所である）は、キング・フィッシャーの飛行が結局、幻覚であるということであった。それにもかかわらず、それは非常に特別であり、あるべき飛行を我々がまさに手に取るのと同じように実在しているあるものに基礎を置いている。それは、飛行の存在しない飛行である。「プラトニア」を覆うチラチラ光っている青い霧の心像に私を戻して欲しい。私の死の瞬間の場所を見つけることはたやすい。すなわち、私は、流れの土手の上に立っており、あの大きな配置空間の中の、その地点を見る。今こそ、ボルツマンの神聖化した伝統の中の仮説を、私に作らせて欲しい。すなわち、「有望なものだけが、経験される。」青い霧は確率を測定する。それ故に、伝統に従って、青い霧は、私が水の上を飛行中の凍結されたキング・フィッシャーを見出した「プラトニア」の、その地点で、明るく光輝くに違いない。私は、その光景を経験した。それでそれは、高い確率を持っているに違いない。しかしまだ、運動は存在しない。

私は、そこが任意の物が存在できる場所とは思わない。しかしそこに他の何かは、存在することができる。

私が第一部で述べたように、意識的な経験と一致する我々の脳の中に存在しているものを、実際に知っている人は誰もいない。私はここで、任意の専門的意見に対して、何も言い訳をしないが、標準的な時間の言葉を使って、多くの変化が脳の中で進行していることは良く知っている。我々がある瞬間において経験するように見えることは、時間の有限の期間から来るデータの変化の生成物であるということを、我々は確信を持って言うことができる。

これが、私が必要としている全てである。私が第一部で概略として述べたことが私の推測を可能にしている。すなわち、我々がある瞬間に運動を見ると考える時、潜在的な事実は、その瞬間における我々の脳が、運動の中にある知覚された対象物の、いくつかの異なった位置に対応するデータを含んでいるということである。私の脳は、任意の瞬間において、同時にいろいろと異なった数枚の「スナップ写真」を封じ込めている。脳は、その中で意識に対してデータを示すという方法を通して、何とかして私に「映画を上映して見せる」のである。

プラトンの洞窟の中に降りて行き、存在する万物の完全なる描写に感謝する。死の瞬間に私を含む「プラトニア」のモデルの中のその地点を、私はもっと綿密に見ることができる。私は、私の脳の中を調べて、その神経細胞全ての状態を見ることができる。それで、私は何を見るのか？　私が見たと考えている、飛行中にそれが起こったのと全く同じように神経パターンの中に暗号化されている、キング・フィッシャーの六～七枚のスナップ写真を見る。数枚のスナップ写真の暗号化したものを含んだ、この脳の立体配置は、それにもかかわらず「プラトニア」のまさに点に属している。それの近くには、飛行中のキング・フィッシャーのスナップ写真が存在していない立体配置を表している他の点がある。スナップ写真の数枚がそこに無いかまたは、それらが誤った順序でごちゃまぜになっている。無限に多くの可能性があり、それらは全てそこにある。論理的に考えられる全ての物のために「プラトニア」の場所があるので、それらはあるに違いない。

さて、量子力学の法則は、原則的に「プラトニア」の全ての隅や割れ目の中に、霧が徐々に漏れ出すことを認めているので、全ての対応する地点で、青い霧は確かな濃度を持つだろう。本当に、量子的な第一の戒律は、全ての可能性が探究されなければならないということである。しかし、探究を要求する法則はまた、青い霧が非常に不規則に分配されているだろうと述べている。さらに、数学的な事のために、プラトンの洞窟の中で得た映像の鋭敏さでさえ、いくつかの場所では、ほとんど目に見えないか、かすかに見える程度であるだろう。そこはまた、それがシリウスの鋼鉄のような青い輝き、あるいはキング・フィッシャーの翼の輝きと共に光り輝いている地点であるだろう。そして再び、私の推測は次の通りである。すなわち、青い霧は、私の脳にはこれらのキング・フィッシャーの完全に順序良く整理された「スナップ写真」があり、私が飛行中の鳥を見ていると自覚している「プラトニア」の中の明確な地点で、濃縮されており特別に非常に濃くなっている。

私が第2章で説明したように、私が定義したタイム・カプセルは、それ自身完全に静止している。すなわち、それは結局、プラトンの形式の一つである。しかしながら、それは非常に高度に組織化されているので、運動の印象を作り出す。続く章の中で、静的量子宇宙論がタイム・カプセルに関して、宇宙の波動関数を一点に集めるという希望が少しでもあるかどうか、分かるだろう。論理的な可能性として、それらは確実に「プラトニア」の外側にある。しかし、Ψはそれらと出会うだろうか？

第19章　隠れている歴史と波束

19‐1　穏やかな波と荒れている海

量子力学の全ての解釈は、二つの主要な問題に直面している。一つ目は、その理論では、我々が見ているよりも世界の中に、はるかに多くの「内容」が存在していること。私は、「見失った内容」が、我々が見ることのできない時間の単純に他の瞬間であることを、提唱した。なぜなら、我々は一つだけの時間を経験するからである。もう一つの問題は、なぜ我々の経験が、独特のほとんど古典的な歴史とを持った、肉眼で見える宇宙を非常に強烈に示唆するのかということである。波動力学を創造するという大変な経過の中で、シュレディンガーは、量子物理学とこの問題に関して、光を重大に扱う古典物理学との間の最も興味深い関係を発見した。彼がその上に基礎を築いた考え方は、まもなく支持できないことが分かった。しかしそれは、可能性が多くあり、重要な役割を演じ続けている。それは、私が支持するものを含んでおり、他の考え方の出発点でもある。それで私は、それについてひとこと言いたい。

一八二〇年代と一八三〇年代に、我々が既に知っているウィリアム・ローワン・ハミルトンは、彼の時間に関する物理的考えの二つの重要な模範、すなわち、光の波動理論と粒子のニュートン力学の間の、魅惑的なそして美しい関係を確立させた。アインシュタインの友達で『解析力学と変分原理』という立派な本の著者であるコルネリウス・ランチョスは、『出エジプト記』からの引用語で、これらの事柄に関して集会で公開している。すなわち、「汝が立っている場所は、神聖な土地であるから、汝の足から靴を脱ぐべし」と。私にランチョスを引用させてもらいたい。彼は大げさに言ってはいない。

我々は、相当の登山をやってきた。今や、我々は極端な美に属する理論の希薄な大気の中にいる。そして我々は、幾何学、光学、力学と波動力学が、共通の基礎の上で出会っている高い高原の近くに居る。集中的な思考と、かなりの量の再構築だけが、その中で最後の言葉が、まだ話されていない我々の主題の完全なる美しさを知らせるだろう。我々は、幾何学的な光学と力学の分野の、ハミルトン自身の研究論文と共に出発する。これら二つの研究法の結合は、ド・ブロイとシュレディンガーの偉大な発見に導く。そして我々は、我々の旅の終点に到着する。

「最後の言葉が、まだ話されていない」の強調は私のものである。ランチョスの記述は、シュレディンガーの発見で終わるが、私はそれがさらに一段階先に進んで受け取られると思う。ところで、「集中的な思考」と呼ぶことについては心配する必要はない。もし、これをできていれば、あなたは今後、失敗しないだろう。ハミルトンはいくつかの別々の発見をしたが、最も根本的な結果は、単純であり、視覚化することはたやすい。二つの独特の状況が、波動理論の中で偶然出会っている。すなわち、突風の海上にあるような「荒れた」波と、規則正しい波のパターンである。ハミルトンは、ケプラーの初期の光線理論と、ヤングとフレネルらによって導入されたもっと近代的な波動理論との結合を研究していた。ハミルトンは、レンズを透過した光が、非常に規則正しい波の形、ほとんど一つの周波数からなる平坦な波（図45）の形を取ると仮定した。光学においては、多くの現象がそのような波によって説明される。そのためには我々は、波の山の方向が

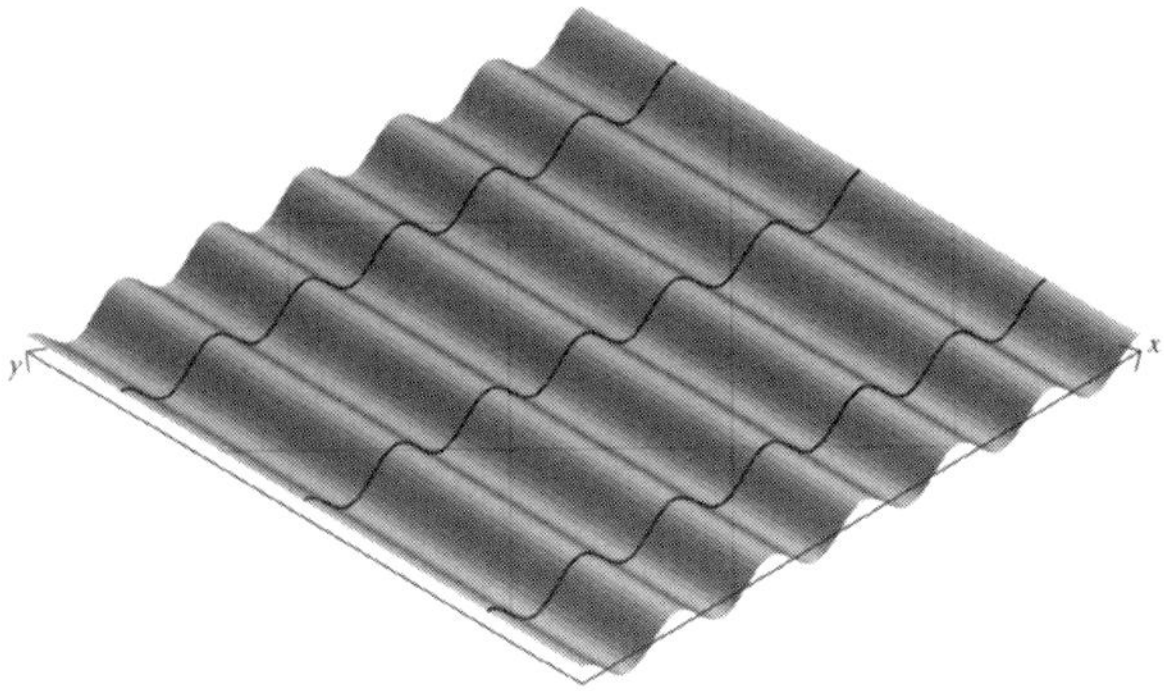

図45　規則的な波形の一例。波の山とそれらに対して直角方向に走っている線を示している。このような波の形は二つの独立した量によって特性を記述される。すなわち、波長と振幅（波の最高の高さ）である。

どのような方法で曲げられるのか、そして、波の振幅（図45）の二乗によって測定される波の激しさが、どのような方法で変動するのかを知る必要がある。一般的に、波が非常に規則正しい状態ではない時に、波の山を曲げその振幅を変化させる方法は、相互に連結している。そして、それらの振る舞いを分離することは不可能である。しかしながら、その振る舞いがもっと規則的なものになると、その振幅は少し変化し、同時に波の山の位置の屈曲に影響を及ぼすことをやめる。ハミルトンは、この場合に波の山の配列を支配している方程式を発見した。今、「アイコナール方程式」として知られているそれは、全ての光学的器具の基礎である。すなわち、顕微鏡、望遠鏡、そして電子顕微鏡もまたそうである。本当に、光学における極めて多数の効果は、波の山の屈曲によって十分に説明される。しかしながら、他の現象、とりわけ小さな穴を通り抜けた時の、光の回折や拡がりの現象は、完全な波動理論によってのみ説明される。これらの現象では、波の山の規則正しい模様は壊されている。

我々は、波の山が規則正しさを残している現象にとどまるとしよう。そのような波の山に対して、直角方向に進んでいる線を定義することができる。それらは、目に見えるようにすることはたやすい（図45）。一八二〇年代における、ハミルトンの研究は、これらの線が光線のより古い考え方に対応しており、光の振る舞いと光学的器具の役割とを説明するための、外見上は全く異なる二つの方法があることを示した。もっと古くは、より原始的な方法で、光は空っぽの空間の中をまっすぐ移動するが、空気や水や（ガラスで作られた）光学器具の中で曲げられるような微粒子で構成される。光の微粒子の理論は上手く行っている。なぜなら、ケプラーの光線に沿ってそれらの取る道は、波の山に対して直角方向に走る線と一致しているからである。これは、ハミルトンの偉大な発見の二番目である。すなわち、もし光が波動現象であるならば、それにもかかわらず、それがこれらの光線に沿って移動する微粒子として心に描くことのできる多くの根拠が存在する。

この洞察は、光線を使った「波動光学」と「幾何光学」の間の識別に導いた。無数の実験は、光が波によって描写される波動光学だけが、明白な現象を説明することができることを示している。光線のより初期の理論は、単純にこれらの状況の下で失敗している。同様に、ケプラーの光線と共に、幾何光学が完全に良く機能している多くの場合が存在する。我々はここで、新しい理論が古い理論に取って代わる時に発生する典型的な状況を見ることになる。新しい理論は、変わることなく、非常に難しい概念を使う。それは、「異なった世界に存在する」。さらにそれは、古い理論がなぜ、新しい理論のそれがなしたのと同じように良く働くのかを、説明することができる。そして、それが実行した所で、失敗するのはなぜなのかを説明することができる。波動の模様が不規則になるところで、幾何光学は妥当であることをやめるからである。

幾何光学は、多くの現象を感動的にそして単純に説明している理論が、それにもかかわらず、どうして迷わせる描写を与えることができるのかを示している。私の娘が、厳寒の夜に学んだように、これは、古代の天文学の中に現れていた。プトレマイオスの周転円は、惑星の軌道を回る運動の美しく単純で成功した理論を与えたが、コペルニクスが地動説を発表した時に、冗長なものになった。幾何光学は、「正しいけれども間違っている」理論の別の古典的実例である。実際に、外見上は異なった世界（粒子と波）の衝突と調和によって、それは、長い前進する英雄伝説となるのである。それは、ケプラーの光学で始まり、ニュートンの対抗する光学理論（粒子）とホイヘンスとオイラーとヤングとフレネルらによる（波動理論）へと続き、ハミルトンと共に最初の頂上に到達した。それは、一九〇五年にアインシュタインの光量子の概念と共に、急に息を吹きかえした。それから、一九二六年にシュレディンガーの波動力学の発見で、別の注目すべき変換を通過した。私は、次の章で説明するように、この英雄伝説がまだ、その行程を走り切っていないと信じている。

今や、我々はハミルトンの次の発見に到達する。すなわち、フェルマーの最小時間の原理の解釈であり、最小作用の原理の発展を促進するために今まで以上により多くの何かをするという考えである。

19-2　歴史を持たない歴史

図46は、媒体の中の光の波動の波の山を示している。その中で、光の速度は全ての方向に対して同じであるが、波の山が曲げられることが原因となって、点から点へと変化する。光の速度は、（波の）山が一緒により多く接近している場所で、より小さくなる。明らかに、もしもいくつかの粒子がAからFに最小時間で到達することを望み、いつも光の局所的な速度で移動するならば、それは曲線$ABCDEF$に沿って進むだろう。この曲線の独特の切片は、いつも波の山に対して直角方向をなす。そして、（この曲線からの）任意の逸脱行為は、より長い移動時間という結果をもたらすだろう。しかし、これはまた厳密に、波の山を直角に切断している光線がそれに従う道筋である。これは、ハミルトンがなした別の偉大な発見であった。すなわち、幾何光学が持ちこたえている時に、光の波動理論がフェルマーの最小時間の原理も、ケプラーの光線の

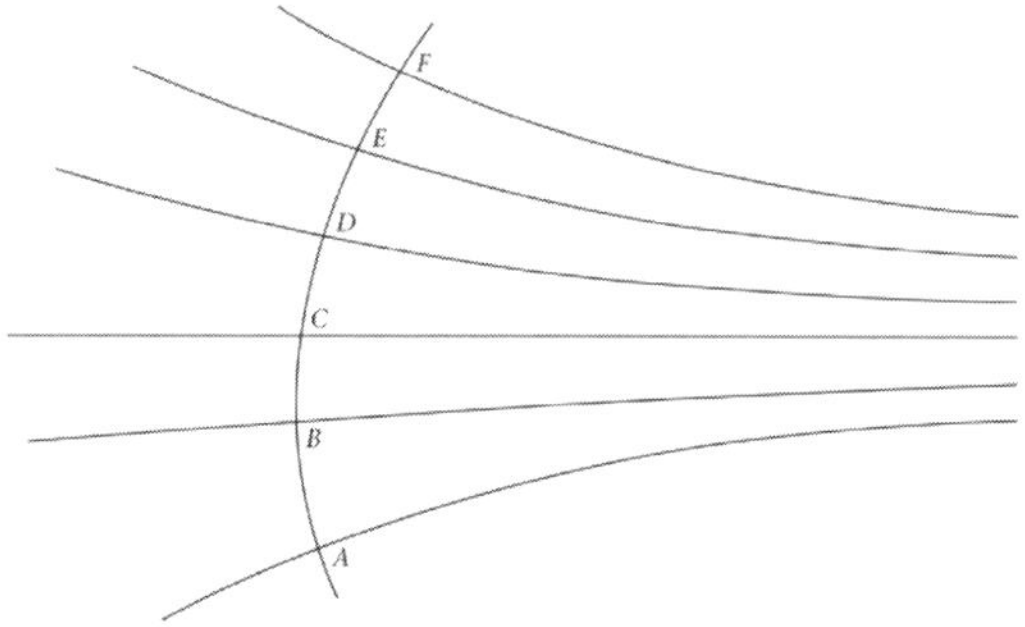

図 46　幾何光学を保持するための、規則正しい波の模様の条件の下での、フェルマーの最小時間の原理の説明。

放射も両方とも説明できるということである。その光線が、最小移動時間の線に沿って進み、そしてこれらが同時に、波の山に対していつも直角方向に走っている線であるということである。

幾何光学について最も興味深いことの一つは、ニュートン力学において、それが粒子と共に確立されている関係であることである。動いている粒子の独特の固有性は、それが空間を通り抜ける軌道をたどることである。規則的な波のパターンが存在している時に、波動理論は任意の粒子が全く存在しない相似の一次元の軌道を創造する。すなわち、光線の軌道である。もちろん、厳密な波動理論の中で、光線は実際に「その場所」には無い。しかしそれらは、理論上の構成物として存在している。そして、多くの現象は、実際に粒子がそこに存在していると仮定することによって、むしろ良く説明される。ジョン・ホイーラーが言ったように、人は「粒子無き粒子」を持っている。あるいは、「歴史無き歴史」を持っているとさえ言える。

実際、彼の光学的な発見の約一〇年後にハミルトンがなした研究は、そのような「ホイーラー主義」がどうして適切なのかを示している。我々が第二部で見たように、古典物理学は配置空間の中のパスの物語である。それらは、ニュートン派の歴史である。ハミルトンは、もしエネルギーのただ一つだけの値が、それらに許可されるならば、何が起こるだろうかと考えて、驚くべき発見をした。彼は、規則正しい波の模様がある時に、ちょうどそれがパスである光線が光の波動理論から現れてきたように、ニュートンの力学体系のパスが、類似した方法で現れて来ることを発見した。私はこれを詳しく説明する必要がある。

完全に、ニュートン力学の枠組みの内部で研究している時に、ハミルトンは彼が「主関数」と呼ぶあるものを導入した。この関数についてあなたが知る必要のある全ては、それが、配置空間における霧のようなものであるということである。すなわち、配置空間の各地点で、それが値（濃度）を持っており、その変化は明確な方程式によって支配されている。ハミルトンは、偶然起こったように、（霧の）濃度が規則正しい波動型を形成した時に、その（波の）山に対して直角方向に走るパスの集団は、全てが同じエネルギーを持っているニュートンの歴史であることを示した。それらは、そのエネルギーを持っている歴史の全てではないが、波動型がもたらす、各々の規則の異なった集団に復活する大きな集団である。ハミルトンはまた、次のことを発見した。ニュートン的歴史を次々と連続して決定する波の山の配列を支配している方程式は、光学における相似の「アイコナールの方程式」と同じ基本的な形を持っている。しかし、そのアイコナールの方程式が普通の三次元空間において働くのに反して、この新しい方程式は、多次元の配置空間において働くのである。

多くの物理学者は、古典物理学の美しい変異原理がどのような方法で現れたのか、不思議に思った。ハミルトンの研究が、説明を示唆している。もしも、世界の根底に横たわる原理が、波動現象のある種類であるならば、その時、どこでもその波動は規則正しい模様に落ち込み、古典力学の歴史のように見えるパスが、自然に現れるだろう。この理由で、規則正しい振る舞いを見せる波は、「準古典的」と呼ばれる。これは、そのような波動型と古典的ニュートン物理学との間の密接な関係の故である。それはまた、以前の章の中で論じた計画の名前を説明している。

この本の周りに存在していたことは、今や一緒に見えて来始めている。本質的な点の再検討は、おそらく役に立つであろう。我々は、ニュートンの三次元絶対空間と、絶対時間の流れと共に出発した。歴史は、その世界の中で動いている粒子によって創造される。それから我々は、巨大な数の次元を持つ空間である「プラトニア」について熟考した。「プラトニア」の各々の点は、ニュートン的世界の中の全ての粒子の相対的な立体配置に対応している。「プラトニア」が実例である配置空間の概念の大きな強みは、全ての可能な歴史をパスとして想像することができることである。我々の宇宙を表すと信じられている単一のニュートンの歴史を調べるのに、二つの方法がある。最初の一つは、時間が流れるように、「プラトニア」の中を通っていく一本のパスに沿って、さまよっている光のスポットのようである。そのスポットは、動いている現在のイメージである。二者択一的な展望の中で、時間も動くスポットもどちらも存在していない。ただ単に時間の無いパスだけが存在している。そのパスは、ペンキによって強調されているのを、我々は想像することができる。ニュートン物理学は多くのパスを許可している。なぜ、ただ一つだけが強調されるべきであるかについては、謎である。エネルギーと角運動量がゼロであるこれらのニュートンのパスだけが、「プラトニア」の中で自然に発生することを、我々は知っている。

ハミルトンの研究は、そのようなパスについて考えるための、新しい方法の扉を開けた。それは、もしそのエネルギーがゼロであるかもしれない固定した値を持っていればうまくいく。そして、それは一般的に変わりやすい濃度と共に、配置空間を覆っているある種の霧を導入する。その霧が規則正しい波の山と共に模様に落ち込むことが起こるこれらの領域の中で、全てがニュートン的歴史のように見えるパスの全体の集団が自動的に発生する。それらは、波の山に対して直角方向に走るパスである。もしあなたが、配置空間に視察にやって来る神であり、その展望の上に並べられたこれらの波の山を見ることができるとするならば、ある地点から始めて、波の山が確定している地点を通って、独特のパスに沿って進むことができる。あなたは、自身がニュートン的歴史に沿って歩いているのに気付くだろう。しかしながら、あなたの出発地点とそれに沿って歩いているパスは、気まぐれに選ばれなければならない。なぜなら、波の山のパターンがきっちりと規則正しいものになった時に、波の強度（波の振幅の二乗によって決定される）が、一定になるからである。あなたが地点、あるいは別の地点に行くべきだということを提唱するものは、波の強度（濃度）の中には無いだろう。

ハミルトンの研究は、世界の矛盾する描写を一致させるための方法を切り開いている。量子力学とホイーラー－ドウィットの方程式は、現実（実在）が「プラトニア」を覆っている静的な霧であることを示唆している。しかし、全ての我々の個人的な経験と、宇宙の至る所で我々が発見した証拠は、過去に実在したことの強い主張、すなわち歴史と一瞬の現在を一緒に我々に語り掛けて来る。霧が、規則的な波のパターンを形成している「プラトニア」の中のどこへでも、それに沿って進むことのできるパスは、歴史として見ることができる。現在は、少なくとも隠れている可能性として見ることができる。

歴史に関する我々の深い感覚と認識の不可思議は、ハミルトンが示した隠れた歴史がそこに存在し得ることを通して、「プラトニア」の無時間の霧から解明できることを、私は確実に感じている。しかしまさに、作られることになっているその関係は、どのようなものであろうか？　この章の残り部分の中で私は、ハミルトンの隠れた歴史の外側に独特の歴史をこしらえるために、シュレディンガーの優れて解明に役立つが成功を収めていない企てについて、説明するだろう。それで、次の章で、私は、従来のものとは全く異なるものについて熟考するだろう。すなわち、それは全ての歴史が現在であるということである。

シュレディンガーが波動力学を発見した時に、彼はハミルトンの研究について良く気付いていた。というのは、ド・ブロイが彼自身の提唱の中で、波動理論と粒子力学の間の深くて奇妙な関係を使っていたからである。ド・ブロイの天才性は、ハミルトンの主関数が、まさに付加的な数学的構成物ではなくて、波の山に対して直角方向に進むことを強制することによって粒子を実際に道案内している現実の物理的波動場であることを示唆した。シュレディンガーは、いくぶん異なって、ハミルトンの研究を有効に利用するために研究した。彼の直観は、ある実際の物理的状況、言ってみれば電荷密度のように、波動関数を解釈したいと思っていた。もちろん、これは点では集中しなかった。それは、その振る舞いが波動方程式によって支配されており、波動は自然に拡散するからである。それにもかかわらず、最初に、シュレディンガーは彼の波動理論が、不確定に保持し粒子のように動く相対的に濃縮された分布を許すだろうと信じていた。彼の研究は、波束の非常に実り多い概念に導いた。これらは、全体の最も規則的な波動パターン、すなわち、図45に示した実例のような平面波を使って構築される。平面波は、伝搬の方向と明確な波長を持っている。波の山に対して、直角方向に進む全ての直線は、そのとき隠れている、あるいは潜在性の粒子の「軌道」である。

なぜならば、シュレディンガー方程式はもっと初期に述べられた線形性の重大な特性を持っているので、我々はいつも、二つあるいはもっと多くの解を加え、そして別の解を得ることができる。特に、我々は平面波を加えることができる。各々の分離した解は、空間の至る所で定常波であるのだけれども、解答が加えられた時、それらの間の干渉は驚くべき模様を創り出すことができる。これは、シュレディンガーの波束の美しい構造を可能にする（BOX15）。

BOX15　定常波束

波の山に対して直角方向の、その隠れた古典的歴史を含んでいる波は、図47の一番上に示されている。線形性を使って、我々は最初の波に対して五度だけ傾けた山を持つ同一の波を付け加える。コンピューターで作成した図解の下の部分は、確率密度（青い霧）になることを示している。傾けられた波の重ね合わせは、劇的な効果をもたらす。それらの間の角の二等分線に対して平行な分水嶺（すなわち、最初の波の場に対して、ほとんど直角をなす）が現れて、隠れた歴史に「強い光を当てて目立たせ」始める。実際に、これらの現れ出た分水嶺は、二本のスリットの実験（BOX11）の中で現れた干渉縞である。その中で、二つの近似した平面波が、小さな角度の違いで二重写しにされており、そしてまた、干渉に関するヤングの説明図（図22）の中で示されている。もし、我々が多くの波を加えるならば、特にもしそれらが全て、（相を同じくして）同じ点で山を持つならば、もっと多くの劇的なことが発生する。その点において、全ての波が構造的に加えられて、確率密度の「スパイク波」が形成され始める。他の点においては、波は時々、より小さい程度だけれども、構造的に加えられ、そして時々は破壊的に加えられる。図48に示したような波動の模様が得られる。

図48は、一〇〇年間の間、詩人に絶えず付きまとってきた「真夏の夜の夢」の中の一節を、心に浮かべさせる。

そして想像力がいまだ人に知られざるものを
思い描くままに、詩人のペンはそれらのものに

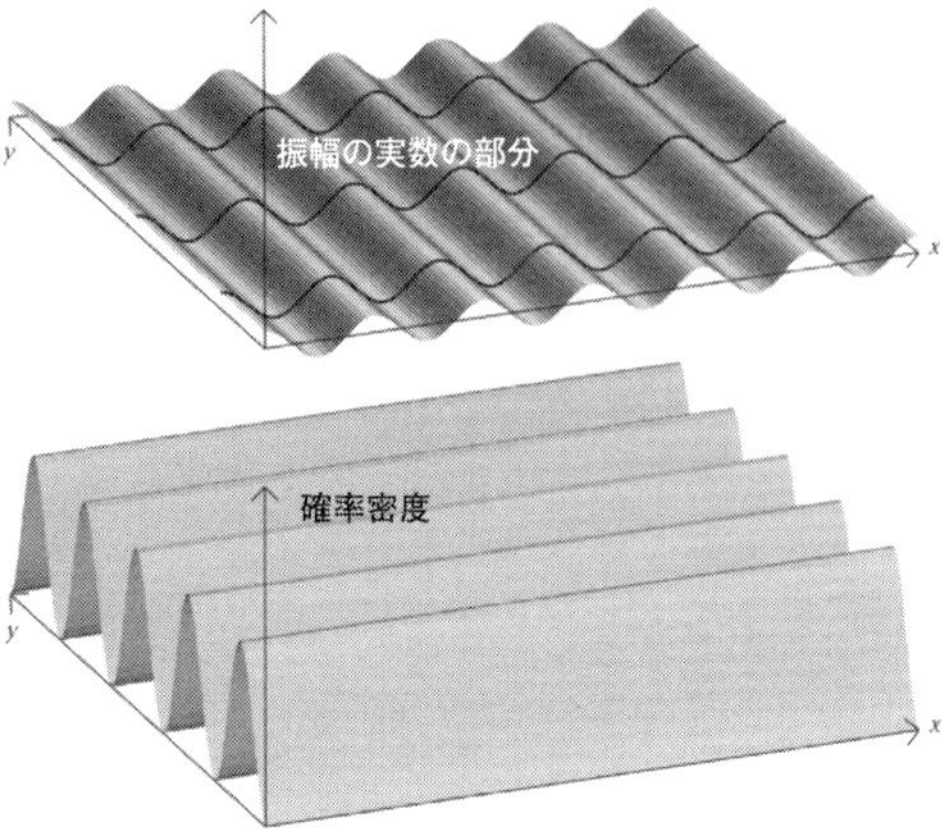

図 47　もし、二つの傾いてはいるが図の上部のような別の同型の平面波同志が加えられるならば、下部の図形が得られる。その分水嶺は、最初の平面波における「光線」の進む方向に沿って走っている。(上部の図は振幅を示しており、下部の図は、量子力学において確率密度を測定するので、加えられた波の（振幅の）二乗を示している。)

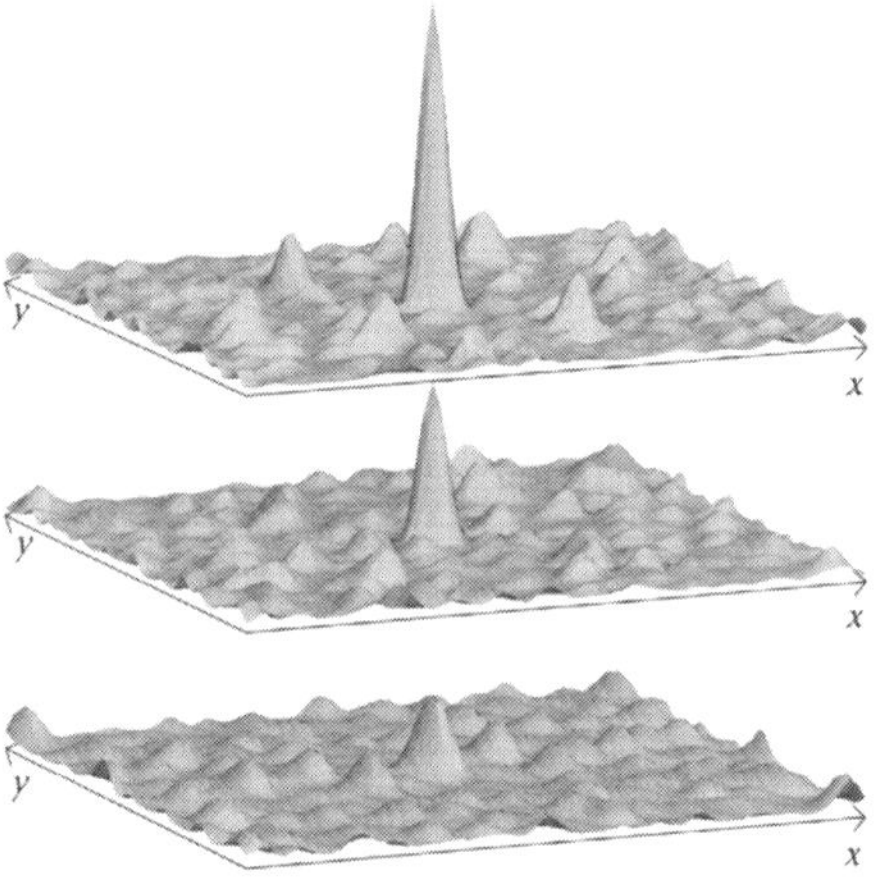

図 48　これらの波動の形は、小さな範囲の方向に向けさせた平面波の数を段々と増やし、加え合わせることによって、(下部から上方に向かって）得られる。全ての波は、「三角波」のパターンから「スパイク波」が立ち上がる山を持っている。それらの振幅は、図 47 のこれらのような別の「分水嶺」が得られるので、ある範囲で変動する。

たしかな形を与え、ありもせぬ空《くう》なる無に
それぞれの存在の場と名前を授けるのだ。

（小田島雄志訳）

二つの波動場の交点では、任意の識別される点の中で、ちょうど平行な分水嶺の場のように、結果として何も起こらない。「局所的居所」が、何も存在しないのである。しかしもし、三つかまたはそれ以上の波の山が、共通の点で交差しているならば、その結果、その波は相を同じくしてそこに存在する。そして、それらの振幅は妥当に変化させられる。それで点が識別されたものとなる。局所化された「ブロブ」が形成される。シュレディンガーが、一九二五年と一九二六年の冬に増大している興奮と共に明らかにしたように、これは、粒子のように見えることが始まっている。異なった波長の波が動き、そして、異なった速度でそうするならば、主要なものは最終的に成し遂げられる。これは、しばしば自然界で起こっている。大部分の媒体の中で、とりわけ真空中で、光の波動は全て同じ速度で伝搬する。しかしながら、ある媒体の中では、異なった波長の波が異なった速度で移動する。異なった波長の波は、異なった色を持っているので、これは美しい色彩効果を生じさせることができる。量子力学の中では、電子、陽子、中性子のような普通の物質粒子と結合している波動は、いつもそれらの波長に依存した異なった速度で伝播している。波長と伝播速度との間の関係は、「分散関係」と呼ばれている。

図49は、そのような「分散関係」を使って構築された。下部の図で最初の「スパイク波」（波束）は、小さな範囲の波長で異なった角度の波の重ね合わせである。「分散関係」は、異なった速度で動く各々の波を、重ね合わせの位置に持ってくる。最初の時に、それらの波は「スパイク波」の位置で、全て相を同じくして存在している。しかし、波が動くにつれて、全ての波が相を同じくしている位置が動く。「スパイク波」が

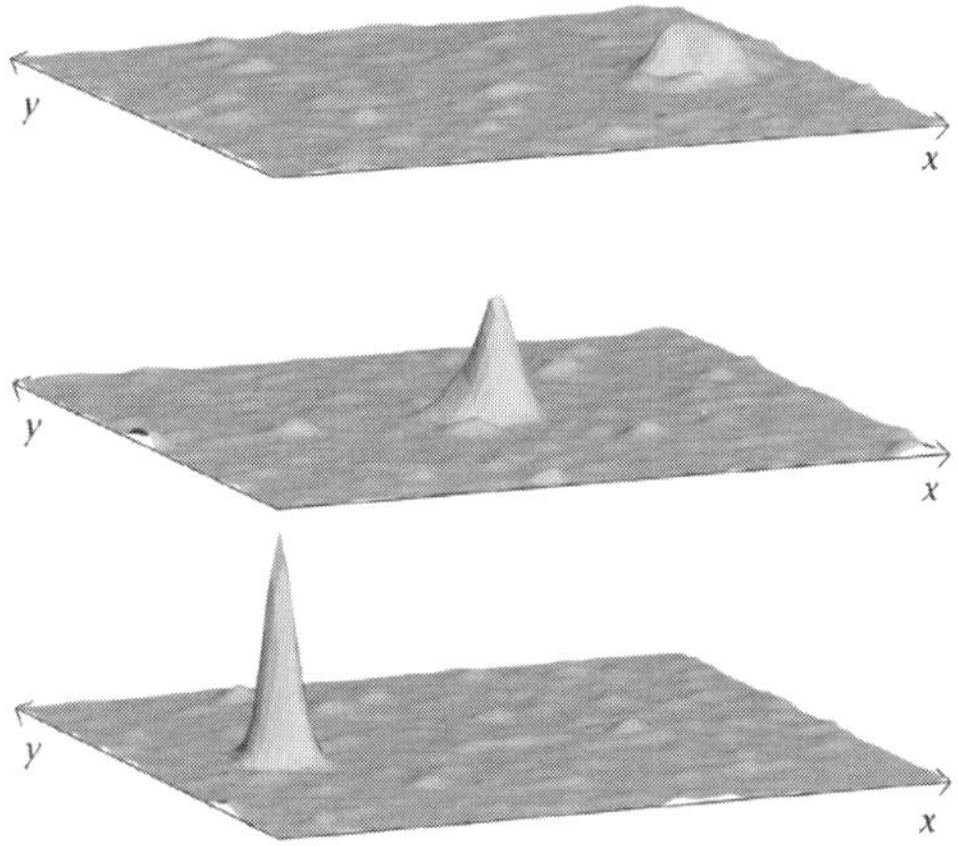

図 49　わずかに異なる方向、波長、伝播速度を持った平面波を重ね合わせることによって得られた、動く波束。最初に鋭利なピークを持った波束は、上部の二つの図に示すように急速に分散する。

動くのである！　その位置は三回にわたって示されている（最初が下部の図で、最後が上部の図）。この波束は、全く急速に分散する。なぜなら、相対的にいくつかの波が、その構築に使われるからである。理論上の量子力学の中で、人はしばしば、俗にいうガウスの波束を構築する。それは、濃縮した波束を生産するために、全て完全に適合した無限に多くの波動を含んでいる。これらは、長いあいだ持続する。

波束が、「群速度」として知られており、分散法則によって決定される限定した速度で動くことは、一般的に、とりわけ量子力学の中で、波動の注目すべき事実である。それは、波束を形成する個々の波動の任意の速度とは、全く異なっている。分散が存在していなくて、全ての波動が同じ速度で移動している時だけ、波束の速度は波の伝播速度と同じである。これらの波の重ね合わせについての、純粋に数学的に注目すべき事実は、シュレディンガーが彼の偉大な発見をなした時に、良く知られていた。それは、この美しい数学が自然の中で証明されたように思われることであった。

19-4 シュレディンガーの英雄的な失敗①

これは彼を、量子力学の「波束解釈」を提唱することに導いた。彼の主な関心事は、それにもかかわらず、波に基礎を置いた理論が、どのようにして粒子のような構成を創造することができるのかを示すことであった。彼の提唱の潜在的な説得力は、粒子のような振る舞いが、確かな物差しの上だけで予想され得ることにあった。短いが十分な距離を超えて、原子の内部あるいは、衝突している波束の中で、完全な波動理論が使われるべきであるだろう。しかし、多くの環境の中で、粒子が存在しているように見える。波動力学に関する彼の驚くべき二番目の論文を通して光輝いている完全な明快さを持って、彼は、もし粒子が波と結合させられるならば、その時原子物理学の中で、我々は幾何光学と共に、厳密な並行性を当然のことと考えるに違いないと思った。普通のニュートン的粒子が、その中に存在しているように見える多くの環境があるだろう。しかし、原子の内部において、例えば、ポテンシャルが急速に変化する場所では、我々は完全な波動理論を使わねばならないだろう。シュレディンガーの二番目の論文は、素晴らしい洞察を含んでいる。

不幸なことに、彼のアイデアは間もなく困難に遭遇した。彼はスタートからこれに気付いていた。単一粒子に関して、配置空間は普通の空間である。そして、波動関数が電荷密度を表すという概念は、意味をなしている。しかし彼は、彼の波動関数が、実際に粒子体系のために定義され、それ故に、各々の立体配置のために異なった値を持つことに十分気付いていた。私は、分子モデルの中の動いている個々の原子の効果を示している、部屋の中の「波動関数メーター」を想像することによって、これを早くから強調してきた。波動関数がどのようにして、空間の中の単一粒子の電荷密度と結合することができるのかということを知るのは難しい。

別の問題が実際に、その提唱を抹殺した。けれども、波束は、まるでそれらが粒子であるかのように、移動し拡がる。これは、シュレディンガーが最初にしっかりとつかむことに失敗した結果であった。彼は実際に、詳しく述べてある特別の場合のために美しい計算をした。すなわち、二次元の調和振動子、あるいは、円錐形の振り子である。もし、重さの無い糸でつるされた鉛の重りが、一方の側に引っ張られて、解放されたならば、それは普通の振り子のように、後方と前方に揺れるだろう。しかしながら、もしそれが、加えて側面の衝撃を与えられるならば、それは楕円形を描くだろう。

シュレディンガーは、大きな楕円に対応した量子状態のために、全く広がっていない波束を形成することが可能であること、その波束は永久にその楕円の周りを回ることを示すことができた。これは本当に立派な研究の一部であったが、それは誤っていた。マーフィーの法則は、シュレディンガーをつまずかせた。調和振動子は例外的であり、本質的に、波束が共に不明瞭に保たれている唯一の系である。他の全ての場合において、それらは拡がり、原子的粒子のために非常に急速に広がる。これは、ハイゼンベルグがいくらかの満足を持って指摘したように、波束の持続によって、粒子のような振る舞いを説明するという意見を断罪した。(量子力学を発見した創始者達の大部分は、彼ら自身の特別な方向性を、激しい熱情を持って防御した。シュレディンガーは、量子飛躍をひどく嫌い、ハイゼンベルグの行列力学の極端な抽象的概念「積極的反発」を発見した。)

しかしながら、波束の概念は、美しく透明であり、広くそして効果的に使われている。これは、人々に次のように考えさせる傾向がある。すなわち、シュレディンガーの最初の考えには、まだ十分な正当性がある。そして、(ハイゼンベルグの不確定性関係によってのみ、その精確さの中に限定されている)古典的粒子のような振る舞いがなぜ、特に肉眼で見える物体の中で非常にしばしば観測されるのかについて、これが説明している。けれども、巨大な困難が存在している。我々は、強烈に表現された粒子のような特性を持った波束を構築することができる。しかし我々は、まさに正しい方法で多くの異なった準古典的解答を、付加しなければならない。（波の）方向と波長、波の振幅が調整され、そしてそれにもまして、一点において全ての波の位相がほぼ一致して、相対的に小さな範囲になければならない。量子力学の形式主義の中のどんなものも、この奇跡のあらかじめ設定された調和が、自然界でどのような方法で起こるのかについて、説明するものはない。単一の準古典的解は、無意識にそして自然に、おそらく発生するだろう。しかしそれは、正規の構造物としてだけ存在する古典的軌道の全体の集団と結合するだろう。それらは、最善の隠れた歴史として存在している。量子力学は一般的に、一定の規則正しい方法で、散開した波動関数を与える。たとえ、ある奇跡によって、我々がある波束を「製造する」ことができたとしても、それは、必然的に散開するだろう。さらに進んだ決定的な概念が、非常に古典的にそして独特の姿で登場した量子力学によって、宇宙がどのような方法で描写されるのかを説明するために、必要とされている。

第20章　記録の創造

20-1　歴史と記録

ニュートン的物理学の中で、歴史の概念は明確である。それは、配置空間を通り抜けるパスであり、状態の一意の順序である。この概念は、波動関数が原則的に完全な配置空間を取り扱っているので、相対性理論の中で損なわれ、量子力学の中で深刻な脅威にさらされている。量子力学のほとんど全ての解釈が、我々が経験していると思われる独特の歴史の候補である配置空間を何らかの方法で通り抜けるパスを、創造したり特定したりすることによって、歴史の概念を取り戻そうとしている。そのようなパスは単純に、基礎的量子概念に属していないので、これは難しくそして繊細な演習である。使われる方法は、全くさまざまであるが、それらは四つの主要なカテゴリーに分類される。すなわち、一番目に、量子力学の基礎的な方程式は、(コペンハーゲン解釈の中の波動関数のアドホックな崩壊によって、そして他の解釈の中の自発的な物理崩壊によって)修正される。二番目に、方程式は変わらないが、(シュレディンガーが試みたように)非常に特別な解決法が構築される。三番目に(俗に言う、隠れた変数理論の中で)特別の要素が量子的形式主義に加えられる。あるいは、四番目に方程式とそれらの解が、完全に受け入れられるが、その解が現実的には、多くの並列的歴史(エヴェレットの多世界の考え方)を表すことを断言している。これらの研究法のどれも、深刻な問題を抱えておらず、それらのうちいくつかについて私は述べた。

私は、主要な困難が発生してきているのではないかと思っている。なぜなら、歴史の重要な局面が無視されてしまっているからである。たとえ歴史が、配置空間の中のパスによってモデル化された、瞬間の独特の連続であるとしても、歴史学者は過去において存在していないので、それは、記録を通してのみ研究することができる。この歴史の局面は、パスによっては全く捕捉されない。ニュートン体系の全ての解は、独特のパスに対応している。しかしそれらは、我々がまさに経験している歴史に似ていることは非常に稀である。その中では、より早い瞬間の記録が現在の瞬間の中に含まれている。これは、記録が創造されることを確実にするための、内包された仕組みを持っていないニュートン物理学の中では、単純で一般的に起こらない。それは、無数の歴史の物語であるが、事実上、それらの記録は無い。（私は、第1章の終わりで、これについて論じた。）

歴史について考える時に、私は我々が優先順位を入れ替えるだろうと信じる。今の責任で、優先順位は状態の連続を成し遂げるために存在しており、記録類が何とかして形を形成するのを当然のこととするために存在している。しかし、連続を創造する仕組みの中のどんなものも、それらの記録が創造されることを保証しない。今や、記録は、特別な構造を持った立体配置である。量子力学は、特にその構造によって、立体配置について記述する。すなわち、あるものは、他のものよりももっと有望である。これは、原子と分子の定常状態の量子力学において、特に明らかである。それは、それら特有の構造を決定する。それとは対照的に量子力学には、歴史について自然に記述できる方法は存在しない。それは、その種類の理論ではない。

古典物理学が、ただ自然のままの差異を創造することはまた、興味深い。歴史は、それが関連した法則を成立させているから、可能であるか、またはそれが成立していないから不可能であるかのどちらかである。配置空間の中の可能な連続曲線は、許可されている小さな断片と、許可されていない圧倒的に大きな断片に分割される。それは、イエスかノーである。量子力学はもっと多く細部にわたって改良される。すなわち、全ての立体配置が許可されるが、あるものは他のものよりも有望である。その純粋な性質によって、量子力学は特別な立体配置を選ぶ。それは、最も有望な立体配置である。それらの構造の長所によって特別な立体配置である記録類が、どういうわけか量子力学によって選ばれる可能性が見えてくる。これは、私がこの中で、そして後に続く章の中で探究したい可能性である。その標的は、量子力学が特別の立体配置の直接的な選択によって、歴史の強い印象を創造することができることを示すことである。それは、タイム・カプセルが存在することで起こり、それ故に歴史の記録が現れる。歴史がそこにあるという感覚は存在するであろうけれども、その記録が存在するために現れるタイム・カプセルが、もっと基本的な概念であるだろう。

20-2 記録の創造――第一の仕組み(1)

カレル・クハシュが、量子重力の中の時間について話した一九八〇年のオックスフォードの同じ会議の中で、ジョン・ベルは、「宇宙論者のための量子力学」という表題の講話をした。出来事の間で、彼は記録がどのようにして発生するのかについて熟考した。これは、実際の歴史ではないが、歴史の記録がその中に存在している量子力学の宇宙論的な解釈を述べることに彼を導いた。多分、大して驚くこともなく、彼は余りにも受け入れ難いとして、これを拒絶した。しかし、記録がいかにして発生するかという彼の説明は、最も解明に役立っている。私は、幾分異なった条件の下で、それをここで再生するだろう。そして、ベルはまだ宇宙の波動関数が時間と共に展開すると仮定していたので、それは彼と一致してはいないけれども、全く閉じている解釈を提案するため、これを使う。それが、そうであるに違いないと私は信じているのだが、この仮説が取り去られるならば、ベルの解釈はより受け入れやすいものになると思う。

ベルは、要素的な粒子が検出装置の中にどのようにして軌跡を作るのかを示すことによって、記録類が量子力学の中でどのようにして創造されるのかを説明した。その根本的な原理は、すでに一九二九年にネービル・モットーによって、そして一九三〇年にハイゼンベルグによって公式に発表されていた。私の知る限りでは、彼らの研究は大体、量子力学の解釈である。しかし、驚く程少ない人々しか、それについて知らない。

それは、一九二八年に表に出てきた、ロシアの物理学者ジョージ・ガモフの放射性崩壊の理論によって元気付けられた。その中で、アルファ粒子はトンネル効果と呼ばれる過程によって、ラジウムの原子核から放出される。我々が知る必要のある唯一の詳細は、ガモフがラジウムの原子核を取り巻いている、膨張した球状の波動関数を用いて、放出しているアルファ粒子を描写したことである。標準的な量子解釈に従って、原子核の周囲全体でアルファ粒子を見つけるために、一定の確率密度がその時、存在する。私の映像的な類似では、青い霧が原子核から一様に広がっている。

この時代に、取り除かれた電子によって原子がイオン化しており、中性だったのがプラスに帯電した原子と、それらの相互作用を通して、「ウィルソンの霧箱」と呼ばれる装置の中で、アルファ粒子が観測された。アルファ粒子は、放射線源から放射される直線に沿って、多かれ少なかれ横たわっている原子を、一定不変にイオン化する。イオン化された原子の過剰なプラス電荷は、それらの周りに蒸気の凝縮を起こし、その軌道を目に見えるようにする。もし我々が、ガモフの理論を文字通りに取り扱うならば、これらの軌跡について、ある深い不可思議さを感じる。もし実際に、ラジウム原子の周囲全体に球状に散開している確率の青い霧が存在しているならば、なぜ、原子は箱の中の至る所で、手当たり次第にイオン化されないのか、青い霧は一体どこへ広がっていくのか？　それらは、どのようにして一本の線だけに沿ってイオン化されていくのか？

標準的な量子力学は、二つの答えを与える。その一つは他方よりもっと粗雑である。粗雑な答え（それは、それにもかかわらず非常に面白いので、私はそれについて論じるために、数ページを取るだろう）の中では、アルファ粒子だけが量子力学の条件で取り扱われている。すなわち、霧箱の原子は、古典的な外側の測定器具として取り扱われている。それらは、アルファ粒子の「位置の測定」に使われる。これは、ある位置における原子のイオン化によってなされている。標準的な規則に従って、任意の位置測定が、独特な位置をもたらす。その後に、波動関数はその位置に集められ、波動関数の残りの部分は瞬間的に破壊されるだろう。

今、原子は約一〇のマイナス八乗センチの有限な直径を持っている。原子のイオン化は、完全な位置の測定ではないのである。そしてこれは、アルファ粒子の軌跡にとって重要な結果をもたらす。それは、青い霧に関して考える助けになる。イオン化を測定する前に、青い霧が全方向に一様に、外へ向かって膨張する。最初のイオン化が発生した時に、それはまるで、球形の殻が突然、原子の周りに配置されてしまったかのようである。その殻の上の点に、波動関数が通り抜けることのできる小さな穴が存在する。これは、イオン化された原子が置かれている点である。波動関数が全て破壊されず、外へ向かって流れ続けることができるのは、ここだけである。事実上、それはジェット噴射の形でそれをする。特にもし、アルファ粒子が高いエネルギーを持っているならば、それは非常に細く、そして正確にある方向へ向けることができる。

この点において、それは光の回折について、何かを言うだけの価値がある。もし、単色の光（単一波長の光）が、穴を持った一枚の不透明なスクリーンに直面するならば、その結果は穴のサイズによる。もし穴が、光の波長と比較して大きいならば、そのスクリーンは、多少完全な光の「光束」すなわち一条の光線は通り抜けるが、それを除いて全ての光を遮断する。明るい光束の幅は、穴の幅と等しい。しかしながら、もしその穴が、より小さく作られるならば、回折は動き出し、光の光束は散開する。そして、小さな穴のため非常に拡散するようになる。回折効果は、紫色の光よりも、より長い波長を持った赤色の光の方がより明確に現れる。光のように、アルファ粒子は放射性崩壊の中で生み出されたものとしては、非常に短い結合した波長を持っている。原子のイオン化は、非常に小さな「穴」を効果的に生み出すのだけれども、波動関数の崩壊を生き延びた「波動関数のジェット噴射」は、非常に小さな解放角度（一度よりもはるかに小さい）を持った円錐形の中に、狭い幅で集中されている。波動関数のジェット噴射は、探照灯の光線のように、霧箱を通り抜けて続いている。

状況を単純化するために、霧箱の原子はラジウム原子を取り囲んでいる、一様な間隔を持った同心球の殻の上に集中させられていると想像してもらいたい。最初のイオン化（量子測定と崩壊）は、アルファ粒子の球面波が最初の殻に到着する時に起きる。二番目の殻の上では、アルファ粒子はその波動関数が消滅しない値を持つ場所だけ、原子をイオン化することができる。イオン化され得る原子は、「光線」によって「浮かび上がらせられる」小さな点の中に位置している。そしてそれ故に、最初の殻の「空いているところ」にラジウム原子を結び付けている線の上に、正確に存在している。その点はその内の任意の一つが、イオン化される数百あるいは数千の原子を含んでいる。アルファ粒子の二番目の「測定」位置は、ほぼ作られている。

量子測定法則はただ原子が、イオン化されるだろうということを、我々に知らせる。それは、純粋な偶然によって選ばれている。すなわち、それはその場所の中のどこにでも存在することができる。もう一度、他の原子を「取り囲んでいる」全体の波動関数は、即時に破壊される。そして、新しく狭い光束は、二番目にイオン化された原子から外側に続く。イオン化の同じ経過、すなわち、崩壊と「ジェット噴射」は、各々の連続する殻で繰り返される。充分なエネルギーを持ったアルファ粒子にとって、この経過は数百回あるいは数千回でさえ起こるかもしれない。航跡が創造される。それはある重要な特徴を持っている。

第一に、それはほとんど一直線だけれども、ほとんど全てのイオン化で小さな屈折が存在する。それは、

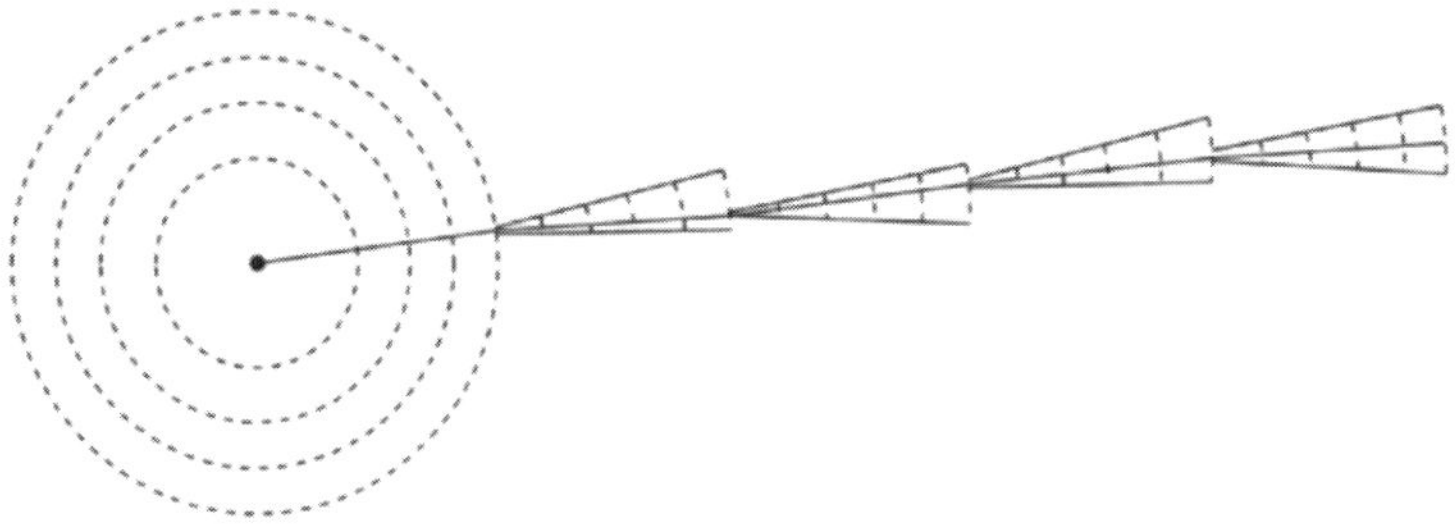

図50　連続的なイオン化によるアルファ粒子の航跡の創造。各々のイオン化の後に、波動関数のビームは散開するが、「もつれ」の創造は、次のイオン化が発生するまで起こらない。

航跡の中のもつれからは、それをなしたと示唆する場所で屈折が起こるとは推測されないだろう。この神秘さは図50の中で説明されている。

各々のイオン化と崩壊において、波動関数の新しい円錐形が創造される。任意の実際の屈折角が選ばれるのは、次のイオン化が発生するまで起こらない。その時まで、屈折角の完全な円錐形は、潜在的には存在している。ハイゼンベルグが、有名な論評の中でそれを提案したように、その航跡は単に我々がその粒子を観測するという事実によって創造される。

第二に、量子力学は、個々の屈折角を予測することはしない。シュレディンガーが波動力学を創造した数ヶ月後に、マックス・ボルンによって発見された法則に従って、それはただ、それらの統計的な分布を予測するに過ぎない。その形態は、アルファ粒子の分散（屈折）がその上で発生する原子の構造によって決定される。多くの異なったアルファ粒子の、時代を越えた多くの実験の繰り返しによって打ち立てられた統計的な分布と共に、実験をすることによって通常は証明される。しかしながら、特に、もしそれが、数千のイオン化を含んでいるならば、単一航跡に関して統計的な予測を試験することは、原則的に可能である。

第三に、各々のイオン化において、アルファ粒子は一般的に一万個の中の一部分についてエネルギーの少量を失う。そのエネルギーは粒子の波長に関係するので、それは、その航跡に沿って漸進的により長くなる。ちょうど、回折効果が、紫色の光に関してよりも赤色の光に関して、より有利な決定を下すように、これは屈折角が、その航跡に沿って漸進的により大きくなることを意味する。その航跡の性質は、その長さに従って変化する。すなわちそれは、全く大きなジグザグを示し始める。

ベルは、「それが非常に粗雑なものに見えるかもしれない。けれども、重要な意味で、それは量子力学の全ての適用の正確なモデルである」と航跡構成に関するこの最初の説明について論評している。無限にもっと輝いている二番目の説明を熟考する前に、我々は、ある結論を描くこと、そして、全ての歴史の向こう側に、状況について考えるための新しい方法を開発し始める必要がある。

20-3　歴史の必要条件

この本の第五部の中心的な疑問はこれである。いつの歴史か？　ベルの最初の説明は、何の光をこの疑問に対して投げかけたであろうか？　歴史の創造を調べることの本質的な要素は何であろうか？　ベルの分析は、アルファ粒子の航跡が、本当に典型的な歴史として見ることができるので、これらの疑問に対して真実の答えを我々に与えることを約束している。全ての要素はそこにある。すなわち、出来事の独特の連続、筋の通った物語と、それが進歩した時の質的な変化である。それは、誕生のモデルになることさえある。すなわち、その粒子がラジウム原子から放出される時である。そして、終焉のモデルとしては、それが最終的に静止に到着する時である。それは、文字通りに、その死に向かってよろめく。歴史の説明を支配している法則は、美しく透明である。それらは、発展の原因となる、好奇心をそそる方法で結合する。すなわち、確率によってのみ支配された、予測できない捻れと方向転換を伴った航跡の前方への突撃である。歴史は、各々それぞれの連続した航跡と捻れと方向転換を伴った、古典力学と量子力学の奇妙な混合物のように見えるものによって創造される。

三つの別個の要素が一緒になって、この最初の説明の中で歴史を創造している。第一に、アルファ粒子は幾何光学とぴったりと合っている状態で、ラジウム原子から現れて来る。その波動関数は、非常に高い周波数と短い波長を持った、極めて規則正しい形の完全な球面波の形で、外へ向かって伝播する。これは、準古典的解の完全な実例である。ハミルトンの「光線」は、ラジウム原子から外側に向けて放射状に、そしていつも波動関数の山に対して直角方向に走っている航跡である。これらの航跡の各々は、結局現れるたった一つの航跡の単純化された良いモデルである。

私は、幾何光学の進行中の英雄伝説を述べた。シュレディンガーは、粒子運動に良く似ている波束の中の、多くのわずかに異なった準古典的解を、二重写しにすることによって歴史を創造することを試みた。我々はこの試みが失敗する運命になっていたことを、今、知ることができる。これは、主としてそれが、孤立状態にあるまさに粒子の量子力学的な特性を使って、粒子の航跡を創造することを試みたからである。シュレディンガーの試みの中では、周囲の状況と共に粒子の相互作用が、何の役割も演じていなかった。しかし、まさに与えられた説明の中では、極めて重要である。イオン化されることを待っている原子が存在しなければ、形成される航跡について考え始めることはできない。非常に特別な準古典的状態が、イオン化と崩壊の過程によって、鮮明に限定された光線が創造されることを保証しているので、幾何光学はまだ、重要な役割を演じている。

我々は、もはや多くの準古典的な解を必要としない。すなわち、準古典的解は、今、歴史を創造するために十分である。それにもかかわらず、少なくとも一つの準古典的な解が残る。それは歴史にとって必要条件として残るだろう。ハミルトンによって発見された数学的事実の核心は、再登場を維持し、異なった方法で使われ続ける。私はこれが、歴史の真の深い起源であると確かに感じる。すなわち、我々は眼の前で、すでにアルファ粒子の航跡の形成を見てきた。少し長く見守ったら、ヘンリー八世と彼の六人の妃達でさえ、現れるだろう。

ベルの説明の中の二番目の要素は、崩壊である。それは粗雑であるが効果的である。自然は非常に奇妙に振る舞うことができるということを、信じるのは難しいというのは除いて、少し多くのことを言う必要がある。しかしながら、ベルの地球に対する落下の説明は、量子測定規則が人工物であることを明らかにしている。これらは、個性的に観察するものとして、明確な形に作り上げられている。そして測定が、選ばれた観測できる物の単一の固有値の発見において、一定不変の結果になることを断言している。しかし、一個の原子をイオン化したアルファ粒子の場合は、純粋な測定結果が無い。すなわち、位置と運動量の両者の同時測定は存在している。（両者とも不完全な精度を持っている。それで、その不確定性関係は破られない。）

歴史の創造の中の三番目の要素は、低いエントロピーである。すなわち、系の初期状態は大いに特別である。アルファ粒子は、それがどこにあっても、その内部に放射性原子核が存在している。無数の異なった励起状態で存在できる数えきれない程莫大な数の霧箱の原子は、全てその基底状態にある。我々が、そのような要請にも驚かない唯一の理由は、特別なものへの我々の親密さである。我々が幼年時代から知っていたことは、我々を驚かさない。しかし、筋の通った考えから出てきたさらなる経験は、最も起こりそうにない。全ての可能な世界の中で、退屈な混乱した支離滅裂な状態は、非常に小さな断片を形成している整然とした状態より、圧倒的に勝っている。しかし、全く受け入れ難いそのような状態は、もし歴史が明らかにされるならば、前提条件とされるに違いない。少なくとも、それは、状況の普通の見方の中にある。

初期の整然とした状態は、歴史と、その上にそれが描かれる一枚の安定したカンバスを創造する。アルファ粒子の特別な位置は、その準古典的状態に起源を与える。一〇〇〇個かそれ位のイオン化している原子は、イオン化していない数十億個の（原子）の上で、鮮やかな航跡として目立って出る。消散する前に写真に撮影されたその航跡は、歴史の記録になる。もし、原子の大部分が既にイオン化されていたならば、そのような航跡は孤立させられて、形成されにくい。我々は、歴史が説明されたと主張するかもしれないが、その証拠はないだろう。

「記録は、我々が持っているものが全てである。」我々は、それらの創造の説明を見てきた。量子崩壊を除いて、それは、風変りには思われない。しかしベルは、怪物のように多次元の霧箱の配置空間が活気づいている二番目の完全な量子計算を与えている。歴史に関するこの物語は、驚くべきものである。次の節は、それのために準備してある。

20-4 歴史に関して起こりそうもないこと

霧箱は、水素原子の集まりとして図式的に取り扱われる。そしてその各々は原子核の要素、すなわち、単一の陽子と電子から成り立っている。全ての陽子は全く同じものであり、そして全ての電子もまた、同じものであるという事実を、我々は無視する。（ここではそれは、問題ではない。）陽子が固定された点にあると仮定することは、道理にかなっており、量子力学的に電子とアルファ粒子だけを取り扱うこともまた、合理的である。各々の電子の座標は、その陽子から伸ばした三本の相互に直交した軸までの距離で表すことができる。実際の霧箱は一〇の二七乗個の原子を含んでいるかもしれない。三×一〇の二七乗（＋3はアルファ粒子のためである）の次元を持った空間を熟考することは、気力をくじかれる。しかし我々は、もし我々が量子力学の中で何が進んでいるのかに関して、真の感覚を得るべきであるならば、ベストを尽くさなければならない。

ここで、本当に重要なことは、各々の立体配置の点が、霧箱内の全ての電子の位置の全体性を表していることである。もし我々が、我々の動いている一つを除いて全ての電子を固定して保つならば、それは、ちょうど三つの次元を探究する。さらに、より多く控え目な方法で、地球上の我々の存在と共に、ここに類似点がある。すなわち、我々は三次元の中で生活しているが、通常は、地球の二次元の表面に関して制限されている。そして、普通は三番目の次元の中では、遠く離れて動くことは無い。電子に関しては、探究しない次元は一つではなく、三×一〇の二七乗である。

我々は今、イオン化の航跡を表すことについて考えることができる。水素原子の電子は、その陽子の周りに直径一〇のマイナス八乗センチの特有の確率密度を持っている。量子力学の中で、確かであることは難しい。しかし、もし我々が、その近くに電子を持っていない陽子を発見するならば、これは、イオン化している印である。すなわち、その電子は、アルファ粒子から引き離されてしまっている。それらの近くに電子を持っていない一〇〇〇個の陽子が、中に入っている霧箱の状態を我々が見つけたと仮定しよう。これらの一〇〇〇個の電子を持たない陽子が全て、崩壊したラジウム原子核とアルファ粒子の間の直線上に、大体存在しているとしよう。そして、その線に沿ったもつれの統計値は、小さな角度の拡散のためのボルンの予測とぴったりと合っているとしよう。自然に、我々はこれがアルファ粒子の航跡であるというだろう。それは全て、間欠性の崩壊を含んだ、記録している量子進化の出現である。イオン化の航跡として解釈された霧箱のこの状態は、完全なタイム・カプセルである。純粋に数学的に、それは空間における単一の点である。しかしその点は、莫大な数の電子の分布状態を表象している。今述べたように、それは法外に特別である。すなわち、それはそれ自身が、歴史の一枚のスナップ写真のようである。もしそれが考えることができるならば、次のように言うだろう。「私は、霧箱を通り抜けて、空間と時間の中を移動しているアルファ粒子の航跡である」と。

もし、配置空間が無数の次元を持っているならば、どれほど莫大な点の数になるだろうか。それらが表している分布状態の圧倒的な、とてつもなく圧倒的な大多数は、当たりや興味あるものに全く対応していない。それらの近くに電子を持っていない一〇〇〇個の陽子の核がその中にある分布状態は、この巨大な空間を通り抜けて非常に薄くまき散らされている。途方もない数の、そのような分布状態が存在している。しかし、それらはまだ、空にある星よりも、もっともっとまばらに分布している。イオン化物は、ラジウムの原子核と放出されたアルファ粒子との間の線の上に、全て大体存在しているが、それらは一〇〇〇個のイオン化物と共に、このすでに非常に希薄な一団の内部にある。しかしこれらは、まだアルファ粒子の航跡ではない。もうふるいがある。すなわち、拡散しているもつれの角度が、ボルンの統計学上の分布状態と合っているに違いない。

この起こりそうもないことの上に、起こりそうもないことを積み重ねることは、学者ぶっているように見えるかもしれない。しかし私は、歴史の全く起こりそうもないことを、家に戻すことを望んでいる。どんな計り知れない創造力がそれを引き起こすだろうか？　それに加えて私は、幾何光学の物語の中で、次の段階を準備している。このために、私は早くから次のことを示唆していた。それは配置空間の中で、例外的な特別に組織化された点として、歴史の記録に関して考え始めることの助けになっている。すなわち、タイム・カプセルである。もちろんあなたが、もし十分にしっかりと見るならば、あなたは、それらのみならずあらゆる種類の他の事柄を見つけることができる。たとえば、マリリン・モンローの写真や、およそあなたの好きな物は何でも。しかし、全てのそのような「興味のある写真」は、恐ろしく希薄に分布している。何かが

「それらを探索している」ことは、驚くべきことである。しかし、原因となる量子力学は、矛盾する崩壊の仕組みと結合した。そして温和な低エントロピーの環境は、目的を遂げることができる。

次の段階として無益なものを捨てる崩壊について話す前に、我々は、ある改良を加えることができる。崩壊の写真の中で、完全な航跡のタイム・カプセルである立体配置点に（「ペンキ」で）印を付けることだけはできない。我々は、言わば五五七個の原子だけがイオン化されたときに、撮られた一枚のスナップ写真を想像することができる。それによって捕らえられた立体配置点はまた、タイム・カプセルであるだろう。そして我々は、それにまた印を付けることができる。もし我々が、全くイオン化していない状態から、全てイオン化した状態まで、全ての段階にこの方法で印を付けるならば、全ての対応しているタイム・カプセルは、配置空間の中で、異なった点であるだろう。それは、それらが異なった物語を告げるからであり、それらのあるものは届くだけで、言わば、その航跡は「青年期」であり、あるいは「中年期」である。異なった立体配置点は、必然的に異なった物語を表している。しかしながらそれらは、説明している経過を表しているパスの中で、大体連続的につながっている。

もし私が、神のように「プラトニア」とその霧を眺めることに到達したと仮定するならば、我々は配置空間と、それを一掃する波動関数を「見る」ことができるだろう。その時、ベルの「未完成の」説明の中で、我々は一本の航跡に沿ってその道を小刻みに動いている波動関数の「つぎ当て」を見るだろう。それに沿った点は、連続的にもっと多くのイオン化物を含んでいる完全な霧箱の立体配置である。この立体配置の航跡は、ニュートン力学における歴史を表している航跡とは全く異なっている。単一のアルファ粒子に関して、それは三次元空間の中の航跡である。三つの数によって定義された、それに沿った点は、とても歴史を記録することはできない。それとは対照的に、大きな配置空間の中で描かれた点の各々は、それに沿ったある点までの三次元の航跡の歴史のように見える。次のような類似を考えることが助けになるかもしれない。両親が記録のために、彼らの子供の毎日のスナップ写真を撮り、発達記録帳の中にそれを毎日貼り付ける。連日の営みが終わった後の発達記録帳は、大きな配置空間の中の、航跡に沿った各々の連続した点のようである。すなわちそれは、それらの日による子供の完全な歴史である。同様に、その航跡に沿った点は、時間のある瞬間におけるアルファ粒子を示しはしない。しかしその歴史は、その時間で決まる。

20-5 記録の創造——第二の仕組み

もし、ベルの最初の説明と同じような実験が、多くの回数繰り返されるならば、類似しているが異なった航跡がそれぞれの回に撮影されるだろう。なぜなら、量子力学は確率的に処理するからである。いくつかの航跡は、他のものよりも、もっと有望であるのももっともである。今、対応する立体配置点に「ペンキ」で「印を付けること」によって、アルファ粒子の航跡を記録すると仮定しよう。どの実験の実行中でも、「照らされて」いる全ての立体配置点は、何度もペンキで触られるだろう。なぜなら、放射性崩壊の瞬間は、手当たり次第に撮られた写真が、全ての「世代」すなわち、誕生期、青年期、中年期、老年期の航跡をとらえるであろうが、それを予測することはできないからである。結局、多くの異なった点が、ペンキによって触られるだろう。豊かな構造物が、強い光を当てられるだろう。多分これを描くための最善の方法は、全ての霧箱の原子がその基底状態にあるときラジウムの原子核の中に捕らえられたアルファ粒子を表してする、配置空間の中の狭い領域から放射している無数のフィラメントである。

これらのフィラメントは、極めて数が多いので、それらが配置空間を満たしていると推測するのは、全く誤っているだろう。それは普通の三次元空間と一緒にする混乱から来る。余り文字通りに共通性を受け取るのは、危険である。しかしもし我々が、イメージを使おうと試みるならば、それらの間の莫大な空白を持った星間空間の広がりの中で、道から飛び出している蜘蛛の糸のより糸のように、より多く存在しているものがよい。それと同様に、「ペンキで触って」いる点で配置空間の中に形どられている構造について考えることは、より良いであろう。そのような構造は、最初の「粗末な」方法で解明された無数の実験記録の一つである。

さらに、それ以上の論評においては、これまで我々は単一の航跡だけを考慮してきた。しかし現代の実験の中では、検出粒子と衝突している単一の粒子は、多くの二次的粒子を創造することができる。これらはまた、検出器の中に同時に一斉に、航跡を創る。単一の量子的出来事は、多くの航跡を発生させる。もし磁場が適用されるならば、その航跡はその粒子の質量と電荷とエネルギーによって、異なった量だけ曲げられる。複雑な歴史を表している全く美しい模様が創り出されている（図51）。

普通の空間における多重航跡の経過は、まだ配置空間の中で航跡によって描写されている。歴史は、それがいかに複雑であろうとも、いつも単一の立体配置のパスによって描写される。すなわち、その歴史の記録は、非常に詳しく述べられるかもしれないし、多少生き生きとした実際のスナップ写真であるかもしれないが、すぐ単一の立体配置点によって表すことができる。これまでに書かれた世界の歴史全てを含んでいる図書館は、まさに、妥当な配置空間の中の、点なのである。

我々は今、霧箱と共に、アルファ粒子相互作用のもっと精巧な説明に到着している。およそ一〇の二七乗次元の空間における波動関数の展開として、その全体のプロセスは量子力学的に取り扱われる。最初は、アルファ粒子が脱出する前に、（全ての電子とアルファ粒子の）波動関数は、むしろ小さな立体配置領域に限定されている。天然の崩壊の映像では、アルファ粒子の脱出と航跡の編成は、それから突然現れて、ロケット

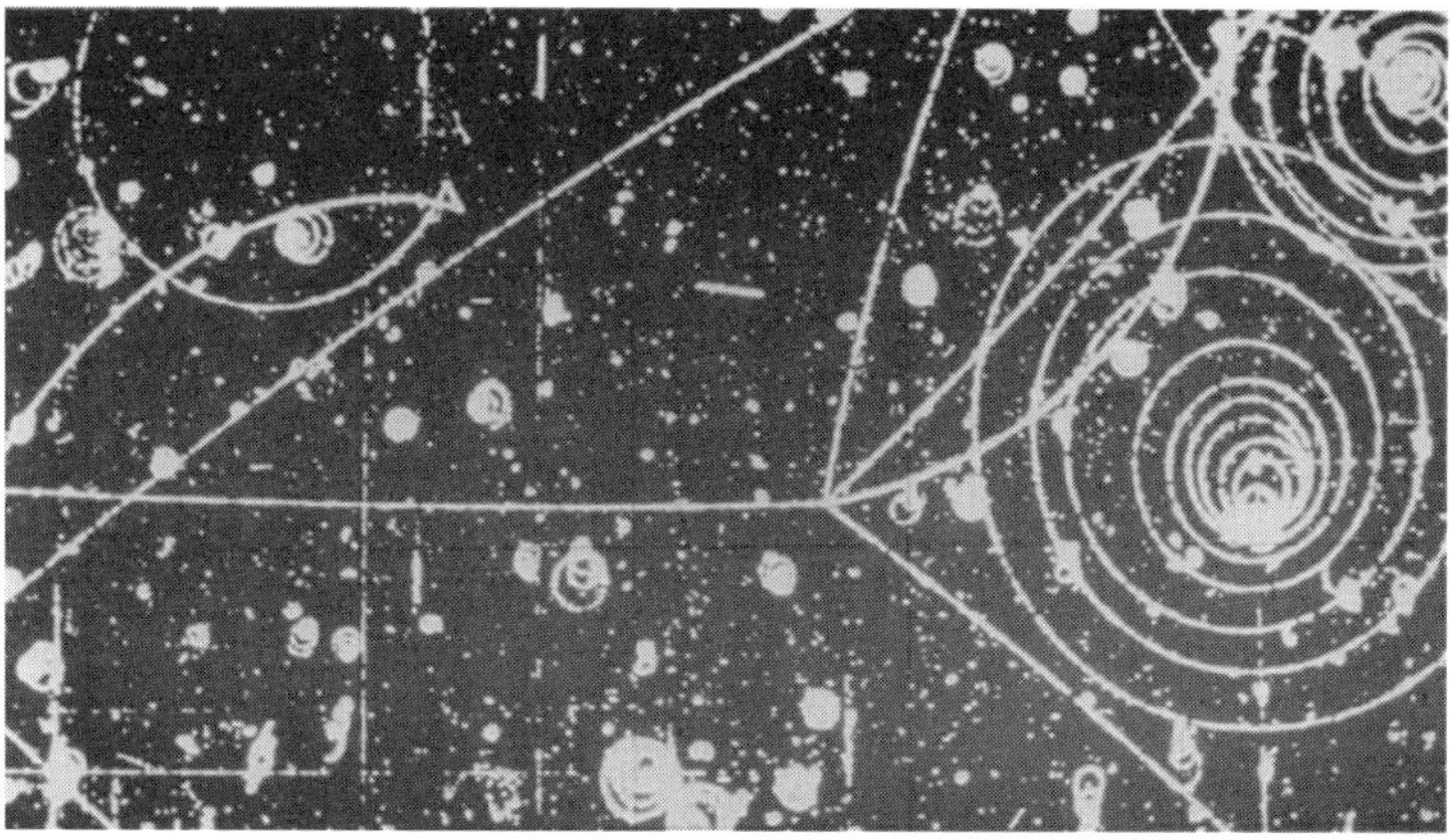

図51　単一の量子的事象によって創り出された基本的粒子の多様な航跡。渦巻きと曲がった航跡は、作られた粒子の電荷に関する磁場の影響から発生している。

発射が空を通り抜けて行くように、配置空間を通り抜けて突進する波動関数の「指」のように描写される。

その新しい映像では、量子力学的に取り扱われた全ての物と崩壊の無い状態と共に、計り知れない数の波動関数の「指」が、ほとんど突然現れて、配置空間を横切って、多数の方向に向かって競争するのである。各々は大体、崩壊を含んだシナリオの航跡の一つに沿って進む。全ての航跡は同時に描き終わる。それは、爆発してあらゆる方向に炎のシャワーを射ち出す見世物花火のようである。これは、もし我々が、「プラトニア」の大きく開けた空間の中で、その最初の境界から、急に爆発し始めている波動関数を見ることができるならば、これが我々の観測する状況である。

それがなぜ、このように振る舞うかを説明することは、たやすいことではないが、試させてもらいたい。最も重要なことは、配置空間がニュートンの絶対空間のような、ある空の開けた空間ではなく、豊富な地形を持った一種の展望であることである。その地形が水を偏向させるような、岩の多い地形を越えて押し流している洪水のような、外へ流れ出している波動関数について考えよう。もしあなたが、

（図3と図4に示した）「三角形の土地」について、再び眺めるならば、それは助けになるだろう。それは、薄板と横梁によって境界を形成しており、それは、ちょうど三つの粒子に関して、配置空間である。一〇の二七乗個の粒子に関して配置空間は、極度にもっと複雑である。「三角形の土地」の境界線として現れた横梁や薄板のような物体は、あらゆる種類の構造物によって詳しく検討されている、「プラトニア」の中の本質的な地形として現れているのである。波動関数の展開を支配している法則は、この豊富な地形に反応するために、それに強制しているのである。波動関数のフィラメントは、その風景の中の目立った顕著な地形によって、ある方向に向けられる。

今我々は、「花火の爆発」がどのようにして起こるのかについて、ある考えを持っているので、その解釈について考えることができる。問題は、我々が決して配置空間を見ることができないということである。それは、我々の感覚を否定した「神の目」で見た眺めである。しかし幸いにも、我々の想像ではない。我々はまた、同時に多くの航跡を創っている孤独なアルファ粒子を見ることも決してできない。すなわち、我々がかつて見た全ては、航跡である。これは二番目のシナリオの中で、どのように説明されるのだろうか？　前と同様、同じ仕掛けによって、すなわち、崩壊によってであろうか。最初のシナリオでは、我々がそれに、それ自身を領域の中に姿を見せるように強制するよりも前に、アルファ粒子が配置空間の中の多くの異なった場所に同時に存在していた。これは、原子と一緒に、それに相互作用をさせることによってなされた。不思議なことに、これが、何度も何度も繰り返された崩壊を誘発した。

二番目のシナリオでは、その完全な体系は、一〇〇〇個の原子のイオン化にとって十分な時間の後に、巨大な配置空間の中で、潜在的に多くの異なった場所に存在している。その波動関数は、ちっぽけな領域の中で、その内部に密集しているにもかかわらず、非常に大きな範囲を越えて散開させられる。これらの任意の領域の内部の全ての点は、非常にわずかに異なっており、イオン化航跡の一枚のスナップ写真のようである。(そして、それ故に、小さな領域の内部の異なった点によって描写される。) 最初のシナリオの中で、最初の崩壊を誘発しているイオン化より前に多くの異なった場所に存在しているアルファ粒子と、霧箱とアルファ粒子の完全な体系に関して、いま心に描いている状態との間の厳密な並行が存在する。それはまた、一度に多くの異なった「場所」に存在する。

我々は今、それがどこに存在するかを知るために、その「測定」をして、このより大きな体系を崩壊させることができる。これはしばしば、霧箱の写真を撮影することによって簡単に実行できる。それは、その多くの可能な「場所」の中の一つだけで、霧箱を捕らえる。それで我々は何を見つけるだろうか? 霧箱の立体配置は、まさにイオン化航跡を示している。そしてそれは、波動関数の霧がその上に集められている、ちっぽけな領域の内部の点の一つに対応している。我々は、波動関数を崩壊させたが、これは、完全な航跡の上にであり、粒子の場所の上にでない。

もし、そのような実験が多くの回数、繰り返されるならば、得られた航跡は、最初のシナリオの中の航跡と本質的に同じであることが分かる。二つの場合において、その展開が全く同じではないので、それが原因で起こる、小さな違いは原則的に存在する。すなわち、後者の場合において、航跡はある範囲に対して干渉することはできるが、一般的に最後の結果は、非常に異なった理論的記述にもかかわらず、大体同じである。

この理由としては、多くの異なった航跡、それは異なった歴史であるが、それの根源がすでに初めの波動関数の中に、含まれているからである。集中した波動関数は、必然的に拡散する。そしてもしこれが、エントロピーの低い条件の下で、十分に大きな配置空間の中で起こっているならば、それは、多くの異なった歴史の記録を具体化する多くの異なった立体配置を励起することができる。それは雪玉効果である。我々は、多くの小さな雪玉と一緒に始める。そのプロセスの最初において、アルファ粒子に関して異なった可能性がある。各々の可能性はそのとき、異なった航跡と結合するようになり、絡み合うようになる。これはむしろ、雪を巻き込み多くの異なった雪玉のようになる。広がった量子的不確定性のいつもの対象であり、端には不明瞭さがある。これはエヴェレットの多世界である。これらの異なった世界、異なった歴史の個別性は、その体系のその部分（この場合においては、アルファ粒子であるが）が、準古典的な（幾何光学的な）管理のもとで決定される。

そのような鋭く限定された歴史を創造し、そして、二つのそのような異なったシナリオが、大体同じ結果を与えることを保証することは、アルファ粒子の最初の準古典的状態が、ほぼ完成したものであることを示している。これは結局、悪名高い「ハイゼンベルグ・カット」がなぜ、そのような当惑させる方法でずらすことができるのかという理由である。それは、古典的測定器具の外部の非量子的世界で量子的世界が終わる場所である。ベルが述べているように、実用的な目的のためには、最後の結果が多くのもので同じなので、崩壊がどこで起こっているのかを確定するために、我々がどの場所で切断しようとも、その場所は大して重要ではない。どちらの場合においても、歴史の出現は、準古典的な部分と残された完全に量子的な体系の部分との間の、相互作用によって創造される。結果として起こる相関関係は、非常に特別な状態の中に、量子的体系を強制する。

孤立しているアルファ粒子の準古典的状態の内部で、非常に抽象的な本質として隠れている古典的歴史が、その莫大な配置空間の中のちっぽけな領域を、その体系(霧箱)の残留物の波動関数に、並外れた精密さを持って探し出させることは、本当にほとんど奇跡である。これらの領域、あるいはむしろそれらの内部の点が調査されるとき、それらは、航跡のスナップ写真である立体配置を明らかにする。それらは、歴史の記録類でである。

　それでこれは、英雄伝説の中の次のねじれである。最初に、ハミルトンが、規則正しい（準古典的）波動場の中の、「光の光線」として、古典的な粒子のような歴史の集団を見つけた。それからシュレディンガーは、単一粒子のモデルとして、まさに波束を創造するために、多くのわずかに異なった準古典的解を重ね合わせることによって、粒子の航跡を近似することを試みた。それは難解であった。そしてそれは、貧弱であるけれども非常に美しい結果のために、研究が工夫された。しかしながら、それはただちに彼の指の間を通り抜けて滑り落ちた。しかしそれで、ハイゼンベルグとモットーは、シュレディンガーがかつて夢見たよりも、量子力学の方が歴史を創造するときにはるかにもっと効果的に働くことができることを示した。今単純な準古典的解が、（最後の崩壊の前に）多くの歴史を生み出している。シュレディンガーの工夫の代わりに「多くの準古典的な解→歴史」、自然の組織的な成長は「準古典的な解→歴史の多くの記録」となる。

第21章　多くの瞬間の解釈

21-1　宇宙の中の多くの歴史

話は続いている。我々は量子工場の中に、霧箱だけを置いている。ところで我々は、我々自身も含んでいる宇宙もまた、その中に置くことができるだろうか？　それは、究極的な配置空間を熟考することを我々に要求するだろう。宇宙全体についても。

あなたは間違いなく、これがどこに導いているのかを知ることができる。今、雪玉は我々と我々の意識を含んで成長し、異なった形に変化する。それらは、異なっていなければならない。なぜならそれらは、異なった航跡を見るからである。すなわち、それは彼らを異なったものにする。異なった状況を見ているこれらの類似した前世は、必然的に、宇宙の配置空間の異なった点に属している。「プラトニア」の小さな領域の外への波動関数の爆発という花火の打ち上げは、放射性原子核の崩壊であるが、それは展望を全て超えて精密な場所へ、波動関数の火炎の火花をまき散らすのである。（雪玉と火花とは、何と恐ろしい比喩の混合であろうか！　しかしおそらく、それらは編集で生き残ることが許されるだろう。雪玉は配置空間の中に、火花は波動関数の中に存在する。これは、二元論的な描写である。）

そして今、巨大なエヴェレスト級の格差に対して、崩壊はもはや必要ではない。崩壊は全く無い。我々が崩壊をあるように取り扱うことは、いわば朝起きて、太陽が輝いているのが分かると言った方が良い。しかし、曇っているかもしれないし、あるいは曇って雨が降っているか、あるいは快晴で凍り付いているか、あるいは風が吹いて強風がビュービュー唸っているか、あるいは文字通りに土砂降りの雨でさえあるかもしれない。我々が、ベッドの中で眠るために横になったとき、すなわち、我々がアルファ粒子の実験を準備した時に、我々は何が我々を起こしてくれるかを知らない。波動関数の崩壊が存在するために我々が受け取るものは、我々が我々自身と呼んでいるこの言葉に表せない自分自身の感覚を持った何かあるものが、別の物よりもむしろ、配置空間の点の中に存在していることを、ただ単に発見しているに過ぎない。我々が、実験の結果を観察するときに、三次元空間の中で表される状況を、我々は監視してはいない。全く違う何かが起こっているのである。我々は我々自身が、別の場所よりもむしろ、宇宙の配置空間の中のある場所に存在していることを発見している。一斉になされた、時間の瞬間の経験である全ての観測は、最終的に、「プラトニア」の中の我々自身の（部分的な）位置である。我々の瞬間の各々は、プラトン的形式の自分自身の感覚を持った部分である。

この映像の干渉性は、有機体の成長の経歴を示す「プラトニア」の中のタイム・カプセルを探し出すための、宇宙の波動関数の力量に掛かっている。全ての経歴は「プラトニア」の中で、ヒエロニモス・ボッシュの夢や、現代のシュルレアリストを超えた、ある奇妙さがある。我々が経験している歴史は、恐ろしいかもしれないけれども、それは干渉に関しては首尾一貫している。科学の最初の仕事は、その出現を守ることである。それで最初に、真っ先に我々は、これらの歴史の貨物発送人である、タイム・カプセルの習慣的な奇跡の経験のために、合理的な説明を見つけることが必要である。これは、波動関数の確率密度が、チラチラ光る青い霧として、そのような決定的な役割を演じる所である。なぜなら、全ての歴史の明白な記録類と、歴史ではない死ぬほど退屈な大多数は、「プラトニア」の中に存在しているからである。直接の経験から我々が非常に良く知っている種類のタイム・カプセルを超えて、青い霧が明るく輝いているのを除いては、その名前の価値のある出現の説明を我々は持たないだろう。そしてそれは、それ以外のどんな場所でも明るく輝きはしないだろう。我々はそのとき、その出現を本当に守る理論を持つだろう。ベルの分析は、普遍的な量子宇宙論がその理論であるかもしれないことを暗示している。

いまは、もう一度吟味するための時間である。最初に我々は、量子力学の解釈を集める。彼らは、ベルの分析する光線の中にどのようなものを見るだろうか？　何が出現するのを彼らは守るのだろうか、そして彼らはどのように都合良く、それをするだろうか？　解釈に関して、二つの最小必要条件が存在する。すなわち、それは、我々がなぜまさに世界を見るのか（アインシュタインの「月」問題）を説明しなければならない。そしてそれは、なぜ我々が、それが歴史を持っていると考えるのかについて説明しなければならない。二者の内、後者は、より困難な仕事である。しかしながら、余り多くは尋ねないことが重要であるかもしれない。その出現を守るために、我々は独特の歴史を創造しなければならないということはない。すなわち、我々は、なぜ独特の歴史があるように思われるのかについて、説明することだけが必要である。それは、エヴェレットの洞察であった。もし我々が、我々の偏狭な偏見から後ろへ退くことができるならば、それを成し遂げることのできる理論が、すでに奇跡的に、目の前にある。

多世界の変異体を除いて、全ての解釈が歴史の厳格な基準に応えるべく努力する。それらは、そのために創造され、全てが野蛮な力によってそれを成し遂げる。歴史は、波動関数の繰り返される抑圧（コペンハーゲンと物理的崩壊）によって、あるいは、加えられた矛盾する余分なもの、すなわち隠された変数と呼ばれるものによって創造される。ドイツ語の「ドッペルト　ゲモッペルト」は、そっくり繰り返して二度、それらをすることによって、状況を台無しにすることを意味する。彼らの切望の中で、独特の歴史を回復するために、これらの解釈の支持者は、それが自発的であり、そしてそれ故に我々の経験の中に各々の独特さがある多くの歴史を、美しい自然の構造によって、すでに創り出すことのできる理論の上に、歴史を粗雑に付与する。ハミルトンの発見は、量子的形式主義の中に、歴史が隠れていることを、避けられないものにしている。それはちょうど、見えないもの隠れているものを、見えるようにして正体を明かすという問題である。

21-2 ベルの多世界の解釈①

アルファ粒子の航跡に関する彼の討論から、ベルは、量子力学の驚くべき宇宙論的解釈に転向した。それは、タイム・カプセルの概念の本質的な使用法を制定し、それ故にそれは、私が最終章の中で提出しようと思っている解釈に、非常に良く似ている。ベルは、波動関数が拡散している世界無しでは、決して崩壊しないというエヴェレットの考えを保持するための方法として、それを見ていた。

ベルは、エヴェレットの理論の中の本当に新奇な要素が、特定されていないと主張した。これは、アインシュタインの絶対的な同時性の拒否として、同じ解放するための伝統と考えることができる「過去」の概念の拒否であった。明らかに、興奮させる何かが、将来性の中にある。そしてベルは失望してはいない。彼は、エヴェレットが、彼の多世界の考えを本当らしいものにすることを可能にする量子的固有性を探した。そして相互に一致した記録類の蓄積が、その重要な部分であることを指摘した。この認識は、それらがアルファ粒子の運動の記録であるという明白な解釈を持っている、アルファ粒子の航跡形成に関する彼の分析にベルを導いたのである。彼は、「記録構成」が独特の量子特性であることを示した。少なくとも霧箱の条件下で、波動関数は記録と呼ばれる立体配置点に、それ自身集まる。けれどもベルは、そのような点が明白にタイム・カプセルであるという私の言い方を使わなかった。彼は、エヴェレットの解釈が明確な形に作り上げられることはないだろうし、それらを見つけるための波動関数のえこひいきさえ無いだろうと指摘した。

彼はそれから、配置空間を通る一本の連続したパスとして、古典物理学から受け継いだ歴史の伝統的な概念に、正面から着手した。これはもし、我々が神のように、全ての時間と、「糸のような細い流れ」あるいは「ペンキ」によって、その中に一本のパスとして、強い光を当てて強調された歴史を含んだ配置空間を見ることができるならば、その意味を理解することができるかもしれない。しかし我々の唯一の過去に対する進入路は、記録を通してである。ベルが言っているように、「我々は、過去に対して近づく手段を何も持っていない。我々は我々の「記憶」と「記録」だけを持っている。しかしこれらの記憶と記録は、要するに「現在の」現象である。」過去に関する我々の唯一の証明は、現在の記録類を通して存在している。もし我々が、それらを持っているならば、過去の事実上の存在は、実体の無いものである。それは、我々が知っているものと違わないものを作るだろう。それ故に、「連続した軌道の中に、世界の連続した立体配置を連結するためのものは、必要でない。」

彼の「エヴェレット的な」解釈はこれである。すなわち、時間は存在し、宇宙的波動関数Ψは、一度も崩壊せずに、その中で展開する。なぜならΨは、タイム・カプセルを探し出すための性質を持っているので、それは一般的に、時間の上に集められているだろう。実際の出来事は、次のように実現させられる。時間の各々の瞬間に、Ψは、各々の立体配置と一緒に、限定した確率（私のたとえでは、青い霧の濃度）を結合させる。任意の瞬間に、ちょうど出来事が、その相対的な確率に従って、手当たり次第に実現させられる。確率が高ければ高いほど、実現の可能性はより大きくなる。タイム・カプセルは、最も高い確率を持っているので、それらは一般的に選ばれるだろう。

彼らの内の感覚の鋭いものが、彼らを納得させる記憶や記録を持っているだろう。それは歴史の産物である。しかしこれは、幻覚であるだろう。現実には、時間の連続した瞬間を実現した点は、無作為に選ばれて、配置空間の中で、荒々しく予測できない方法でその周りを跳び回るのである。実現された点の内部で感覚のあるものは、全く異なった歴史の記憶を持っている。それは、記憶と記録が最も首尾一貫した物語を示している各々無作為に選ばれたタイム・カプセルの内部なのだが、全て非常に奇妙である。ベルは、彼の「多世界」の解釈が、余りに矛盾しているのでそれを拒絶した。

エヴェレットの記憶による過去の取り替えは、徹底的な唯我論である。すなわち、時間の次元に対して拡張して、普通の唯我論か実証主義によって、私の印象を私の頭の外側にある全ての物と取り替えるのである。唯我論は、誤りを証明されない。しかしもし、そのような理論が真面目に選ばれるならば、真面目にそれ以外の何かを選ぶことが、ほとんど不可能になるだろう。社会的暗示は無駄だった。唯我論者と実証主義者が、子供を持った時に、生命保険に入るのを見ることは、いつも興味深い。

これは、全て非常に好意を持って受け入れられている。そして私もまた子供を持っており、生命保険にも入っている。しかしこれらは、まさに、コペルニクスとガリレオによって投げられた、一種の「感情に訴える」警句である。私はベルが、量子力学の実行可能な宇宙論的解釈をしそうになったと信じている。そして、彼が「宇宙論者のための量子力学」という彼の表題と共に、その信念を持ち続けたと信じている。しかし彼は、何も持たずに宇宙論者から離れた。後に彼は、波動関数の崩壊が、実際の物理的プロセスであるという理論の一つに、温かい支持を与えた。その中で、タイム・カプセルを見つけるための量子力学的波動関数の性質は、何も役割を演じていない。歴史は、実際に実現した状態の連続によって創造される。それは、それに関する任意の記録があっても無くても、そこに存在する。

一九八〇年にベルが書いた方向から見て、彼はホイーラー–ドウィット方程式の存在と宇宙の波動関数が静的である可能性に気付いていなかったか、または彼が、これについて言及せずに片づけていたかである。彼がその考えに対してどのような方法で反対したかを知ることは興味深いだろう。すなわち、彼はいくぶんニュートン的な時間の概念を持っていたように思われる。残念ながら、彼は数年後に亡くなり、我々は彼に尋ねることができない。彼の一九八〇年の提案が、その三つの主要な要素の内、二つについて私のものと非常に良く似ているので、私はこれを特に後悔している。彼は時間を信じていたかもしれないが、記憶と記録と量子的背景の中でのむしろ自然な出来事に対する彼の強調は、私にとって貴重な支えである。存在論と精神物理学的並行論に関する彼の展望がそれである。これは、三番目の共通要素である。

エヴェレットの理論について論じる中で、私はいわゆる優先的基礎問題に言及した。これは、変換理論から発生する。すなわち、量子状態は相互の排他的な特性について、一斉に情報を暗号化する。一つの方向から眺めると、それは粒子の位置に関する確率を与える。そして、別の方向から眺めると、それらの運動量に関する確率を与える。言わば、「その系を調べること」によって、同時にそして直接的にこの情報を引き出すことは不可能である。我々はその系を、（測定）器具と一緒に相互作用させなければならない。その測定器具をどのように調整するかによって、位置か運動量かそのどちらかについて情報を引き出すことができる。しかし、両者を同時にすることはできない。もしその測定器具が量子力学的に取り扱われるならば、その曖昧さは特に強烈になる。我々は、それらがどんな状態の中にいるのか、あるいは、それらが何を測定しているのかを言うことができない。

ベルは、一九八〇年の論文を含む彼の著作の大部分の中で、これに対して単純で粗削りな答えを支持していた。すなわち、粒子とそれらを測定する器具によって形成された完全な系は、いつも最後の手段として、位置によって定義される。任意の量子状態において、位置の異なった組は、同時に存在しているが、それはいつもそれが存在している場所である。二者択一的に、位置型の結果を与えるものと、運動量型の結果を与える異なった種類の量子測定が生じる。なぜなら、測定される系の位置の同じ組は、特徴的に測定器の位置の異なった組と共に相互作用させられるからである。全てのものは、最後は位置から推測されるのである。これは、厳密に私の位置である。「プラトニア」は普遍的な劇場である。ベルの論証に対して、そして根源的な信念に対して、この見地のために、もし位置が、根本的なものでなければ、慣性と時間に関する満足な理論を獲得することが不可能なことを、私は付け加えたい。

さて、ベルは心理的経験の物理的相対物として、何を考えただろうか？　それは、エヴェレットや他の多くの人達が仮定したように、波動関数の中にあるのか、あるいは、物質の立体配置の中にあるのか？　私自身と同じように、ベルは後者を選ぶ。「すなわち、この理論の中で我々が、構築されるべき「観察できるもの」を仮定することは、Ψからというよりもむしろ、x（原子配列）からである。我々が、もし非常に遠くに行くために圧迫されているならば、「精神物理学的並行論」を明らかにすることは、xの言葉で存在している。」しかしベルは余り明瞭に彼の並行論を詳しく説明してはいない。すなわち、彼は余り遠くに「圧される」ことを望んでいるようには見えない。対象物の位置と運動の両者の主観的な認識が同時的な立体配置の中の構造から引き出されなければならないこと、および異なった時間における立体配置を結び付けている任意の「繊維」を認めないことは、彼が過去についての我々の考えの責任を記憶と記録として作る方法から明白である。自己感覚の立体配置は、タイム・カプセルであるに違いない。キング・フィッシャーのみならず、その飛行の出現もまた、立体配置の中に存在しているに違いない。というのは、他の論理的に首尾一貫したものが何も無いからである。ベルの論文から私が引き出した最大の教訓は、私が支持している多くの瞬間の解釈を混合させることである。

21-3　多くの瞬間の解釈②

これは、私が次の章の中で正しいと正当化するために試みるだろう推測に基づいている。ここでは、私は単純にそれを仮定する。それは、宇宙が一つあるいは多くの解を持つかもしれないホイラー－ドウィット型の方程式によって描写されてり、その良く振る舞う解の各々は、タイム・カプセルの確率密度を濃縮していることである。ベルは、もし時間が存在しているならば、そしてもし、進化が真実であり、低いエントロピーの状態から始まっているならば、これが起こることを示した。私が時間を否定して以来、私は特別な初期状態を要請することができない。ただ状態が存在し、発展は何も存在しない。それは、次の章の問題である。ここで私は、私の推測する状態の種類と、それが歴史に関する我々の展望をどのように変えるかを述べたい。

最も重要なことは、二つの異なった種類の変数の間の差異である。ベルは、準古典的状態のアルファ粒子が、そのときに霧箱の電子と一緒に絡み合うことになる隠れた歴史をどのようにして含んでいるのかについて示した。その電子は莫大な数の異なった立体配置の中で存在することができる。しかし、モット－ハイゼンベルグの解の中では、高い確率を持った立体配置だけが、アルファ粒子の航跡のように見える。類似した何かあるものが、宇宙論の中で起こるに違いないが、相違点が存在している。

五〇〇〇匹のミツバチの大群を想像してもらいたい。その配置空間は、一五〇〇〇の次元を持っている。しかしながら、遠方からなので我々は個々のミツバチを見ることはできない。そしてその大群の全体の位置だけを見ることができ、その大きさ（半径）を言う。これらは、配置空間において四次元である。そのよう

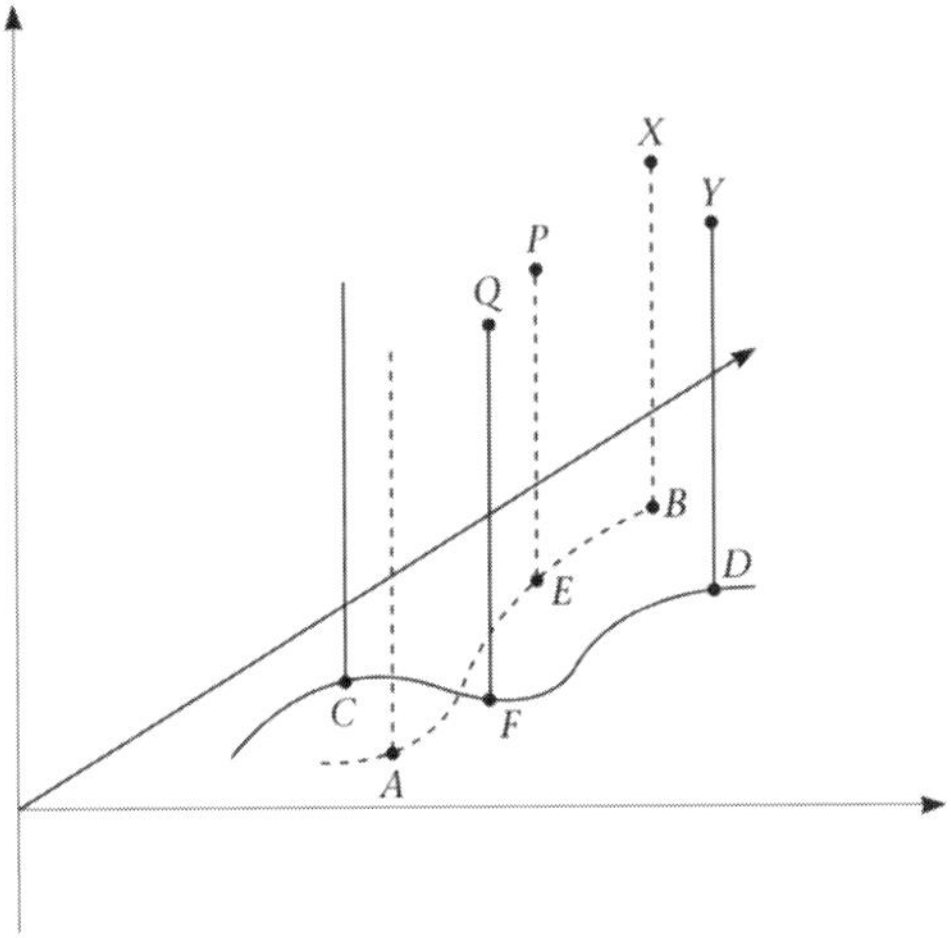

図52　「プラトニア」の分割。　水平次元は大域的な配置空間を表している。そして単純な垂直次元は小域的な配置空間を表している。「水平面上の曲線」（*AEB* と *CFD*）は大域的な特徴（地形）の歴史を表している。*A* のような各々の点は、言ってみれば、ミツバチの大群の全体の位置と大きさを表している。それとは対照的に、垂直線の上にある点 *Q,P,X,Y* の各々は、莫大な数の小域的な詳細を表している。

な状況の中では、配置空間の次元の少数は、その系の大域的な特性を表す。そして、残されたもっと多くの極めて多数の次元は、精巧な詳細を表す。対応している大域的と局所的の配置空間は、図52に図解で説明されている。

　図52の中の任意の点は、全てのミツバチの可能な位置を表している。点から水平方向の運動は、その内部のミツバチの相対的な位置を変えずに、その大群の位置と大きさを変化させる。垂直変位は、その大群の位置と大きさを変えずに残しておくが、ミツバチを再配列する。これは、非常に多くの方法で起こるので、実際には、各々の垂直方向の点は、多くの要素からなる可能性を表している。悲しいかな、我々はそれらを表すために、垂直方向だけを持っている。同様に、宇宙の程よく現実的な模型を作るために、水平面上の位置が、まさに大群ではなくて、多数の位置を表している。たとえば、一〇〇の大群を想像してもらいたい。各々の水平面上の位置は、そのとき、完全な構成

単位として、それらの位置と大きさの相対的な配置を表している。同じ水平面上の位置を持っている異なった垂直位置はそのとき、彼らが存在しているようにその群れを離れたミツバチの全ての再配列に対応している。これは非常に図式的である。しかしそれは、その体系を説明するために十分である。

もし、宇宙の波動関数が静的であるならば、量子宇宙論は、「プラトニア」の中でその値がどのようにして分配されるのかという疑問を克服する。その瞬間、私は簡単に、あなたに私の推測を与えるだろう。それに関する議論はこの後に来る。私の推測はベルによって述べられた霧箱の一つに厳密に類似した特別な配列である。「プラトニア」の大部分の中で、波動関数は極めて小さな値を持っている。すなわち、青い霧は無視し得る濃度である。しかしながら、数少ない特別な領域の中では、広大な領域を超える分布をしており、青い霧の濃度は相対的に、とてつもなく高い。これらの領域は、水平面上の位置によって決定したその大群のある配列に対応しており、その垂直位置によって決定したそれらの内部の詳細な位置に対応している。青い霧が並外れて選択的であることは、これらの詳細な位置に関する確率の中にある。水平面上の位置に関する確率は、全く広大な領域を越えて、相対的に均一である。それら自身によって、それらは問題の切れ味の悪い状態を表している。その状況は、その大群の内部の細かい詳細を指定している立体配置によって表現変換されている。そこでは、青い霧が明るく輝いている非常に稀な立体配置においては、細かい詳細が、完全な構成単位として、その大群の歴史の記録のように見える。それらは、占有している位置の中で、その大群がある過去から現在の瞬間まで、古典的な歴史の中を移動してきたことを示唆している。

これは、図52の中で説明されている。その中で、「プラトニア」の中の点Xと点Yは、大域的な位置BとDを持っている。XとYにおける細かい詳細は、その大群が大域的な（水平面上の）配置空間の中の曲線ABと曲線CDに沿って、より早い立体配置AとCからどのようにして移動してきたかという記録を表しているように思われる。それらは、これらの大域的な歴史の記録であるように思われる。青い霧は、XとYのみならず、たとえばPとQにおいてもまた、高い濃度を持っている。その点では、細かい詳細は、それらが歴史ABとCDの中の中間段階のEとFまでの記録を表していることを示唆している。

全ての詳細は、決して再演された歴史を必要としない。広い砂浜の砂の中の足跡は、その上を歩いた人々の動きを記録している。しかし、それ以上の大量の砂浜は、明らかな記録を何も必要としない。再び、豆の中の原子の数について考えよう。それらのちっぽけな断片は、簡単に、その最新の現在までのその豆の歴史を記録できる。物理学で我々が立ち向かう莫大な数は、歴史の実態の誤った考えを、なぜ我々が持つかを説明している。我々は非常に速やかに結論に飛躍するかもしれない。

その中で、歴史が配置空間の中の一本の曲線であるニュートン的描写の中で、記録がどのようにして発生するかを理解することは、極めて難しい。たとえ、単一の曲線が実現させられたとしても、その上の任意の点は、それを通り過ぎる任意の数の歴史を持つことができる。粒子の瞬間的な立体配置は、どのようにして、彼らが持っている運動を示唆することができるのだろうか？　しかしながら、もし我々が、状況を決定する法則について、柔軟な心を保っているならば、豆の原子の断片は、その大域的な特徴の歴史を記録しているように見えるかもしれない。これは、その原子全てが独特の歴史を持っていることを意味しているのではない。豆の大域的な構造の中に、変化を加えること無しに、その同じ大域的な歴史は、その原子のちっぽけな断片だけによって、無数の異なった方法で暗号化することができる。図52の中で、同じ大域的な立体配置に対応している、そしてそれまでの同じ歴史に対して対応している、配置空間の中の点Xの全体の雲が存在するだろう。その雲の中の異なった点は、簡単に異なった方法で、同じ歴史を暗号化する。さらにその上、大域的な歴史ABに沿った各々の点のために、異なった方法でその地点までの同じ歴史を記録している点に対応している雲が存在するだろう。配置空間の中に、そのような点でできた一本の「管」が存在するだろう。連続した「繊維」がニュートン的歴史の中の管の中にあるこれらの点を結び付けているわけではない。その点は、ガラスの管を満たしているもっと多い砂粒のようなものである。各々の粒は、その隣にある粒とは独立してその経歴を示す。その管の任意の部分で、ある粒は小さな変化を持って経歴を示すかもしれないけれども、全ての粒は異なった方法であっても、本質的に同じ経歴を示す。

私はこれが、量子的均衡状態の中で歴史について考えるための方法であると思う。しかし、我々はその映像を見ることができるだろうか。霧に包まれた割れ目を持った「プラトニア」全体を。我々は、それがあるようにそれを見るだろう。非常に多くの物理学者と同様に、アインシュタインが切望した法則に従う明確な世界。しかしそれは、時間のことを物語る、異なった話で満たされた無時間の本である。量子力学は、多様な歴史を創造することができる。しかしながら、量子宇宙論の中にはそれがあるのだろうか？　それは、モットーとハイゼンベルグの条件ではまったくない。

第22章　時間の出現とその矢

22-1　量子宇宙論の中の因果関係

ジョン・ベルのタイム・カプセルの選択に関する説明は、非常に広大な配置空間、時間、波動関数とその方程式（時間に依存するシュレディンガー方程式）と、特別な初期状態を含んでいる。この最後の部分は、非常に重要である。もし、量子宇宙論が静的なものであるならば、何か他の物がそれにとって代わるに違いない。我々は過去の中に、初期条件を付与することができない。なぜなら、過去が存在しないからである。しかし我々は、何か類似したことを試みることはできる。宇宙の配置空間は、私が非常にたびたび、あなたに熟考するよう求めた巨大な数ではなくて、ただ三つの次元だけを持っていると仮定しよう。そのとき、我々は三次元空間の中の二次元の平面上に波動関数を明確に指定することができる。そして、他の点でそれを見つけるために、波動関数によって成立させされた方程式を使用する。これは、発展が三番目の空間的方向に存在することを除いて、時間の状態を進化させるようである。

もし我々が、少なくともいくつかの点においてホイーラー–ドウィット方程式のようである定常状態のシュレディンガー方程式と共に、普通の量子力学でこれを試みるならば、波動関数は遅かれ早かれ、良くない振る舞いを始める。それが無限大になるか、または連続的に展開できなくなる。あるいは何か他の良くないことが起こる。すなわち、それは「良く振る舞う」ことを止める。シュレディンガーがなした驚くべき興奮させる発見は、水素原子があらゆる場所で都合よく振る舞う解の非常に特別なセットを持っており、それ故に何も良くないことが起こらないということであった。これらの非常に特別な状態は、水素原子のマイナスのエネルギー状態に、厳密に一致している。彼は、何が今まで物理学の最も深遠な謎の一つとして存在してきたかを説明した。すなわち、原子と分子の実体の無い境界である。

ここでの私の主な関心は、この種類の解が描写できる因果関係についての我々の観念の変化である。伝統的な判断は、今何が起こっているかということが、過去におけるある状態によって「引き起こされた」と考えることである。この考えの中には、いつも任意性がある。なぜなら、過去の状態は気まぐれで、勝手気までであるからである。しかし、代わりにホイーラー－ドウィット方程式の解によって、シュレディンガーの言う意味で、至る所で都合よく振る舞うこの世界が描写されるとすると、私は、すでにそのような解が、それらが定義される領域に対して極端に敏感であることを指摘していた。もしそうでなければ、それらは至る所で都合よく振る舞った痕跡を残すことができない。そのような解は、一種の予定された調和を示す。

ホイーラー－ドウィット方程式はそのとき、永遠の中で行われる試合の規則を構成する。波動関数はそのボールである。「プラトニア」はその競技場である。もし、都合よく振る舞う解が存在しているならば、そのとき、ただ二つの状況だけが、それを創造するために共謀することができる。すなわち、その試合の規則とその競技場の形（地形）である。それとは対照的に、ベルのタイム・カプセルは、規則、時間、地形と特別の初期条件によって創造される。もし我々が、規則と競技場の形だけによってタイム・カプセルを創造することができたならば、どんな賞がもらえるだろうか！　気まぐれな垂直方向の（時間を通り抜けた）因果関係は、そのとき、「プラトニア」を横切る無時間の水平面と合理的な因果関係によって、取って代わられるだろう。

22-2 マッターホルンでのサッカー①

それは可能である。「プラトニア」の中には、タイム・カプセルが豊富にある。波動関数がタイム・カプセルを発見するのを可能にすることは、まさに時間と特別な初期条件ではない。その試合の規則と全ての上に、競技場の大きさと地形がそれに最も多く貢献している。本当に、配置空間は必要前提条件である。ネヴィル・モットが述べているように、「球面波がどのようにして一直線の航跡を生み出すことができるかを表すときの困難さは、普通の三次元空間の中で存在している波を描くときの我々の傾向から生ずる。ところが、我々は、実際にはアルファ粒子の座標とウィルソンの霧箱の中の原子毎の座標の両者によって形成された多重空間の中の波動関数と共に取り扱う。」今、私に興味を起こさせるものは、次元ではなく競技場の形である。次に書くのは私自身の結論である。私は、誰か他の人が、それを作ったことを知らない。（ディーター・ゼッヘが、良く似た何かについてものを熟考しているけれども。）私はその考えについて数回、講演した。そして、一九九四年に、雑誌「古典的及び量子的重力」の中で、それに関するかなり長い論文を発表した。その考えが持っている問題は、それがまだ、純粋に質的なものであることである。物理学者は、正確に、本当の予測を知ることを望んでいる。（ああ、悲しいかな、それはきっと困難である。）彼らが考えを是認するまでは、単なる空論ではない。しかし、私がその概念について考える以上に、もっと本当らしく、本当にほとんど不可避的に、それは存在し現れる。それは、時間の矢の起源と時間それ自身についてである。

タイム・カプセルの遍在性の中で証明された時間の矢は、巨大な不均整である。それは、時間的対称性を持つ物理学の現在の法則では、ほとんど説明し難い不可解なものである。ボルツマンの時代以来、未登頂のエヴェレスト山のように、そこにそびえ立っていた。それは、表すことはできるが、まだ説明されていない。

この本は、冗長な概念を捨てるために、長い間続けてきた努力の一つであった。我々は今や、次の二ケ所に降りてきている。すなわち、静的であるが都合よく振る舞う波動関数と、配置空間である。後者は「プラトニア」であり、我々の競技場である。私はそれを一人の子供がするように見る。それは、何と不均衡なことであろうか！　しかしながら、私は心の中で「状況」の概念を一転させる。規則に従って構築された全ての物体の空間は、非対称性を現す。その世界をモデル化するために、物理学者によって組み立てられた全ての数学的構造物は、この固有の不均整を持っている。規則は三角形を創造するが、それらは全て異なっている。たとえあなたが、いかにそれらを整えようとも、それらの配置空間は妙なことに一致しない。「三角形の土地」（図3と図4）において、別の外観を持っている。それはまさに、最も単純な「プラトニア」において、それがそこにあることである。そしてそれは、どのように見えるだろうか？　ひっくり返されたマッターホルンである。その競技場において、フットボールの試合を試みることを想像してみよう。

その中で我々が状況を表すのを希望できる最小限の劇場は、可能な物体のセットである。もし我々が物体を追い払うならば、我々は世界全体を追放することになる。それで我々は物体を保ち、それらに時間の瞬間を準備している。我々がそれらを経験したとき、それらは一定不変のタイム・カプセルである。これは、存在に付随して起こる主要な事実である。すなわち、無時間性の中で大きな試合を行っている宇宙の波動関数は、タイム・カプセルを探し、そして見つける。全てに浸透しているどんな影響力が、その試合の中で、そのような根深い偏見を与えることができるのだろうか？　その説明は、我々には悲鳴を上げているように見える。「プラトニア」は斜めに歪んだ大陸である。

私の推測はこれである。我々の宇宙のホイーラー－ドウィット方程式は、タイム・カプセルに関してその都合よく振る舞う任意のどれかの解に集中している。多くの異なった方程式と配置空間に、同じ結果が保持されていると、私は思っている。配置空間の固有の不均整が、タイム・カプセルの上の波動関数を、いつも「中心に集める」だろう。

私は、これがなぜそうあるべきなのかについて、適当にごまかすようなやり方でもって本のページを埋めてきた。しかしそれらは、非専門家を困惑させ、専門家を怒らせるだろう。私は、タイム・カプセルを「探すこと」が、時間や特別な初期条件に依存する必要がないことを示すことだけを試みるだろう。静止した方程式はまた、目的を遂げるかもしれない。「注解」の中で説明しているように、最近の私の洞察と一致して、もし宇宙が、純粋な構造に関してゆっくりと理解され、その結果、絶対的な距離が何の役割も演じないならば、この章の残った部分の議論を、もっと厳密にそして納得のゆくものにすることが確実にできるだろう。

22-3　力学の無時間描写(2)

宇宙に関するニュートンの古典的な歴史は、無時間の様式の中では、配置空間の中の「最短の」曲線（測地線）として描写されることを、我々は第二部で知った。同じエネルギーを持った全ての歴史は、この方法で表すことができる。この事実は、問題の解決法を簡単にするため、しばしば有用である。量子力学の中で類似したことが起こる。

物理学者は、もしある原子の粒子が、他の粒子の標的として撃たれるならば、何が起こるかをしばしば知りたがっている。方法は、標的の方に向かって動く波動関数の「雲」すなわち波束によって、それを表すことである。シュレディンガーが示したように、そのような波束は、運動量とエネルギーの相対的に小さな範囲に対応した波から形成される。そしてそれは、いくぶん限定された速度で動く。それが標的に到着すると、それは「拡散」させられる。すなわち、波動関数は多くの方向に飛び散るのである。物理学者は、これらのさまざまな方向に関する確率を見つけるために、時間に依存するシュレディンガー方程式を使う。この状況の中で、波束は動き、異なった時間には異なった位置に存在する。これは、配置空間の中の曲線に沿って動いている照らされた点と同様に、ニュートン物理学の中のむしろ歴史の描写のようである。

しかしながら、二者択一の方法がある。単純な静的波動は、最初の映像の中の波束によってあちこち動き回られた、標的に当たる以前と以後の全体の領域を覆っている。この波は静的なシュレディンガー方程式を満たし、波束の運動量とエネルギーの平均値を持った粒子に対応している。標的までは、その静的な波は秩序正しく平坦であるが、標的の所でその模様はバラバラになる。興味深いことは、もし我々が標的の背後の領域で分裂している（けれども、まだ静的な）波の模様を調査するならば、その粒子が最初の描写の中で異なった方向にまき散らされる確率を、演繹することができることである。私は詳細を調べないだろう。すなわち、静的な波動は、最初の描写の中で、全ての引き続く波束の位置の一種の記録であると言えば十分であろう。配置空間の中の曲線が、異なった時間におけるその系を表すために照らされた全ての点の位置の要約であるということは、古典物理学における方法とよく似ている。

面白いことに、マックス・ボルンは、彼の先駆的な分散予測を、新しく創造された波動力学の中で、二番目の方法によって行った。その当時、シュレディンガーは彼の時間に依存する方程式を発表さえしていなかった。ボルンの波動関数に関する統計的な解釈（彼は、分散予測を超える熟考によってそこに到達した）を含んだ、波動力学における初期の偉大な全ての発見は、推定ではもっと根本的なそして「適切な」時間に依存する方程式が発見される以前になされた。私はこれを示唆的と思っている。宇宙の全ての物理的過程が、無時間の波動方程式によって描写されることは、私の信念を増強してくれる。実のところ、モットもまた、アルファ粒子の航跡を獲得するために、静止した方程式を使った。その無時間の方程式は、タイム・カプセルの場所を見つけることができる。

しかし、「できる」ということは、「しなければならない」ということではない。モットが、波束の振る舞いに良く似たそのような予測計算の中で、いつも従っている特別な手法を使ったことは事実である。その答えは、真に引き出されて論証されたものよりも、むしろ単純に仮定された範囲にある。これは、時間に依存するシュレディンガー方程式と静的シュレディンガー方程式が異なった構造を持っているので、実行することができる。後者は、前者の中に存在しない自由度を持っている。彼の計算の各々の段階で、モットは、明確な種類の選択をすることによって、体系的にこの範囲外の自由度を有効に利用した。この選択は、数学によって付与されてはいないが、彼の時間的直観とぴったりと合わせるために、多分本能的に用意された。実際に、モットの解は、全く正式の解ではなくて、本当の経過がどのようにして時間の中で説明されるかに関する、帳簿の記載のようなものである。それに加えて、低いエントロピーに対応した条件が、導出されるというよりは、むしろ仮定された。

私の推測は不安定な基礎の上に置かれているように見える。しかし、これを調べる方法は一つではなくたくさんある。無時間量子宇宙のための論証は強力である。良く調べられた量子化の方法によって見つけられた、ホイーラー－ドウィット方程式の無時間性は、アインシュタインの理論の最も深い構造を反映している。我々はタイム・カプセル以外の何も、決して全く独立に観測しない。すなわち、観測できる宇宙全体は、重大な時間の非対称性によって全ての時代に印を付けられる。もしその方程式を信用するならば、我々の観測は、その方程式を使って宇宙そのものによって実行された数学的計算の結果を示す。その訳は、それが観測可能な宇宙がどうあるべきかを示すからである。すなわち、それが方程式の解である。もし、我々が観測している大量のタイム・カプセルが典型的な事実であるならば、そのとき、その方程式はΨをタイム・カプセルに集中している。

我々はモットの解をもっと真剣に受けとめることができる。いくつかの点が用意できる。ハミルトンの「光線」は潜在性のものとして、あるいは初期の古典的歴史としてさえ、存在しているので、量子体系のその部分が、準古典的な制度の中にあるという状況は、むしろ一般的でありそして特徴的である。それから、ハイゼンベルグ－モットの研究は、そのような潜在的な歴史が、ある方法でこれらの歴史についての情報を反映して運ぶに違いない、残りの量子変数に絡むようになるだろう、ということを示している。明らかになっていないことは、歴史が、方向の強烈な感覚すなわち時間の矢を提示するかどうかである。それは、全てを超越して、直接モットの解の中に置かれるのである。

同様に、モットの解を構築するために使われる連続的近似法として知られている手順との関連性は、数学的に幾分怪しいと思われる。霧箱が置いてある全地球的な劇場は存在しない。その原子は、空っぽのユークリッド空間の中に効果的に設置されている。そしてモットは、霧箱から遠く離れて、その振る舞いについて心配することなしに、近似を加え続けることができた。彼は、人がその振る舞いが至る所で正しい、特に無限遠で正しいことを保証するに違いない、正真正銘の都合よく振る舞う解を組み立てられなかった。代わりにモットは、一種のゴミ箱のように無限遠を使った。これは、私が今、示そうとしているように、現実的な状況の中では実行することができないのである。

22-4　宇宙の量子的起源は？

プランクが、最初の量子的発見をしたときに、彼は興味深い事実に気付いた。光の速度、ニュートンの重力定数とプランク定数は、世界の基本的な特性を明瞭に反映している。それらから近似値で特有の質量

m_{Planck}、長さl_{Planck}と時間t_{Planck}を引き出すことが可能である。

$l_{Planck}=10^{-33}$
$t_{Planck}=10^{-43}$
$m_{Planck}=10^{-5}$

原子のスケールに関して、「プランク質量」は水素原子の約（一〇の一九乗）に対応して巨大である。それとは対照的に「プランク長」と「プランク時間」は、物理学者が現在測定することのできるどんなものよりも、はるかに小さい。

最新の宇宙論の多くは、量子重力と古典物理学の「接点」に関係している。我々の周りの宇宙は、一般相対性理論によって記述される。この古典的な処理法は、「ビッグ・バン」に非常に接近した隔たった過去に、妥当な正しさで戻れると言われている。宇宙論の量子的局面は、「プランク長」すなわち、（一〇のマイナス三三乗）センチメートルの等級の法外に小さな寸法だけが、重要になることになっている。光線はこの距離を（一〇のマイナス四三乗）秒で伝わる。量子重力は、初期の時代にほとんど理解できない状況の中では、「それ自身の中に発生する」だけである。

全ての研究者は、実在の性質がこの領域の中で質的に変化することに同意している。異なった法則が使われなければならない。時間は、妥当な概念であることを止める。すなわち、ものごとはそれらがそうであるようにはならない。しばしば、放射性崩壊に良く似た変化の中で、「ビッグ・バン」で現れた我々の古典的な宇宙は、無時間性の外側で何とかして「罠にかけた」ものとして描写される。あるいは、何も無い。不可思議な量子の誕生は、古典的な展開の開始に適用する初期条件を創造する。我々の現在の宇宙はそのとき、量子重力によって創造された条件の結果である。自然の法則と初期条件の間の二分法は、もし量子創造過程が特定の形に決定されるならば解消される。

スティーヴン・ホーキングは、長い間この問題に関して研究してきた。彼は、いわゆる無境界仮説条件すなわち、初期条件のために独特の予測に導く仕組みによって解明され得ると信じている。彼の『ホーキング、宇宙を語る』の中で述べられている、「虚時間」の仕組みは、これを実行する可能性を持っているように思われる。しかしながら、それは広く批判されてきた。そこには専門的な問題がある。たとえその仕組みが働くことができたとしても、独特の初期条件を引き起こさないことが最も重大であるように思われる。ホーキングが導いた所に、多くの人が従った。そして、極めて多くの創造計画が提案された。

この研究法による私の困難は、量子領域と古典領域の間に導入された境界である。ほとんどの人は、自然の法則が実際に変化しているという印象を受けることができる。そして私は、理論物理学者がそれを信じないということを確信している。その研究法は、物理的条件が二つの領域の中でとてつもなく異なっているので、採用されている。物理学の中では、研究された条件が異なっているならば、全く異なった体系を使うことは、非常に一般的である。たとえば、パイプの中を流れる水を表すために、量子力学を使う技術者はいない。しかし、もっと多くの妥当な流体力学の方程式は、より深い量子方程式の帰結である。そして、妥当な領域の中に妥当に存在している。

宇宙論は違っているかもしれない。大部分の物理学者は、深い根を持った因果関係の概念を持っている。すなわち、現在に関した説明は、過去（私はそれを垂直的因果性と呼んでいる）の中から捜し出されなければならない。この本能的な接近法は、もし本当に過去の概念が疑わしいならば、無効にされるだろう。もし、

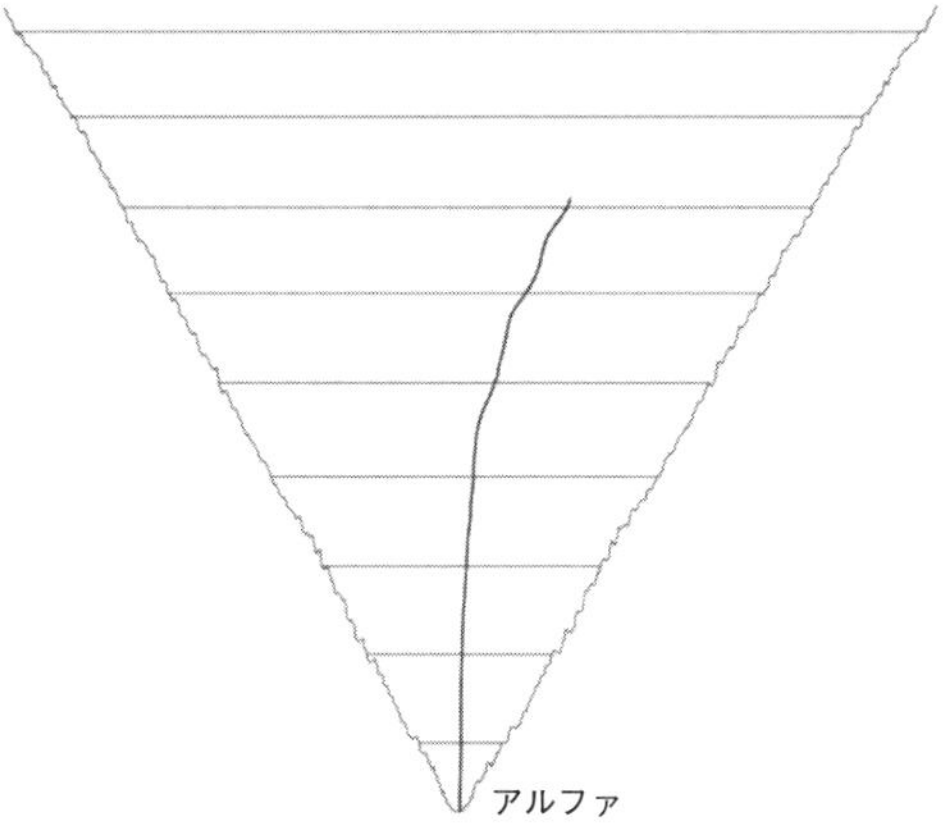

図53 「プラトニア」の図式的表現。各々の水平的な区分の中の全ての点は、同じ体積を持っているが、異なった湾曲状態とそれらの中の物質分布を持って、宇宙の立体配置を表している。量子創造の概念に従って、今までの所まだ知られていない量子重力の法則が、「アルファ」の近くを支配している。そして、ある神秘的な方法で、それは、我々の宇宙がそれと共に時間も「アルファで爆発する」という条件を生じさせる。「アルファ」から上に向かって示されている糸は、不可解な量子創造の結果として生じた我々の宇宙の歴史を表している。

量子宇宙論が実際に無時間であるならば、我々の因果関係の概念は根本的に変えられなければならないかもしれない。我々は、我々の周りで見つけたことを説明するために、過去に期待することはできない。この場所と今現在は、過去からではなくて、事象の全体性（水平的因果性）から発生する。

図53は「プラトニア」の図式表現であるが、役立つかもしれない。これは、円錐形の形がハッキリと作られるときに、斜めになった大陸である。量子的創造の研究法は、不可解なそして今までのところまだ知られていない量子重力の法則が、頂点「アルファ」で「永遠の中の閃光」を創造することを含んでいる。閃光はその役割として、我々の実際の宇宙の初期条件を「アルファ」の近くに創造する。時間は「閃光」から生まれる。我々の古典的な宇宙は、場から「プラトニア」を通り我々の現在の場所に向かって昇っている糸である。

図54は、「宇宙の年表」と呼ばれるものは何であるかを示している。（垂直軸は時間であり、「アルファ」

における「量子創造」は、下部左側で発生する。）ここで、各々の水平区分は、図53の中の「プラトニア」を通る糸の上の点である。すなわち、それは、対応する時間における空間である。さまざまな宇宙的時代における空間の中の独特の構造は次のように示される。すなわち「アルファ」に近い濃霧の中のクォーク、最初の三分後の原始的な水素とヘリウム、数千年後の初期の銀河等々、現在における地球上の生命である。そのようなものは、「量子閃光の中で生まれた」糸である。エヴェレット派の量子宇宙論者は、量子閃光がそのような多くの糸（その中の一つは我々のものであるが）を生み出したと信じている。しかし、「アルファ」におい て「閃光」は存在するのだろうか？　量子重力の法則は、まさしく「アルファ」の近くでは支配していないが、「プラトニア」全体にわたっては支配している。それらは推測された普遍的な究極的な法則である。我々は、それらがどんな種類の解を持つことができるのかと、その解がどのようにして生み出されるのかについて尋ねなければならない。一つあるいは多くの糸はどのようにして現れるのか？

我々の全経験は、原子、分子そして個体の特有の構造を表している静的なシュレディンガー方程式の都合よく振る舞う解が、それらが定義される配置空間の完全な構造によって決定されることを我々に教えている。それらは世界的な感度を示しており、それらの振る舞いは至る所で正しいに違いない。支配している方程式が、時間を含まないので、「全ての可能な振る舞いの外側で試験する」この精妙さは、無時間の中で起こる。もし、ホイーラー－ドウィット方程式が、静的なシュレディンガー方程式のようであるならば、そのとき、時間が生まれるといわれている「アルファ」は重要な役割を演じる。しかしそれは、ある全てに決定的なサイコロが投げられる場所ではない。もちろんそれは注目すべきことである。「プラトニア」は「アルファ」において何も接触していない。しかし、「プラトニア」全体の上にまき散らされた無数の他の特別な点が存在している。「アルファ」によく似ているものは何も無いが、「プラトニア」の総合的な形と共に、それらは

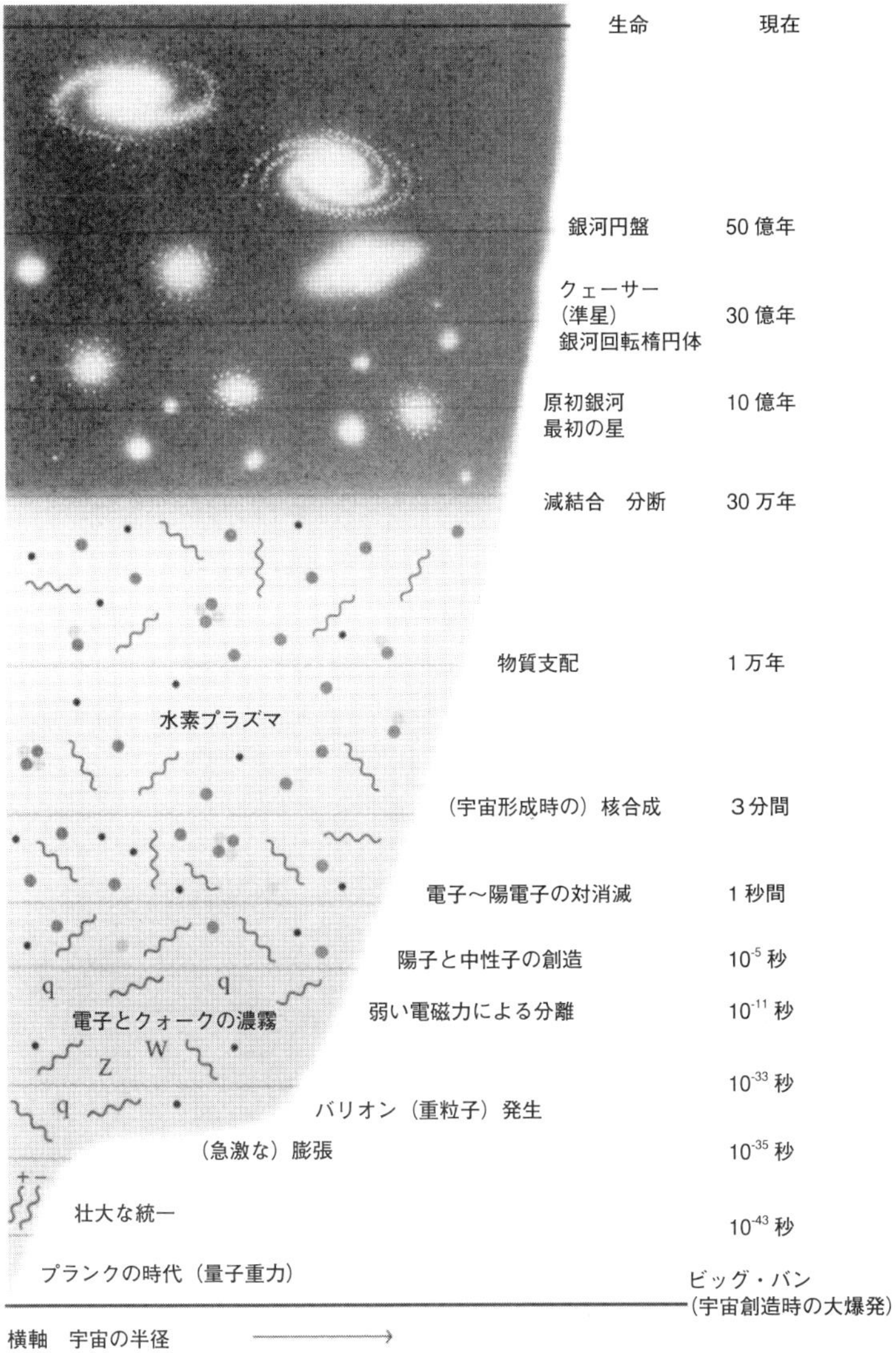

図 54　宇宙の年表。ジョセフ・シルクによる『宇宙の短い歴史』から引用し書き直した。(W.H. フリーマン /Scientific American Library,1994)　垂直軸は時間を表している。「アルファ」すなわち「量子創造」は下部左側で発生する。

全て、演じるべき役割を持っている。量子力学は、もしそれが民主的でなかったら、何も存在しない。ホイラー－ドウィット方程式の解は、「プラトニア」の中の全ての点の間の一種の対話によって生み出されるに違いない。

そのような議論によって提案された描写がこれである。全体としての「プラトニア」は、静的な波動関数がその展望で、いかにして「寝かしつける」を決定する。そこは、その中で隠れた古典的歴史が明らかにされる、肉眼で見える数量の大きなセットに関する準古典的な振る舞いの領域であるだろう。隠れたアルファ粒子の航跡が、波動関数を通して相互に関連させられるように、タイム・カプセルの上に波動関数を霧箱の電子で「軽く突く」だろう。同じことが「プラトニア」の中で起こりうる。

22-5　時間の無い宇宙の光景

量子宇宙論に関する私のビジョンを、図53の中の「糸」の時間的表現と宇宙の年表（図54）を対比してはっきりと相違を示しながら、今述べることにしよう。あなたが考えることのできるあらゆる時間の瞬間は、「プラトニア」の中のどこかである。しかし時間の瞬間は、想像を超えてそれら自身豊かに組織化することができる。宇宙の中で今我々の周りに見える全ての事象は、まさに時間の瞬間の部品である。「プラトニア」全体の至る所に、時間の瞬間が存在している。その時間の瞬間の中では、ワグナーが「トリスタンとイゾルデ」を作曲しており、宇宙飛行士達はハッブル宇宙望遠鏡を修理しており、鳥達は巣を作り、そして私はパンを焼いている。宇宙の波動関数は、それらの非常に少数に向かう道がごく少数だと知る。波動関数の構造と、物体を凝集させる重力の傾向が間違いなく重要である自然法則の形が、青い霧に、繊細な糸に沿って一列に並ぶ最も特別な瞬間を探すよう強制する。図54に示した宇宙の年表と呼ばれているものは、宇宙論者の間違いであると私は考えている。それは、「プラトニア」の中の歩道の地図である。青い霧は、タイム・カプセルを含んでいる瞬間において光り輝いている。そのタイム・カプセルの全てが、それらの異なった道の中で、「歴史」の細い糸すなわち、「プラトニア」を通る曲がりくねったパスに沿って、「アルファ」からの長い旅行の物語を告げる。時間はそのような瞬間の中にある。それは、それらがパスの物語を反映させているからであり、その全体性の中の「プラトニア」の構造が、普遍的な波動関数にそのパスを「明るく照らす」ように強制するからである。ここには、これらの瞬間が全ての物をあるがままに反映しているという意味がある。

しかしながら、アルファ粒子が創造するのに反して、それらの航跡を通り抜けて、歴史の正確な映像すなわち、実際の宇宙のタイム・カプセルは、より多く敏感な方法でそれらの物語を具体的に示す。これは、その物語の壮大さを与えられた必ず起こることである。すなわち、その完全無欠の中の宇宙論である。例えば、太陽について熟考してみよう。量子力学的に、それが配置空間の中で描写されるためには、言ってみれば(一〇の六〇乗)次元が必要であるだろう。しかし、それの莫大な広がりは、波動関数が事実上、全然無い状態であるだろう。太陽が、おおよそ球形であり、星の構造の法則によって良くモデルとして使われるという単なる事実は、波動関数による配置空間の大部分を押し流す。太陽の内部の化学的成分の特別な豊富さは、その中に青い霧が集中している太陽の配置空間の領域を徹底的に制限しているのと同じ効果を示している。

青い霧が明るく輝いている立体配置は、太陽の中の全ての粒子の独特な分布であるだろう。経験している宇宙物理学者に対して、この分布は、原初の水素とヘリウムの豊富さが確立されたときに、(標準的な描写の中で)最初の三分間まで戻って拡げた極端に豊富な物語を示す。我々が、我々自身と呼んでいる宇宙の全体の物語は、太陽の粒子の分布の中に書かれている。すなわち、銀河の形成と星の最も早い初期の発生。太陽と太陽系の形成を引き起こした超新星爆発。そして、地球上の非常に多くの地殻活動と火山活動を起こしている放射能を残し、そして、その核燃料による太陽の安定した燃焼である。

この描写の中で決定的な要素は、種である。あるいはむしろ、種の集団である。その種からこれらの物語が全て成長することができたのは、立体配置が筋の通った物語である「プラトニア」の中の、避難所と割れ目の中への波動関数の貫通によるものである。もし、少なくとも「プラトニア」の中のどこかで確立された準古典的な波動関数の隠された歴史とからみあっているならば、そのときだけ、その波動関数はそこに存在することができる。これらは、それから全ての物が「成長する」に違いない、ハミルトンの「光線」である。それらはどこで走りそうになるのか、そしてそれらの固有性は何なのだろうか？ これは、「プラトニア」の形がどこで決定的にならなければならないのかということである。ワグナーとキング・フィッシャーを含んでいる「アルファ」の近くの「プラトニア」の中の点は、全体としての「プラトニア」がそのような点と絡み合っていない形で隠された歴史のなかにあるので、単純に青い霧の訪問を受けていない。

最近の古典的宇宙論は、その隠された歴史がどこを走っているかについて、いくつかのヒントを与えている。一九二〇年代初期にロシアの数学者アレクサンダー・フリードマンによって最初に発見された、アインシュタインの方程式の最も簡単なビッグ・バンの宇宙論的解は、最高の対称性を持っており、それ故に、図53の中の中心にある線をさかのぼる。これが、同時性の相対性にもかかわらず、宇宙の内容物による宇宙論の中で識別された歴史である。その宇宙は、体積ゼロの異常な状態の外側に爆発し、最大の体積まで膨張する。そしてそれから、体積ゼロまで再び収縮する。重力は止まり、それから初期の非常に急速な膨張に逆戻りする。図55（四六一頁）の中で図式的に示したように、宇宙は「大きな困難」の中で終わる。宇宙が空間的に無限大であると普通に要求する他の宇宙論モデルでは、その膨張が非常に激烈であるので、膨張は決して停止させられない。

現実的には、宇宙は完全には対称的でないので、図55で示すように、「アルファ」から外に向かうパスは、厳密にさかのぼることはない。その図の中で、「アルファ」から放射される光線は、宇宙の空間的な立体配置の相対的な「不規則性」の物差しである。垂直の光線の上では、宇宙は完全に穏やかである。しかし、漸進的により大きな角度で扇状に広がっている光線の上では、相対的な不規則性が増加している。その図解は古典的な歴史を示している。すなわち、それは、末端では、ほとんど完全に穏やかな状態で始まるが、それから、銀河、星、ブラック・ホール、惑星そして人間でさえ、それらの形成のために、もっともっと不規則になる。この歴史は、最大の膨張に達する。そして、向きを変え再び収縮する。そして、その間ずっと、より不規則になる。その体積は小さいのだけれども、両方の場合において、状態の構造を表す多くの付加的な変数が存在するので、それは「プラトニア」の異なった地点で、非常に小さな体積の状態に戻る。このように、「プラトニアの端」である「アルファ」は、真の点ではなく実際には、異なった可能性からなる巨大な空間であり、それぞれ全ては、消え入るような小さなものである。

「プラトニア」を通るパスとして純粋に考えると、我々はこの歴史の端がその始まりであり、他の端がその終点であるということはできない。私は、形式的な決まりきった話に道を踏み外してしまう。そのような前の概念は、無時間の理論の中には属していない。それにもかかわらず、そのパスの二つの端は本質的に非常に異なっている。もし我々自身の存在が、そのようなパスと結合しているならば、そのパスの穏やかな端は、我々が過去と呼んでいるものであり、不規則な乱れた端は未来であるということは誘惑的である。これは、ボルツマンによって始められた伝統の中で非常に多く存在している。時間が前方に流れるという我々の感覚、すなわち時間の矢は、もしそれらが例外的に秩序正しい領域を通るならば、事実上、全ての古典的な軌道が示すに違いない無秩序の中の増加に単に基礎を置くことを暗示している。通常は、そのような領域に入って来るのと出て行くのと両方の軌道がある。そして、時間の矢のエントロピー的な説明は、時間がこれらの領域から両方向に向かって、流れているように見えるだろうということを示唆している。現在の例では、例外的な領域が「プラトニア」の境界上にある。それで、パスはそこで本当に終わっている。これは、時間の全体の説明にとって基礎となる、全く有望に見える始まりである。しかし、いくつかの条件が満たされなければならない。我々がそれらの問題解決に取り組む前に、重力と熱力学について、少し話しておくことは役に立つだろう。

外部時間を持つ標準的な熱力学の中心的な結論は、もし、世界の低いエントロピーとそのいつもの増加が説明されるならば、宇宙は統計的に最もありそうもない状態から、発展していくに違いないということである。その中で重力が作用していない系の中で、ありそうもない状態は、一般的に組織化されているものである。一方、ありそうな状態は、特徴のない均等性によって特色づけられている。有限の体積の中に閉じ込められた気体は、その中でそれが全ての利用できる空間を占有し、全ての温度の差異が無くなるように一様にされた、非常に均一な状態にすぐに向かう。これが、平衡状態である。それが、顕微鏡的に実現されるもっと非常に多くの方法が存在するために、任意の整然とした状態よりも、ずっとしばしばありそうである。引力に引っ張られる系にとって、良く明らかにされた平衡状態は存在しないので、重力が働いて来ると、その状況はより複雑になる。重力は他を引きつける。それで、一定の均質な状態は変わりやすいし、自分自身で引っ張り合う集団に入り込む方向に向かうだろう。これは、気体とは正確に反対側にある。

主として、その中で重力が作用するその方法の故に、現在は、十分に満足できる宇宙論の熱力学は存在しない。しかし、ほとんど確実に存在しているブラック・ホールが、それらと結合した良く定義されたエントロピーを持っていることは、確かなように見える。これが、一九七四年にスティーヴン・ホーキングによる

「ブラック・ホール蒸発の発見」で終わったブラック・ホール研究の強烈に興奮させる「黄金の一〇年間」の最終的なそして最も劇的な結論であった。この魅惑的な物語はキップ・ソーンによって、彼の『ブラック・ホールと時空の歪み』の中で、大きな活気を持って語られた。ブラック・ホールと結合したエントロピーは、びっくりするほど大きい。ブラック・ホールが非常に初期の時代に存在していたという証拠が少し存在しているが、それはこれまでに数多く形成されてきており、今後ももっと多く形成されるだろう。宇宙は法外にありそうもない状態の中で始まったと思われる。

ロジャー・ペンローズ以外の誰も、この事実に脚光を浴びせて強調した者はいなかった。彼の『皇帝の新しい心』は、その完全にありそうもない歴史が、そこから突然出現するに違いないところの、宇宙の初期条件のちっぽけな起こりそうもない地点を見つけるために、一本のピンを持って探している神の創造の楽しい説明図がある。ペンローズは、その中で時間と実際の量子力学の崩壊が真実であり、そして自然の法則が時間に関して本来的に非対称であることを、理論の中で説明するための道を探している。私の接近法は全く異なっている。なぜなら、私は、時間とその矢の問題全体を、逆説的に言えば、時間がその中に全く存在していない情況の中で、もっと精密にそして明快に、明確な形で作り上げることができると考えているからである。私はまた、高度にありそうなこととして、我々が経験している宇宙と歴史の種類は独特であり、無時間の筋書の中に入りつつあると信じている。

それは全て、静的な波動関数が、「プラトニア」の荒涼として非対称の大陸の上で、どのようにして「寝かしつけられる」かに依存している。正しい劇場の問題は、全て重要である。時間に固執し、そして絶対空間のような半透明な構造物を磨いてきた大部分の物理学者の集合的直観は、観測された宇宙を高度に起こりそうもないものとして考えるよう強制されている。しかし、「プラトニア」の中では、それは避けられないものとして出現するかもしれない。波動関数は特別な構造を見つける方法を持っている。すなわち、例えばそれらは、タンパク質やＤＮＡのような複合分子を生み出すことができる。

それを認めよう。無分別ではなく、私は宇宙の波動関数が、「プラトニア」のある部分の中で、少なくともいくつかの変数に関して準古典的であるだろうと考えている。それが存在することはどこで有望であるだろうか？　そして、対応するハミルトン的「光線」はどのようにして進むのだろうか？　それらは、「アルファ」から現れて来るのだろうか？　ここで、古典的な一般相対性理論の最も有名な結果の一つが、関連しているかもしれない。ペンローズとホーキングは、その解が異常な状態の中で展開するために、驚くべき性質を持っていることを示した。物体にとって十分な必要であることの全ては、確かな有限の領域の内部で一点に集められることである。その後に、ペンローズが示したように、ブラック・ホールに対する崩壊が避けられないものとなる。ホーキングは、ビッグ・バンそれ自身が、ペンローズのブラック・ホール崩壊の時間の逆戻りと見なされる意味があることを示した。（崩壊はここでは、波動関数の量子力学的崩壊と何も関係ない。）異常な状態の中で、一端または両端で終わるという解は、一般相対性理論の特有のものである。

量子理論の中で起こっていることは、対応する古典理論に全く無関係であることはできない。それ故に、図55の中央の光線の近くで、量子重力の中に準古典的な領域が存在することはありそうに思われる。「プラトニア」の構造を反映して、その中のハミルトン的「光線」は都合よく「アルファ」から現れ発散するかもしれない。それから、小さな体積であるが、より多く不規則な状態に戻って、噴水の中のように、散開し落下してくる、一種の噴出のように立ち上がるかもしれない。二者択一的に、それらは「アルファ」からこれまでにより遠くに退いて来ており、それは永遠に続くかもしれない。私は、彼らがまるで時間の足跡をたどっているかのように、航跡を表してきた。しかしそれらは、ただ単にパスである。

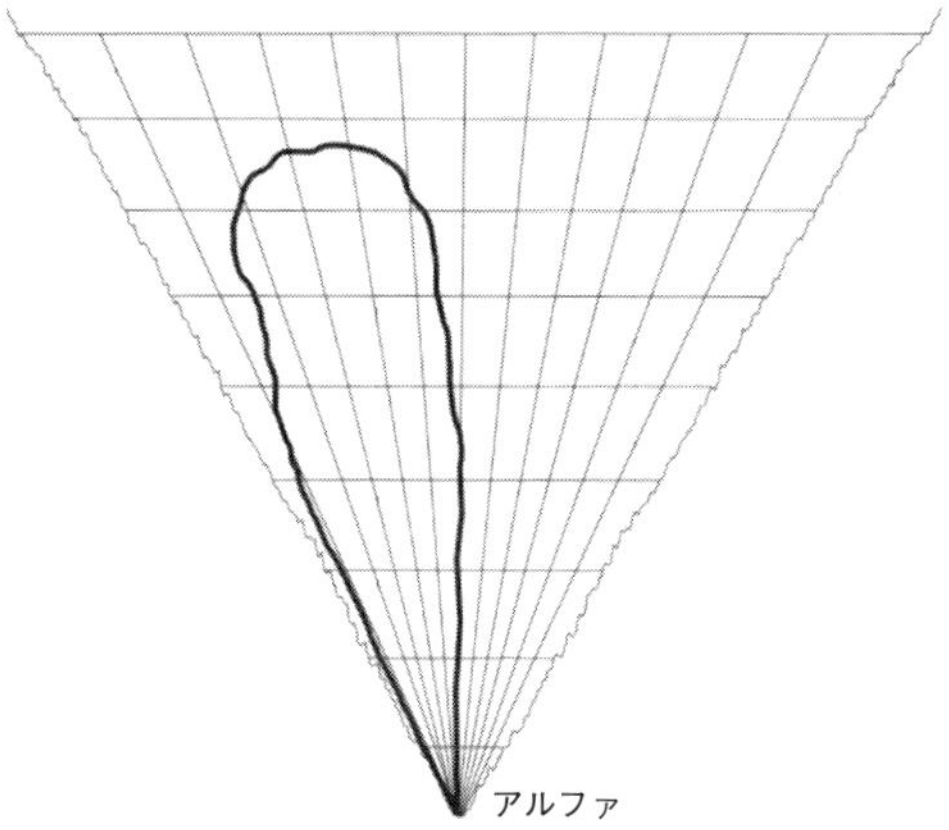

図55　現在の標準的な宇宙論に従った、ビッグ・バンからの爆発とビッグ・クランチへの再収縮。

さらにその上、そのパスは、まだ単なる「種子」である。時間が存在して流れていることを非常に際立って我々に示している、十分に豊富な構造の結論は、「プラトニア」の広がりを構成している残りの量子変数の主役との絡み合いから導かれたに違いない。アルファ粒子の航跡について論じた時に私は、モットがタイム・カプセルに関して波動関数を一点に集めるため、特別な手法を使用したことを強調した。静的シュレディンガー方程式に関して純粋に熟考すると、これは人工的であった。これは、何か静的なアルファ粒子の航跡と時間に関するそのような強い感覚を作り出したものと、球面状の波動型の「種子」からの歴史である。

もし私の提案が正しい線に沿っているならば、この骨の折れる仕事を実行する静的な量子宇宙論の内部に、ある自然なそして本当らしい仕組みが存在するに違いない。「プラトニア」全体は、それが起こることを強制するに違いない。すでに言ったように、私は、その原因が偶発的な状況の非対称性に根差していることを知っている。「プラトニア」は、必然的に非対称である。図55の円錐は、トランペット奏者がラッパから空気を吹き出すように大量に、「外へ向かって絡み合ったものをじょうご状にしている」と想像することはたやすい。私は、慎重にこの最後の直喩を選択した。そのラッパは、私が心の中に持っているものの素敵な観念を作り出すけれども、それは熱い空気もまた作り出す。私の考えを支持するための難解な数学的証明は何も無い。しかし私は、あなたが少なくとも無時間宇宙に関する議論が強烈であることを、今は確信させられることを望む。それにもかかわらず、もし、時間が強烈に登場するならば、その事実のための大きくて重い理由がどこかに存在しなければならない。私はそれが、存在の非対称性であると考える。実在はおよそ存在することができる。物体の真ん中に座っていると、我々は偉大な時間の矢に乗って、我々自身が前方へ運ばれるように感じる。しかしそれは、動かない一本の矢である。それは単純に、単体から複合体へ、より少ないものからより多いものへ、基本的に全ての大部分が何もないものからあるものへと指し示す一本の矢である。もし我々が「プラトニア」の中で我々の肩越しに見ることができるならば、我々は、この苦しい旅が、何も無い端から始まるのを知るだろう。

22-6 良く整理された宇宙とは？[3]

構造物に関するいくつかの論評をし、起こりそうもないこととして理論物理学者に迫っているものを描いたこの本の主要部分を終わらせてもらう。もし我々が、空間と時間における力学的な歴史が自然界における根本的な事柄であると考えるならば、世界に関する全ての統計的な反映が、大きな困難をもたらす。大部分の歴史は、それらの長さの非常に小さい断片を除いて、言いようもなく全体的に退屈である。我々は、組織化された世界の奇跡を決して理解することはできない。もし量子宇宙論が「プラトニア」を覆う静的波動関数の良く振る舞う分布に関して真実であるならば、状況は完全に変化する。波動関数のために競争している全ての他の立体配置と共に、それらが共振するに違いないというある感覚の中で、Ψが強力に集まる立体配置は特別であるに違いない。量子宇宙論は、永遠の中の一種の美人コンテストになる。その勝者、すなわち高い確率密度を得た者は、DNA分子のような例外的に優れたものであるに違いない。これは、古典物理学が我々を予期したものに導くことの、まさに反対側にある。そこでは、勝者は退屈している。

私は、動力学の歴史に関して本を書いた時、秩序正しい宇宙の美しい詩的な概念を明らかにした。ライプニッツの本を間欠的に読んでいたので、すでに私は構造物の中に深く興味を持つようになっていた。そして、実際の宇宙は任意の他の考えられる限りの宇宙よりももっと変化に富んでいる、というライプニッツ的考えに関するリー・スモーリンと私の合作によって、これは非常に増強された。（ポール・デイヴィスは、彼の「神の心」の中の概念の簡潔な説明を含むため、十分に好奇心をそそられたのだけれども）それはまだ単なる直観を残している。しかし私は、その中で構造物が第一原理として創造されている宇宙の科学的理論が可能であることを確信するようになった。我々は世界が実際に何であるかを十分に理解するために、子供の頃の驚異の念に戻る必要があるのかもしれない。イェイツは一度、バークリー司教に関して次のように書いた。すなわち、彼は、「存在しているだけの世界を我々に戻した。なぜなら、それは光輝き、音が聞こえるからである。年上の兄弟達がまわりに立っているので、その笑い声を抑えていた子供が、おもちゃの大きな箱をもう一度開けてしまった」。

我々が我々のまわりに見ている宇宙について単純に最も心の中に浮かびやすい事柄は、前の統計的な基礎で理解することが非常に難しいその豊富な構造である。現代の科学的な時代まで、考える人達は全て、科学の第一の仕事が、この構造物の直接的描写と説明であると見ていた。この自然の衝動は、秩序正しい宇宙に関するピタゴラスの考えの中に良く反映されている。それはまだ、ケプラーとガリレオの両者において非常に強かった。しかしながら、ニュートンが力学における加速度の究極的な重要性を証明したときに、科学の展望が変わった。というのは、現在の瞬間における世界は、その初期条件の単なる結果になるからである。構造物がどのようにして形作られるのかと直接尋ねる代わりに、科学は、それがどのようにして「再び」形作られるのかと尋ねることに転向した。

量子的な観点での、量子重力の中で時間の全廃は、我々をもっとピタゴラス的展望に戻すに違いないと、私には思われる。というのは、今我々はどんな構造物が有望であるかを単純に尋ねるに違いないからである。この方向における決定的な第一歩は、その解が良く振る舞うに違いないその全ての重要な条件を持ったシュレディンガーの時間に依存しない波動方程式の発見と、ボルンの量子力学に関する確率的解釈であったと私は思っている。というのは、量子力学のこれらの二つの基礎的な要素が、境界条件や初期条件無しで、統計的に有望であると思われることを全体的に無視して、非常に豊富に絶妙な構造を生みだすために、一緒に働くことを我々は知っているからである。それが、原子、分子そして固体物理学の物語である。私はそれが、宇宙の物語でさえあると考えている。

エピローグ　無時間の人生

まだら色の美しいもの

まだらになった物体のために、神に栄光あれ
まだら色の雌牛のような二色の天界のために
泳いでいるマスの上に、点描されている全てバラのあざのために
新しい石炭の火、栗の実の落下、フィンチの翼
描かれた展望とその断片、折り畳み、眠っており、耕している
そして、全ての取引、彼らの歯車と滑車と調整装置

全ての物体は反対の物、最初の物、予備の物、奇妙な物
たとえ気まぐれでも、そばかすができた（誰が、どうしてなのかを知っているだろうか？）
速いと遅い、甘いと酸っぱい、眩しさと薄暗さと一緒に
彼の父親の力、その美しさは時が過ぎ変化しており
彼を賞賛している

この詩の中の、ジェラード・マンリ・ホプキンスの最も華麗な一行は、創造が男の特権であり、そして、千年の夜明けには、非常に不適切であることを含んでいることは、残念なことである。しかし、「プラトニア」の避難所と隅の中で、美しい過去が変えるものを見つけるために波動関数が操作している！ もし、時間と運動が、何も無く非常に上手く建設された幻覚であるとするならば、我々は人生をどんなふうに考えれば良いのだろうか？ 私は、読者が一人の科学者としてよりもむしろ、一人の人間として尋ねるだろうと思われる疑問のいくつかを予想して、いくつかの話題を選んだ。私はまた、個人的でない科学と、芸術の世界との間の境界線を私がどのように考えているかということのいくつかのヒントを与えよう。感情と宗教的な熱望は「プラトニア」の中のどこかで、橋渡しされているかもしれない。私は両者の規律を愛し、そして尊敬している。それらは、世界の一般的な見方から出て来ることを示せるだろうか？

我々は多世界を本当に信じることができるだろうか？

それらに関する証拠は強力である。科学の歴史は、物理学者が良い理論の直観に反する結果を信じなかったときに、誤った方向に導かれたことを示している。しかしながら、多世界の強力な知的受容にもかかわらず、私は、まるでそれが独特であるかのように、私の人生を生きている。あなたは私を、多少申し訳なさそうに「多世界の人」と呼ぶかもしれない！ 他の世界の本当の存在を、受け入れるのが非常に困難であると思われるとき、他の結論が原因であることがある。私がこの本を書き始めてからまもなくして、ダイアナ妃が亡くなって、英国は、世界の大多数の国と同じように、特別な雰囲気に襲われた。葬儀の中継映像を見ていて、彼女が他の世界の中で、車の衝突粉砕の事故を生き延びたことを示唆している理論を、人はどのようにして、真面目に本気に取り扱うかを、私は知りたいと思った。死は、そのように最後を表す。

そのような疑念は、それがどんなものであれ、世界の背後に横たわっている、並外れた創造力から生じるのかもしれない。任意の瞬間に我々が経験するものは、いつも、豊富で筋の通った物語の中に嵌め込まれるように現れる。それは、それが独特に見えるようにさせるものである。もしも、青い霧が、本当にそのような物語だけを探し出したならば、私を安心させるだろう。シェークスピアは、ほとんど全てが傑作である多くの劇を書いた。しかし我々は、独特の「ハムレット」でさえ持っていない。すなわち、プロデューサー（製作者）は、いつも異なったラインでカットしており、目新しい方法で劇を製作している。変化は悪いことではない。すなわち、私は多くの目立つ「ハムレット」を楽しんできた。無時間の中で、多くの瞬間の解釈、それらは全て、他の世界に存在している。そしてそれは、無時間の量子宇宙論を魅惑的なものにするものである。我々の過去は、まさに、他の世界に存在する。これは、量子力学と、一般相対性理論の深遠な無時間構造が、我々に知らせているように見えるメッセージである。もしあなたが、今朝経験したことを受け入れるならば、それは、他の世界にあなたを委ねていることになる。我々が経験している全ての瞬間は、他の世界に存在している。というのは、彼らは、我々が現在の中に存在している人ではないからである。そのとき、我々は、その上でΨが、我々の記憶している経験と同じ位に強力に集まる世界の存在を否定することができるだろうか？

自由意志は存在しているか？

科学に身をゆだねた者は、自由意志と共に困難を持っている。『利己的な遺伝子』の中で、ドーキンスは問う。「もしロボットでないなら、非常に複雑な物であるけれども、あなたは地球の上の何であると考えますか？」個人的な内観から、私は、私の意識自身が自由意志を働かせているとは、信じていない。確かに、私はついに難しいことを熟考して結論を出している。しかし、結論それ自身が、一定不変に、異なった無意識領域から意識になる。脳の研究は次のことを確認している。すなわち、我々が考えていることは、無意識の結論である。自由意志の行動は、我々がそれらに気付く前に、無意識の心の中に準備されている。

しかしながら、多くの瞬間の解釈は、因果性に関して、好奇心をそそるように異なった傾向を提案している。それは、我々が普通にそれを信じている方法が何もない中で、作用していることを示唆している。古典物理学とエヴェレットの独創的な体系の両者の中で、今起こっていることは、過去の結果である。しかし、多くの瞬間と共に、各々の「今」は、無時間の美人コンテストの中で、最も高い確率を勝ち取るために、他の全ての「今」と「競争している」。他の「今」と共に、「共鳴する」ための各々の「今」の能力は、何かを数えることである。存在するための可能性は、それ自身の中に何が存在しているかによって決定される。物体の構造は、無時間世界の中の決定する力である。

我々の自覚している瞬間は、「今」の中に嵌め込まれているために、同じことが我々に適用される。何かをしている我々自身の確率は、その中に経験が嵌め込まれている全ての異なった「今」に関する確率のまさに合計である。我々が経験している全てのことは、それが存在している実在によって、存在の中に持って来られる。我々の現実の自然は、我々が存在しているか、あるいは存在していないかどうかを決定している。私は、そのコントロールパネルを発見している。我々は、我々が存在しているが故に、存在している。我々の存在は、存在することのできる他の全ての物と関係する（あるいは共鳴している）方法で決定されている。ダーウィンの進化論は、素晴らしい理論であり、私は、リチャード・ドーキンスの著作を大いに賞賛し、尊敬している。しかし、ある日、進化の理論は、重要で有効な科学であることをやめる任意の道ではなくて、ニュートン力学が相対性理論の中へ包含されたのと同じように、より大きな体系の中に包含されるだろう。

この理由のため、そして今行った発言のため、私は我々がロボットになるとか、あるいは何かが偶然起こるとは考えない。我々は状況について広大で十分な展望を持っていないので、このような様相が現れる。我々は、可能であるもの全体に最大限に敏感になることができる疑問に対する答えである。それはまさに進化論である。種は、結局遺伝子は、それらが環境に適合するときだけが生き残る。「プラトニア」は、究極的な環境である。

BOX3の中で、私は「プラトニア」がその中で天空の音楽が演奏されている「至福の丸天井」であると言った。これは、ケルト人の作曲家で音楽学者そして詩人のジョン・パルサー（私が序文を終わるところで両親についての説明を書いたとき、私の注目するシェークスピアの引用句を持ってきてくれた、数学者であり暗号専門家であるミカエルの兄弟）と一緒に、極めて多数の討論をして成長してきたものである。自分が有能であるという独特の自信を持って、ジョンは、かつて意味をなした宇宙の唯一の理論が、天空の音楽であった（である）ことを強固に主張している。書の内容は、彼とその芸術家達が全く一般的に正しいことを知らせている。しかし調和は、もちろん数学の上に基礎を置いている。むしろ妥当なことに、気象学的な比喩に関する広範囲にわたるヒントを与えてくれた、ジョンと彼の妻バールは、スカイ島の霧の深い「小島」に住んでいる。その島では、ウィスキーのボトルの美味しいところの大半がジョンによって飲み尽くされる間、少なくとも、言いたいことの討論が続けられていた。

あなたは自然に、我々がこの天空の音楽をなぜ聞かないのかと尋ねるだろう。英国の詩人キーツが最初の答えを準備している。すなわち、「メロディーを聞くことは甘美である。しかし、これらを聞かないことは、もっと甘美である」と。しかし、ライプニッツは、おそらく真実の答えを与えたであろう。モナド論の中で、彼は次のように教えている。あなたが自意識の中で、そして無意識の中で経験している全てのこと、つまり、本質的にあなたは、精密なこの音楽である。あなたは、それがあなたである特有の有利な地点から聴いている天空の音楽であると。これは、文字で小さな自由を捕まえているけれども、間違いなく彼の偉大な哲学者の体系からの真意ではない。自由の題目に関して、私は、ミカエルがシェークスピアと共になしたよりは少なくライプニッツと共になした。ヘルは実際に、フォルスタッフ（愚鈍な古い大袋の大酒飲み）に尋ねなかった。彼はなぜ、「時間の性質を尋ねるために」ではなく、「一日の時間を要求するために」、非常に無駄であるべきなのか。しかし、神聖な太陽とその毎日の回転（我々の幸運な環境）のために、それは存在しなかった。疑問は他と同様に難解であるだろう。

最初のマーガレットの疑問のように、何かのための「今」である。

量子宇宙論において創造者の役割は存在するのか？

たぶん、しかしそれは、多少奇妙なものである。物体の構造とその推測が確認されるかどうかを知るための試験について、理論づける推定以上のことを科学は決してすることができないように、私には思われる。これは、はっきりとした目的の無い冒険（その背後に途方もない成功を含んでいる）であり、発見されることを待っているある構造が、すでにその場所の外に存在していることを、いつも前提条件にしている。その体系の中で、多くが前提条件とされており、私は先に進んだ。すなわち、「プラトニア」の詳細な構造（極度に重要な）と、その可能性を「試す」波動関数である。それは、何かを前提条件とするための理論の性質である。それで、いつも「創造者」のための潜在的な役割を残している。しかし、我々が説明できないことが、我々をどこかより遠くに到達させることを、説明するための何かを求めている。

私の好奇心をそそっているものは、無時間の体系の中での、構造物の力である。それらは、どこに波動関数が集まるかを決定する。もし、Ψを、存在の中に持って来られると考えている精神として見ることを望んでいるならば、その物質の中で、それは力を持っていない。ライプニッツは「神」でさえ理性から逃れることはできない、といつも言っていた。彼はいつも合理的に行動したに違いない。多分、あれは、気まぐれな神が存在することよりは、多く安心させてくれる。しかしながら、合理的な宇宙もまた、まさに不安のたねである。もしあなたが、強制収容所の中で、まさに死のうとしているならば、何が起こるに違いないとか、何が起こるだろうとかを考えることは、何かの慰めになるのだろうか？

『宇宙は自ら進化した』の中で、私の友人のリー・スモーリンは、その成長をしばしば都市の大規模に無計画な開発にたとえて、自己創造宇宙を信奉している。私は、彼のエピローグが特に雄弁であるのを知った。実際、無時間の量子宇宙論は、構造物に対して、我々自身を含めてそれら自身を存在の中に持って来るために、ほとんど神のような力を与えている。もしそれが、物質的存在の偉大な体系に適合しているならば、我々は存在するだろう。リーと私の考えは、汎神論に向かっている。全体の宇宙、すなわち、「プラトニア」「と」波動関数は、我々が神に到達できる最も近い道である。

天国はどこに？

私は、もし我々がそれを知るための英知を持っているならば、そのときだけ、我々はすでに天国に居るということを、長い間考えてきた。それは、「プラトニア」である。私はそれが真実であると信じているけれども、私はこれを、ある戦慄を持って言う。もし、そうであれば、「プラトニア」は地獄であり、そして同様に煉獄であるに違いない。私がこれによって意味するものは、本当に全く簡単なことである。すなわち、「プラトニア」の中のある場所は、大変見事で、快適で、美しく、多くのものが極端の中で退屈している。そして、もう一方は、恐ろしく汚い。同じような対比が、個々の「今」の内部に存在している。我々の知らないものが、波動関数のどこかに集まっている。

我々が現在その中で我々自身を見い出している物質的な世界が存在し、我々が死んだ後に入る他の全く異なった、非物質的な世界があることを信じるのは難しいことを、私は確かに知っている。何かそれ以外は別として、現代の物理学は、いわゆる総体、すなわち、我々を作っている肉体は、それ以外の何かであることを非常に強く示唆している。それは、ほとんど明確に非物質的なものである。プラトン形式は、厳密な数学的特性を持っており、これらは、物理学者が世界をモデル化するために必要であり、物体に帰すると考えるために必要であるところの全てである。

私はまた、「この」創造された世界に、驚かされ、大事にされているが、まだやって来ていないものの、ある次善のバージョンとして捨てられはしないものであることを、強く感じている。この世界に関する軽蔑は、それを創造しているものに対する軽蔑である。私は、ここで詳細にわたって、これらのことについて議論することを試みないが、時間の完全な除去が、もし数学と観測によって受け入れられ支持されるならば、神学者に彼らの見解を再考することを強制しなければならない。もしも、その中でライオンが子羊と共に横たわっており、剣を鋤に作りかえるような、より幸福でもっと完全な世界が存在するならば、私はそれが、「プラトニア」の中の、どこかに簡単な形式で存在するだろうと考えている。私は、経験がここよりももっと深く、そしてもっと豊かである場所が存在することを確信している。そのような経験は、意識を何であるかを正しく知る完全に無時間であるかもしれない。多分我々は、何らかのかたちで、その意識の中に含まれている。多分、実際に世界が取り戻される。そして、その内部の葛藤は、我々が存在している場所よりも「アルファ」からさらに遠くに、「プラトニア」の遠く離れたどこかで、解決され、理解される。

私が、この本の最初の部分で「プラトニア」が「アルファ」を持っているが、「オメガ」は持っていないことを強調したのは、何の理由もない。オメガポイントの概念は、イエズス会士の生物学者テイヤール・ド・シャルダンによって導入された。彼は、究極の未来、「全ての未来時間の「境界」」における、進化のある種の完成として、それを心に描いた。私は、フランク・ティプラーの本、『不死の物理学』から、これらの最後の言葉を引用した。その中で彼は、オメガポイントは我々の物質的宇宙が、ビッグ・クランチに向かって再び収縮する場所であると主張している。更に彼は次のように主張している。すなわち知性が非常に熟練したものになり、我々が全て仮想コンピューター・プログラムとして自動的に改造される。それによって、「クランチ」において宇宙が終わる前に我々が復活させられ、効果的に永遠の存在を獲得する事態が驚くべき速さでやって来る。

私は、状況を見る方法が無いことだけを言うことができる。私は、「プラトニア」の中の「オメガ」をむなしく探し、そして「アルファ」だけを見つける。しかし、「プラトニア」は莫大な領域である。我々は、プラトン宮殿の中で我々自身を見つけることがどこで起ころうとも、我々の周りの全てのものを大切にしよう。私が、非常に確実に感じていることは、多くの詩人達や神学者達は、天国や永遠に関して誤った観念を与えていることである。ヴォーガンの有名な詩「世界」の冒頭の数行をみてみよう。

私は、その夜に「永遠なるもの」を見た。
純粋で、終わりの無い光の巨大な輪のような
それは明るくて、全て平穏である。
そして、それの下を周る時——時間、日、年

天空によって運ばれ、
巨大な影が動くように、その中で世界と列車は全て、ひっくり返される。

これは、知性がその中で、統一されたものとして全ての構造を理解している神秘的な状態を表す、崇高な詩である。しかし、統一の本当の驚きは、それが、豊富な多様性と結びついた時である。天国の歓びは、和合の中で多くの状況を一度に理解できることである。私は、永遠なるものが純粋で終わりの無い光であるとは思っていない。そのような光は、例えば、我々がそれらを見ている時に、一度に落ちるアメリカの森林の数百万枚の木の葉をただ単に照らしているにすぎない。

タイム・トラベル（時間旅行）は可能か？

ある種の時間旅行は、古典理論としての一般相対性理論の内部では可能であるが、厳密な制限を受けなければならない。あなたは、過去に遡って旅行することはできないし、生まれる前に両親を殺すことはできない。量子宇宙論の中では、あなたは、並行宇宙において、過去に戻って旅行することができる。そしてそこで、彼らがあなたを宿す前に、あなたはあなたの両親を殺すことができる。しかしながら、我々は、「あなた」という言葉の使用について注意深くあらねばならない。これらの他の世界に対して「旅行している」人は、厳密に、今のあなたではない。ヘモグロビン分子に関する議論が示したように、瞬間から他の瞬間への、我々の肉体の内部の変化は驚くべきものである。我々は、個人的な同一性に関して、深い連続したそのような永続的な感覚を持っているという事実は、非常に注目すべきであり、私は、すべてを存在させる創造力のもう一つの現れとして、知っている。スティーヴン・ホーキングは、たとえ時間旅行が論理的に可能であるとしても、それが、量子宇宙論の中で、非常に低い確率ではないかと、長い間思っていた。それは、また、私の感覚でもある。「プラトニア」は、彼らが時間を逆のぼって旅行している記憶を教える存在物がある「今」を、確実に含んでいる。しかしながら、私は、そのような「今」が、非常に低い確率だと考えている。

本当を言うと、私は、我々の正常な存在の真実性と比較して、退屈な時間旅行のアイデアを発見している。経験された「今」を表している各々のタイム・カプセルは、「プラトニア」の中の無数の他の「今」をそれらのいくつかは強烈に反映している。非常に現実的な感覚の中で、我々の記憶は、我々が過去と呼ぶものの中に、我々を存在させ、予想は、我々が未来と呼ぶものに関して、前兆を我々に与える。もし、我々のまさしくその存在が、その中に存在できる場所の至る所に存在しているのであるならば、我々はなぜ、タイム・マシンを必要とするのだろうか？　これは、本物のライプニッツ的である。我々は、全て、お互いの部分である。そして我々は、各々がまさに、我々自身の観点から見たものの全体性である。

運動の否定は人生から全ての歓喜と活気をなくしてしまわないか？

私は、この問題を痛烈に感じる。キング・フィッシャーのたとえ話は、それを明白にするだろう。物理学の基礎の中に、変化に関する我々の純粋な直接的感覚を入れることを試さない原則的理由は無い。少なくとも、ハミルトンまで遡る長い伝統がある。それは、世界の中で最も基礎的な事柄を処理する方法を捜している。乱暴に言って、その考えは、物理学が名詞ではなくて、動詞を使って構築されるべきだということである。一九二九年に、イギリスの哲学者アルフレッド・ノース・ホワイトヘッドは、彼がその中で過程を提唱した『過程と実在』と呼ばれる、――私の経験では――分かりにくい本を出版した。それは全て、非常に興味深いように思われるが、私は、アブナー・シモニーによる勇敢な試みにもかかわらず、それを実行することができるとは、決して思わない。ロシア語の七〇〇〇万個の単語を英語に翻訳してきたが、私は、文章が主語と一般的に目的語を持っていることを、感覚を持って言うことができる。私は、ほとんど動詞としては数えられない「to be（存在するために）」という動詞を使って、この本を書くことができる。この理由のために、それはロシア語の中には、めったに現れない。それが現れた時、それは大部分が、しばしば「現れるために」の代わりの言葉として存在する。しかし、名詞が無い本は、存在しない。ジェームス・ジョイスでさえも、それを書くことはできなかった。ある理由のために、非実体的な動詞として、チェシャ猫の笑いのように、魅惑的なものを用いる。しかし、オーエン・グレンダワーが、「地の底より精霊共を呼び寄せる事も出来る」と主張した時、ホットスパーは次のように答えた。「そんな事、私にも出来る、いや、誰でも出来る、が、奴等はやって来ますかな、あなたの一声で？」私は、それが実行されるのを見てみたいものである。

あまり挑発的ではないが、根本的に各々「動詞」と「名詞」を表すヘラクレイトス派とパルメニデス派の間の大きな相違点はあるのだろうか。もし、時間の瞬間に関する私の定義が受け入れられるならば、これらの二つの偉大なソクラテス以前のものを違っているというのは困難になる。ヘラクレイトスのおかげと考えられる二つの最もよく知られた金言は、「万物は流転する」（パンタ・レイ）と、次のような純粋な文章である。すなわち、私は完全に無意識的に、アマツバメを捕まえるために跳び上がった飼い猫のルーシーが、彼女の獲物と一緒に跳び下りた猫ではないという議論に決着をつけるのが常だった。すなわち、「一人の人間は、同じ川の中に二度足を踏み入れることはできない」。瞬間から別の瞬間への変化がいつも存在している。二つが同様にあることはあり得ない。しかし、それはまさに私が、全ての別個の瞬間の収集物として「プラトニア」の概念を捕まえることを試みていたものである。ヘラクレイトスは、永続的な物質の永遠の登場が、量変化を支配している法則によって創り出された幻覚であると主張した。明らかに、彼とパルメニデスは、量子力学、波動関数とホイーラー–ドウィット方程式に期待できなかった。しかし、それらをもたらす法則の結果であるというヘラクレイトス派の見地に対する顕著な裏付けであるとして、アルファ粒子の航跡形成に関するベルの説明を見ている。もし、静的な波動関数が、流れ（歴史の証拠）と停滞（物質的存在がそれを通り持ちこたえていることの証明）の両者を思い出させるタイム・カプセルで、自発的に決定されることになっているならば、それは、正反対の素晴らしい調和ではないだろうか？

しかし、運動の喪失はいまだに痛烈で、死すべき運命の予告と、それを外側から見た我々の人生の展望である。ラディスローと画家の友人が、ローマで特に注目すべきポーズをしているヒロインのドロシアに出会うことが偶然起こったという、ジョージ・エリオットの『ミドルマーチ』の場面がある。その画家はカンバスの上でそれを捕らえることに夢中であるが、ラディスローは彼を嘲笑している。

絵は、目立つ不完全さであなたをジロジロ見る。私は、特に女性の描写で、それを感じる。まるで、一人の女性が単なる色の付いた外観であるかのように！　あなたは動作と雰囲気を待っているに違いない。彼女たちの正しくその呼吸の中に相違点がある。すなわち、彼女たちは瞬間から瞬間へ変化している。」

キーツもまた、彼のギリシャの壺の美しさについて次の言葉でそれに話しかけている。

汝は、静かなの形式であることよ！　我々に考えをしつこく聞き出している。永遠なるものに。寒い田園風景！」

キーツがこれらの詩句を書いた時、彼は彼の故郷が壺であることを余りにも早く知っていたに違いない。「プラトニア」は墓地であるだろうか？　疑いもなく、それは一種の墓地であるが、それは天国のような丸天井である。というのは、それが、能力の全体を表している画家達によって描かれている絵の奇跡の倉庫と言った方が良いものであるからである。最上の絵は、どういう訳か別のものを反映している。これらは、我々がその場所で大量のものの中から見つけた絵である。非常に少数の平凡で退屈なものが存在している。にもかかわらず、ラディスローが最高の絵と言っているものは、途方もない活気を持っている。ターナーは、アリエール号の帆柱に、あなたを縛り付けている。実に、上記で引用した詩文の一節のすぐ前のラディスロー自身の言葉は、「全ての後に、本質的に見える物は、その内部に存在する。」である。それは、凍結されるかもしれないが、「プラトニア」は「美は真実であり、真実は美である」ところの領土である。そして、大枝は、その木の葉を落とすことはできない。「春よ、さようならと、かつて言ったことは一度も無い。」キーツは、あの完全なオードと共に、彼が非常に絶望的に制御していた不死を成し遂げた。

テネシー・ウィリアムズは、「演劇に関する無時間の世界」という表題を付けられた立派な評論の中で、偉大な彫刻作品を称賛している。その理由は、

人間の線をたどった形式の中では不可能と思われる絶対性、純粋性、美貌を、偉大な彫刻作品は変えることができるからだ。

彼は演劇が、同じ効果を果たすことができ、時間の破壊から逃れるため、我々に助力すると主張している。「我々が我々自身にそれを認めているかどうかにかかわらず、我々は、永続しないという本当に恐ろしい感

覚に絶えず付きまとわれている。」これは非常に美しい書物であるが、ウィリアムズは、我々の周りの全ての真実、すなわち我々が各々の瞬間に存在しているという、観念的な永遠性と出会うことに失敗したのであろうか？　それは、永遠性を探すことに駆り立てた彼の無分別であろうか？　ある人々は、それに気付くことなく大聖堂を通過することができる。

来世のための願望は非常に理解できることであるが、我々は誤った場所で不死を探しているのかもしれない。私は、シュレディンガーが非常に賞賛していた古代インドの哲学（特に、ヒンズー教のウパニシャッド）を彼自身の物理学の中で認めたときの、奇妙な失敗について話した。それにもかかわらず、希望的観測として私の心に浮かんだのは、『生命とは何か？』のエピローグの最後に美しい一節があることである。彼は次の疑問をしている。「この「私」とは一体何でしょうか？」ここに、彼の答えの一部分を示す。

もしこの問題を深く立ち入って分析するなら、それは個々の単独なデータ（経験と記憶）を単に寄せ集めたものにほんのちょっと毛のはえたもの、すなわち経験や記憶をその上に集録した画布《キャンバス》のようなものだということに気づくでしょう。そして、頭の中でよく考えてみれば、「私」という言葉で呼んでいるものの本当の内容は、それらの経験や記憶を集めて絵を描く土台の生地だということがわかるでしょう。たとえば皆さんが遠い国へやって来て、友人の誰一人にも会えなくなり、ほとんど昔の友達を忘れてしまったと考えてごらんなさい。そこで新しい友達をつくってそれらの人びとと生活をともにし、かつて昔の友達と交わっていたときと同様の深い交わりを結ぶとします。（…）にもかかわらず昔と今との間には途切れ目はなく、一度死んだわけではありません。

（岡小天、鎮目恭夫訳）

このように彼は、我々の個人的な「基礎の材料」が、人生の全ての変化を通して、我々とともに不変不滅であると主張している。彼は、信念のこの断言と共に終わる。すなわち、「どのような場合においても、非難するための個人的な存在の喪失（死）は存在しない。また、かつて存在したこともない。」しかし、もっと初期において、アートマン＝ブラフマン（個人的なその人自身は、同時に至る所に存在する全てを充分に理解した永遠のその人自身と等しい。）ということを、彼らに承認させるため、彼は偉大な「ウパニシャッド」を称賛していた。彼は、まだ個人的な独自性を保持しているにもかかわらず、全てを十分に理解している永遠の自身の中に融解されるように、彼のケーキを手に入れ食べることを望んでいたように思われる。彼は、カンバスを見つけてはいない。そして彼はわらにもすがろうとしている。

テネシー・ウィリアムズは、もっと公正に状況を直視していた。すなわち、「人々は、彼らの人生が終わる時に、彼らの中の全てのことが彼らが演劇の中で無意識に感嘆したことと同じ静寂の、不思議な状態の中に含まれていることを思い出すはずである。」ちょうどこれは、キーツのギリシャの壺の真と美である。ウィリアムズは続けている。「絶望的に一瞬で過ぎる物から永遠を強奪することは、人間の存在の偉大な魔法のトリックである。」その通りであるけれども、それは魔法のトリックではなく、単純に我々の開眼である。

数年前に、私はデイム・ジャネット・ベイカーがラジオでインタビューを受けているのを聞いた。彼女は、かつて自分の録音したものを聴いたことがあるかどうかを尋ねられ、もしそうであれば、彼女のお気に入りは何であるかと聞かれた。彼女は、ほとんど全然それらを聴いていないと答えた。彼女にとっては、あらゆる「今」が非常に興奮させ、そして新しかった。ことを試みて繰り返すことは大きな間違いであった。彼女は、歌っている中で、より初期の公演を再現することを、全くしようとなかった。そして、前の夜と同様に、同じ方法で高い点を稼いでいる。繰り返し彼女は「今」について最も深い崇拝を持って話していた。そして、それがどのようにして新しく生まれ、無意識に起こるらしいことを話していた。「〝今〟とは、実在しているものである」と彼女は言った。

私は、それが無時間の量子宇宙論の完全に芸術家的な表現であったと考えている。定義上、「プラトニア」の中の全ての「今」は新鮮である。というのは、全ての「今」は異なっているからである。しかし、そのいくつかは、他のものより非常に興味深くかつ興奮させるものである。奇跡的にこれらは、宇宙の波動関数が正確な技能で見つけ出したと思われる「今」である。

才能もまた素敵な現在である。詩と音楽の正しい評価は、それ無しでは不可能であるだろう。もし私が、一つの「今」において飛びあがるすべての物語を通る線として、それを感知することができるならば、私は運動無しで生きることができる。ジャネット・ベイカーは正しい。運動を監視すること、ベートーヴェンを聴くこと、ターナーによって描かれた絵を見ること、これらすべては、見かけの現在として我々が経験している「今」の中で、我々に提示されている。アインシュタインは、現代科学と彼自身の特殊相対性理論が活気に満ちた現在である「今」を、世界から奪ったことを後悔しているように思われる。それとは反対に、その「今」が、物理的世界の本物の基本的性質、すなわち最初の量子概念（デイヴィッド・ドイチェが時間に対して言及したと同様に）を、上手く構成するかもしれないと私は考えている。芸術家達は、いつもそれがそこに存在することを知っていた。そして、その祭壇で礼拝した。それは、私が探求を始めた一般相対性理論の核心部分における、「今」に関するディラックの再発見であった。

私はまた、古典力学にはない特に多世界の形態における目新しさが、量子力学の正真正銘の要素であると感じている。主要な教科書の中で、私は、眠るために横になり「我々が起こされることはない」と知っていることを話した。私は、我々がロボットとしてそれに沿って行進するような、時間の基本的な線や原因となる展開は何も見ていない。すなわち、各々の経験された「今」は新しく、そして別個のものである。私は、多世界の仮説は、ジャネット・ベイカーが非常に強く感じていた芸術家的な創造によってワクワクすることの、科学的な対応物であると考えている。そこから、我々がコンピューターのアルゴリズム（特定の演算方式）を経由して転がり出たどの推測された過去にも、適切に説明されてない本質的に新しい何かが存在する。どの他のものの意味で、どの三角形にも説明は存在しない。そして、同じことが全ての「今」についても真実である。

ブルーノ・ベルトッティの友人である、イタリア人の画家クラウディオ・オリヴィエリは、その中で彼が無時間性の感覚を呼び起こしている絵を描いている。彼は、この詩を通して、彼の狙いを表現している。

E` con la pittura che le apparenze si mutano in apparizioni:
Cio` che e` mostrato non e` la verosimiglianza ma la nascita.
E` cosi` che ci viene restituito il nostro presente,
L`assolutamente unico ma imprevedibile presente,
Somma di tutti tempi, raduno degli attimi che ci fanno
Viventi, atto sempre inaugurale dell'esistere.

翻訳は、次に示す通りである。

「絵は、突然の幻覚に似せて外観を変貌させる。

見せているものは、外観ではなく、起源である。
それは、現在の贈りものである。
完全に独特な、しかし予測できない存在、現在。
我々が生かされている瞬間の集積である、全ての時間の合計。
これまでに存在した最初の行為」

これは、私がこの本の最後の部分で明らかにすることを試みた主要な見解を表現している。各々の経験した瞬間は、分離した創造物（起源）であり、全ての時間の集積によって人生に持って来られた、これまでに存在した最初の行為である。ジャネット・ベイカーが、各々の「今」の中で経験しているワクワクさせるものは、「完全に独特であるが予測できない贈り物」である。すなわち、量子力学が他の瞬間と共に、特に猛烈に共振している瞬間の中で、我々自身を見つけることである。

私が始めたように、私は終える。ターナーは我々に、世界を見る方法を教えてくれた。そして、多世界を甘受するにはどうしたらよいかさえ教えてくれた。彼の絵が、ひとたび完成の確かな段階に到達すると、それに対する全ての加筆が、それを簡単に、存在している代表作のひとつにした。彼の絵がその時に通り抜けてきた全ての段階が完全であった。そして、その各々は分離した世界であった「である」。自然は、ターナーよりも完璧な芸術家でさえある。というのは、彼もまた「自然」の一部であるからである。ターナーが大きな劇場の中に我々を人間に配している方法は同様に正しい。彼のほとんど全ての絵の中で人間は、宇宙的な尺度ではちっぽけな存在であるけれども、大きく描かれたキーツの壺のような、ある巨大な絵の必須の部分である。我々は見物人であると同時に、関係者である。巧みに変化し、相続した眺めの土地で絶えず働いている。我々は、場所の中のそこに居るが、もっと大きなものの中に束縛されている。グレッチェン・クバシアークは、テネシー・ウィリアムズの評論に加えて、あるアボリジニー（オーストラリア原住民）の根本原理を私に教えてくれた。それは、しかし、我々が訪問者であるという考えのために、この考えと調和している。

我々は、この時この場所において、全て訪問者である。我々は、今まさに通り過ぎようとしている。我々のここでの目的は、観測すること、学ぶこと、成長すること、愛すること…である。そしてそれから、我々は家へ戻る。

いいえ、これが家である。マッハは、一度、「我々の個人的な記憶を死の向こうに保存することを望みながら、自分のアザラシとセイウチを持たないで不死の贈り物を、感謝の気持ちを持って拒絶する賢明なイヌイットのように我々が振る舞っている」と論評した。私は、それら無しにしようとしてはいけない。私は、たとえそれらが私の一部であることを望んでいたとしても、できない。あなたのように、私は何も無いものである。けれども、（私は）あらゆる物である。私は何も無いものである。なぜなら、私が描かれている個人的なカンバスが存在しないからである。私は全ての物である。なぜなら、私は予知できない地点から見た宇宙である。なぜなら、それは独特であり、それは今、私である。「C'est moi」私は束縛され、とどまっている。我々は皆、巨大な見世物を見物し、それに参加する。不死はここに存在する。我々の仕事は、それを理解するためにあることである。いくつかの「今」は、説明を超えてスリリングで、美しい。それらの中の実在は、究極の贈り物である。

注解

序文

（1）ディラックについての論文は、一九六三年一〇月一八日金曜日の「南ドイツ新聞」に掲載された。そしてそれは、一九六三年五月に「サイエンティフィック・アメリカン」に掲載されたディラックによる論文に基礎を置いていた。

（2）この本に関する私の計画についての公聴会の時に、ミカエル・パーサーは、ハル王子からフォルスタッフへの次のような非難を持って私に注意した。

「一時間が一杯の酒で、一分が一切れの鶏肉で、時計の音がポン引きの声で、文字盤が女郎屋の看板で、おてんとう様が真赤な薄絹でチャラチャラ着飾った情欲に燃えるお女郎様だというなら話は別だが、でなければおれにはわけがわからんな、どうしてお前が昼の時間をたずねるなどという余計なことをしなければならんのか」〔『ヘンリー四世』ウィリアム・シェイクスピア／小田島雄志訳〕

第1章　最大の謎

（1）時間の非存在の可能性は、一般大衆のために、その筋の本の中で今まさに討議され始めたばかりである。ポール・デイヴィスが『時間について』の中で、キップ・ソーンが彼の『ブラック・ホールと時間の歪み』の中で、その両者ともがその話題に数ページを当てている。この世の終わりとして、ソーンは、ブラック・ホールの特異点の近くの時空の運命をたとえている。

破綻する前には（つまり、特異点の外部では）、時空は水をたっぷり吸い込んだ木片に似ている。この譬えでは、木片は空間を表わし、水は時間を表わし、両者（木と水）は密接に絡み合って統一している。特異点とそれを支配する量子重力の法則は、水のしみ込んだ木片を投げ込む火に似ている。火は水を沸騰させて木片の外に追い出し、脆くなった木だけが後に残る。特異点では、量子重力の法則は時間を破壊し、脆くなった空間だけが後に残る。
（林一、塚原周信訳）

しかしながら、ソーンの壮大な本は他の話題に当てられており、この劇的なそして風変りな時間の終わりに関して、読者に何も準備していない。さらにその上、私がそれを読んだ限りでは、その証明は無時間性が、ちょうど特異点の付近ではない全宇宙に広がっていることである。ポール・デイヴィスは、彼の役割として、時間についての深い当惑を繰り返し表明している。彼の本はほとんど、難問の要約である。そして彼は、「あなたは、以前よりも、この本を読んだ後に、時間についてさらにもっと困惑させられるかもしれない。（しかし）大丈夫である。それを書いた後、私自身がもっと当惑させられたからである」と、読者を率直に慰めている。実際に私は、ポールの本のサブタイトル「アインシュタインが残した謎とパラドックス」が、多くの謎に対する鍵であると考えている。第三部で見たように、アインシュタインが取り組まなかった物理的時間の局面がある。

私が知っている大衆向けの本の間で、量子重力の中の時間の問題に対して、疑いもなく最も顕著なものを与えてくれた二冊の本は、私自身の考えに関するある討論を含んでいるリー・スモーリンの『宇宙は自ら進化した』と、デイヴィッド・ドイッチュの『世界の究極理論は存在するか』である。私の本とドイッチュの本の章「時間：最初の量子概念」の間に、相当な重複部分がある。最初から、非常に真面目に無時間性を取り上げている専門書で、今第三版になっているものは、ディター・ジーの『時間の方向に関する物理的基礎』である。

このような本がなぜ、時間が存在しないという概念に、専ら専念しているかという理由は、これまで物理学者によって公式に発表されなかったことが、社会的説明になっているかもしれない。研究所の専門の仕事と研究資金のために仲間の支持している意見にとっては、そのような本は、彼らの評判を傷つけるおそれがあり、研究から遠ざかることになるかもしれない。結局、最初に時間が存在しないということを提案することが、言語道断な途方もないことであるように見える。伝統的な資金に依っては独立が保障されないので、私が、「現れる」ために準備してきたことは、偶然でないかもしれない。

この関係で、一九九一年のスペインでの大きな国際会議で時間の矢に対して捧げた私の経験は、非常に人々の関心を引き付けた。次に掲げるのは、その会議の議事録の中の、私の論文からの引用である(一九九四年、Halliwell他、ペーパーバック版)。

講習会の間じゅう、私は四二名の参加者の各々に対して、次の疑問を投げかけながら、非公式な世論調査を行った。

「あなたは、時間が、世界を形づくる理論の基礎に出現する、真に基礎的な概念であると信じますか? あるいは、時間は、温度の概念が統計力学の中で再発見され得るのと同じ方法で、もっと根源的な概念から引き出され得る機能的な概念であるのだろうか?」

その結果は、次のようであった。二〇名は、根本的なレベルでは時間が存在しないと言った。一二名は、分からない、またはパスと言った。そして、一〇名は、最も基礎的なレベルにおいて、時間が存在すると信じていた。しかしながら、一二名の不明/棄権の枠の中で、時間が理論の最も基礎的なレベルにおいては現れないだろうという信念に対して五名が好意的であった。

このように、明らかに大多数の人が時間の存在を疑っていた。非公式な世論調査を行った時に、私は彼らの意見と共にその名前を正式に発表するつもりであると言った。そして、なぜ二人の人が棄権したかというと、それは匿名であることを残すためであった。それが起こった時に、特にスティーヴン・ホーキングとノーベル賞を受賞したマレー・ゲルマンと、結果のコピーを手に入れた「El Pais」の報道記者の出席の故に、その会議はスペインで巨大なマスコミの関心を呼んだ。その会議の翌日に大きな論文の中に引用した彼自身の意見を見つけた参加者の一人(上記のどちらでもない)は、我々が「あなたとあなたの非難した非公式な世論調査」を持ってシンシナティにおける会議の六ヶ月後に会った時、私を出迎えて少しも喜んではくれなかった。私はその時、編集者がなぜそのとき私が喜んで実行した論文の中で名前を出すことを差し控えるように私に頼んだのか、その理由を悟った。

どういう訳か、ここでは妥当に思われているマーク・トゥウェインの「名言」で私が学んだことが、もっと最近の会議であったのだ。「もし、世界の終わりが近いならば、シンシナティの中に存在するものが、時間である。全ての物は、二〇年遅れてシンシナティで意識を取り戻す。」

（2）　私は、時間の概念を使わずに書くことの難しさを「序文」で述べた。ＢＯＸ２で概略を述べたように、現代物理学の奇妙な状態は、この問題と混ざり合っている。なぜなら、量子理論はいわゆる量子化によって、古典理論から獲得されており、古典的な概念は毎日の経験により多く密接に関係している。私自身も含めて大部分の物理学者によって使われる言葉の中で、古典理論が、それらから獲得された量子理論よりも、どういう訳かより深いことをしばしば含んでいるように思われる。しかしそれは、確かに真理に対する我々のやり方を反映しているだけである。必要なものは、世界が我々に対して古典的に現れていることについて、それに基礎を置いた説明と、直接的に量子の真実を表すための明瞭な言語である。私は基礎的な量子概念として、「今」の概念を提案している。

（3）　時間の瞬間が、直線の連続の中で繋がっているように考えるべきではない別個の存在であるという考えは、少なくとも一人の非科学者の中に、強力な直観的経験とともに存在している。「サンデー・タイムズ」が一九九八年一〇月に私の考えを「時間の暗殺者」というタイトルでを発表した数日後に、私は、その論説を読んだグレッチャン・ミルズ・クバシアークから「ジュリアン・バーバーへの疑問」というｅメールを受け取った。彼女は次のように、自己紹介した。「私は、シカゴに住んでいるただの女性です。建設会社で働いており、あなたの考えに自分自身が徹底的に魅了されたのが分かっています。実際に私は、この過去一週間、他のことを少しも考えることができないのです」。彼女は、私に質問をすることができるかどうかを尋ねた。誰がそのような依頼を断ることができるだろうか？　私はイエスと言った。何かの機会に尋ねて、彼女はそのファースト・ネームからドイツ人の祖先を持っていると分かっていたが、私は次のように意見を言った。「私は、あなたがゲーテの『ファウスト』にその起源を持つドイツ語の表現「グレッチェンの問い」を知っていると推測している。そしてその時、グレッチェンは、ファウストに宗教に対する彼の考えと彼が神を信じているかどうかについて尋ねている。あなたの「グレッチェンの問い」を得たことは、特に良いことであった。」その後の手紙は、「ただの女性」が、彼女の最も正確な描写ではないかもしれないことを私に確信させている。それ以来、彼女は（他の多くの中で）飽くことを知らない読者であり、旅行者である。時間に関する彼女の考えのいくつかは、価値があり、どんどん進んでいる。

数週間前に私は、私の疑問に対するあなたの考えが載っている「ロンドン・タイムズ」の論文を読んだ。私は、旅行に関して私の友達と打ち合わせを始めた。彼は、人が二つの場所の間を旅行する時に、最終目的地を正しく理解することが、その旅に費やすべき時間であると述べた。世界の線状の旅をすることと、二つの場所を繋ぐ時間の経過を経験することによってのみ、我々は我々の最終目的地を理解することができる。

私は、異議を唱えている。私は、我々の人生は、出来事の線形の連続ではなくて、他の瞬間と共に層を成し共存している個々の瞬間から作り上げられていることをいつも信じている。旅行で費やされた時間は、彼らの最終目的地における一人の経験に関係しているという彼の考えを、私は受け入れなかった。私の友達にとって、その旅を構成している時間の一節は、私のために存在してはいなかった。彼が旅行として眺めたものは、瞬間の要素から成り立ってはいなかったというべきではない。しかし私は、最終目的地の瞬間に関係していることを認めることはできなかった。ただ単に、彼らがそれに先行していただけである。

私の頭の中でこれらの確信を持った事実があるにもかかわらず、私は、論文の上で満足のいく議論をするための語彙が不足していることに気付いた。あなたの信念を述べることと、全く別のあなたの議論を支援することは、同じことである。私は、私の信じている私の人生の中の瞬間の、多少記述的な実例がこの考えを例証し始めたことを発見した。しかし私は、それらを支持するものを知らない。

私の考えの一つは、バッキンガム宮殿からひらめいた。小さな子供の時に私は、母がクリストファー・ロビンの見張り番交代の見物の詩を暗唱しているのを、聞いたことがある。私は彼とアリスのすぐそばに黙って立っていた。若い少女の時に、私は新しく結婚したウェールズの王子と王女が、彼らの大衆に挨拶するために、危険を冒してバルコニーの上で外に出ているのをテレビで見た。そして私は、群集の間に立っていた。上記の両方の瞬間において、私は「そこ」に居なかった。そして、まだ私は（そこに）居た。私が一〇代で実際にその宮殿の正面に立った時、物理学の旅路は瞬間が重要でないことと結びついた。重要なものは、これとはべつの瞬間であった。私がその宮殿の正面に立った時、私はまさにその瞬間に生きているのではなく、加えて他の瞬間と共存していた。

それから私は、時間のイリュージョンに関するあなたの考えの概略を書いた「ロンドン・タイムズ」の論文に出会った。そして私の内部に納得の火花が明るく燃え上がった。私はいつも感じていたが決して言い表すことができなかったことが、突然言葉に置き換えられたのである。

もし、あなたが言うように、全ての瞬間が同時に存在し、出来事の線形の連続が存在しないならば、これは、旅行の「長さ」が完全に不必要であることを意味しないだろうか？　もし我々が、隔離された瞬間に存在しているならば、その時、旅行に費やした時間が経験を作り出すという考えは、真実ではあり得ない。なぜならば、時間が存在しないからである。もし、時間が単に幻覚に過ぎないならば、旅行に費やした時間もまた、幻覚である。

私の記憶は決して消えはしない。私のが推測した過去の記憶は、私の現在と同様に明瞭に輝いている。私は、今朝ベッドから起き上がったことを覚えているのと同じくらい鮮明に、一歳半の時に、うたた寝の後に、私のベビー・ベッドから外によじ登ったことを記憶している。記憶は、時間と共にだんだん不明瞭になると思われていないだろうか？　これらの瞬間は、個人的な出来事として私の頭の中に残っている。私はまれに、先行しているあるいはその後の瞬間とあわせて、それらについて考える。私の頭の中の記憶は、いくぶん沈殿物の一片の岩のように感じられる。まるでこれらの瞬間が全て一緒に圧縮されてしまっているかのように。そして、連結部品すなわち、それらと一緒に保持していると私が考えている時間は、風と共に吹き散らされてしまう。これらの思考は、依然としてそれら自身を一つずつ私に知らせて、私の心の中に全て同時に存在している。

私が最も重要だと思うのは、時間によって連結されていると信じられる瞬間同士の間よりも、時間によって分離されている時の、知覚される瞬間同士の間のより強力な結合に関する、私を支配する感覚であった。しかしながら、私にとって不明瞭なものは、結合のこの感覚を何が引き起しているのかである。これらの瞬間の間に関係が存在することができるのだろうか？　線状の結合の感覚の中には無い、むしろ、それらの間の共感の感覚である。ある確かな範囲に対して、私は、同時に起こっているこれらの他の瞬間が存在していること、そして、従属の事情によって結合されている瞬間の間の了解についての、潜在意識による認識が存在すると考えている。

もし、全ての瞬間が同時に存在するならば、私は読まれているクリストファー・ロビンの詩を聞いており、ウェールズの王子と王女はバルコニーの上で見守っており、私自身は宮殿の正面に立っている。以上のことが同時に起こっている。私の自覚している心は、行動の連続的な流れの幻覚の中で、他の瞬間の一団と共に一列に並んでいる直線的な順序で、それらを私に提供している。しかしながら、詩が読まれている間に、私の潜在意識は、私が現実にはバッキンガム宮殿の正面に居り、そしてそこに本当に存在しているという感覚は、クリストファー・ロビンの詩、王室の結婚式に持って来られていることに気付いている。

この他の瞬間がまさに今そこで起こっているというこの認識は、何回も私を襲った。時々それは、私が本を読んでいる時であり、他の時では、私が音楽を聴きながら通りを下って歩いている時である。しかしながら、いつも私は、あの他の瞬間に多少連結されているという感覚が存在し、この瞬間の外に踏み出し別の（瞬間の）中に踏み入れる機会がある、とほとんど感じることができる。それは、この瞬間に対して別の可能性が存在するという認識である。

ある確かな範囲において、私はしばしば、まるで我々が無時間の存在に向かって動いているかのように感じる。毎日の基盤としての、人々による増大するコンピューターの慣習的使用は、この方向に我々を向かわせている要因である。ある瞬間において、時間に対してある思考を持たずに、我々はコンピューターで買い物をすることができ、チャットをし、新聞を読み、調査をし、銀行の用事などをすることができる。そしてその上に、その中では無時間性が客観的現実である環境を、我々はますます多く作り出している。デパート、遊園地そしてカジノなど二〇世紀の環境のほかには、これがもっと明らかに存在している場所はない。それらの目標は、夢のような瞬間である。そしてそこでは、始まりも無くそして終わりも無い。さらに時間も無い。

それがやって来た三ヶ月後に、再びこの論評を読んでいて、それらがしばしば私の立ち位置に非常に密接に関連しており、私に衝撃を与える。私は、エピローグの中の独創的なグレッチェンの問いの解決に取り組んでいる。

（4） 物理学者のための注釈：空間は、ニュートン物理学の中で、二つの役割を演じている。すなわち、それは、この節で述べた統一体の内部で、大多数を形成するためにその内容物を一緒に束縛している。（ユークリッド空間の中のN個の物体の間の分離区別は、この統一体に対して表現法を与えている不等式と代数学の関係式の両者によって束縛されている。）そしてそれは、一致していない時間における位置を定義している。第三部で明らかになるように、私は物理学の型の中で最初の固有性だけが使われることを支持している。

相対性理論の中で、二次元の写真から三次元のスナップ写真を構築することは、光が有限の速度で移動するという事実によって非常に複雑にされている。（がしかし、克服できない訳ではない。）その結果、対象物はもはや、それらが存在すると思われる場所には存在しない。相対性理論に精通していて、私の「今」に関する概念が非常に非相対論的に見えることを心配する読者は、第三部まで判断を延期するようにお願いしたい。アインシュタインは、「今」を廃止はせず、彼はただ単にそれらを相対的にしただけである。

（5）ニュートンの法則とアインシュタインの法則は、両方とも時間の方向に関して完全に等しく働いているけれども、本当に根本的なレベルで、時間の方向を決定しているように思われる量子物理学で知られている現象がある。それは、K中間子と呼ばれる粒子の崩壊の中で観測される。ポール・デイヴィスは彼の『時間について』のある詳細な記述の中で、この現象について論じている。大部分の著者は、この現象が時間進行の強烈な方向性を説明することに関して、有効であるとは思わない点で意見が一致している。これは、この本の中における、私の主要な懸念の一つである。しかし、多分それは、他の点で非常に重要である。そして、時間が実際に宇宙の中で、自発的に支配する要因として存在しているという証拠を提供するかもしれない。しかしながら、時間の方向を定義している証拠は、CPT定理と呼ばれるあるものに基礎を置いており間接的である。これは、現代物理学の中で最も重要であるけれども、もし任意のそれが、量子重力のまだ既存の理論ではない中で取り扱われるならば、どのような型となるのか全く明らかでない。

第2章　タイム・カプセル

（1）参考用文献の中のフー・プライスの本の中に、ボルツマンの考え方の明瞭で詳細な説明が載っている。

（2）ボルツマン自身の著書から、ここに二つの節を引用する価値がある。一八九五年に彼は、「気体の理論に関する確かな疑問について」という題で「ネイチャー」に論文を（彼に助手がいたかどうか分からないが、完全な英語で）発表した。それは、その多くが後に「人間原理」として知られるようになった本当に注目すべき簡潔な記述で終わっている。この表現は、イギリスの相対論者ブランドン・カーター（彼は、ホーキングの発見の糸口になったそれらが消失せることができるというブラック・ホールの物理学について、早い時期に重要な発見をなした）によって、一九七〇年に新しく作り出された。ジョン・バーロウとフランク・ティプラーによる『人間宇宙論原理』という本によって、最初は広く行き渡る注目を獲得した人間原理は、知的な生命体がその中に存在している任意の宇宙は、（純粋に統計学的な観点から）特別な特性を持っているに違いないという考えを表明している。もしそうでなければ、これらの特性を観測する知的な生命体が存在することができないからである。それ故に、我々は、特別な注目すべき特性を持っている宇宙の中で我々自身を見つけても、驚かないだろう。

次の一節の中で、ボルツマンがそれを言及しているH曲線の頂上は、非常に低いエントロピーと高い序列を持った状態に対応している。ボルツマンは、その考えと共に、彼の助手を信じていることを書き留めている。

私は、私の古くからの助手シューエッツ博士の見解で、この論文を終わるだろう。

我々は、全体の宇宙が熱平衡の中で存在し、永遠に続くことを当然のこととしている。その宇宙の一部分（一部分だけ）がある確かな状態にあるという確率は、この状態が熱平衡からより遠くに存在している（確率より）もっと小さい。しかし、この確率は、宇宙それ自身がより大きくなれば大きくなる。もし我々が、その宇宙が十分に大きいと仮定するならば、我々は、任意の与えられた状態（しかしながら、熱平衡の状態からははるかに遠く離れている）の中に存在している相対的に小さな一部分の確率を、我々が満足するくらい大きくすることができる。我々はまた、その宇宙全体が熱平衡状態の中にあるけれども、我々の世界がその現在の状態の中にある確率を大きくすることができる。その世界が熱平衡状態から非常に遠く離れているので、我々はそのような状態が起こりそうもにないことを、想像することができないと言えるであろう。しかし一方で、この世界が全体の宇宙のどのようにして小さな一部分であるのかを、我々は想像することができるだろうか？　その宇宙が十分に大きいと仮定すれば、我々の世界として、そのような小さな一部分が、それの現在の状態の中に存在する確率は、もはや小さくない。

もし、この仮定が正しいならば、我々の世界はますます多く、熱平衡状態に戻るだろう。しかし、全体の宇宙は非常に巨大である故に、ある他の世界がある未来の時間に、我々の世界が現在なしているのと同様に熱平衡状態から遠く離れて逸脱することは、十分にありそうである。その時、前述のH曲線が、その宇宙で何が起こっているかについて描写を与えるだろう。その曲線の極致は、目に見える運動と生命が存在しているその世界を表すだろう。

ボルツマンは、一年後にこのテーマに戻った。この時、彼はドイツ語で書いている。次に書いたものは、私の翻訳である。

ある人が、二つの絵画の間で選択をしている。ある人は、完全な宇宙が一般的に最もありそうもない状態の中にあることを想像することができる。しかしながら、ある人はまた、起こりそうもない状態が発生する間の一〇億年が、全ての時間と比較して相対的に短いということと、(地球から)シリウスまでの距離が、宇宙的な尺度と較べて小さいということを想像することができる。それから、どの別のものも至る所で熱平衡状態にある、すなわち死んでいるところの宇宙の中で、相対的に短い一〇億年の間中ずっと、平衡状態から遠くにある我々の星の領域(我々はそれらを孤立した世界と呼んでいる)の尺度に関して、相対的に小さい領域を、ある人はあちこちに見つけることができる。さらにその上、その状態の確率がその中で増加しているものが多くあるのと同様に、減少しているものもあるだろう。このように、その宇宙にとって時間の二つの方向は、ちょうど、空間の中に上下が無いように、識別できない。しかし、ちょうど我々が、地球の表面上のある確かな地点で、地球の中心に向かう方向を下と考えるように、ある確かな時間に、これらの孤立した世界の中に存在している生きた創造物は、より起こりそうもない状態の方に向かう時間の方向を、反対の方向とは違ったものと考えるだろう。(前者を過去あるいは起源と呼び、後者を未来あるいは終末と呼ぶ。)それ故に、その宇宙から隔離されたこれらの小さな領域の中で、「起源」はいつも、起こりそうもない状態の中に存在するだろう。

(3) 脳は、我々が運動を見る時に、我々をだましているかもしれないという私の提言に関連して、スティーブン・

ピンカーが『心の仕組み』という本の中で指摘しているように、正常な人々が運動を見ている時に、脳の損傷の特定の型を持った人々は運動が見えていないということは、興味深い。彼の言葉によると、彼らは「物体の位置が変わったのは見えるが、動いているところは見えない、という症状もある——ある哲学者は、そんな症状は論理的にあり得ない、と私を説得しようとした。しかし、この症状の患者にとっては、ポットから流れるお茶がつららに見える。カップは徐々に一杯になるのではなく、カラだったのが突如一杯になるのである。」（椋田直子訳）

もし、心がこれらのことをすることができるならば、損傷を受けていない脳の中では、運動の痕跡が創造されているのかもしれない。

第3章　無時間の世界

（1）時間の存在とその流れについて議論していることで最もよく知られている哲学者は、ジョン・マクタガートであった。彼については、時間の「非実在性」に関して彼が信じるところと、無常の否定がしばしば引用されている。次に掲げた彼の論争は、非常に専門の哲学者らしいものである。

過去、現在そして未来は、共存できない確定したものである。全ての出来事は、一つかその他のものでなければならないが、どの出来事も一つ以上のものであることはできない。もし私が、任意の出来事が過去であるというならば、それは、それが現在でもなく、また未来でもないということを含んでいる。そしてそれは、他の二つについても同様である。そしてこの排他性は、変化に対する本質的要素である。それ故に、時間についても本質的要素である。だから、我々が得ることのできる変化は、未来から現在へと、現在から過去へだけである。

それ故に、その特徴は共存できないことにある。しかし、全ての出来事は、それらを全部持っている。もしも、「出来事」が過去ならば、それは現在と未来に存在している。もしそれが未来であるならば、それは現在と過去に存在しているだろう。もしそれが現在であるならば、それは未来に存在し、そして過去に存在しているだろう。このように、全ての三つの特徴は、各々の出来事に所属している。この一貫性は、どのようにして、それらの共存できないものと共にあるのだろうか？（マクタガート、一九二七年、第二巻二〇ページ）

ここでのいくつかの考え、特に「排他性は変化に対する本質的要素である」は、確かに私自身の考えとぴったり合っている。しかし、マクタガートの論証は純粋に論理的であり、物理学に対して何も要求していない。私がその人に対して、いくつかの討論に関して恩を受けているアブナー・シモニー（一九九七年）は、マクタガートの立場と私とを比較しているが、私は彼が、私のタイム・カプセルの概念を全く理解していなかったと考えている。それで、私は彼の議論が私に無常を受け入れることを強制したとは感じていない。

時間についての神学的な思考の典型的な例は、ニール・ドナルド・ウォルシュによる、『神との対話――宇宙を生きる自分を生きる』からの、この抜粋句である。（親切にもアン・グリルが私に送ってくれた。）

「時」は上がったり下がったりするものだよ。いまという永遠の瞬間を表す、はかりのようなものと考えればいいかな。そのはかりの上に、紙の束がのっていると考えてごらん。それが時の要素だ。それぞれはバラバラだが、同時に存在している。全部の紙の束がはかりの上にある。未来にあるように、そして過去にあったように。あるのはただひとつの時、この瞬間、いまという永遠の瞬間だ。

（吉田利子訳）

再び、私の見解と共にある重複が存在する。彼にとって時間の要素であるウォルシュの「葉」は、私にとっての「今」である。しかし、時間の紡錘体すなわち「永遠不変の瞬間」は、全く私の描写の一部分ではない。私の「今」は全て、同じ規則に従って構築されている。「永遠不変の瞬間」には、構築の共通の規則だけは存在しない。私はウォルシュが、どこにもない永遠不変の物質を理解しようと試みていたと考えている。けれども、私は、「葉」が全て同時にそこにあり、それは励みになる考えであると彼が言っていることは正しいと思う。しかし、我々は我々が得ることができるより以上のものを要求しないだろう。そしてその上、紡錘体としての時間のイメージは美しいが迷わせるものである。私の判断では、注目すべき紡錘体のイメージが含まれているので、時間の「葉」は最も明確に単一の線に沿って配列することができない。

(2) この節で私が、時間の可能な瞬間を表している全ての構造物は三次元である。これは、我々が実際に観測している空間が三次元であるからである。しかしながら、いくつかの現代の理論(超ひも理論)の中で、空間が実際に一〇やさらにそれ以上多くの次元を持っていることが当然のこととされている。3を除く全ての次元が、非常にぎっしりと「集められる」ので、我々はそれらを見ることができない。原則的には、私の時間の瞬間はこの描写の中に適合することができた。それ故それらは、一〇(あるいはそれ以上)の次元を持っているだろう。

(3) この注解は、専門家のためのものである。「プラトニア」は、「成層化された集合体」として知られている配置空間の特別な型である。「三角形の土地」の境界を形成する薄板、骨組みと特異点は、「層」と呼ばれている。私は、「プラトニア」の成層化された構造が、高度に示唆的であると信じている。数学者と物理学者は、実際に、この問題をドウィット(一九七〇年)とフィッシャー(一九七〇年)に相談することに関心を示した。正常な都合よく振る舞う数学が、それらによって問題を起こすので、その層は一般的に邪魔な物として考えられている。それらは、機械の可動部分の中の砂粒のようなものである。しかしそれらは、世界の貝の中で「その中でもっと高価な真珠」を生じさせる砂粒であるかもしれない。すなわち、デズデモーナではなく時間である。(第22章)(オセロがデズデモーナを絞め殺してしまった後に、彼は自分の恐ろしい間違いを悟ったのであるが、それから、「自分は、卑しい手で、全種族全てよりももっと貴重な真珠を投げ捨てた」と、彼は自害する前に言った。)

第4章 二者択一的な枠組み

(1) 私は、一九八九年に出版した私の『動力学の発見』第一巻「絶対運動か相対運動か?」の中で、天文学と力学の初期の歴史と、絶対対相対の論争について、かなりの長さにわたって書いた。現在、時間に関してその構想を提起している第二巻は、四分の三が書かれており、私は第一巻のペーパーバック版と一緒に二〇〇〇年か二〇〇一年に出版されることを希望している。この本の第二部と第三部で提出された話題の十分に伝統的な(そして数学的な)処理を望んでいる読者達は、これらの二巻を参考にすることを希望する。第二巻が出版されるまでは、多くの専門的問題を私の論文(バーバー、一九九四年a)の中で見つけることができる。私の初期の論文は、そこで引用されている。

絶対的な距離が動力学から除去される方向の、最近の洞察に関する私の論文の情報は、ウェブサイト（platonia.com）と第二巻の中で与えられるだろう。

（2）その文章の主要部分は、物理学者が出発点について心配することを避けることを可能にする、世界の幸運な状況の重要性について述べている。もう一つの非常に重要な要素は、ニュートンを深く感銘させ、ギリシャの数学者による非常に初期に開発された空の空間の概念の明快さである。彼は実際に、彼の心の眼で空間を見ることができると感じ、それをガラスの無限の半透明のブロックのようであると考えた。彼と多くの他の数学者達は、その点を、密集してブロックを構成するちっぽけな同一の砂粒のようなものであるとして考えた。しかし、これは全て幽霊のような怪しげなものである。まさに目に見えるガラスやちっぽけな砂粒とは異なって、空間とその点は、全く目に見えないものである。これは、疑われている実在しない世界である。

我々は、古い概念に固執する必要はない。我々は何か新しいものに対して、我々の目を開けておくことができる。空間の点は、数学者が時々、我々に信じさせようとしているものではないことを説明してみよう。壮大な山の山脈の中にいるあなた自身を想像して欲しい。そして誰かが尋ねる。「あなたは、どこにいるのですか？」と。その時あなたは、虫眼鏡を持ってひざまずき、あなたが山脈の占有している「空間」の中に存在しているその目に見えない「地点」を探すだろうか？　あなたは、空しく探すだろう。あなたはそのような愚かなことをする必要は全くない。あなたは、まさにその山であなたの周りを見回すだろう。「それらは、あなたがどこにいるかをあなたに教える。」あなたが世界の中で占有しているその地点は、あなたに見られているのと同様に、その世界がどのように見えるかによって明らかにされる。すなわち、それはあなたに見られているのと同様なその世界の一枚のスナップ写真である。空間の実際の地点は、ちっぽけな砂粒ではなくて、実際の写真である。世界の中で、あなたが存在している地点を見るためには、あなたは内側を見るのではなく外側を見なければならない。

セントポール大聖堂の中のクリストファー・ウォーレンの墓の隣の銘板には、簡単に次のように記されている。「もし、あなたが記念碑を探しているならば、あなたの周りを見回してみなさい。」あなたが存在している地点もまた、記念碑である。そしてあなたは、あなたの周りを見回すことによってそれを見つける。もし我々が、宇宙と時間を理解したいと思うならば、我々に必要であると私が考えることは、固定化した考え方からのこの種の変化である。

この注解を終わるにあたり、私の研究法のおそらく最も重要である問題が何であるかについて一言。それは、無限への対処法である。これまでは定義したように、「プラトニア」の中の各々の場所は、対象物の有限な数の立体配置に対応している。そのような宇宙は、有限の島のようである。無限の範囲を持ち、無限に多くの対象物を含んでいる立体配置を許可することができた。これは、克服できない問題ではない。その困難は、人が実行を必要とする操作と共に現れてくる。この本の中で述べているように、もし、「プラトニア」の中の点すなわち、時間の瞬間が、ある有限の中にあるならば、機能する。アインシュタインの理論は有限の宇宙か無限の宇宙か美しく取り扱う方法があるかもしれないが、無限は、いつも難しい。「地平線のかなたに」何かが存在している。そして我々は、原因と結果の循環を決して終わらせることはできない。手短に言えば、我々は完全に合理的な世界のモデルを構築することはできない。この理由のために、アインシュタインの最初の最も有名な宇宙創成理論のモデルは、空間的に有限で、それ自身閉じていた。この本の構成は、捕捉し難い循環が閉じている宇宙の合理的なモデルを創造するための、類似した試みと見られるべきである。

事実上、基本的な概念として絶対的な距離を除去する可能性の中で、「序文」で言及した私の最近の洞察が完全な理論に変換できれば、その無限の問題はその経過の中で上手く解決されるかもしれない。もし、大きさに意味が無ければ、空間的に有限の宇宙と無限の宇宙の間の相違は無意味なものになる。

第5章　ニュートンの証明

（1）　この節のそのような重要な部分を形成している美しい図解を作り出すのに際して、ディーレック・リープシャーは、ピート・ハット（前進的調査研究所）とスティーブ・マクミラン（ドレクセル大学）とジュン・マキノ（東京大学）らによって書かれたソフトウェアを使って、ダグラス・ヘギー（エジンバラ大学）によって考案された最初のデータを引き出すことができた。ディーレックは、異なった可能な幾何学とアインシュタインの相対性理論との間の関係について、非常に興味深い本（悲しいかな、まだドイツ語だけで発表されている）を書いた。（リープシャー、一九九九年）それは、コンピューターで生成した多くの注目すべき図解を含んでいる。

ポアンカレの議論は、彼の同時代人であるマッハの著作と共に、大衆向きの科学のベストセラーになった彼の「科学と仮説」の中に含まれている。実のところ、この本の中で私は、ポアンカレとマッハによって議論されたテーマの多くを、実際に、後出しの有利さを持って再び取り上げている。彼らが引き起した大きな問題は、一般相対性理論と量子力学の発見によって、どのように変化しただろうか？　私は、無時間理論の必要条件に適合するように、ポアンカレの議論を幾分変えた。（彼は、絶対空間を除去する可能性だけを考慮している。）

物理学における絶対的距離に関する現在の満足できない使用に対して、注意を喚起しているBOX3を書いて以来、私は、距離が絶対ではない動力学理論を創造する方法を発見した。これは、この本の後に述べられる最適整合の概念の非常に自然な拡張によって成し遂げられる。私が「序文」で言及した新しい洞察は、この発展と主に関係している。最も興奮させられることは、もしそのような理論が本当に世界を表すならば、重力と自然界の他の力は、精密に絶対的距離が不必要とされることによってその構造に組み入れられる。この研究はまだ発展途中にあるので、私は詳細にわたってそれを表す計画は無い。しかし私は、何か進歩があった時のために、最新の情報を取り入れた私のウェブサイト（platonia.com）を更新するだろう。

第6章　天空の二つの巨大な時計

（1）　私が非常に重要であると感じているテイトの研究は、ほとんど完全に注目されずに消えていった。これは多分、「慣性系」の表現法を新しく作り出す時に、参照される慣性の骨組みを見つけるために、その二年後に若いドイツ人のルドウィッヒ・ランゲが二者択一的な構造を導入したからである。ランゲは、そのような系の決定の問題を、純粋に相対的なデータから前面に持って来たので大きな賞賛を受ける権利がある。しかし、テイトの構造は、はるかに大きく解明に役立っている。ランゲの研究はバーバー（一九八九年）の中で、詳細にわたって討議されている。そして、テイトの研究は、バーバー（近刊）の中で討議される。

（2）　天文歴時の導入の歴史の非常にふさわしい説明は、アメリカ人の天文学者ジェラルド・クレメンスによって与えられた。

第7章　プラトニアの中のパス

（1）この本を知らない物理学者と数学者のために。多くの歴史的なものとともに、力学の様々な原理の素晴らしい説明が、ランゾス（一九八六年）によって示されている。

（2）マッハ原理に関する他の歴史的、専門的論文に沿った、ホフマン、ライスナーとシュレディンガーによる論文の翻訳は、バーバーとフィスター（一九九五年）の中にある。

（3）角運動量を消滅させるニュートン的運動の特別な特性は、分子運動の理論の中でA・グウィッチャーデットによって、そして、微生物が粘性の液体の中でどのようにして泳ぐのかの理論の中でA・シャペアーとF・ウィルチェックによって、ベルトッティの研究と私自身の研究とは関係なく発見された。豊富な数学的理論が開発され、上で述べた初期の研究の参照を含んでいる、リトルジョンとラインシュによる論文（一九九七年）で、素晴らしく評価されている。全ての数学的な詳細は、ベルトッティと私自身による初期の研究に対する参照同様に、バーバー（一九九四年a）の中で見つけることができる。

第8章　青天の霹靂

（1）ポアンカレの論文は、彼の『科学の価値』第二章の中に見つけられる。ペイズの本は、参考文献の中にある。

（2）私が知っている相対性革命に関する、最良の（程よく専門的な）歴史的背景の記述は、マックス・ボルンによる本にある。それは、ペーパーバックですぐ手に入る。

（3）アインシュタインの注意を何とか逃れる話題についての私の主張は、バーバー（近刊）の中で詳細にわたって、詳しく説明する。私は、時計の理論とバーバー（一九九四年a）の持続期間に関する文献の中で、その隙間をうまく埋めることを試みた。

第10章　一般相対性理論の発見

（1）アインシュタインの論文と手紙は、現在ではプリンストン大学出版部によって（英語に翻訳されて）、発表されている。この節で言及した彼の妻に対する手紙は、最初の巻の中で見つけることができる（スタッチェルと他の者、一九八七年）。

第11章　一般相対性理論――無時間の概念

（1）これは、超空間の定義についての専門的な記録である。一般相対性理論の方程式は、いわゆる閉じた時間の輪と呼ばれるものが存在する場所を含んでいる、異なった種類の解の多数の変化を導く。これらは、一種の時間旅行がその中で可能であるように思われる解である。その時、それが一般相対性理論の与えられた解であるかどうかという疑問が起こって来る。それは、アインシュタインの方程式を成立させている時空であり、超空間の中の一本のパスとして表すことができる。専門的な言葉によれば、リーマン的三次元幾何学様式の独特の連続に相当する。これが、いつもそうであるならば、その時、超空間は本当に自然で妥当な概念であるように見える。不幸なことに、それは確実にそうではない。我々がこの困難を回避するために企てることのできる二つの方法がある。古典的な一般相対性理論は、それが量子理論ではないので、宇宙の根本的な理論ではないと、我々は言うことができる。これは我々に、超空間が妥当な量子概念であると主張すること、そして古典的な歴史に近づいた時に現れてくる一般相対性理論の唯一の確かな「良く振る舞う」解を、それが許すだろうと主張している。これらの故に、超空間は妥当な概念であるだろう。二者択一的に、我々は、正しいリーマン的三次元幾何学様式（その中では、小さな領域の中の幾何学は、いつもユークリッド幾何学である）だけではなくて、偽のリーマン的三次元幾何学様式（その中では、局部的な幾何学はミンコフスキー型の署名を持っている）もまた含むために、超空間の定義を拡張することができた。そして、そのサインが空間の内部で変化する幾何学もまた含んでいる。というのは、その理由は次頁から始まる長い注解の中で与えられる。私は、二番目の選択を選ぶ。

＊右の注解は、「序文」の最後に言及した私の新しい洞察が得られる前に書かれた。私は今では、その困難に関して潜在的により多く魅惑的な解決法があると信じている。すなわち、世界の本当の舞台は、超空間ではなく、私が三五〇ページに述べている正角図法の超空間である。

（2） 図30はホイーラー（一九六四年）とマイスナーら（一九七三年）の本の中の良く知られている図解を直接的にモデルとしている。

専門的な注解 アインシュタインの場の方程式は、幾何学的な量から形成された四次元のエネルギー運動量テンソルを物体を表している変数から形成された四次元テンソルに関係している。マッハの幾何学的動力学は、どのようにしてこれらの四次元のテンソルが三次元の量から築き上げられるのかを示している。これがなされることによって、二つの原理が最適な状態で調和し、空間と時間の方向についてのミンコフスキーの法則が、正確に同じ方法で取り扱われるに違いない（続く注解を参照）。私が知っている限りでは、物体が現在に存在している時に、これがどのような数学的手法で処理されるかについては、私が、これと、この本の中で取り扱った多くの他の話題に関して極めて多数の討論で恩を受けているドメニコ・ギリーニによる最近の論文（一九九九年）の中で、最初に詳しく説明された。

（3） これは別の専門的注解である。織り込まれた恋人たちのつづれ織りのような時空に関する私のイメージは、アインシュタインの場の方程式に関する次の特性に基礎を置いている。もし、場の方程式の解である任意の与えられた時空において、我々が時空の任意の小さな領域の中で、勝手気ままな四次元の格子を並べるならば、その時、原則的に我々は、三次元の超（表）面上のデータを受け取るのを企てることになる。そして、これらのデータを展開して、完全な領域の中の時空を回復するために、アインシュタインの方程式を使うことを試みることができる。通常通り、我々は時間のような方法で、これを試みた。しかしながら、その方程式の「形」は、我々が最初のデータから発展することを試みるために選んだどちらの方向でも、厳密に同じである。これは、ミンコフスキーが特別に強調した相対性原理の局面の即座の結論である。すなわち、方程式の構造に関しては、空間を支配しているものは全て時間を支配し、時間を支配しているものは全て空間を支配する。

さらにその上、我々が「試みられた展開の方向」をどのように選んでも、アインシュタインの方程式はいつも非常に独特の構造を持っている。全てで一〇個の方程式がある。それらの一つは、我々が発展を試みている変数に関して、何も導関数を含んでいない。それらの内三つは、その変数に関して一次導関数だけを含んでいる。残った六個の方程式は、その変数に関して二次導関数を含んでいる。そして、選ばれた方向に発展するのに適した方程式の形を持っている。しかし我々は、いわゆる束縛されている他の四個の方程式を最初に解かなければならない。もし最初のデータが、これらの四個の方程式を成立させないならば、発展は不可能である。

アインシュタインの方程式を成立させている時空を調べるのに、二つの方法がある。すなわち、一つは、制約を成立させ、それから幾分伝統的な発展方程式によって組み立てられた形式の中に（どういう訳か）獲得された初期のデータから得られた構造としてである。もう一つは、我々がその座標線をどんなに選んでも、至る所で束縛を成立させている構造としてである。時空を調べている二番目の方法では、伝統的な発展は全く描写の中に生じてこない。多くのことは、これがアインシュタインの方程式を調べるためのより基本的な方法であることを示唆している（特に、クッチャーの美しい一九九二年の論文を参照）。

一般相対性理論についての考えと、私の無時間の方法との結合は、発展変数の一次導関数だけを含んでいる三つの束縛方程式が、最適整合条件が対応している「初期の」超（表）面に沿って保たれている事実の、正確な表現であるという事実によって示されている。ところが一方、発展変数の導関数を何も含んでいない第四番目の束縛方程式は、固有の時間が天文学者の天文暦時の局部的な相似物として、幾何学的動力学の中で決定されているという事実を表している。それは、我々が希望するように座標線を描くための完全な自由であり、そして少なくとも形式的に、任意の方向に発展を企てる完全な自由を表している。そしてこれは、以前の注解の中で着想した二番目の二者択一が妥当であると私に感じさせている。アインシュタインの方程式が、時空の記号が何であっても同じ形式を持っていることもまた、非常に重要な意味のあることであると私は考えている。その記号は、方程式の一部分ではない。それは、その解の上に正常に付与された条件である。アインシュタインの一般相対性理論が、高度な四次元の対称性の基準（この章の最後に言及した）を満たしている独特の理論であることの実証は、ホイマンらによって（一九七六年）なされた。

第4章の注解の最後で、私は絶対的な距離がもはや適切ではない宇宙の動力学理論を創造するための方法に関する私の最近の発見について述べた。コーク大学の、アイルランド人の同僚ニオール・オ・マーチャダーと私は、幾何学が動力学である一般相対性理論のような理論に対する新しい考えの適用に関して、現在研究している。この研究は、その中で一種の残された絶対距離が役割を演じる一般相対性理論の構造の中に、新しい洞察を与える。のみならず、その中には、任意の種類の距離が何も生じない対抗者の二者択一の理論に導くだろうということが、可能性として存在する。

その鍵となる一歩は、超空間からいわゆる正角図法の超空間に拡張された最適整合の原理を拡張することである。幾何学的動力学の背景の中で、これは、「三角形の土地」からBOX3で述べたような「型空間」への推移に似ている。しかしながら、BOX3において、それは取り去られた全体の尺度だけで、まだ側面の長さの比率について話すのは意味のあることであるのに対して、正角図法の超空間における推移は、もっと多く激烈であり、物理学から距離の全ての痕跡を取り去る。

内情に通じている人々にとって、もっと専門的な言い方をすると、正角図法の超空間の各点は、与えられた正角図法的幾何学を持ち、位置依存尺度変換に関係した計量の等価等級によって表される。

この研究の潜在的に最も興味深い意味は、それが、図31に示された時空の十文字に交差している織物の厳しい問題を解決することができるだろうということである。正角図法の超空間の段階で、宇宙は状態の独特な順序を通り抜けて行く。一番最近の展開については、私のウェブサイトを調べていただきたい(platonia.com)。

第12章　量子力学の発見

(1)粒子と場の間の関係に関して、粒子ではなく場の状態にあるべき、量子場理論のレベルで妥当な「プラトン的」描写を、私が当然のこととしていることについて、ここで述べさせて欲しい。

第13章　より小さい謎

(1)ホイーラーとツーレック(一九八三年)は、量子力学の解釈問題に関する独創的な論文の素晴らしい蓄積を刊行した。

第14章　より大きな謎

（1）多世界の概念に関するエヴェレットの独創的なPh. D. 命題、彼の出版した論文とデヴィット（とその他の人々）による論文は、デヴィットとグラハムによる本（一九七三年）の中で見つけられる。

第16章「あのダメだと判定された方程式」

（1）実際の宇宙が、任意の他の考えられる限りの宇宙よりも、もっと変動しているというライプニッツの考えのもっと詳細な説明は、スモーリン（一九九一年）とバーバー（一九九四年b）の本の中に見られる。T・S・エリオットからの引用は、エリオット（一九六四年）の中にある。私の本は、バーバー（一九八九年）である。

（2）専門的注解　第11章に関連してホイーラー－ドウィット方程式の形式が、時空の記号から独立していることは興味深い。

①物理学者のために、私は、ホイーラー－ドウィット方程式を静的なシュレディンガー方程式と似ているものとみなすために、重要な二者択一が存在することを述べなければならない。その方程式の中の時間の役割は、本質的に、ホイーラー－ドウィット方程式の場合における宇宙の容積によって演じられ、それはまた、相対論的クライン－ゴードン方程式との類似点が生まれる。

②ホイーラー－ドウィット方程式に関する私の無時間解釈に対するクッチャーの反対は、バーバーとフィスター（一九九五年）の巻末の討論の中で見ることができる。量子重力の中の時間の問題に関する包括的な再調査は、クッチャー（一九九二年）とイシャム（一九九三年）の中で見つけられる。

③ 一九九四年に、ダラムで開催された量子重力に関する国際会議で、私と討論した中で、ブライス・ドウィットは彼の「ダメだと判定された方程式」について、二つの主な異論を示した。第一は、それが、アインシュタインとミンコフスキーによって始められた相対性の大きな伝統に対して反していると彼が感じていた時間と空間の中の、時空の分割が必要であったことであった。私は、なぜ私が、これが必ずしも反してないかもしれないと感じていることを、すでに説明した。すなわち、本当に、もしそのような分割がなければ、一般相対性理論に客観的な内容物を与えることが可能ではないかもしれない。ドウィットの二番目の異論は、「ダメだと判定された方程式」がまだ具体的な結果を生み出していないことと、数学的困難を悩まされていた（いる）ことであった。これは確かに本当であり、重大であるこれらの困難に関する議論を全て省略してきた。しかしながら、自然を表す方程式に関する物理学者の理解が、より深くなると、方程式それ自身がもっと精巧になり、それを解くのがより困難になることに気付くのは、価値のあることだと私は思う。アインシュタインの方程式の解を見つけることは、ニュートンの（方程式の解を見つけること）より、はるかに困難である。この傾向、すなわち方程式難解性をもたらす原理のより深い理解が、量子重力の進歩が非常に遅いことの本当の意味であるだろう。実際一〇年以上の間、私の友人リー・スモーリンと別の友人カーロ・ロヴェッリを含む相対論者アーベイ・アシュテカを中心としたグループは、正統な量子重力（ドウィットがその中で彼の方程式を引き出した広大な枠組み）に特別なアプローチで徹底的に研究して、確かに難問のいくつかを解決した。この研究に関する説明は、リーの『宇宙は自ら進化した』の中で見ることができる。クッチャーもまた多くの重要な貢献をした。

もし、第11章の注解の中で述べた考えが、ニオール・オ・マーチャダーと私ができると信じたようにして成就するならば、第16章の最後の部分と上述の注解の中で示された難問は、非常に大きな確率で解決されるだろう。四〇年間の間その理論を悩ませ続けてきたことに着手するための正しい方法に関する概念的な不確実性は、全て取り去ることができた。一般相対性理論とそれを取り替えた二者択一理論の両者において、宇宙の波動関数は、主な教科書で説明したように確かに静的であり、立体配置のための確率を与えるだろう。同じ構造を持ち局所的尺度だけ異なっている全ての立体配置が同じ確率を持っているので、主な相違点は、本質的な構造が考慮されるだけである。それらは、ただ単に、時間の同じ瞬間に対する異なった表現があるに過ぎないだろう。しかしながら、一般相対性理論にとって、宇宙の容積を表す奇妙な残された尺度が存在するだろう。宇宙は体積を持っているが、その中に含まれている固有の構造物の間で体積がどのようにして分配されるかについては、示していないということは意味のあることだろう。

第17章　無時間の哲学

（1）目標の主題と科学の方法に関して、私はデイヴィッド・ドイチェの「現実の骨組み」を強く推薦する。

第18章　静的な動力学とタイム・カプセル

（1）この節では、私はさまざまな著者による調査に言及している。彼らの研究は参考文献の中に見つけられるであろう。準古典的な研究法に本当に興味を持った物理学者は、ヴィレンキン（一九八九年）による再検討論文、ブラウト（一九八七年）による論文、ゼー（一九九二年、一九九九年）の最後の部分、そして、キーファー（一九九七年）による序文の論文を調べることもまた、良いかもしれない。私自身の考えの最も完全な説明は、バーバー（一九九四年a）である。

第19章　隠れている歴史と波束

（1）この本の最初の草稿の中に、私は、初めはド・ブロイによって提出された量子力学の大変興味深い解釈の長い部分を含ませていた。そして、私がピーター・ホランドの本（一九九三年）とともに物理学者に猛烈に推薦した、一九五二年の論文を書いたボームによって蘇らせられた。特に私は、その解釈がその問題を本当に解決してはくれないと信じて以来、それをこの本で余りに長く構成したと感じたので、後悔と共にそれを省略した。しかしながら、私は、量子力学の全ての結果を、位置が基礎的なものとして取り扱われる枠組みの中で獲得できることを示している方法を、特に評価している。我々が次の章で見るように、これは、ジョン・ベルに魅惑的な理論を作らせた。

第20章　記録の創造

（1）ベルの論文は、彼の出版物「量子力学の中の言葉に表せるものと、言葉に表せられないもの」の中に見つけることができる。

モットの論文は、ホイーラーとツーレック（一九八三年）の中で再現されている。ハイゼンベルグの処理法は、彼の『量子論の物理的基礎』の中にある。モットの論文に対する私の注目を最初に引き寄せてくれたジム・ハートルに、私は非常に感謝している。その時代に彼は、私自身の現在の見解に全く類似している量子宇宙論の解釈を本気で考えていた。彼はその後、幾分尻込みした。そして、今は、歴史的に認められている量子力学の解釈を支持している。私はまた、ここでディーター・ジーに対して感謝を表明したいと思う。私より前に長くこの仕事をしていたジーは、また、モットの研究の重要性を私に理解させてくれ、そしてベルの論文を知らせてくれた。徹底的に真剣に無時間の挑戦を受けとめる物理学者は多くない。しかし、ディーター・ジーと彼の研究生クラウス・キーファーは違う。私が多くのことを獲得し、学んだのは彼ら二人のお陰である。

第21章　多くの瞬間の解釈

（1）量子力学に関する彼の「宇宙論的解釈」の中で、ベルは、エヴェレット（の解釈）とド・ブロイ－ボームの解釈の両者から引き出した要素を結合させた（第19章の注解参照）。実際、混合した解釈に関するベルの説明は、むしろ簡潔であり、そのため誤解されやすい。私は、この本の最初の草稿の中でベルの考えを説明する時に、私が犯した間違いに注意してくれたフェイ・ドーカーとハーベイ・ブラウンに最も感謝している。この節の中で、私はベルに関する彼らの解釈に従っている。すなわち、私が確信していることは、彼が意味していることである。

（2）「経験させられる」確率か「存在する」確率が問題の概念であることを、明らかにすることを私は希望する。もし、自意識が構造によって決定されるならば、その時、自意識はすでに「今」の中に存在している。そして、それらの確率にお構いなく経験されるに違いない。確率にとって何の役割が残るのだろうか？　それは、非常に難しい問題である。確率はすでに普通の量子力学の中で困惑させる存在であり、古典物理学の中でさえ、そうである。冷たい水は、自然に沸騰させることができるだろう。しかし我々は、これが起こるのを見ることは決してない。標準的な確率論争は、可能であるがとてつもなく起こりそうもないことは、経験されないだろうということを示唆している。多くの人は、ある方程式の中の確率は、単純に量子理論の中で不可避であることを示唆している。なぜならそれは、相互に排他的な可能性を探究しているからである。時間の瞬間は、究極的な可能性のための自然な候補者である。もし、確かな非常に特別に組織化された瞬間が、他よりもとてつもなく大きな確率を持っているならば、そして、その人が習慣的に経験しているならば、それは解釈として扱うに違いないと私は感じる。しかし、この問題の難解さの証拠として、私は、ロンドン帝国大学のフェイ・ドーカーと交わし編集したeメールのやり取りを、BOX16の中に加えている。彼女は、非常に明晰な思索家であるが、多世界と正統な量子化すなわち、私が支持している量子重力に対する研究法の両者について、懐疑的である。それで私は、彼女に特に私の最初の草稿を読むように依頼した。

第22章　時間の出現とその矢

（1）「時間の方向に関する物理学的基礎」の第二版で、量子重力の本質的な動力学的不均一性が、時間の矢を「引き出すこと」（多分、特別な条件を付与すること無しに）の可能性を提供することについてジーが述べている。

（2）専門家のために：摂動の膨張の各々の段階における去っていく波に対応している完全な表現の一つとして、モットーはいつも核を選ぶ。しかしながら、数学の中で入って来る波の（時折起こる）選択を除外するものは何も無い。これは、全てを乱雑にするだろう。

私は、モットーがベルのように「タイム・カプセル」のような表現を決して使わなかったことと、アルファ粒子の航跡についてそのように明瞭に考えなかったことを、強調すべきである。アルファ粒子の航跡に関するモットーの研究からは、量子力学の多世界型の解釈による暗示を、彼に思いつかせたようには見えなかった。私は、ジム・ハートルからこれを教えられた。一〇年以上前に、ケンブリッジでスティーヴン・ホーキングと共同研究した時に、同様にモットーの大学であるゴンヴィルとカイアス（「火の戦車」の中で名高い）と彼の大学に滞在した。食事の間、ジムはモットーに、彼の論文がエヴェレットの考えのある形を予想するよう導かなかったかどうかを尋ねた。そして、そうではないと告げられた。実は、その時代には、全ての「若いトルコ人達」は、躊躇せずにコペンハーゲン路線に従った。

約二年前の彼が亡くなる少し前、彼がまだ精神的に非常に用心深かった時に、私はモットーと連絡を取り、彼の論文について話すことができるかどうか尋ねた。悲しいことに、彼はその約束を持ち続けるには余りに病気がひどかった。彼の秘書が言うには、彼は「私が約六〇年前にした研究について話したがっているので」、非常に失望したということであった。

(3) この最終節は、バーバー(一九九四年a)の最終節に密接に関連している。

BOX16 Eメールによる意見交換

ドーカー あなたは予測をすることに関して、何も体系を準備していないように私には思われる。そして、あなたの体系において根本的な二つの局面を含んでいるそのような体系——標準的な量子重力(CQG)とベルの多世界解釈(MWI)——が、存在することはできない。

バーバー 私は、あなたが正しいと考えている。人は、予測の意味することに従う。私は、あなたが望む種類の予測をすることができない。そしてあなたは正しく、その理由を特定する。私は、CQGとMWIに関する議論が、あなたが好む種類の予測のための要望より重いと思う。

ドーカー 私は、宇宙(と私)が連続した歴史を持っていること、そしてそれを持つことに執着していることを認めている。しかし、ここでの私の批判は、あなたの問題の取り上げ方の歴史の不在ではない。繰り返すと、我々の観測の結果について予測する方法は何も無い。私の見解では、これは克服されることのできない欠陥である。科学が我々に世界について他にどのようなことを知らせようとも、それは、我々が確かめることのできる観測について予測することを可能にしなければいけない。

バーバー 我々が自然にそのような基準を付与することができるのか、確信していない。ギリシャ人達は、すでに非常に価値のある救いの出現の概念（我々が観測する現象のための合理的な説明を見つけること）を持っていた。あなたは、準備しているよりも多くのことを「自然」に対して求めているのかもしれない。

ドーカー　この批判を裏付ける中で、私は次のことに焦点を合わせるだろう。私が最もよく知っている側面、量子力学の解釈の見解で私が最も信頼しているものについてである。認識されてこなかった多世界の解釈に関するベルの研究に、注意を向けていることを喜ばしく思っている。私の見解では、彼の説明は、唯一の良く定義された多世界の解釈である（私はそれを「ＢＭＷＩ」と呼んでいる）。

バーバー　私はそれが良く定義されていることに同意する。しかし、時間の役割については、保留する。他の観測できるもののように、観測の時間は、現在の記録から引き出す必要がある。それが習慣の中でどのようにしてなされるのかということと、「自然」がどのようにして時間を記録しているのかについて、物事があまり明確にならないかもしれないと考えている。今世紀のほとんど全ての物理学者は、基本的な段階で持続期間を理解することを辞退し、盲目的にアインシュタインに従ったと私は信じている。私の本の最初の部分のほとんどは、それについて書いたものである。私は、私の立場が、あなたが理解しているよりも、もっと強力だろうと考えている。

ドーカー　あなたの解釈（私がＪＭＷＩと呼んでいるもの）もＢＭＷＩも、我々が何を観測しているかについて、予測をすることを我々に許可しないと私は考えている（それで私は、「我々の経験は実際にあるものになるだろうということを、理論それ自身が予測している」というエヴェレットの声明に、私は異議を唱えている）。私にあなたの解釈を見てみよう。そこで我々は、時間ｔにおいて多くの立体配置を持っている。最も重大な問題は、その中で全ての可能性が実現されるような、あなたの体系の中で、確率が何の役割も演じていないことである。我々の観測の結果に適する普通の確率論的コペンハーゲン予測は、取り戻すことができない。ＭＷＩ文献の分析とＭＷＩからボルン解釈を引き出すためのさまざまな企画を持った、素晴らしい参考文献はエイドリアン・ケント（一九九〇年、「現代物理の国際ジャーナル」、Ａ５、一七四五）である。エイドリアンは、それらが失敗していることを結論づけている。私は、まさに彼らが失敗した主な理由を再び述べる。すなわち、可能性の見本空間の中の全ての要素が実現される時に、確率は含まれない。あなたの考えでは、それが見本空間それ自身、すなわち、各々の立体配置の多くの複製が波動関数の中のその項の係数（の二乗）によって決定される見本空間の中で、いくつ含まれるのかである。それは全て良好である（もしそれが奇妙であれば）。しかしその時、これらの数の確率を呼び出す理由、そしてコペンハーゲン量子力学の確率論的な予測を回復するための方法は無い。実際、ＭＷＩ提案者自身は成功することはないかもしれないが、コペンハーゲン予測を再現することの障害が問題であることに同意し、問題解決に取り組むことに同意している。

バーバー　これは、強い批判であると私は受け取っている。それにもかかわらず、私の体系は原則的に予測する強度を持っていると私は感じる。もしあなたが「プラトニア」を見ることができ、そして、私がそれらを定義し、べルがそれらを描写したように、全てがタイム・カプセルであることを明らかにしているその点に関して、信じられない程強力に集中させられたボルンの確率密度を見ることができたならば、あなたは強い印象を受け、かつ我々の経験に対する合理的な説明のような何かを見つけないだろうか？

ドーカー　ＭＷＩばかりでなく、あなたは、正統な量子化体系が一般相対性理論に適用された時に波動関数が時間を含むことができないという専門的結果の上に、あなたの無時間の推測の論拠を置いている。標準量子重力の中の懸案の状態に関する私の理解は、このせいで、我々が望むような予測の種類をどのようにして行うのか、誰も知らないということである。例えば、「ブラック・ホール崩壊の最終段階で、何が起こるのか？」「なぜ、宇宙論の定数が非常に小さいのか？」などの説明である。

バーバー　私は、あなたの最初の実例に同感である。（そして、それが余り重大であるとは考えていない。質問するのは賢明ではないかもしれない。）しかし、原則的に私の体系では、ほとんど全てのタイム・カプセルが、非常に小さな宇宙定数を持って、ほとんど古典的な宇宙の中で創造されたように見えると予測される。結局、それは我々の現在の記録が、何を指し示しているかである。もし、全てのありそうな立体配置が、小さな宇宙定数を指し示す記録を含んでいるように見えるならば、大丈夫である。

ドーカー　その状況に対する私の反応は、標準的な方法で一般相対性理論を公式化することは間違っていることを示したことである。すなわち、時空を再び、空間と時間に分割したのである。時間と空間を別々に取り扱うことを試みる間に、その理論の一般共変性を維持することが、信じられない程困難であることが、初めから明らかでなかったとしても、標準的な量子重力プログラム内で、予測をいかに回復するかについて、洞察がないため、どこか他所で重力の量子理論を調べる必要があると確信している。

バーバー　一般相対性理論を創造した時に、アインシュタインは一般共変性が深い物理学的意味を持っていることを確信していた。私の意見では正確に二年後に、彼はその立場を完全に放棄した。私の見解では、一般共変性は空の殻である（私は、これについて第10章の終わりとそれに対する注解の中でいくらか言及している）。私は、三次元の断片が時空の中でお互いにどのように関係しているのかを言うこと無しに、一般相対性理論の客観的な内容に対して、何らかの意味を与えることはできないと信じている。それがその理論の正しい内容である。それが、標準的な量子重力の議論が、本当に非常に強力であると私が考えている理由である。正統な理論の制約が、その完全な内容である。

ドーカー　私の基礎的な問題を述べたことで、瞬間の唯我論者としてあなたが、科学と科学的な大計画を眺める方法を理解することが途方もなく難しいことを発見した、と今まさに言わせて欲しい。

バーバー　私が考えていることは先程答えた。科学は、我々が観測したものを恐らく説明するだろう。我々は習慣的に観測し、タイム・カプセルを経験する。静的振幅の二乗の確率を要求することの本当の困難を認めてさえ、ホイーラー－ドウィット方程式がタイム・カプセルに振幅の二乗を強力に集中していることが明らかになった時、私はそれが途方もなく強力で暗示に富む結果になると思う。

ドーカー　その考えを取れば、良い科学理論は改ざん可能であるということだ。

バーバー　私の考えは後に続く意見の中で改ざん可能だ考えている。ホイーラー＝ドウィットの方程式が、最も明確にタイム・カプセル上の振幅の二乗に集中しないという数学的な証明と、私の考えの記録による宇宙の立体配置、都合よくあるかもしれない。私もまた、それらの中にいるならば、なぜ我々は時間が流れていると考えていることが失敗であるかを説明するために、私の提案を言わねばならないだろう。

ドーカー　それは、その理論を試験する新しい実験を試みることができ、これらの実験が我々の予測に対して矛盾するかもしれないことを見いだすようなことを前提条件としている。純粋な言葉「予測」は、このeメールの中でも非常に多くの回数使っているが、時間の意味を込めている。予測とは、起こるであろう何らかの予期の表明である。予測は科学の「生命」である。それが無かったら、我々はどのようにして科学をすることができるだろうか？

バーバー　私は、予測の重要性について全く同意している。しかしそれは、あなたが提案しているような方法で必ずしも時間を含まなければならないことはない。月の片面の観察から、天文学者は反対側の面がどうなっているかを予測することを試みた。彼らは、その他の面が見られた時に、それが誤っていたことを学んだ。私は時間がそのような予測が重要になるとは考えていない。ジム・ハートルが、私の現在の立場に非常に近かった時に一度したように、地質学を考えてみよう。地球の岩石はほとんど変わらない。アメリカ大陸が発見される前に、大陸移動説が提案されたと仮定してみよう。それは、アメリカ大陸の存在とその東海岸の地質学的特徴を予言していただろう（アイルランドの西側は、ニューファンドランド島の地形と厳密にぴったりと合っていると私は信じている）。再び、時間は本質的にこの予測の中に含まれていない。私はベルが私の主張を非常にうまく位置付けていると考える。「我々は過去に対して近づく手段を持っていない。我々はただ我々の「記憶」と「記録」を持っているだけである。しかし、これらの記憶と記録は、実のところ「現在の」現象である（これはベルの表現）。予測はいつも検証される。これは私の弁明である。

この版のために増補した注解

序文の最後と注解のいくつかの場所で、私は本書を書き終えて以来、協力者の方々とした新しい研究に言及している。私が主張している宇宙の描写に対して、この研究がマッハ派の無時間のアプローチにとって思いがけない強い支援を提供しているので、私は初期段階の描写のある概念を読者に与えたいと思う。それは、この本の前半で述べた物理の古典的法則の誘導物に関係している。そしてそれから後半で述べているように、それは量子化される必要がある。

無時間宇宙についての私の推測は、一般的に知られている古典法則の形式に極度に依存している。本の中で私は、それらの最も深い固有性のいくつかは、宇宙の歴史が妥当な相対的配置空間（「プラトニア」）の中で、一本の最適整合した測地線であるという考えと符号していることを示した。しかしながら、他の人達はどうもそうではなかったらしい。これは特に、アインシュタインの相対性理論の中の絶対的同時性の不在と普遍的光円錐の存在に適用した。これは、私も認めているように、疑いもなく弱点であった。参考文献の中で引用している論文「相対性を持たない相対性理論」（バーバー、フォスター、オー・マーチャダー、二〇〇二年）は、これが無時間的最適整合の原理の弱点ではないが、それを徹底的に一貫して適用することの失敗を阻止していることを示している。実際、この論文は（アンダーソンとバーバー、二〇〇二年）の論文と共に、アインシュタインの重力場方程式のみならず普遍的光円錐とそれが物体の非重力的相互作用を支配している近代的基準原理に関して目新しい派生物を与えている。

時間と運動の相対性のみならず大きさの相対性についてもまた、克服するために最適整合の適用からやって来る。これは二つの論文「尺度不変の重力」（バーバー二〇〇二年とアンダーソン、バーバー、フォスター、オー・マーチャダー二〇〇二年）の中で取り扱われている。我々は二つの主要な結果を得る。第一は、その中で絶対的同時性が特別に定義され、そして大きさがほとんど完全に相対的ではない空間的に閉鎖された宇宙に関する、一般相対性理論の再公式化である。その「ほとんど」はアインシュタイン派の宇宙が膨張していることを認めており、ハッブル宇宙望遠鏡の赤方偏移の現代的解釈を与えているものである。第二は、大きさが完全に相対的である理論である。一般相対性理論のようであるこの理論が本当に正しいならば、ハッブル宇宙望遠鏡の赤方偏移は宇宙の膨張に帰すべきではなく、観測された宇宙の絶え間なく増加している非均等性に帰すべきである。これは、もし認められたら世間をあっと言わせるだろう。そして私は書いている時に、それが本当らしくないように見えることを認めなければならない。しかしながら、この最近の研究の全体的な傾向は、本の後半で述べたように量子提案に対して確実にもっともらしさを増加させている。それはまた、ライプニッツ、マッハと多くの他の人達によって支持されてきた時間と運動の相対性が、アインシュタインとミンコフスキーに帰すべき現在のパラダイムよりも、宇宙の法則の中でより深い洞察に導くことを示唆している。

最終的な結論が引き出される前に、まだいくつかの問題が再調査されなければならない。それで興味のある読者は、最新の情報を私のウェブサイトで確かめていただきたい（platonia.com）。

ペーパーバックの第一版に対して増補した注解

私のウェブサイトは、ドン・ページ（ホーキングが、『宇宙を語る』の中で、レイモンド・ラフラムと共に「彼の最も重大な大失敗」を指摘しつつ信用している）とのeメールのやりとりを行っている。ドンは、いくつかの点に関して妥当な批判と私が疑っている他の問題に関する再保証も含んでいる、いくつかの興味深い価値あるコメントをしてくれた。ドンは物理学の無時間性を本気で取り扱うもう一人の人であり、実際に我々の見解は非常に良く似ている。彼は「知覚できる量子力学」と表題を付けた意識と量子力学の問題に関していくつかの論文を書いている。完全な詳細については、私のウェブサイトで見ることができる。私はまた、ディーター・ジーがスペインのヒュールバで一九九一年に開かれた会議で提言した考えをここで述べたいと思う。そのヒュールバで私は非公式な世論調査を行った。これは宇宙が必然的にいつも膨張しているものとして観測されるに違いないということである。私はこれが好奇心をそそる考えであることを発見した。もしそれが正しいならば、制約がなく、花のような構造の「プラトニア」と見事に適合するだろう。ディーターの考えは、この本の中の私の意見を制限するのだけれども、私の望むことは正しいので、BOX3とエピローグの一部において幾分私に影響を与えた。

私は、少なくとも今、参考文献で推薦している本の中に含まれているアラン・グースによる一冊の興味を引く本の中で説明されている、膨張の考えに関して最終章で何も述べなかったことを後悔している。グースの本から、私はまた、「宇宙の創造」のための興味深い仕組みがエドワード・トライオンによって一九七三年に提案されたことを知った。私はまた、一九八二年にアレキサンダー・ヴィレンキンがホーキングの無境界の考え（一九八一年）に対して有力な代案を提言したことと、ジム・ハートルがハートル－ホーキング波動関数で最高潮に達したホーキングの研究の発展の中で、ある重要な役割を演じたことを述べなければならないだろう。これらの著者達に私は陳謝したい（彼らの誰も苦情を表明してはいない）。詳細については、グースの本の中で調べることができる。

また、ポール・デイヴィスが彼の時間についての本の中で論じている、フレッド・ホイルの一九六六年の小説『一〇月一日では遅すぎる』の中で、時間についてのいくつかの私の考えに関して明らかな予想が含まれていることを、何人かのEメール投稿者によって指摘された。フレッド卿の「整理棚《ピジョンホール》」は本質的に私のタイム・カプセルである。私がテキストの中で述べているように、ジョン・ベルもまた、私よりも随分前に（それに名前を付けずに）タイム・カプセルの概念を、明確な言葉で表現していた。別の投稿者アンドリュー・クリフトンは、私が本当に「動いている現在」が存在するという考えを打破するために、少なくともいくつかの言葉で試みたことをくやしがっていた。私は彼が正しかったと思う。幸いにもデヴィッド・ドイチェは、彼の『世界の究極理論は存在するか』の中で非常に良くその仕事を成し遂げた。私はまた、さまざまなミスプリントを私に注意し、オーストラリア人のために私の本を精査してくれたダミエン・ブロデリックに感謝したい。

テキストの主要部で、私の考えを否定することが可能な方法について、もっというべきだったということが今、明らかになっている。理論は、反証できない限り科学にとって有用ではない。フェイ・ドーカーとのEメールの中で、私はホイーラー－ドウィット方程式がタイム・カプセルの上にその解を集中させているという私の推測の数学的な反証の可能性について述べた。しかしながら、私は（言葉どおりに）何十年もかかると思う。より早く発生する可能性のある結果は、（ひも理論が現在は背景の構造として使っている）外部の時間を再び導入している「超ひも理論」、あるいは他の統一理論の完全に疑う余地の無い最終的な形である。それは、私の概念を破壊するだろう。私自身の感触としては、「超ひも理論」が、もしそれが見つけられるならば、そして見つけられる時に、無時間であることが明らかになるであろうということである。

それから、私の考えが間違いであることを証明する他の全く異なった方法がある。量子波動関数の崩壊が実際の物理的変化であることを示す実験的な証拠が見つけられる場合である。これに関連して、私は本当にその可能性を検査するために、ロジャー・ペンローズによって提案された実験について特に述べるべきであろう。彼は、ウィーンに拠点を置くオーストリア人の物理学者で、アントン・ツァイリンガーとの共同研究の中で、非常に多くの信じられない程美しい量子実験を行っている（私のウェブサイトはそれらのいくつかについて詳細を示している。）ペンローズは、本当に理解できる程に受け入れることが極めて難しい量子力学の多世界の解釈を発見した（四六六ページのダイアナ妃の死についての私の論評を参照）。そして非常に大きな忍耐力を持って、その周りの一本道を見つけることを試みている。彼は確かに現代物理学の中の最も重要な単一の問題を特定している。恐らく一〇年以内に行われるであろう彼の実験が、もし彼の望む方法で成就するならば、非常に大きな発展が起こり、私の命題を破壊するだろう。私の論文（バーバー二〇〇〇年）を掲載している書物は、主題に関してペンローズの最も重要な論文もまた掲載している。そして、アブナー・シモニーの学生であったジョイ・クリスチャンによる関係のある論文もまた含まれている。アブナーの後に続くジョイ（私のエピローグを参照）は、現実の物理的状況として無常を立証することを試みている。私は、もし波動関数の崩壊が現実の物理的現象であることを論証することができるならば、人が無常と呼ぶものの厳密な証拠が存在するだろうと考えている。

謝辞

私を大変助けてくれた数人の人々は、本文と注解の中で手短に紹介しておいた。彼等に対する私の謝意を表現するのに、もっと妥当な言葉があったかもしれないが…。彼等は皆、私の初期の原稿の一部あるいは全部を読んでそれに対するコメントを下さり私を助けてくれた。私はまた、(以下に順不同でリストにあげた)他の数人の人達にも同様に助けられ感謝している。ティファニイ・スターン博士、ミカエル・ポーリー、デイヴィッド・リッツオ、マーク・スミス、フォティニ・マルコポーロ博士、(特に詳細かつ有用なコメントを頂いた)グレッツェン・ミルズ・クバシアック、オリバー・ポーリー、ジョイ・クリスチャン博士、シリル・アイドン、ジョン・パルサー博士、ジェイソン・セミテコロス、トッド・ヘイウッド、ジョン・ホイーラー(この人はJ・A・ホイーラーではなく、後期の原稿を読んでくれた人で、私が最も感謝している)、クリストファー・リチャード、ミカエル・アイブス、エリザベス・ディヴィス、イアン・フェルプス、以上である。ジョイス・アイドン、マーク・スミス、ティナ・スミスの三人にはテキストを準備する際に非常にお世話になった。私はまた、スティーヴ・ファーラーと彼の編集長のティム・ケルシーの二人にも感謝しなければならない。彼等には、一九九八年一〇月に発行された「サンデー・タイムズ」で(「時間の暗殺者!」というタイトルを付けられた)論文で、私の見解を正確に説明するために大変な苦労をおかけした。ここに感謝したい。

私は、ポツダムの天体物理学研究所にいる友人のディレック・リーブシャーには特に助けてもらった。彼にはコンピューターで作成された図表を全部準備してもらった。(また、テキストの中でも有用な複数のコメン

トを作成してもらっている）

私の本の二人の編集者達（英国版を担当したピーター・タラックと北アメリカ版を担当したキルク・ジェンセン）は、すぐれた編集者達がするようにとても上手くやってくれた。すなわち、堅苦しいテキストではなく一般の人に受け入れられるように編集してくれた。最後の結果がいかに読んで面白いかを判断した読者達は私と同様彼等に感謝していただきたい。また、編集者であるジョン・ウッドラフの極めて多数の語法上の改善と、彼の徹底的に完全な仕事に対して感謝している。主要なテキストの中で時々あらわれるリー・スモーリンは、ここでまた、特に言っておかなければならない。すなわち、私が第一部を含む導入の章を書くという、最も価値のある提案をしてくれたのは彼だった。もし、これが無ければ、最初の原稿の中で多くの内容が一緒になって入っていただろう。

私の妻のヴェレナと子供達は、驚くほどずっと励まして支え続けてくれた。

私はまた、私の著作権代理人カティンカ・マットソンと彼女のパートナーでありブロックマンの創設者であるジョン・ブロックマンの二人にここで謝辞を述べたい。この二人は私の望む全く最高の出版社と編集者を見つけてくれたばかりでなく、本質を書くように私を励ましてくれたジョン自身の論評によって、この本ができあがったのである。ジョンに従って、ロジャー・ペンローズは今日の人気科学書を書く正しい方法を見つけた。彼は実際、彼の仲間に向けて書いているが、一般の人が彼の肩越しにザッと目を通すように仕向けている。私の場合、確かに最初は一般的な読者のために書こうとしてみたが、ジョンの警句を裏返して考えてみると、もし私の仲間達が私の肩越しにザッと目を通してくれるならば、私はもっと幸せであるに違いない。これは真剣な本であり、ペンローズの書いた『皇帝の新しい心』が、興味本位の一般大衆にも、活躍している科学者達にも激しく熱狂することさえ、保証するような方法でそのインスピレーションを表している。鋭さをカットすることによって、その本は専門家でない人達にもより理解し易くなっている。リチャード・ドーキンスの『利己的な遺伝子』は、心に浮かぶ他の良い例である。

私は、一人の他の重要な人、すなわち読者であるあなたを最後に残している。序文で述べたように、私自身の研究資金を調達するために、私の人生を通して努力してきた。そしてその努力をまだ今でも続けている。購入された（あるいは図書館から借りられた）全ての本は、このようにして私を助けてくれている。私はあなたに感謝する。私はこの本からあなたが、ある程度の満足を得られることを望む。私はこの本を書くことを楽しんできた。私は時間の研究を普及させ続けることを希望する。そして時間の研究の中で、ある重要な発展が得られたと気付いた時は、私のウェブサイト（platonia.com）でその詳細を一緒にお知らせするつもりである。

読書案内

Barrow, John, 1992, *Theories of Everything*, Oxford University Press, Oxford.（ジョン・バロー『万物理論――究極の説明を求めて』林一訳、みすず書房、一九九九年）

Barrow, John and Tipler, Frank, 1986, *The Anthropic Cosmological Anthropic Principle*, Clarendon Press, Oxford.

Bondi, Hermann, 1962, *Relativity and Common Sense: A New Approach to Einstein*, Dover, New York.

Coleman, James, 1954, *Relativity for the Layman*, William-Frederick Press, New York (1990, Penguin, London).（ジェームス・A・コールマン『相対性理論の世界――はじめて学ぶ人のために』中村誠太郎訳、講談社、一九八三年）

Coveney, Peter and Highfield, Roger, 1991, *The Arrow of Time*, Flamingo, London.（ピーター・コヴニー・ロジャー・ハイフィールド『時間の矢、生命の矢』野本陽代 訳、草思社、一九九五年）

Davies, Paul, 1991, *The Mind of God*, Simon & Schuster, New York.

Davies, Paul, 1995, *About Time: Einstein's Unfinished Revolution*, Penguin Press, London.（ポール・デイヴィス『時間について　アインシュタインが残した謎とパラドックス』林一訳、早川書房、一九九七年）

Deutsch, David, 1997, *The Fabric of Reality*, Penguin Press, London.（デイヴィッド・ドイッチュ『世界の究極理論は存在するか――多宇宙理論から見た生命、進化、時間』林一訳、朝日新聞社、一九九九年）

Eddington, Arthur, 1920, *Space, Time and Gravitation*, Cambridge University Press, Cambridge.

Einstein, Albert, 1960, *Relativity: The Special and the General Theory. A Popular Exposition*, Routledge, London.（A・アインシュタイン『相対性理論』内山龍雄訳、岩波書店、一九八八年）

Greene, Brian, 1999, *The Elegant Universe: Superstrings, Hidden Dimensions, and the Quest for the Ultimate Theory*, Vintage Books, New York.（ブライアン・グリーン『エレガントな宇宙――超ひも理論がすべてを解明する』林一・林大訳、草思社、二〇〇一年）

Gribbin, John, 1984, *In Search of Schrödinger's Cat: Quantum Physics and Reality*, Corgi, London.（ジョン・グリビン『シュレーディンガーの猫　上、下』山崎和夫訳、地人書館、一九八九年）

Guth, Alan H., 1997, *The Inflationary Universe: The Quest for a New Theory of Cosmic Origins*, Perseus Books Group, New York.（アラ

ン・H・グース『なぜビッグバンは起こったのか―インフレーション理論が解明した宇宙の起源』はやしはじめ・はやしまさる訳、早川書房、一九九九年）

Lippincott, Kristen, Eco, Umberto, Gombrich, E. H. *et al.*, 1999, *The Story of Time*, Merrell Holberton, London. [This is a splendid book on the most diverse aspects of time in culture and science.]

Lockwood, Michael, 1989, *Mind, Brain and the Quantum*, Basil Blackwell, Oxford.

Novikov, Igor, 1998, *The River of Time*, Cambridge University Press, Cambridge.（マイケル・ロックウッド『心身問題と量子力学』奥田栄、訳産業図書、一九九二年）

Penrose, Roger, 1989, *The Emperor's New Mind: Concerning Computers, Minds, and the Laws of Physics*, Oxford University Press, Oxford.（ロジャー・ペンローズ『皇帝の新しい心――コンピュータ・心・物理法則』林一訳、みすず書房、一九九四年）

Price, Huw, 1996, *Time's Arrow and Archimedes' Point*, Oxford University Press, New York.（ヒュー・プライス『時間の矢の不思議とアルキメデスの目』遠山峻征・久志本克己訳、講談社、二〇〇一年）

Rees, Martin, 1997, *Before the Beginning: Our Universe and Others*, Simon & Schuster, London.

Rees, Martin, 1999, *Just Six Numbers: The Deep Forces that Shape the Universe*, Weidenfeld & Nicolson, London.（マーティン・リース『宇宙を支配する6つの数』林一訳、草思社、二〇〇一年）

Smolin, Lee, 1997, *The Life of the Cosmos*, Weidenfeld & Nicolson, London (Oxford University Press, New York).（リー・スモーリン『宇宙は自ら進化した――ダーウィンから量子重力理論へ』野本陽代訳、日本放送出版協会、二〇〇〇年）

Thorne, Kip, 1994, *Black Holes and Time Warps: Einstein's Outrageous Legacy*, Norton, New York.（キップ・ソーン『ブラック・ホールと時間の歪み』林一・塚原周信訳、白揚社、一九九七年）

Tipler, Frank, 1995, *The Physics of Immortality*, Doubleday, New York.

Weinberg, Steven, 1977, *The First Three Minutes*, Basic Books, New York (André Deutsch, London).（スティーヴン・ワインバーグ『宇宙創成はじめの三分間』小尾信弥訳、ダイヤモンド社、一九九五年）

Weinberg, Steven, 1993, *Dreams of a Final Theory: The Search for the Fundamental Laws of Nature*, Vintage, London.（スティーヴン・ワインバーグ『究極理論への夢――自然界の最終法則を求めて』小尾信弥、加藤正昭訳、ダイヤモンド社、一九九四年）

Wheeler, John Archibald, 1990, *A Journey into Gravity and Spacetime*, Scientific American Library, New York.（ジョン・ウィーラー『時間・空間・重力 相対論的世界への旅』戎崎俊一訳、東京化学同人、一九九三年）

Will, Clifford, 1986, *Was Einstein Right?*, Basic Books, New York.（クリフォード・M・ウィル『アインシュタインは正しかったか？』松田卓也・二間瀬敏史訳、ＴＢＳブリタニカ、一九八九年）

参考文献

Arnowitt, R., Deser, S. and Misner, C.W., 1962, 'The dynamics of general relativity', in *Gravitation: An Introduction to Current Research*, L. Witten (ed.), Wiley, New York.

Baierlein, R.F., Sharp, D.H. and Wheeler, J.A., 1962, 'Three-dimensional geometry as a carrier of information about time', *Physical Review*, 126, 1864.

Banks, T., 1985, 'TCP, quantum gravity, the cosmological constant and all that . . .', *Nuclear Physics*, B249, 332.

Barbour, J.B., 1989, *Absolute or Relative Motion?* Vol. 1: *The Discovery of Dynamics*, Cambridge University Press, Cambridge; reprinted as the paperback *The Discovery of Dynamics*, Oxford University Press, New York (2001).

Barbour, J.B., 1994a, 'The timelessness of quantum gravity: I. The evidence from the classical theory; II. The appearance of dynamics in static configurations', *Classical and Quantum Gravity*, 11, 2853.

Barbour, J.B., 1994b, 'On the origin of structure in the universe', in *Philosophy, Mathematics and Modern Physics*', E. Rudolph and I.-O. Stamatescu (eds), Springer, Berlin.

Barbour, J.B., 1999, 'The development of Machian themes in the twentieth century', in *The Arguments of Time*, J. Butterfield (ed.), published for The British Academy by Oxford University Press.

Barbour, J.B., 2001, 'General covariance and best matching', in *Physics Meets Philosophy at the Planck Length*, C. Callender and N. Huggett (eds), Cambridge University Press.

Barbour, J.B., forthcoming, *Absolute or Relative Motion?*, Vol. 2, Oxford University Press, New York (see note to Chapter 4 on p.344).

Barbour, J.B., Foster, Brendan Z. and Ó Murchadha, N., 2000, 'Relativity without relativity', http//xxx.lanl.gov/abs/gr-qc/0012089.

Barbour, J.B. and Ó Murchadha, N., 1999, 'Classical and quantum gravity on con-formal superspace', http//xxx.lanl.gov/abs/gr-qc/9911071.

Barbour, J.B. and Pfister, H. (eds), 1995, *Mach's Principle: From Newton's Bucket to Quantum Gravity*, Birkhauser, Boston.

Bell, J., 1987, *Speakable and Unspeakable in Quantum Mechanics*, Cambridge University Press, Cambridge.

Bohm, D., 1952, 'A suggested interpretation of the quantum theory in terms of "hidden" variables: I and II', *Physical Review*, 85, 166 (reprinted in Wheeler and Zurek 1983).

Boltzmann, L., 1895, 'On certain questions of the theory of gases', *Nature*, 51, 413.

Born, M., 1982, *Einstein's Theory of Relativity*, Dover, New York.（M・ボルン『アインシュタインの相対性理論』林一訳、東京図書、一九八六年）

Brout, R., 1987, 'On the concept of time and the origin of the cosmological temperature', *Foundations of Physics*, 17, 603.

Brown, H.R., 1996, 'Mindful of quantum possibilities', *British Journal for the Philosophy of Science*, 47, 189.

Carnap, R., 1963, 'Autobiography', in *The Philosophy of Rudolf Carnap*, P.A. Schilpp (ed.), Library of Living Philosophers, P.A.

Clemence, G.M., 1957, 'Astronomical time', *Reviews of Modern Physics*, 29, 2.

DeWitt, B.S., 1967, 'Quantum theory of gravity', *Physical Review*, 160, 1113.

DeWitt, B.S., 1970, 'Spacetime as a sheaf of geodesics in superspace', in *Relativity*, M. Carmeli *et al.* (eds), Plenum, New York.

DeWitt, B.S. and Graham, N. (eds), 1973, *The Many-Worlds Interpretation of Quantum Mechanics*, Princeton University Press, Princeton.

Dirac, P.A.M., 1983, 'The evolution of the physicists' picture of nature', *Scientific American*, 208, 45.

Eliot, T.S., 1964, *Knowledge and Experience in the Philosophy of F. II. Bradley*, Faber & Faber, London.

Fischer, A.E., 1970, 'The theory of superspace', in *Relativity*, M. Carmeli *et al.* (eds), Plenum, New York.

Giulini, D., 1999, 'The generalized thin-sandwich problem and its local solvability', *Journal of Mathematical Physics*, 40, 2470.

Halliwell, J. and Hawking, S.W., 1985, 'Origin of structure of the universe', *Physical Review* D, 31, 1777.

Halliwell, J.J., Pérez-Mercader, J. and Zurek, W.H. (eds), 1994, *The Physical Origins of Time Asymmetry*, Cambridge University Press, Cambridge.

Heisenberg, W., 1930, *The Physical Principles of the Quantum Theory*, Chicago University Press, Chicago.

Hofman, S.A., Kuchar, K. and Teitelboim, C., 1976, 'Geometrodynamics regained', *Annals of Physics*, 96, 88.

Holland, P., 1993, *The Quantum Theory of Motion*, Cambridge University Press, Cambridge.

Isham, C., 1993, 'Canonical quantum gravity and the problem of time', in *Integrable Systems, Quantum Groups, and Quantum Field Theories*, L.A. Ibort and M.A. Rodriguez (eds), Kluwer Academic, London.

Kiefer, C., 1997, 'Does time exist at the most fundamental level?', in *Time, Temporality, Now*, H. Atmanspacher and E. Ruhnau (eds), Springer, Berlin.

Kuchar, K., 1992, 'Time and interpretations of quantum gravity', in *Proceedings of the 4th Canadian Conference on General Relativity and Relativistic Astrophysics*, G. Kunstatter *et al.* (eds), World Scientific, Singapore.

Lanczos, C., 1986, *The Variational Principles of Mechanics*, Dover, New York.

Lapchinskii, V.G. and Rubakov, V.A., 1979, 'Canonical quantization of gravity and quantum field theory in curved space-time', *Acta Physica Polonica* BIO, 1041.

Liebscher, D.-E., 1999, *Einsteins Relativitätstheorie und die Geometrien der Ebene*, Teubner, Stuttgart.

Littlejohn, R.G. and Reinsch, M., 1997, 'Gauge fields in the separation of rotations and internal motions in the n-body problem', *Reviews of Modern Physics*, 69, 213.

Mach, E., 1883, *Die Mechanik in Hirer Entwickelung. Historisch-kritisch dargestellt*, J.A. Barth, Leipzig. (English translation (1960): *The Science of Mechanics: A Critical and Historical Account of its Development*, Open Court, LaSalle, IL.)

McTaggart, J.M.E., 1927, *The Nature of Existence*, Cambridge University Press, Cambridge. Misner, C.W., Thorne, K.S. and Wheeler, J.A., 1973, *Gravitation*, W.H. Freeman, San Francisco.

Page, D. and Wootters, W., 1983, 'Evolution without evolution: Dynamics described by stationary observables', *Physical Review* D, 27, 2885.

Pais, A., 1982, *'Subtle is the Lord . . .'The Science and Life of Albert Einstein*, Oxford University Press, Oxford.

Pinker, S., 1997, *How the Mind Works*, Penguin, London/Norton, New York.（スティーブン・ピンカー『心の仕組み――人間関係にどう関わるか』椋田直子訳、ＮＨＫブックス、二〇〇三年）

Poincaré, H., 1902, *La Science et l'hypothesis*, Flammarion, Paris. (English translation (1905): *Science and Hypothesis*, Walter Scott, London.)（アンリ・ポワンカレ『科学と仮説』岩波文庫、河野伊三郎訳、一九五九年）

Poincaré, H., 1904, *La Valeur de la Science*, Flammarion, Paris. (English translation (1907): *The Value of Science*, Science Press, New

York; reprinted in 1958 by Dover, New York.)（アンリ・ポワンカレ『科学の価値』吉田洋一訳、岩波文庫、一九七七年）

Schrödinger, E., 1944, *What is Life?*, Cambridge University Press, Cambridge.（シュレーディンガー『生命とは何か――物理学者のみた生細胞』岡小天・鎮目恭夫訳、岩波新書、一九五一年）

Shimony, A., 1997, 'Implications of transience for spacetime structure', in *The Geometric Universe: Science, Geometry, and the Work of Roger Penrose*, S.A. Huggett et al. (eds), Oxford University Press, Oxford.

Silk, J., 1994, *A Short History of the Universe*, W.H. Freeman/Scientific American Library, New York, p. 87.（シルク『宇宙創世記：ビッグバン・ゆらぎ・暗黒物質』戎崎俊一訳、東京化学同人、一九九六年）

Smolin, L., 1991, 'Space and time in the quantum universe', in *Conceptual Problems of Quantum Gravity*, A. Ashtekar and J. Stachel (eds), Birkhauser, Boston.

Smolin, L., 2001, *Three Roads to Quantum Gravity*, Weidenfeld & Nicolson, London (Basic Books, New York).（リー・スモーリン『量子宇宙への3つの道』林一訳、草思社、二〇〇二年）

Stachel, J. (ed.), 1987, *The Collected Papers of Albert Einstein*, Vol. 1, *The Early Years, 1879–1902*, Princeton University Press, Princeton.

Tait, P.G., 1883, 'Note on reference frames', *Proceedings of the Royal Society' of Edinburgh*, Session 1883–4, p. 743.

Vilenkin, A., 1989, 'Interpretation of the wave function of the Universe', *Physical Review* D, 39, 1116.

Walsch, N.D., 1997, *Conversations with God—An Uncommon Dialogue*, Hodder & Stoughton, London.（ニール・ドナルド ウォルシュ『神との対話②――宇宙を生きる自分を生きる』吉田利子訳、サンマーク文庫、二〇〇二年）

Wheeler, J.A., 1964a, 'Mach's principle as boundary condition for Einstein's equations', in *Gravitation and Relativity*, H.-Y. Chiu and W.F. Hofmann (eds), Benjamin, New York.

Wheeler, J.A., 1964b, 'Geometrodynamics and the issue of the final state', in *Relativity, Groups, and Topology: 1963 Les Houches Lectures*, C. DeWitt and B. DeWitt (eds), Gordon & Breach, New York.

Wheeler, J.A. and Zurek, W. (eds), 1983, *Quantum Theory and Measurement*, Princeton University Press, Princeton.

Williams, T., 1951, 'The timeless world of a play', in *The Rose Tattoo*, New Directions Books, New York.

Zeh, H.-D., 1992, *The Physical Basis of the Direction of Time*, 2nd edn, Springer, Berlin (3rd edn, 1999).

The End of Time
The Next Revolution in Physics
by Julian Barbour

なぜ時間は存在しないのか

2020年2月10日　第一刷発行
2022年4月10日　第二刷発行

著　者　ジュリアン・バーバー
訳　者　川崎秀高・高良富夫

発行者　清水一人
発行所　青土社

〒101-0051　東京都千代田区神田神保町1-29　市瀬ビル
［電話］03-3291-9831（編集）　03-3294-7829（営業）
［振替］00190-7-192955

印刷・製本　ディグ
装丁　今垣知沙子

ISBN978-4-7917-7249-0　Printed in Japan